二战陆军单兵装备：美国

赫英斌 编著

台海出版社

图书在版编目（CIP）数据

二战陆军单兵装备. 美国 / 赫英斌编著. -- 北京：
台海出版社, 2018.7
　　ISBN 978-7-5168-1979-1

　Ⅰ. ①二… Ⅱ. ①赫… Ⅲ. ①第二次世界大战-陆军
-单兵-武器装备-美国 Ⅳ. ①E922

中国版本图书馆CIP数据核字(2018)第145745号

二战陆军单兵装备 . 美国

著　　者：赫英斌

责任编辑：俞滟荣　　　　　　　策划制作：指文文化
视觉设计：黄　丹　　　　　　　责任印制：蔡　旭

出版发行：台海出版社
地　　址：北京市东城区景山东街20号　　邮政编码：100009
电　　话：010-64041652（发行，邮购）
传　　真：010-84045799（总编室）
网　　址：www.taimeng.org.cn/thcbs/default.htm
E - mail：thcbs@126.com

经　　销：全国各地新华书店
印　　刷：重庆长虹印务有限公司
本书如有破损、缺页、装订错误，请与本社联系调换

开　　本：787mm×1092mm　　　　1/16
字　　数：450千字　　　　　　　印　　张：22
版　　次：2018年7月第1版　　　　印　　次：2018年7月第1次印刷
书　　号：ISBN 978-7-5168-1979-1

定　　价：199.80元

前言

————————

　　第二次世界大战的硝烟早已消散，有61个国家和超过80%的人口卷入了这场人类历史上最大规模的战争，军事行动遍及欧、亚、非三大陆的人口稠密地带和大西洋、太平洋、印度洋、北冰洋四大海洋的广阔水域，成为破坏性最大、流血最多的一次战争。尽管这场战争已过去70多个年头，但至今仍强烈吸引着人们从历史、政治、军事、文学等不同视角，不断去挖掘和探索战争迷雾背后的真相。可以说，关于第二次世界大战的研究，是世界军事历史研究中一个"永恒"的主题。

　　过去几年里，一系列二战美军影视作品的热播，像《珍珠港》《拯救大兵瑞恩》《风语者》《兄弟连》《血战太平洋》等，在国内军事迷中掀起了一股二战美军的热潮。美国大兵身上的制服、徽章和装备，激起了人们想要不断去探究的冲动。凭借着被称为"民主兵工厂"的强大综合国力，美国士兵吃得饱穿得暖，并仰仗空中、海洋与陆地的强大实力，享受着二战中最好的后勤支援。驰骋在世界战场上的二战美军，可以说是一支装备最为充足，也最为精良的军队。相比二战其他参战国家，为了应对全球作战需要的美军，装备了适应不同地理环境、用于不同目的的各种装备，喜欢装备的军迷朋友一定能从中发现大量让人感兴趣的东西。

　　《二战陆军单兵装备：美国》力求通过广阔的视角、丰富的图片，来详细介绍二战美军的编制体制、部队兵种、制服钢盔、徽章标志、武器弹药、制式装备等各个方面，其内容之丰富，基本涵盖了一名士兵从入伍到退役所能接触和使用到的所有制式装备和个人用品。

　　希望通过本书，能使军迷朋友对二战美国陆军的单兵及制式装备的各个方面有所认识和了解。由于水平和能力所限，书中难免会出现错误或争议之处，恳请各位读者朋友海涵并不吝赐教。

赫英斌

我宁愿当一名荣获优异服务十字勋章的少尉，也不愿当一个没有优异服务十字勋章的将军。

——巴顿将军

CONTENTS

目录

第一章

导言

组织

　　根据1920年6月4日美国国会颁布的《国防法》，美国陆军主要由三个部分组成：正规陆军、国民警卫队和陆军后备队。由征召的预备役军官、志愿役和义务役士兵组成的正规陆军和陆军国民警卫队成为美国陆军主要作战力量，其中征召义务役的服役定义是"持续时间"超过6个月。根据1920年6月的《国防法》，正规军员额是28.8万人。根据这个法律，将全国分为9个军区，隶属3个集团军司令部管辖。每个军区包括1个正规陆军师，2个国民警卫师和3个一类后备队师。但由于20世纪20年代的美国不仅沉浸在战争已经永远结束的梦幻当中，而且政府更加热衷于经济，对《国防法》只是口头上表示支持，却不见行动，这个目标并未实现。尽管有1920年《国防法》带来的令人鼓舞的前景，但在1920-1930这段时期，美国陆军的战备状况比历史上任何时期都差。在麦克阿瑟接任陆军参谋长时（任期自1930年11月21日至1935年10月1日），陆军部的预算只有三亿五千万美元。但陆军再也找不到比麦克阿瑟更能干的人来指引其度过这一黑暗时刻。麦克阿瑟也为美国扩军备战而努力，他警告道："陆军的兵力及其战备水平也处在危险线之下。"麦克阿瑟在人事和物资方面改善了美国陆军的赤字情况，领导并制定了工业动员和兵员补充计划。他将全国分成了14个军区，并安排了一项紧急战备计划，一旦实行动员，陆军参谋长将成为野战部队司令，战争计划部将成为陆军参谋部和野战部队司令部的核心。在1940年7月，为了应对即

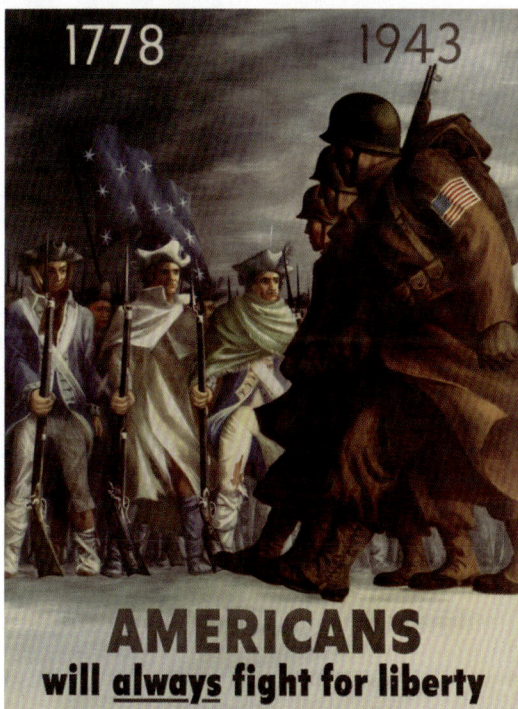

1778　　1943

AMERICANS will always fight for liberty

▲ 二战美国海报《美国永远为自由而战》。

将到来的战争，美国陆军总司令部在华盛顿成立，马歇尔出任陆军总司令。后来美国实施两洋作战，而陆军总司令部不便指挥，以及陆军部长亨利·史汀生（1940年7月至1945年9月任陆军部长）为强调美国总统是武装部队总司令而于1942年3月撤销陆军总司令部。1940年10月，陆军进行初步改组，由陆军副参谋长兼任陆军航空兵司令，使陆军航空兵的地位得到提高。1941年7月，陆军航空兵升格为更加独立的陆军航空队。1942年2月9日，美国成立了参谋长联席会议，在战争中多次与英国参谋长联合委员会举行会议，实施战略筹划与战争指导，为赢得反法西斯战争的胜利做出了重大贡献。1942年3月9日，陆军再次改组，组建陆军地面部队、陆军航空部队和陆军勤务部队，并成为美国陆军三大组成部分，由三个独立平行的司令部负责。撤销陆军总司令部，组建陆军地面部队司令部。首任司令为莱利斯·詹姆斯·麦克奈尔中将（Lesley James Mcnair，1942年3月至1944年7月任美国陆军地面司令，死于美国第8航空队误炸），负责为作战行动提供适当的编组，也负责训练和装备陆军地面部队。其主要下属机构包括：空降兵司令部、装甲部队司令部、坦克兵训练指挥中心、沙漠作战训练中心和补充及院校司令部等。战争期间，经由该司令部提供的经过适当编组、训练和装备的陆军地面部队超过200万人。陆军地面部队是二战中的真正主角。在战争中，地面部队司令部管理着4194000名

士兵和230000名军官。地面部队人员伤亡占到了美军总伤亡的80%，参与了40多个在敌人海岸的登陆行动，俘虏了超过3100万名敌人。在战争中美国陆军总共动员了92个师，其中在1940年至1942年动员了65个新师。陆军地面部队共有90个师准备好参加作战，实际上调用了其中88个师，尽管有一些师出现了严重的伤亡，但陆军地面部队仍然保持着全部或接近全部的作战实力。

美国陆军作战部队依据其装备的武器和作战方法进行分类，如步兵（地面兵和空降兵）、装甲兵、骑兵、炮兵（野战炮兵、海岸炮兵和防空炮兵）。作为战斗部队投入作战时，伴随着为其提供补给、维修和管理的勤务部队，它们支援战斗部队来全力投入作战。勤务部队包括工兵、通信兵、运输兵、医务兵、化学兵、财务兵、军械兵、宪兵和军需兵。人事和行政勤务工作由军法局、随军牧师、监察局等完成。

人员

第一次世界大战结束后，美国迅速进行了复员工作。1919年6月，共有260余万士兵和13万军官退役。1920年，《国防法》规定正规军数量是28.8万人，1921年减至15万人，第二年进一步减至13万人。等到1939年7月1日马歇尔接管美国陆军的时候，经过经济大萧条，美国陆军在世界排名第17位，有21万人的编制，却只有17.4万人，其中四分之三分散在整个美国大陆，剩下四分之一驻扎在海外。陆军不但数量少得可怜，在质量上也差得惊人。有一位作者曾描述说，当时美国军队给人的印象是："一个个气喘吁吁地咧着大嘴，穿着不合身的军装，歪歪斜斜地扛着老掉牙的步枪，在广大无边的国土上没完没了地走来走去。"当时美国陆军名义上存在9个步兵师，但只有第1、第2和第3师具有步兵师的基本框架，其余仅为力量不足的旅。第1和第2骑兵师各为1200人，装备也少得可怜，仅有的一个机械化旅（第7旅）和一些其他零散部队。当时陆军装备和武器供应不足，仍然使用M1903斯普林菲尔德步枪和一战时期的战壕迫击炮；车辆也严重不足，使这些步兵师严重缺乏训练。实际上当时美国没有军级部队，几乎不存在集团军级部队，更没有统帅部直属部队，而这些大的战术单位却是必需的。正规陆军得到了国民警卫队的支援，当时国民警卫队约有20万人，但其训练水平同正规军一样值得怀疑，因为他们一年中只经过48个夜晚以及2周野外的训练。在1940财政年度，正规陆军士兵由17.4万人扩充至21万人的工作已经开始，并且政府批准增强空中力量和巴拿马驻军实力。波兰的陷落导致了有限紧急状况的出现，总统下令尽快将正规陆军兵力从21万人扩充到22.7万人，这个目标在1940年2月得以完成。1940年7月，正规陆军实力达到了243095人，这时的常备军以短期应征士兵为基础组成，由约14000名专业军官团队领导。当时国民警卫队的实力是226837人，由符合陆军部标准经训练的平民志愿者组成，每个夏季进行2周的野外训练。后备部队则仅停留在纸面的动员计划上，包括预备役军官，后备队共有104228人可供使用，1940年前主要由预备役军官训练团和平民军事

▲ 二战美国陆军征兵海报。

战术单位	编制	指挥官
班	12	陆军下士
排	50	陆军中尉
连	200	陆军上尉
营	900	陆军少校
团	3200	陆军上校
师	15000	陆军少将
军	75000	陆军中将
集团军	300000	陆军上将

▲ 上表概略表明了主要军事组织的人员编制情况，及其对应指挥官军衔。

训练营毕业人员组成。在1940年早春，德国迅速占领丹麦、挪威、比利时和荷兰。6月，法国被打败，美国意识到了危险程度正日益严重。作为应对，美国国会第一次表决将陆军增至28万人，紧接着，应马歇尔的要求又批准增至37.5万人，并开放大批训练营，开始逐步动员工业力量。1940年8月27日，国会批准授权总统征召国民警卫队和后备队服现役一年，9月14日通过了伯克-沃兹沃斯议案，这是和平时期第一个征兵法律草案，授权组织140万人的军队。当时正值欧洲战事全面爆发，美国陆军小幅扩充到了291031人，包括224117名国内士兵和66914名大陆之外的士兵。在一次广播中，马歇尔说道："在历史上，我们第一次在和平时期开始为可能到来的战争备战。"美国的驱逐舰驶往英国，启动了《租借法案》，1941

年7月1日，陆军完成了140万人的目标，但这些新兵只得到了有限的装备和训练。当美国卷入第二次世界大战的时候，美军陆军的总兵力增加到160万人。在珍珠港事件发生后，美国迅速开展了大规模的重整军备运动，下令所有年龄在20岁到45岁之间的男子进行兵役登记；年龄在45岁至65岁之间的男子进行后备劳务登记。新的兵役法还规定，所有正在武装部队服役的男子均需要在整个战争期间服役，另外还要延长6个月的服役期。1942年6月又把义务役的年龄降低到18岁。美国战争机器的增长速度是惊人的，当战争自"珍珠港事件"开始持续了18个月的时候，也就是1943年6月，美国军力就已达到了历史上从没有过的规模，仅陆军的实力就增长了500万人。这种扩大的规模是无法想象的，举一个例子，陆军航空队扩大了12000%，工兵扩大了4000%！1945年9月，美国陆军兵力达到了最高峰，此时陆军共有8268000名军职人员和1881000名文职人员，其中4428899人在美国大陆以外服役，包括1942年5月14日成立的陆军妇女队，而整个美军武装力量总数是12350000人。战争中，美国陆军地面部队共有11个集团军，27个军；美国陆军航空部队共有16个航空队，234个作战航空大队，共225.3万人，63751架飞机。

指挥系统

美国总统是美国武装力量的最高统帅，总统通过他任命的部长和总参谋长行使其指挥权。陆军参谋长直接指挥陆军三个主要部分：

陆军地面部队（Army Ground Forces）缩写为AGF，包括步兵、炮兵等。

陆军航空部队（Army Air Forces）缩写为AAF。

军需勤务部队（Services of Supply），后称为陆军勤务部队（Army Service Forces），缩写为ASF，包括军需、工兵等。

当马歇尔于1939年9月出任美国陆军总参谋长的时候，他沿用了以前的总参谋部人员结构，并对一些过时的设置进行了调整。当时总参谋部的计划是由1921年潘兴（Pershing）参谋长和哈博德委员会（Harbord Board）制定的，当时他们推定未来战争仍然是类似一战的模式，并在此基础上做出指挥和管理安排。为了应对即将到来的全球战争，马歇尔决心扫除旧体制，创造一个全新的、可以应对现代全球战争的军队结构。从马歇尔接手陆军开始，到1941年6月，陆军部的组织仍然未曾改变。老陆军部仍然是基于过时设想的产物，认为未来战争只会在单一地区打响，而且认为总统和陆军部长仍然会遵循一战时的做法，委任具有广泛权力的职业军官去指挥战争，这可是大错特错了。像以前的美国总统一样，作为美国武装部队总司令的罗斯福总统，可以选择扮演更加积极的角色，而不是在边上静静地观看。事实上，作为总司令，罗斯福总统喜欢直接行使他的权力，总是直接联系马歇尔，而很少通过陆军部长史汀生。马歇尔的主要角色变成了总统的战略和行动顾问，这导致了史汀生和马歇尔之间的不和。但幸运的是，在经过了最初几个问题后，俩人之间建立了密切而深厚的情谊，它们的合作也为指挥系统的顺畅运行减少了阻碍。在马歇尔的努力下，参谋部变成了全球作战指挥中心。在大战期间，美国陆军参谋部主要部门设置情况为：陆军参谋部在参谋长的领导下，设副参谋长和助理参谋长数人、秘书数人、职能部部长数人。其职能部门分为一般参谋部门、特业参谋部门和秘书处。一般参谋部门设有人事部（G-1）、军事情报部（G-2）、作战与训练部（G-3）、供给部（G-4）和战争计划部（战争期间改组为作战部）。特业参谋部门则负责后勤、行政和兵种业务。参谋长、副参谋长、秘书和一般参谋部门组成陆军参谋长办公厅。

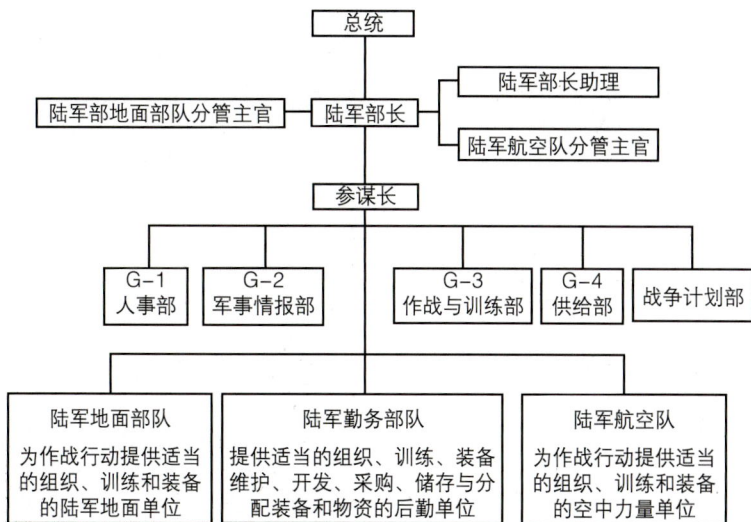

乔治·卡特莱特·马歇尔
(1880.12.31-1950.10.16)

美国陆军参谋长（1939.9.1-1945.11.18），在二战期间，参与组织指挥盟军在各个战区实施的历次重大战役，被誉为"胜利的组织者"，1944年1月3日当选美国《时代》杂志的封面人物，1944年12月晋升新设的美国最高军衔五星上将。

莱利斯·詹姆斯·麦克奈尔
(1883.5.23-1944.7.25)

1939年4月至1940年7月任指挥与参谋学院院长，1940年7月至1942年3月任总司令部作战训练部参谋长，1941年6月晋升中将，1942年3月任陆军地面部队司令。

布里恩·伯克·萨默维尔上将
(1892.5.9-1955.2.13)

1941年任G-4助理参谋长。1942年2月28日出任陆军后勤部队司令，晋升中将。1945年3月9日晋升上将，是美国历史上第一个获此军衔的工程兵军官。

亨利·哈里·阿诺德
(1886.6.25-1950.1.15)

陆军航空部队司令，1938年9月至1940年10月任美国陆军航空兵司令，1940年10月至1942年3月任负责航空事务的陆军副参谋长兼陆军航空兵司令，1941年7月航空改组陆军航空部仍由其指挥，1942年3月陆军改组任陆军航空部队司令，1944年4月兼任第20航空队司令，1944年12月晋升五星上将军衔。

步兵师

第一次世界大战结束后，陆军就开始重新研究那次战争中庞大的步兵师。1917-1918年的步兵师具有潘兴将军所希望的很强的持续战斗能力，但也过于臃肿，难于进行运动和支援。战争结束后，潘兴将军着手研究规模小些，但更加灵活、更适于野战的师，他对此十分重视，并且提出要实现完全机械化。这个研究成果导致了三团的"三角"师建立，同时也取消了旅，取消了两旅四团制的"方形"师计划。1935年，这一新建制在原则上获得了批准。1937-1939年，经过野战训练，新建制师的样板被建立了起来。新的步兵师兵力约15500人，在战争开始后，可以使用车辆进行机动。步兵师是美国陆军在战场上可以持续作战的基本组织，同时也是达成战略目标的最小单位和可以依靠的有机手段。步兵师可以由空中力量与军级单位提供支援，例如坦克歼击车和坦克营、工兵和其他战斗支援单位。标准的步兵师由3个步兵团，提供支援的4个野战炮兵营以及其他包括1个机械化侦察队等单位组成。1942年和1943年，美军两次对步兵师的编制进行了调整，步兵师的编制进一步缩小，但由于战事影响，并没有完成全部的调整。1943年，步兵师的实力缩减了8%，达到14253人。武器变化包括37毫米反坦克炮被57毫米炮所替代，105

正准备登船参加诺曼底登陆的美国第1步兵师官兵。此时士气正高。

毫米榴弹炮取代了老式的75毫米野战炮，M1伽兰德半自动步枪变为主力步枪，巴祖卡火箭筒被大范围采用（步兵师拥有数量达到了557具），装备挂有规定1/4吨拖车的吉普车也更多了。师部直属部门负责协调和管理师部连、宪兵排、轻型军械维护连、军需连和通信连。虽然步兵师的装备更加精良，拥有了更多的车辆，但仍不足以支持整个师的机动，因此也就需要获得额外的运输能力。在三个步兵团内，基本单位是12人的步枪班，装备10支M1步枪、1支BAR和1支M1903狙击步枪。3个班组成一个步枪排，3个步枪排和1个武器排共同组成一个步枪连。武器排装备3挺.30口径轻机枪和3门60毫米迫击炮，3具巴祖卡火箭筒和1挺.50口径重机枪，分别用于单兵反坦克、对地支援和对空防御。步枪连总实力为193人。一个营由3个这样的步枪连和1个重武器连组成，重武器连装备6门81毫米迫击炮，8挺.30口径机枪，7具巴祖卡火箭筒和3挺.50口径重机枪。营部直属连拥有一个装备3门37毫米或57毫米反坦克炮的反坦克排。整个营的实力为871人。一个步兵团由3个营组成，还包括一些团属单位——团部和团部直属连，野炮连（6门M3牵引式轻量型105毫米榴弹炮），反坦克连（12门37或57毫米反坦克炮和一个布雷排），以及负责为一线营提供运输补给的勤务营。3个步兵团组成"三角"师，拥有步兵9345人。师属炮兵拥有炮兵指挥部和直属连，指挥3个轻型炮兵营和1个中型炮营。轻型炮兵营，由营部和营部直属连、勤务连和3个炮兵连组成，每个炮兵连装备4门105毫米榴弹炮。中型炮兵营与轻型炮兵营结构类似，但3个炮兵连都分别装备了4门155毫米榴弹炮，整个师属炮兵实力为2160人。步兵师其他辅助单位包括侦察部队、工兵营、医疗营、军需连、军械连、通信连和一个宪兵排，加上附属人员，例如医疗人员和随军牧师，步兵师的总实力为14253人。随着大规模战争的进行，1944年，步兵师通常还配属以下一些单位：1个机械化骑兵侦察中队，1个或多个装备适当口径火炮的野战炮兵营，1个化学迫击炮营（装备4.2英寸化学迫击炮），坦克、坦克歼击或防空单位。这样的结果是，步兵师师长们经常会发现，他们实际上要指挥的人员远远超过了15000人。

▼ 下表列出了一个基本步兵师的组成

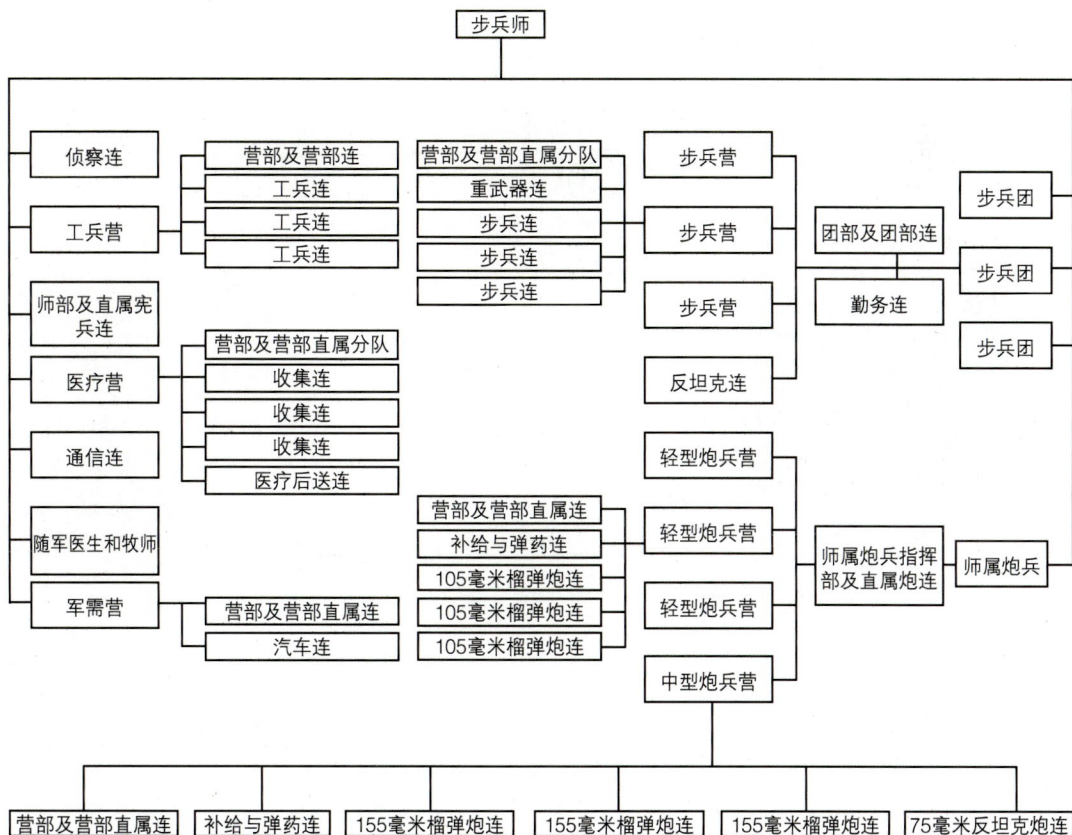

第二章

战时征兵

义务兵役登记

面对越烧越旺的欧洲战火，以及日益紧张的国际局势，1940年9月4日，美国国会通过一项提案，以加强其防御力量，开始实行一年的选征兵役制。地方征兵委员会（Local Draft Boards）负责登记和挑选所有20岁至36岁的适龄男性公民，为其将来服役做准备。在日本联合舰队空袭珍珠港后，1941年12月，兵役登记年龄扩大到20岁至45岁，然而在战争中，37岁至45岁的男子并没有被征召服役。随后在1942年4月对45岁至65岁男性公民进行了登记，紧接着又于1942年6月，将年龄扩大到所有年满18岁的男性，实际上在1942年11月以前18岁男青年并没有登记。最后截止到1944年6月下旬，总计对近2200万年龄在18岁到37岁之间的男性公民进行了兵役登记。

▶《陆军与你》是一本由军方发行的小册子，介绍一位平民如何转变为一名士兵。

▼ 另一本关于军事生活的民间图书，针对征召入伍人员及其家属。

THE ARMY AND YOU
US

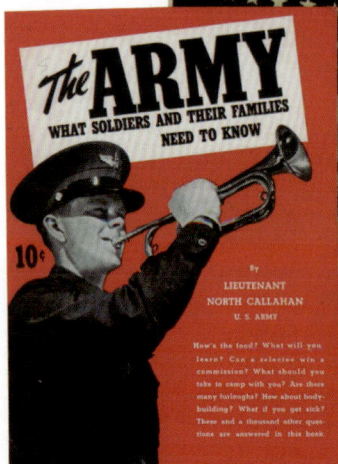
The ARMY
WHAT SOLDIERS AND THEIR FAMILIES NEED TO KNOW
10¢
BY
LIEUTENANT
NORTH CALLAHAN
U. S. ARMY

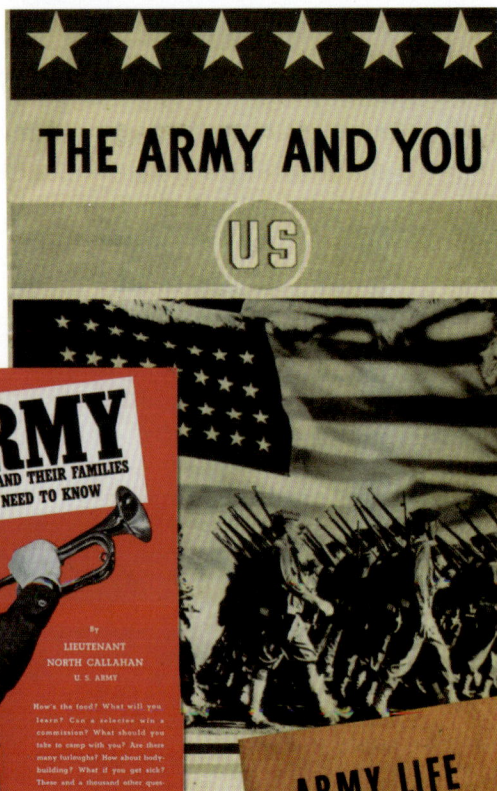
ARMY LIFE
WAR DEPARTMENT PAMPHLET 21-13 · 10 AUGUST 1944

▶《军队生活》是1944年版的老式士兵手册。

◀《选征兵役情况》是1945年发行的介绍二战兵役情况的图书。

▼ 这张地图背面印有陆军徽章，标明了美国本土陆军的主要兵营。

SSS

UNITED STATES

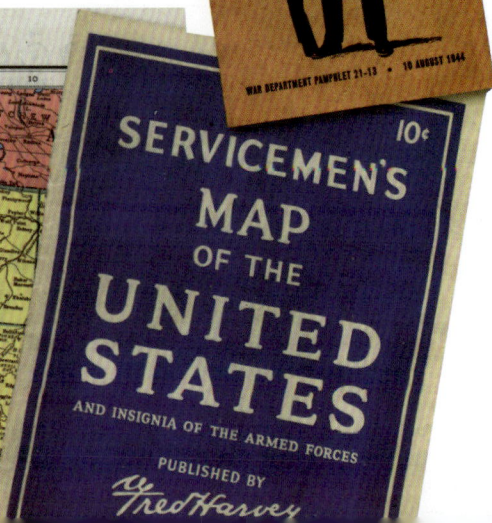
SERVICEMEN'S MAP OF THE UNITED STATES
AND INSIGNIA OF THE ARMED FORCES
PUBLISHED BY
Fred Harvey
10¢

志愿役

　　所有年龄在18岁至36岁之间的男子可以志愿加入正规陆军，可以和义务役一样将他们的志愿服役在兵役委员会进行登记。未满21岁的男青年服志愿服役，在入伍前必须征得其父母的书面同意。武装部队的所有兵种可以结合全国志愿者的登记情况征召志愿者入伍。

◀《同国旗一起服役》是一种由陆军征兵人员发放的小册子。

YOUR OPPORTUNITY
The
U. S. ARMY
Has Vacancies for Young
Men of Excellent
Character
APPLY
U. S. ARMY RECRUITING OFFICE
2 FEDERAL BUILDING
SAGINAW, MICHIGAN

▲ 1937年陆军征兵招贴画。

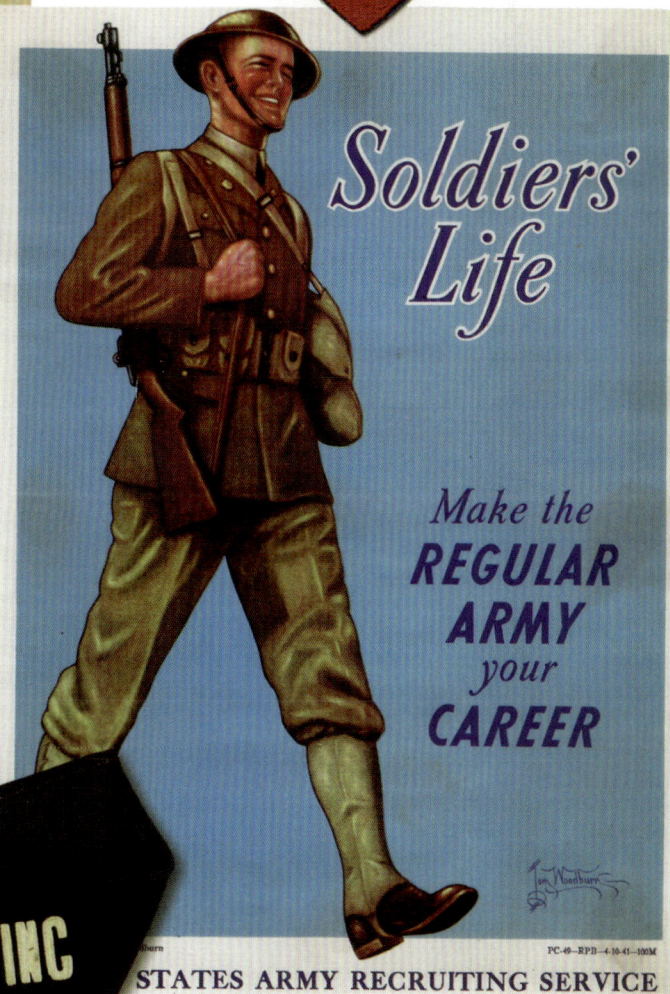

◀陆军征兵勤务部的臂章。

▼ 一幅1941年的大型征兵海报。

▼这本小册子意欲帮助一名新兵在陆军综合分类测试中获得高分。

◀ 由征兵队佩戴的深蓝色毛料袖套，像大多数征兵袖套一样，其尺寸为4英寸×18英寸，缝制的白色毛料字母约1英寸高。这种袖套佩戴在左衣袖上，经常使用一枚安全别针进行固定。

征兵管理步骤
选征兵役地方委员会

  每一位符合条件的公民都会受到当地地方委员会的审查，其任务是给他提供一个登记证明，并对其进行第一次身体检查。在经过测试和面试后，登记者将被判定是否适合服兵役。如果适合，这名"应征人员"将被责令在三个星期内到入伍兵站报道，并进行更加彻底的身体检查。

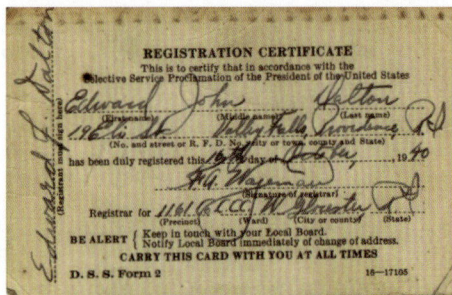

▲ 1940年10月16日发出的爱德华·约翰·沃尔顿（Edward John Walton）登记证。

◀ 出版于1940年9月23日的六卷本《选征兵役法》中的两卷：
第1卷：组织与管理
第2卷：登记
第3卷：分类与挑选
第4卷：输送与入伍
第5卷：资金
第6卷：身体标准

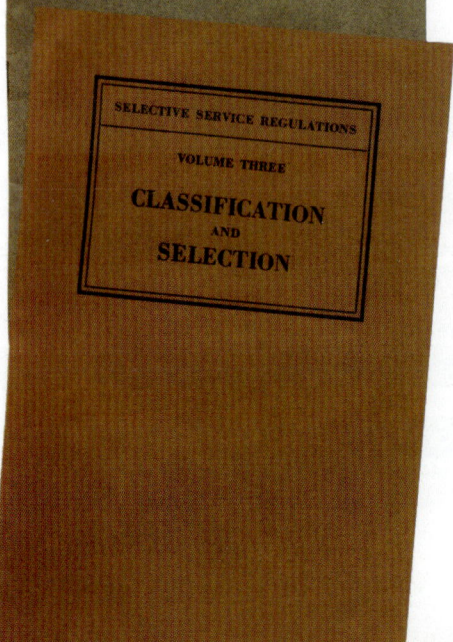

▼ 登记证的变型（D.S.S.2号表格，1941年6月9日修订）。

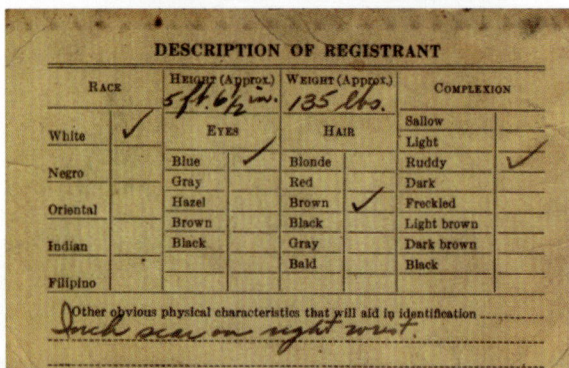

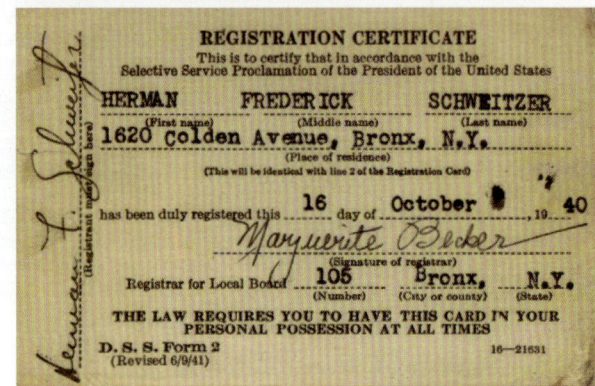

◀▶ 通知登记者进行身体检查（D.S.S.201号表格，1942年4月1日修订）的明信片。

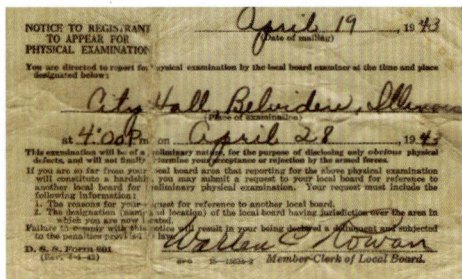

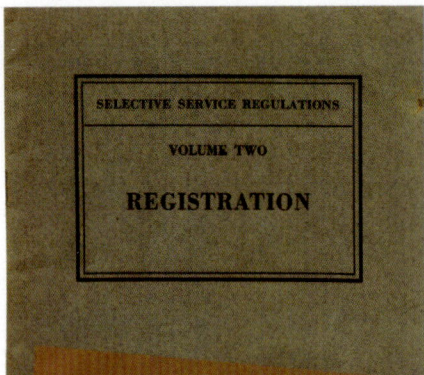

▲ 进一步的登记。征兵委员会将登记者和志愿者进行分类，共分为四类：
第1类，可供服兵役的。
第2类，因为重要的民事职业延期服兵役的。
第3类，免除服兵役的（供养家庭）。
第4类，因各种原因免除服兵役的（超龄，身体或精神障碍）。

▼ **入伍报道令（D. S. S. 150号表格，1942年7月13日修订）**
上：这是邮寄给奥维尔·约瑟（Orville Youssi）的入伍报道令，其所在的征兵委员会还给他提供了一张抵达入伍兵站的车票。
下：约瑟发给他工作单位——密尔沃基市（Milwakee，威斯康星州最大城市和湖港）警察局的信件，告知他们自己即将应征入伍。

▲ 官方发给乔·劳伦斯（Joe Lawrence）的信件，通知他目前的分类将受到审查。

▼ **入伍前体检报道令（D. S. S. 215号表格）**
从1944年2月开始，简化了征兵程序，由地方征兵委员会掌握的入伍前体检和后来的入伍兵站体检改为由陆军医师一次性体检。

入伍兵站

抵达兵站后，应征入伍人员将通过最后一次彻底的身体检查。如最后被判定适合服兵役，这名公民就将进入美国陆军服役，他将在7天后正式入伍，在此期间他可以返回家乡，在向接待中心报到前安排好个人事务。

▲▶这封信通知詹姆斯·斯莱特里（James Slattery），他被征召入伍并且安排了延期报到时间，在向纽约州厄普顿兵营（Camp Upton）接待中心报到前有7天的时间处理个人事务。所有关于接待程序的实际通知都印在通知书的背面。

◀▶预备役身份卡，制造发给服役年龄已达35岁，并且在国家紧急状态前已被征召服役过一年的人员。

▼邮给韦尔父母的卡片，通知他们的儿子已经同意服役，并且命令他向格兰特兵营（Camp Grant）入伍站报到。

接待中心

在接待中心，入伍人员将花掉几天时间。他将接受制服和配发的装备，并且参加陆军综合分类测试，这将帮助并确定他能更好地融入军队。下一步他将被转往补充中心，在分配往部队前要进行13周的基础训练。然而在战争最初阶段，许多新兵直接被分配给了部队进行基础训练。

▶ 新坎伯兰郡（New Cumber Land）接待中心的报纸，这个兵营由第3勤务司令部提供支持，这个司令部的臂章包含在报纸的刊名内。

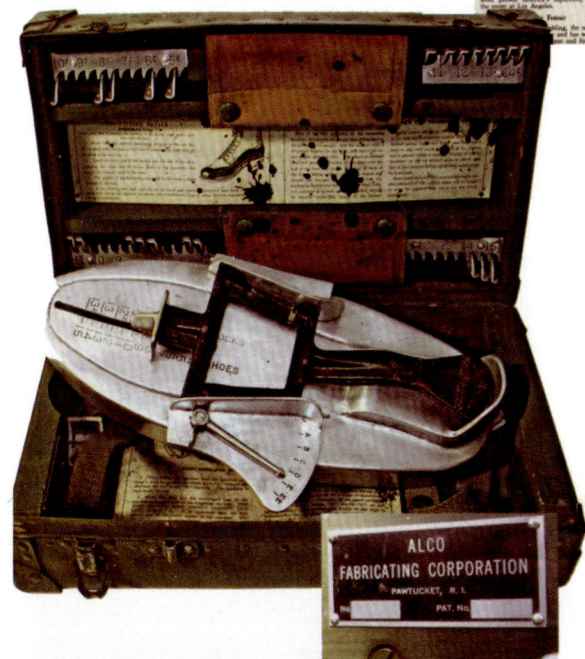

◀ M1937脚部测量设备

陆军于1918年采用第一种脚部测量器械，即"陆军鞋拟合设备"（Resco Army Shoe Fitting System）。这种装备可以确保精确测量脚长和脚宽，因此就可以给士兵配发适合的军鞋。这种设备采用黄铜制造，然后从1937年开始采用铝制，脚形模板可以显示刻度，测量脚长范围为4到15，脚宽从A到EE。用这种设备测量一名士兵的脚部尺码时，士兵脚部要穿上袜子，同时还有携带40磅（野战背包和武器的平均重量）的重量，使他的足弓尽可能压平。

▶ 这张明信片由格兰特兵营邮寄给韦尔的父母，告知他们的儿子已安全抵达。明信片下方的是在接待中心发给每位新兵的便条，让他们能记住自己的编号和连队。

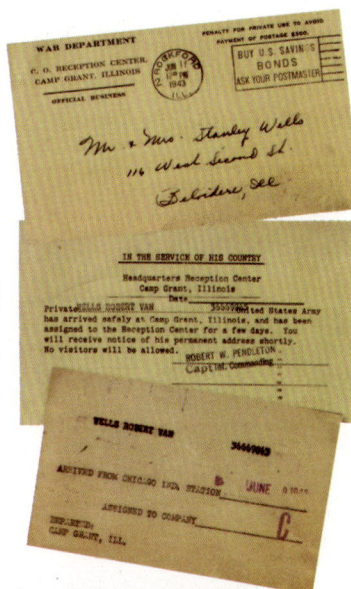

▲ 制造商标记和专利号特写。

◀ M1943男性脚部测量设备

使用这种新器械，双脚可以同时进行测量。另一种用于测量女性人员脚部尺码的测量设备也在1944年被采用，脚长范围为3到16，脚宽从AAA到EEEE。

第三章

训练营

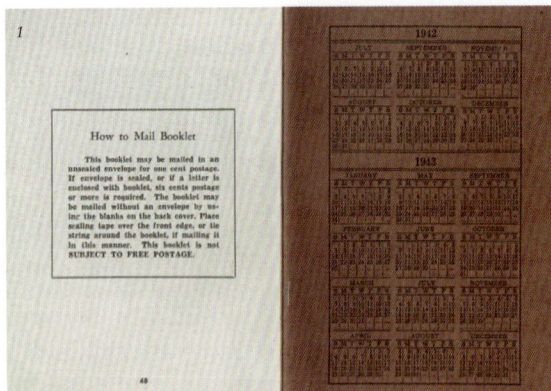

1、2、3：信息手册被分发给刚抵达训练中心的新兵。分配到位于约瑟夫·罗宾逊兵营（Camp Joseph Robinson）或麦克莱伦堡（Fort McClellan）的步兵补充训练中心(IRTC)的人将成为海外步兵部队或美国国内新组建师团的新鲜血液。

抵达营地

通过13周的基础训练，新兵将了解基本的军旅生活，例如按命令操练、守卫山峰、武器训练、整理装备和铺位等，他还将接受战场急救、毒气防护、拼刺格斗、地图读取等训练。一名新兵典型的一天从早晨5时40分被起床号叫醒开始，接下来的20分钟用来洗漱、穿衣、整理铺位和早晨点名。在早餐后，打扫卫生，为日常检查做准备；然后将开始实际的军事训练和体能训练，包括中午午餐时间。陆军的一天在傍晚17时降旗仪式中结束，新兵可以在23时熄灯前学习或放松，但有可能在晚间被突然从铺位上唤醒进行行军或夜晚训练。在基本训练期间，新兵将不断被评估，最有发展前途的人将被提拔到士官岗位或选择进入候补军官学校，而其中大部分人，下一步将被分配给某一部队。

▼ **MKIA1训练手榴弹**
一种中空的铸铁手榴弹壳，带有模拟引信和握片，用于进行MKⅡ破片手榴弹的投掷训练。为了使训练更加真实，一个可重复使用的拉环安装在假引信上，每24枚练手手榴弹装在一个包装箱中。

▶ 前身为一直运行到1943年9月的希南戈人员补充中心，即后来的雷诺兹兵营（Camp ReyNolds），于1942年建造，在战争结束时关闭，总计有超过100万名士兵通过这个训练营被分配到海外服役。
远右：超过10个师和无数个小部队在派往海外战区行动前在新泽西的迪克斯堡（Fort Dix）训练，在战争结束后，迪克斯堡成了一个退役中心，共退役了超过120万名士兵。

◀ 一本教官手册，罗列了所有训练器械和教学方法，提供给教官以帮助他们做好课前准备。

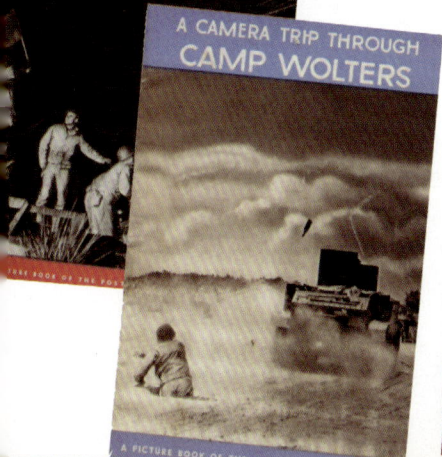

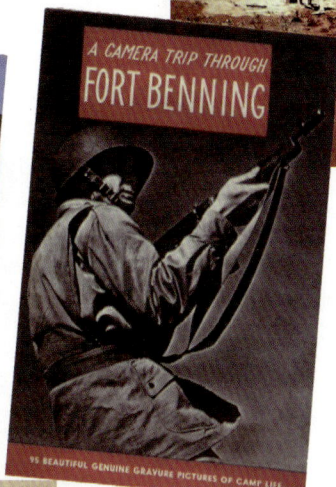

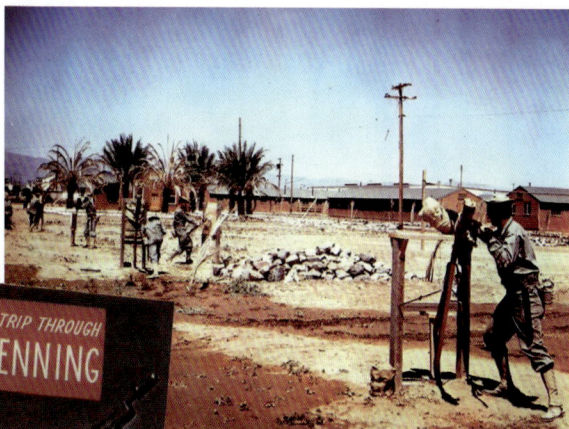

▲ 在演练期间，士兵正在通过刺刀训练科目。

◀ 组图：训练机构生活的纪念影集。德克萨斯州的布利斯堡（Fort Bliss）是防空炮兵训练学校。该州的沃尔特斯兵营（Camp Wolters）是步兵补充训练中心，本宁堡则是步兵的老家。该州在第一次世界大战就拥有一所步兵学校。

◀ 在美国印刷的报纸，分发给第71、89、104步兵师和第10山地师的人员，所有这些部队都在科罗拉多州的卡森兵营（Camp Carson）被组建起来。查菲兵营（Camp Chaffee）位于阿肯色州，是几个离开前往欧洲或太平洋部队的诞生地。

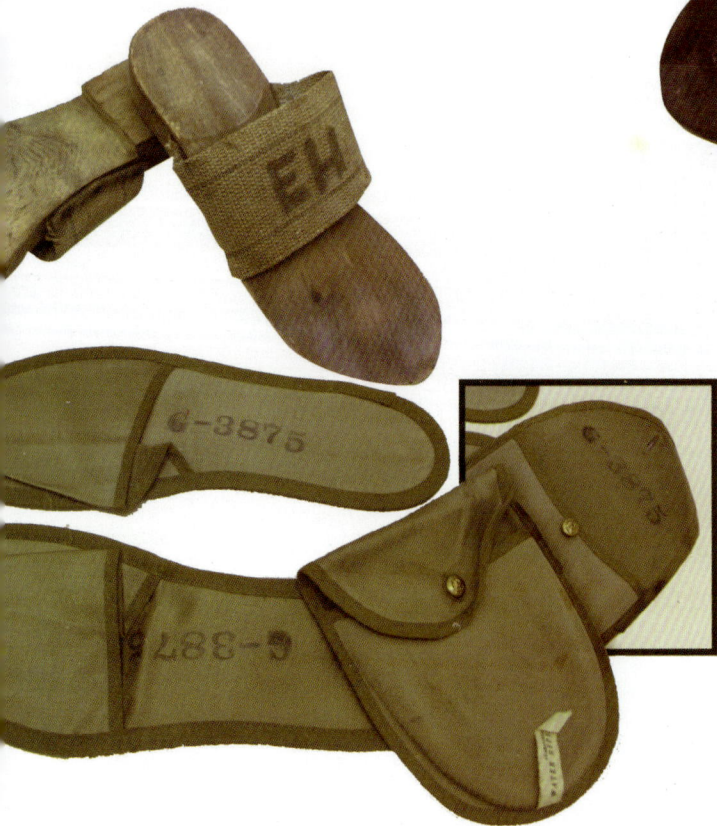

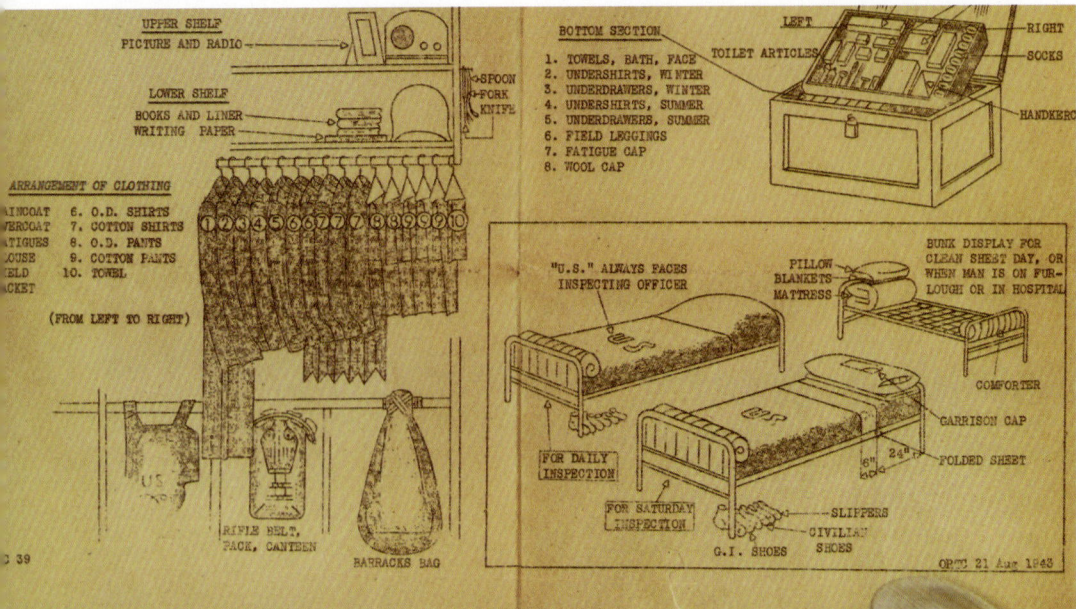

▲ 这份文件展示了应对检查或全班外出时制服与装备的摆放与陈列。
▶ 为了防止木质凉鞋在地板上嗒嗒作响，一名士兵把橡胶鞋掌和鞋跟钉在了鞋底。
▼ 木质与帆布材质的洗浴凉鞋。

▲ 表明一个班宿舍已准备好应对检查的官方图片。
◀ 私人购买的拖鞋，其主人将自己的陆军编号印在鞋底和携行袋上。

Stock No. 26-1-165 Lock Locker
Trunk Complete with Lock
and Keys-1 Each Lock Rivets Burrs
Cont. No196-QM43356. OCMD 4/27/43
Anglo Lock Co.,Terryville,Conn.

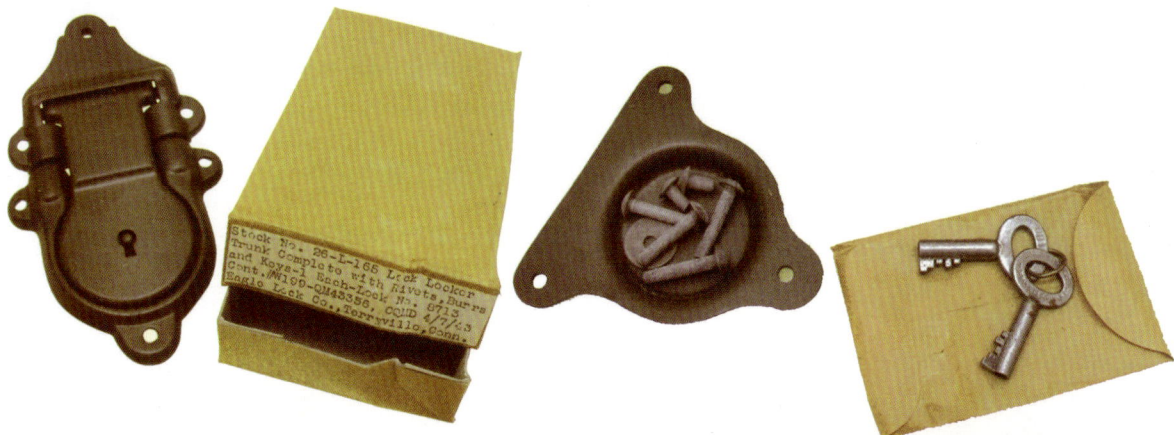

▲用于办公桌和记录柜的替换锁头。

▶一个展开的床脚箱，箱盖下面的图片来自1938年11月6日的《星期日新闻》，照片上是英国著名女演员玛高特·格拉哈姆（Margot Grahame，1911.2.20-1982.1.1）。短袜、手帕、个人小物品、盥洗用品可以储存在托盒内，其余的物品可以储存在顶部另一半的小格舱内，船形帽、绑腿、衬衣和毛巾放在底格间内。

▼非标准的胶合板结构床脚箱，带有2个皮革提手（一个在左端，另一个在一边）和1个正适合的箱锁。简洁的木质或胶合板床脚箱由陆军配发，带有4个金属箱角，并且采用挂锁闭合。

▼一名士兵的铺位已准备好应对周末检查。在一周内，第二条毛毯要盖在枕头上。当一名士兵外出或住院时，床垫、床单和毛毯需要摆放整齐，并放置在床头。

军事演习

在1940年5月和8月，为测试和增强大型部队的凝聚力，并且为应对大规模战争做准备，陆军部在路易斯安那州安排了两次演习，参加演习的部队包括正规陆军和国民警卫队。另一次演习（比以往任何一次规模都大）于1941年9月在同一地区举行，首次战术运用了卡车、航空兵和坦克，40万名士兵和飞行员首次尝到了战斗的滋味。在后来战争中，更多规模较小的演习每年在卡罗来纳州或田纳西州举行。

▼ 1942年由本宁堡发行用于一个野外课题的军事地图。

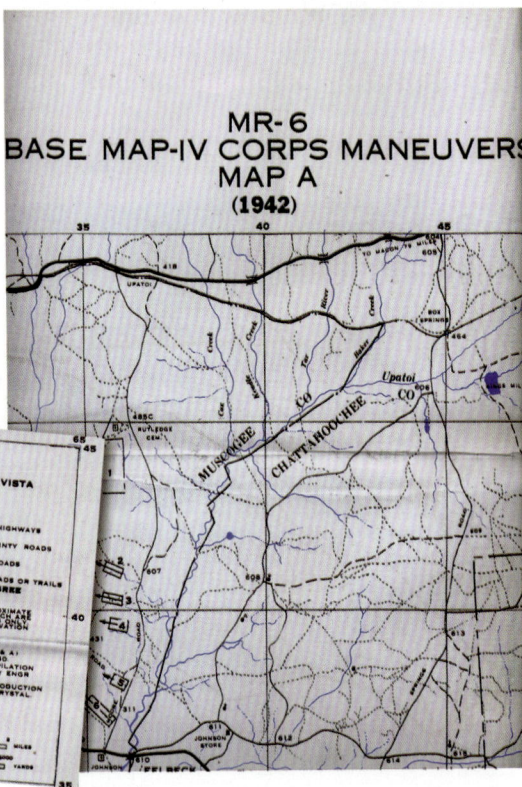

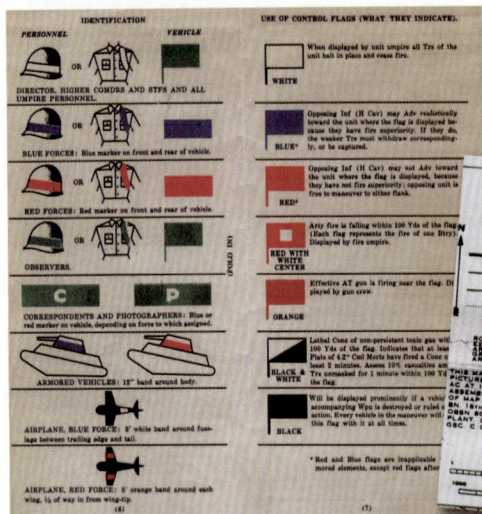

▲▼ 这种小册子发给参加军事演习的士兵，为其说明演习交战规则。

▼ 非官方的奖章，作为1942年路易斯安那演习纪念章。

▼ 用于演习裁判的2个手册。

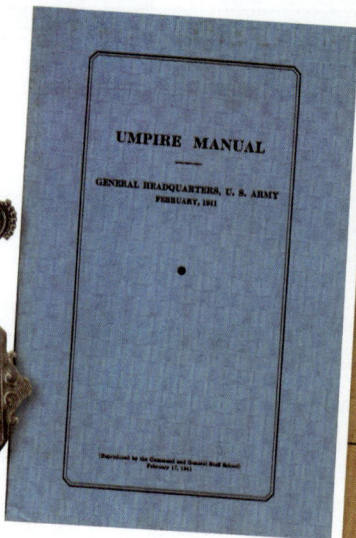

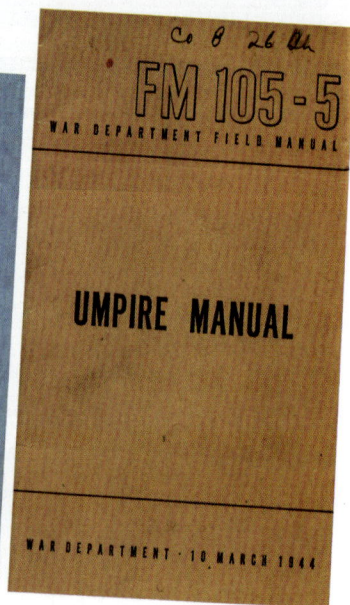

毕业证书

　　在基本训练结束后，连队指挥官将选拔优秀士兵晋升填补士官空缺或作为候补军官进行培养。从1942年9月开始，也可以指定新兵进行专业训练，在经过几周学校训练后，会将其"任命"为与军士同级的技术人员。即使没有晋升为军士或成为技术员，一名优秀的士兵仍有希望通过其他途径获得晋升。

▶ 1943年8月21日，本宁堡步兵学校为新陆军步兵少尉毕业典礼而制定的计划。
▼ 这些人正在蒙默思堡(Fort Monmouth)通信兵学校学习SCR-188无线电台的操作。

▶ 1942年的指南向陆军应征人员描述了晋升的机会。
▼ 邮寄的毕业证书。

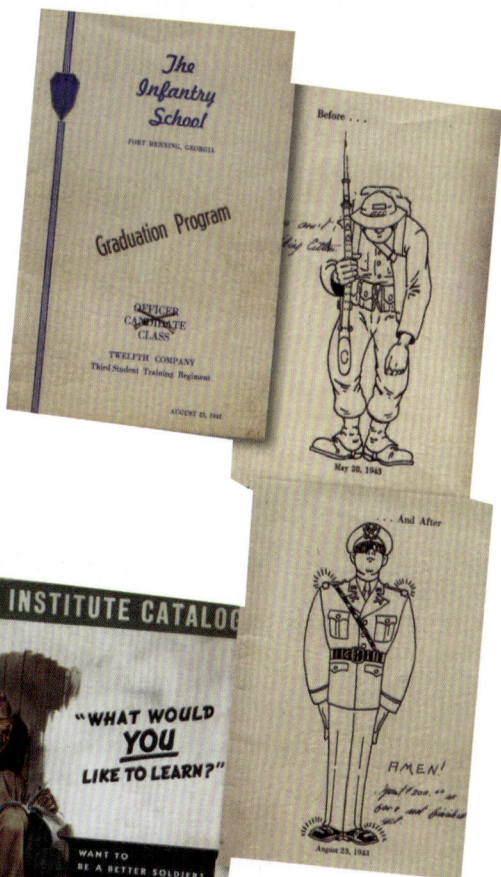

▼ 这份证书证明了保罗·约翰逊（Paul Johnson）已经通过了俄克拉荷马州西尔堡（Fort Sil）炮兵学校的候补军官课程毕业考试。

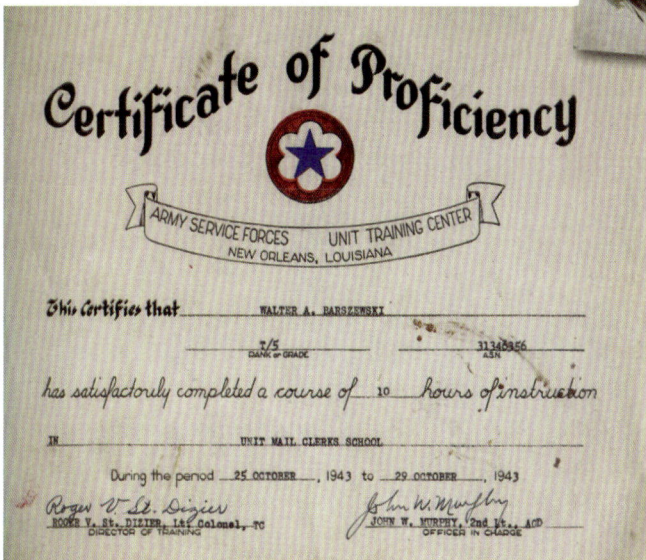

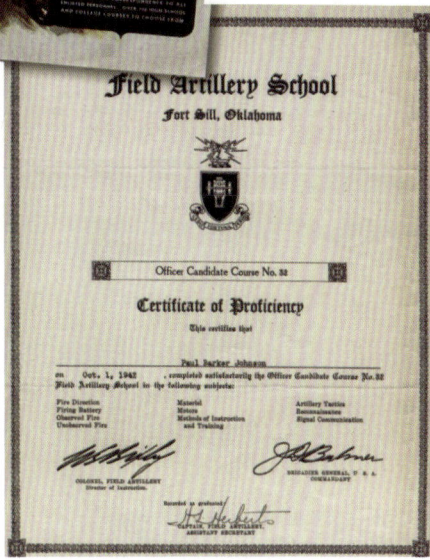

宗教

从战争一开始，陆军就确保每一位士兵，不管他是什么宗教信仰，都能有一个礼拜场所。在1940年，只有17座军队永久性教堂，等到1943年年底，就拥有超过了1500座教堂。大多数教堂符合标准建造计划，即在混凝土基础上的木质结构教堂，类似美国国内大多数教堂，拥有360个教民座位。

▶ 1943年8月1日在谢尔比兵营（Camp Shelby）医院教堂进行新教礼拜仪式的方案。

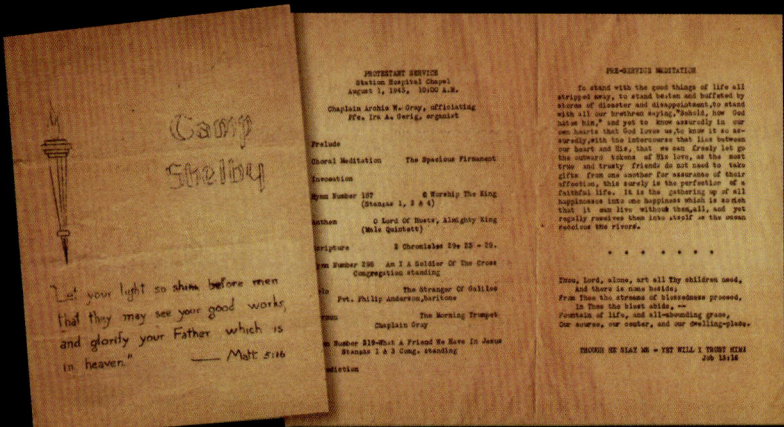

▶ 为位于北卡罗来纳州巴特纳兵营（Camp Buttner）第3步兵站人员提供宗教服务的时间表。

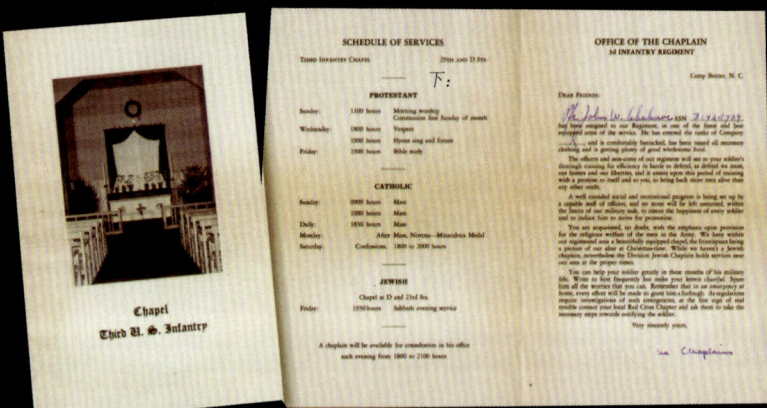

▼ 发给参加马里兰州乔治·米德堡（Fort George Meade）教堂周日早晨弥撒活动的士兵的小册子。

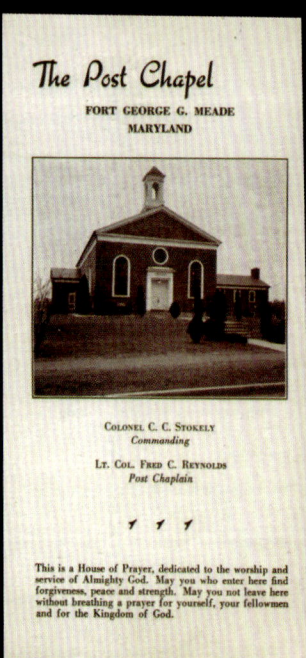

▼ 弗吉尼亚州李堡（Fort Lee）军需学校和罗伯茨兵营（Camp Roberts）在1942年圣诞节前夕的庆祝活动方案。

士兵经常在他们的"狗牌"挂链或细绳上携带宗教纪念章。

▶ 身份牌形状纪念章，带有新教祷文。

◀ 由一名路德新士兵携带的新教纪念章。

▶ 从左到右：天主教十字架；一名信奉天主教军人的血型和陆军编码雕刻在十字架的背面。

▶ 圣克里斯托弗天主教纪念章。

◀ 在一张一英寸宽的纸张上题有祷文并装在小金属管内的另一种宗教信物。

▶ 犹太教纪念章。

▼ 一名犹太教士兵的"狗牌"链上添加有一个挂饰。

▶ 一件"天堂的钥匙"形状的宗教饰品。

驻地生活

这两页展示的所有官方证件和徽章陈列，可以帮助我们了解查尔斯·史密斯的军旅生涯。作为新的陆军步兵少尉，他第一次是被派往加利福尼亚罗伯茨兵营（Camp Roberts）的步兵补充训练中心，然后被分配到德克萨斯巴克利兵营（Camp Barkeley）的第90步兵师第357步兵团。在晋升上尉时，他携他的妻子前往佐治亚的代尔兵营（Camp Adair），在那儿他加入了第104步兵师第413团。之后他随所在单位转至科罗拉多州卡森兵营（Camp Carson），在纽约登船前往欧洲前，至新泽西基尔默兵营（Camp Kilmer）完成集结。

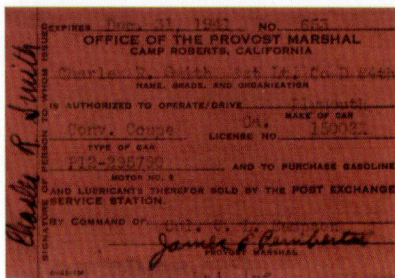

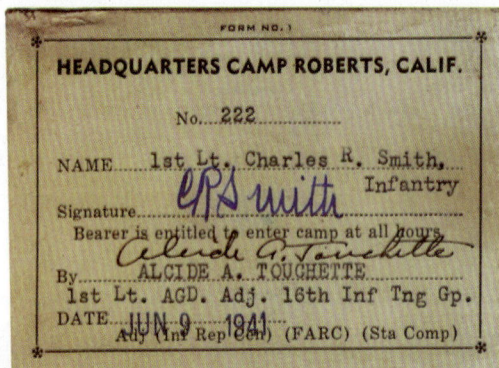

罗伯茨兵营
▲▶ 军官俱乐部的会员卡。
◀ 发给史密斯的永久通行证。

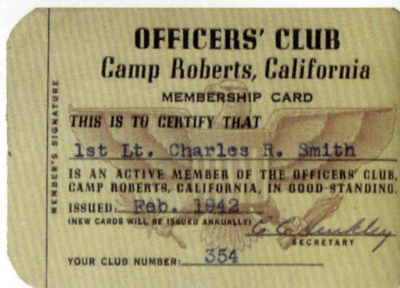

▲▼ 到罗伯茨兵营路途上的公共汽车票。

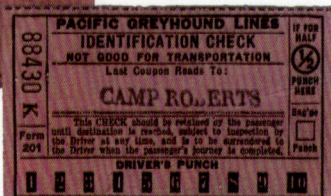

▲▶ 查尔斯·史密斯的正式陆军身份证。

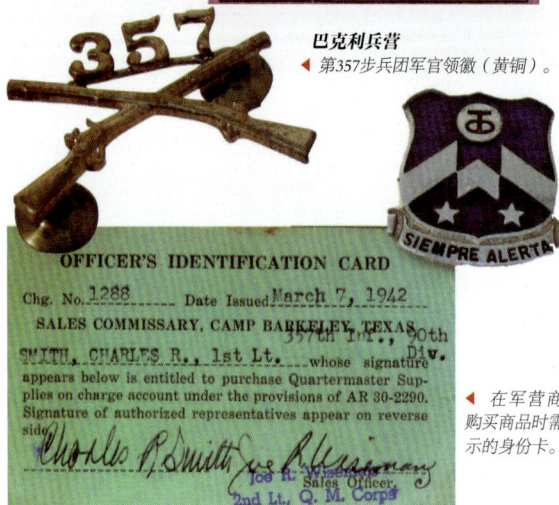

巴克利兵营
▶ 第357步兵团军官领徽（黄铜）。

▲ 陆军中尉的银质军衔条。

▼ 第90步兵师臂章。

◀ 在军营商店购买商品时需出示的身份卡。

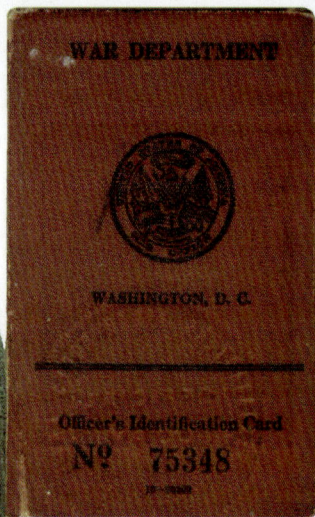

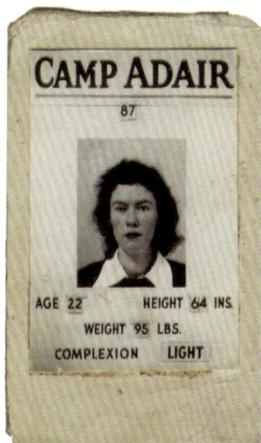

CAMP ADAIR

87

AGE 22   HEIGHT 64 INS.

WEIGHT 95 LBS.

COMPLEXION   LIGHT

代尔兵营

▶ 查尔斯·史密斯收到的胜利邮件。

◀◀▼ 发给史密斯配偶的通行证。

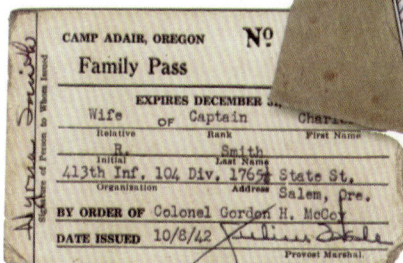

CAMP ADAIR, OREGON   No.

Family Pass

EXPIRES DECEMBER 3

Wife   of   Captain   Chara...
Relative   Rank   First Name

R.   Smith
Initial   Last Name

413th Inf. 104 Div. 1765 State St,
Organization   Address   Salem, Ore.

BY ORDER OF Colonel Gordon H. McCoy

DATE ISSUED 10/8/42   Provost Marshal

▼ 独特的第413步兵团徽章。

卡森兵营

▼ 邮寄给米尔娜·史密斯的军营商店证件，当时她的丈夫已经启程参加1943年末在亚利桑那州举行的演习。

▲ 第104步兵师臂章。

▲ 银质陆军上尉军衔条。

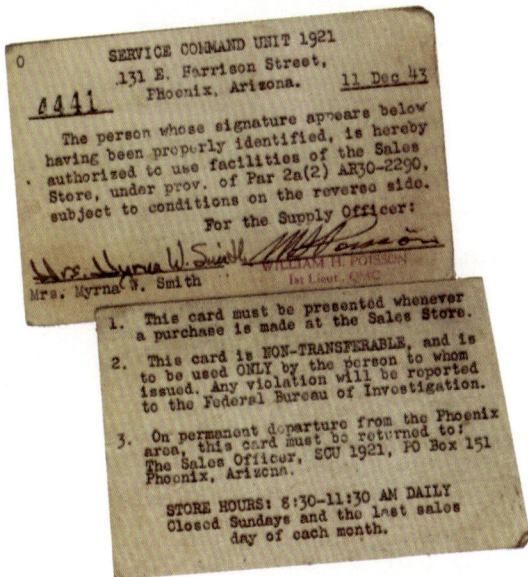

▼ 配发给米尔娜·史密斯的通行证。

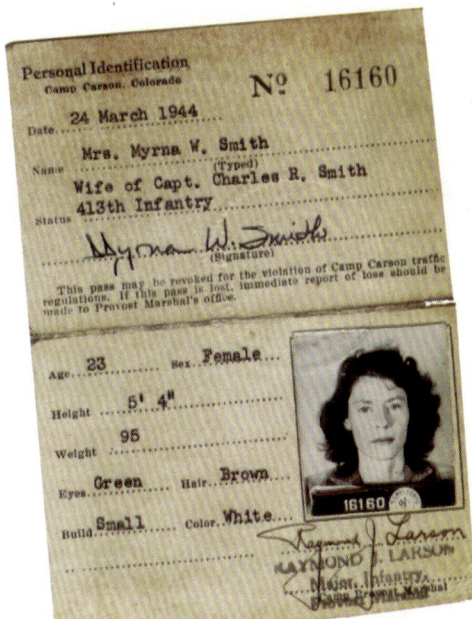

SERVICE COMMAND UNIT 1921
131 E. Harrison Street,
Phoenix, Arizona.

0441   11 Dec 43

The person whose signature appears below
having been properly identified, is hereby
authorized to use facilities of the Sales
Store, under prov. of Par 2a(2) AR30-2290,
subject to conditions on the reverse side.

For the Supply Officer:

WILLIAM H. POISON
Mrs. Myrna W. Smith   1st Lieut. QMC

1. This card must be presented whenever
   a purchase is made at the Sales Store.

2. This card is NON-TRANSFERABLE, and is
   to be used ONLY by the person to whom
   issued. Any violation will be reported
   to the Federal Bureau of Investigation.

3. On permanent departure from the Phoenix
   area, this card must be returned to:
   The Sales Officer, SCU 1921, PO Box 151
   Phoenix, Arizona.

   STORE HOURS: 8:30-11:30 AM DAILY
   Closed Sundays and the last sales
   day of each month.

Personal Identification
Camp Carson, Colorado   No. 16160

Date   24 March 1944

Name   Mrs. Myrna W. Smith
                (Typed)
            Wife of Capt. Charles R. Smith
Status   413th Infantry

            Myrna W. Smith
                (Signature)

This pass may be revoked for the violation of Camp Carson traffic
regulations. If this pass is lost, immediate report of loss should be
made to Provost Marshal's office.

Age   23   Sex   Female

Height   5' 4"

Weight   95

Eyes   Green   Hair Brown

Build   Small   Color White

RAYMOND J. LARSON
Major, Infantry

士气

▼ 钓具，在河流或海洋垂钓捕鱼时使用，由陆军特别服务处提供给正在休息或疗养的士兵。

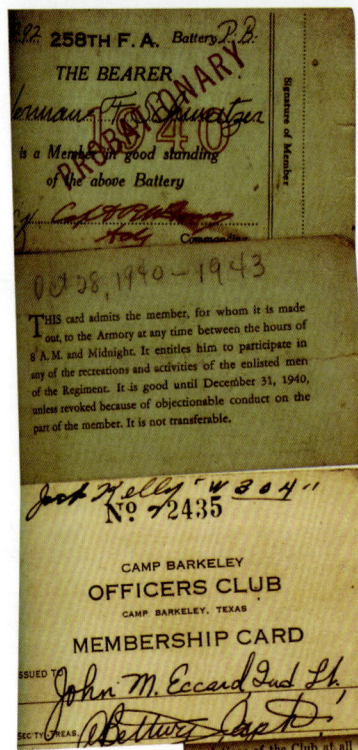

▲ 这些工艺指南由《大众机械师》（Popular Mechanics）为陆军特别服务处出版。

◀ 士兵俱乐部的会员卡，这些俱乐部在不值勤时开放，非常受士兵的欢迎。士兵在这里可以吸烟，享受清凉的饮料，玩牌，做运动，阅读或听音乐。

▶ 五级技术军士托马斯·麦奎格恩斯（Thomas McGuiggans）是李堡军需学校士官俱乐部的成员。

▲▲▶ 德克萨斯巴克利兵营军官俱乐部每月的费用为1美元。

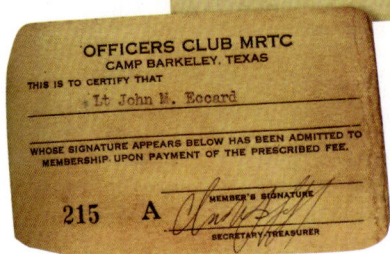

▶ 北卡罗来纳州布拉格堡（Fort Bragg）军官俱乐部的图片明信片。

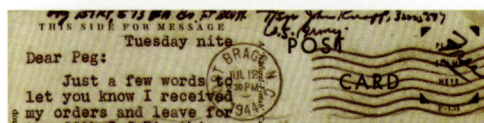

交易商店

由陆军交易勤务管理的陆军军人福利社（PX）是一种像商店一样的大型杂货店，士兵可以在这里以最高限定价格购买到糖果、烟草、洗漱用具等商品。

组图：各种果味的糖果点心。

▼ 在陆军军人福利社贩卖的各种桶装烟草的金属罐。

▶ 组图：12张一盒的卷烟纸。

▶ 24件一盒的各种尺寸规格的烟斗，由新泽西帕特森注册烟斗公司制造。

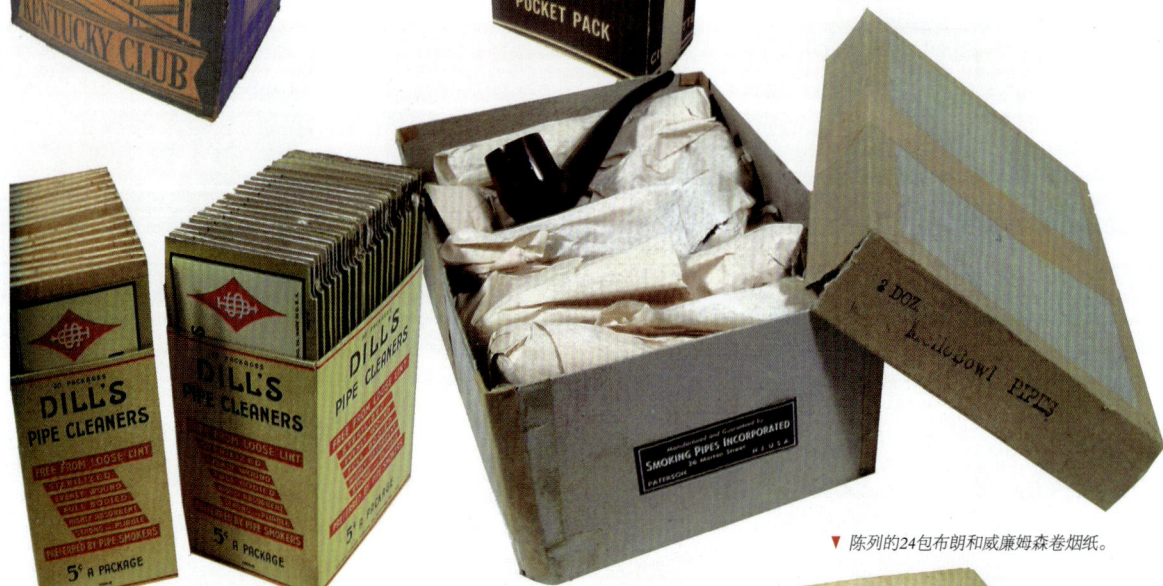

▼ 陈列的24包布朗和威廉姆森卷烟纸。

▲ 打开陈列的20包烟斗清洁剂。

香烟包装盒，注意切斯特尔德（Chesterfields）和好彩（Lucky Strike）香烟包装盒上的圣诞节设计图案，以及在200支装和400支装菲利普·莫里斯（Philip Morris）香烟包装盒上带有"特别战时紧急"字样。

◀ 老黄金牌（Old Gold）香烟包装盒。

◀ 发行的陆军军人福利社的配给卡，以对烟草、糖果点心、洗漱用品的使用进行控制。这张配给卡于1944年4月发给一名炮兵上尉，有效期为8周。

◀ 菲利普·莫里斯香烟。

▶ 胡桃牌（walnut）香烟。

▲ 长红牌（Pall Mall）香烟包装盒。
▲ 清凉牌（KOOL）香烟包装盒。

▶ 陈列展示的雷利（Raleigh）香烟包装盒。

▲ 组图：12管装剃须膏包装盒。

▼ 装有6个内装12管剃须膏盒的瓦楞纸板箱。

▲ 装有12个12管剃须膏的盒子，
即内装144管剃须膏的大纸板箱。

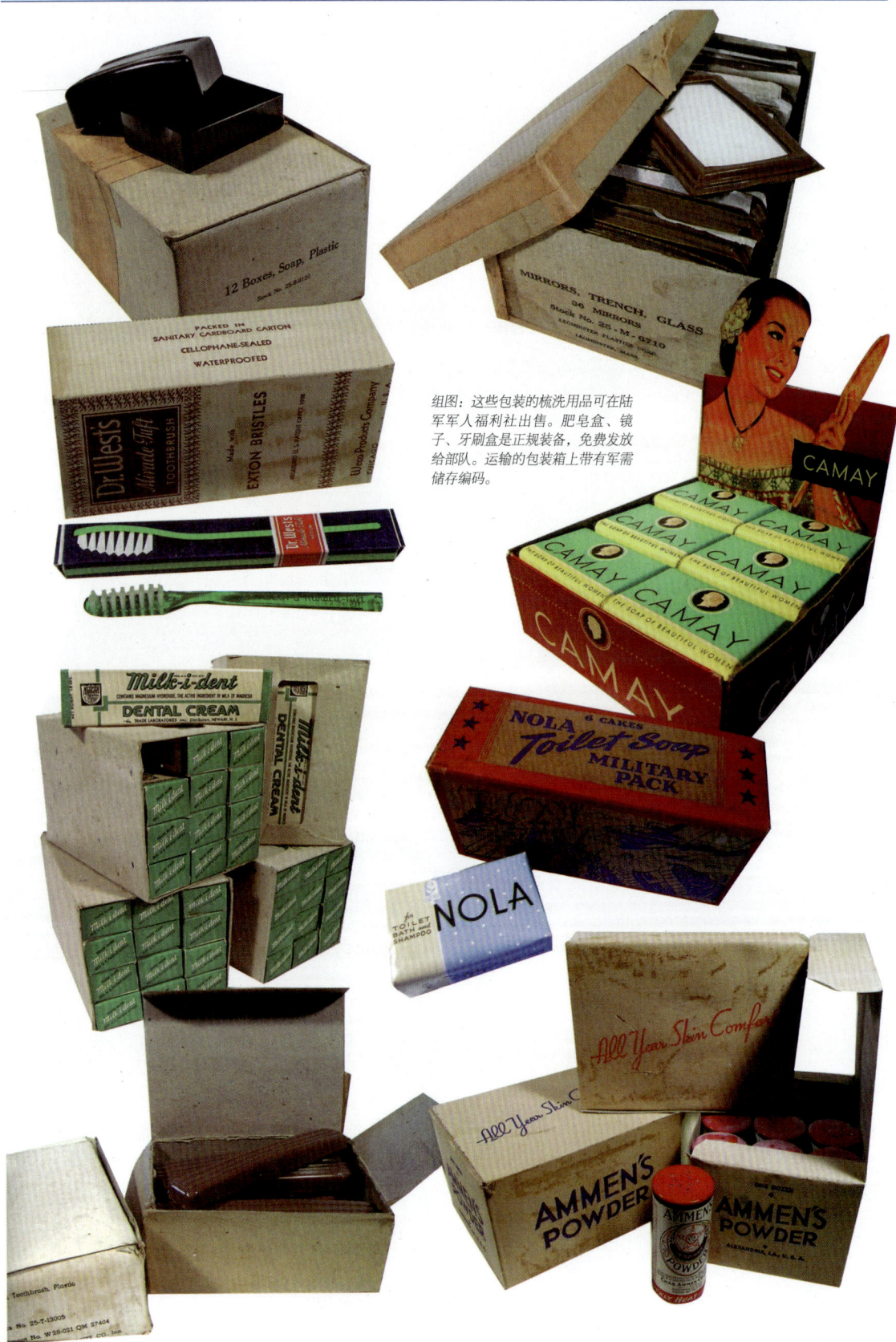

12 Boxes, Soap, Plastic
Stock No. 22-B-4120

PACKED IN
SANITARY CARDBOARD CARTON
CELLOPHANE-SEALED
WATERPROOFED

Dr.West's
Miracle Tuft
TOOTHBRUSH

Made with
EXTON BRISTLES

MIRRORS, TRENCH, GLASS
36 MIRRORS
Stock No. 22-M-6710

组图：这些包装的梳洗用品可在陆军军人福利社出售。肥皂盒、镜子、牙刷盒是正规装备，免费发放给部队。运输的包装箱上带有军需储存编码。

CAMAY
CAMAY
CAMAY
CAMAY
CAMAY
CAMAY
CAMAY

Milk-i-dent
DENTAL CREAM

Milk-i-dent
DENTAL CREAM

6 CAKES
NOLA
Toilet Soap
MILITARY PACK

NOLA
for TOILET BATH and SHAMPOO

All Year Skin Comfort

AMMEN'S
POWDER

AMMEN'S
POWDER

ONE DOZEN

AMMEN'S POWDER

Toothbrush, Plastic

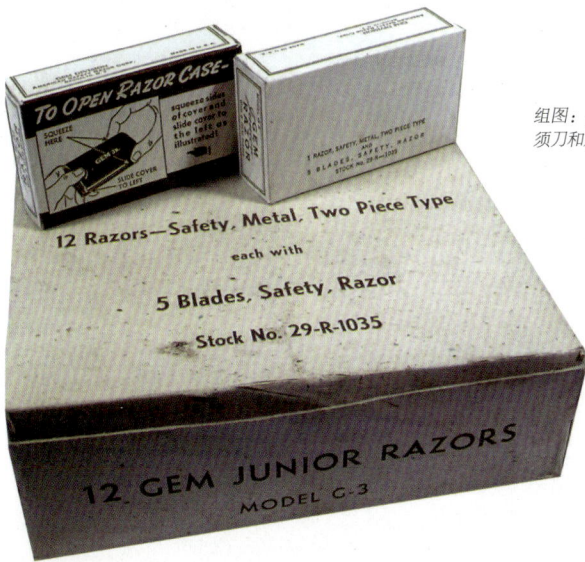

组图：由陆军军人福利社发放的剃须刀和剃须刷。

组图：剃刀片包装盒，除了吉利剃刀片，所有刀片的包装都是内装20盒小包的包装盒，每小包中装有5片刀片。

在陆军军人福利社或靠近兵营的任何廉价商店，军人都能买到各种饰品和纪念品——带有其服役的兵种或单位徽章，或者是他们所在兵营的名称。这些礼物通常通过邮寄赠给他们的亲属，或者在休假时买来带回家去。

FORT BRAGG
N.C.

▲ 这是一面北卡罗来纳布拉格兵营的纪念锦旗。该兵营最初于1918年建立，后于1922年变成布拉格堡名义下的一个永久陆军兵营。在二战中这里变成了入伍和训练中心，是许多著名部队的老家，像第9步兵师、第2装甲师、第82和第101空降师。

U.S. ARMY CAMP LEE, VA.

▲ 作为在第一次世界大战中建立的培训中心，弗吉尼亚的李兵营于1941年变成了军需学校。

▶ 一条纪念围裙。

To My Wife
My darling little wife
You've made all my dreams come true
She blesses all my life
Her name is only "You"

You are my partner sweet,
You share in all I do,
And make my joy complete
By simply being You!

CAMP HOWZE, TEXAS.

◀ 一名驻扎在德克萨斯州毫泽兵营（Camp Howze）的士兵买给他妻子的枕巾，这个兵营可以容纳40000人，是美国最大的训练营之一。

▼ 许多纪念品，像这条围巾和镜子，都带有美国陆军标志，出售时已带有邮寄用的包裹。

GLASS
HANDLE WITH CARE
FROM
TO

REMEMBER ME
U.S.A.

FRAGILE
HANDLE WITH CARE
FROM
TO

SWEETHEART
U.S.A.

FROM
TO

U.S. ARMY

▶ 金属胭脂粉盒，装饰有各种不同的爱国或军事图案，这是一种非常受女性喜爱的礼物。

◀ 这2件紧俏的纪念品装饰有信号旗和火炬交叉的通信兵徽章。

▼ 这条刺绣手绢是一名士兵送给母亲的礼物。

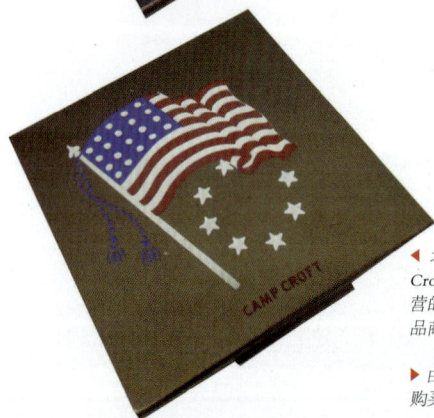

◀ 北卡罗来纳州克罗夫特兵营（Camp Croft）的纪念品，这种紧俏的纪念品在兵营的福利社和兵营所在地最近城镇的小饰品商店出售。

▶ 由里普利兵营（Camp Ripley）一名士兵购买的小物品，作为送给母亲的礼物。

▼ 一名美军现役士兵的妹妹收到的手绢袋，当时这名士兵驻扎在谢尔比兵营（Camp Shelby）。谢尔比兵营是几个美军师的老家，这些师在前往欧洲前在这里组建或训练，像第65、第69、第85、第94和第99步兵师。

陈列在这里的是一些廉价的饰品，在战争期间生产了类似的众多样式的饰品。

▼ 组图：一名军人的爱人能够收到的这种军官帽子形状的金属饰盒，内部镶有一个裁剪的军人快照。

▼ 这件独具魅力的手链表现了各军兵种的正式徽章。

▲ 爱国胸针，一种基本爱国设计图案，带有服役的兵种徽章，或者带有兵营、要塞的名字。

▼ 心形或书形的金属饰盒。

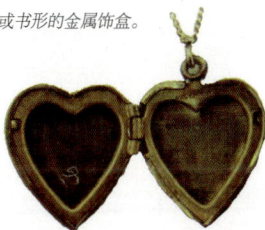

▼ 胸针上的这个士兵戴着战前样式的钢盔。

▲ 这件手链小饰品带有可以装照片的小隔间。
▼ 带有兵种徽章的爱国胸章，分别为军需兵、工兵、通信兵的徽章。

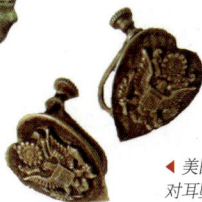

◄ 美国印章复制在这对耳坠上。

▶ 这张滑稽的图片由哈特兰塑料公司制造，是表现"吉劳埃"传说的很好的例子。"吉劳埃在此"（Kilroy was here）是一种涂鸦，出现在战争冲突中美国军人到过的任何地方，可以直接认为是"本人到此一游"的意思，一起还带有一个在墙上绘制的大鼻子图案。当美军向前推进和就近宿营时，通过墙上这个短语和图画，他们能认识到其他美国人已经来过了。这个传说来自一名虚构称为吉劳埃的士兵。作为美军参与第二次世界大战这一全球战争的象征，吉劳埃是美军士气的重要组成部分。

▶ 这件"张口器盒"是由芝加哥的菲仕乐公司（HFishlove& Co.）制造的产品之一，这个公司的许多产品专门针对军人。

◀ 吉劳埃徽章上的文字鼓励公民去购买战争债券。

▶ 一件小型的妇女衬裙上也带有当时盛行的典型反纳粹幽默。

▼ 这件开信器被做成了M1905骑兵马刀的形状。

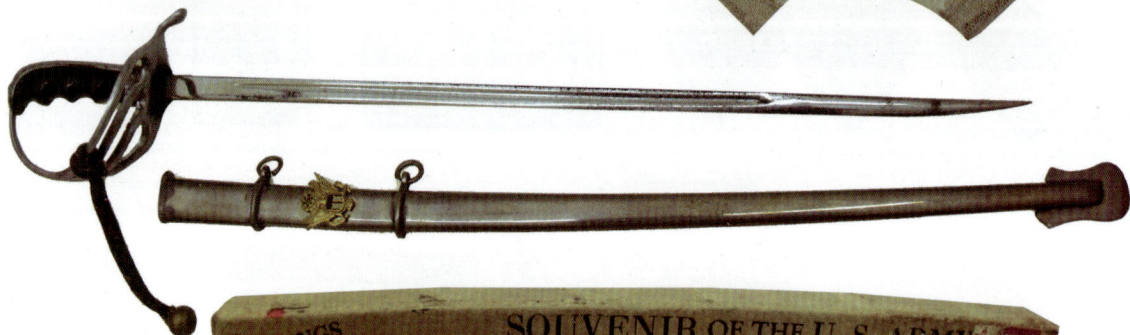

◀ 另一件开信器做成了M1903步枪的样式，这件工具由第102步兵团的一名士兵购买。当时这个团正在布兰丁兵营（Camp Blanding）进行训练，时间为1941年3月至1942年1月。

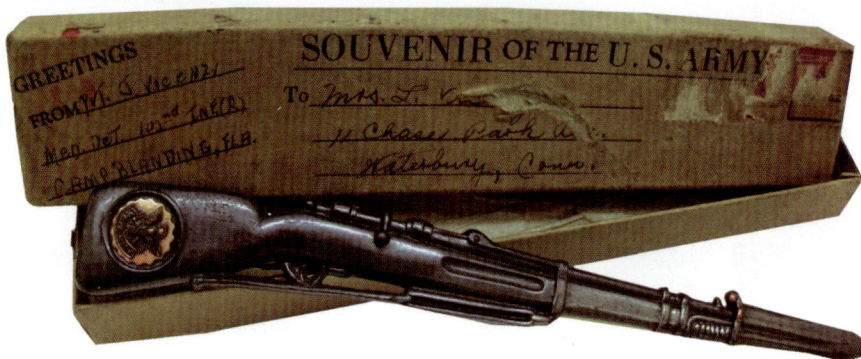

第四章

徽章与标志

袖套

　　袖套是一种佩戴在手臂上的识别标志，表明一种特别的或是临时或是永久的指派作用。袖套规格是约4至8英寸，佩戴在左臂上，位置通常在肩部与肘部之间。

袖套规则

征兵人员

消防工兵和汽车连

新闻记者、专栏记者、电台评论员

摄影记者

陆军在编文职雇员，参与海外军事行动或在某一战区服务的文职人员所佩戴的"战斗与非战斗人员用袖章"

陆军野战集团军总部参谋

军部参谋

师部参谋

运输部队军官（轮船、火车等）

技术观察员和文职专家；文职技师和顾问

防化人员

▲ 训练期间的代理中士袖套

日内瓦协议规定的战场医疗非战斗人员或中立人员佩戴的臂带

文职兽医

宪兵

在新兵基本训练期间授予的临时军衔或在新兵学校以及陆军专项训练计划时期授予的军衔

臂章

　　第一批布质单位标志出现于第一次世界大战末期，刚开始遭到了高层的抵制，但在士兵中却非常流行，这些标志最终于1920年获得批准。从1930年至1966年，大多数单位标志是用彩色细线绣在一块棉料底衬布上（平边布料）；1966年后，单位标志的制造改为绣在一块更厚的底料上（锁边布料）上，以防止标志破损。在二战期间，陆军在民间公司采购了许多布质臂章，但陆军也自行生产了一些。这些臂章标志拥有一种非常具有特色的橄榄色边缘，这种橄榄色边在臂章背面也能看到。

　　一些美军臂章也在欧洲地区进行生产，并且具有各种各样的不同原料颜色和设计款式。臂章佩戴在距离左臂肩缝下方0.5英寸处，这些单位标志缝在制服上衣、短夹克、毛料或棉料衬衫、毛料大衣以及其他野战夹克上，但不能在工作服上佩戴。1944年，当一名老兵被分配到新的单位后，在新单位仍然可以在右臂佩戴以前作战的单位臂章（参战臂章）。

　　下面插图展示了欧洲前线大多数单位的臂章，说明文字包括这些单位作战地区与参与的行动。

左：标准的第2步兵师臂章背面。
右：一个第28步兵师臂章，由军方制造，绿色边缘及编织纹路在正面。

集团军群、集团军和军的臂章

步兵师臂章

1. 第1集团军群　与几个"幽灵"师一起用于迷惑德军，后来于1944年7月14日变为第12集团军群。
2. 第6集团军群　登陆法国南部、法国、德国
3. 第12集团军群　法国、比利时、德国
4. 第15集团军群　西西里、意大利、占领奥地利
5. 第1集团军　D日，诺曼底、突出部战役、莱茵兰、德国
6. 第3集团军　诺曼底、布列塔尼、法国东部、突出部战役、德国、捷克斯洛伐克
7. 第5集团军　登陆和占领意大利
8. 第7集团军　西西里、登陆法国南部、孚日、阿尔萨斯、萨尔州、德国
9. 第9集团军　布列塔尼、比利时、卢森堡、德国
10. 第15集团军　占领大西洋港口、德国
11. 第2军　登陆北非、突尼斯、西西里、意大利
12. 第3军　法国、突出部战役、德国
13. 第4军　意大利
14. 第5军　D日（奥马哈海滩）、诺曼底、法国东部
15. 第6军　意大利、登陆法国南部、法国、德国、奥地利
16. 第7军　D日（犹他海滩）、诺曼底、法国东北、比利时、德国
17. 第8军　诺曼底、布列塔尼、比利时、卢森堡、突出部战役、德国
18. 第12军　法国东部、突出部战役、德国
19. 第13军　荷兰、德国
20. 第15军　诺曼底、法国东部、齐格菲防线、德国
21. 第16军　诺曼底、荷兰、德国
22. 第18军　市场花园行动、突出部战役、德国
23. 第19军　诺曼底、比利时、德国
24. 第20军　诺曼底、卢瓦尔河地区、法国东部、德国、奥地利
25. 第21军　法国东部、德国、奥地利
26. 第22军　德国
27. 第23军　1945年提供给第15集团军总部

1. 第1步兵师　登陆北非、突尼斯、登陆西西里战役、D日（奥马哈海滩）、诺曼底、突出部战役、德国、捷克斯洛伐克
2. 第2步兵师　D+1日在奥马哈海滩、诺曼底、德国、捷克斯洛伐克
3. 第3步兵师　突尼斯、登陆西西里战役、登陆法国南部（圣特罗佩）、突出部战役、德国、奥地利
4. 第10山地师　意大利
5. 第13空降师　法国南部、莱茵兰、突出部战役、阿尔萨斯、德国
6. 第17空降师　突出部战役、德国（大学行动）
7. 第30步兵师　诺曼底、法国北部、比利时、德国
8. 第34步兵师　北非登陆、突尼斯、意大利
9. 第35步兵师　诺曼底、法国北部、莱茵兰、阿登-阿尔萨斯、欧洲占领
10. 第45步兵师　西西里、萨莱诺、安齐奥、法国南部、法国东部、德国
11. 第63步兵师　法国、德国
12. 第65步兵师　法国、德国、奥地利

13 14 15 16 26 27 28 29 30 31

17 18 19 32 33 34 35 36 37

20 21 22 38 39 40 41 42 43

23 24 25 44 45 46 47 48 49

50 51 52

13. 第4步兵师　D日（犹他海滩）、诺曼底、解放巴黎、比利时、突出部战役、德国

14. 第5步兵师　法国、德国、捷克斯洛伐克

15. 第8步兵师　诺曼底、布列塔尼、卢森堡、突出部战役、德国

16. 第9步兵师　登陆北非、突尼斯和西西里、诺曼底、比利时、德国

17. 第26步兵师　法国东部、萨尔、卢森堡、突出部战役、德国、奥地利、捷克斯洛伐克

18. 第28步兵师　法国东部、卢森堡、突出部战役、德国

19. 第29步兵师　D日（奥马哈海滩）、诺曼底、布列塔尼、德国

20. 第36步兵师　萨莱诺、意大利、法国南部、莱茵兰、阿登-阿尔萨斯、欧洲占领

21. 第42步兵师　法国、德国、奥地利

22. 第44步兵师　法国、德国、奥地利

23. 第66步兵师　占领大西洋港口、德国

24. 第69步兵师　比利时、德国

25. 第70步兵师　法国、德国

26. 第71步兵师　法国、德国、奥地利

27. 第75步兵师　法国、德国

28. 第76步兵师　卢森堡、德国、捷克斯洛伐克

29. 第78步兵师　法国、比利时、德国

30. 第79步兵师　诺曼底、法国东部、德国

31. 第80步兵师　诺曼底、法国东部、卢森堡、德国、奥地利

32. 第82空降师　北非、西西里、意大利、诺曼底、荷兰

33. 第83步兵师　诺曼底、突出部战役、德国

34. 第84步兵师　比利时、荷兰、突出部战役、德国

35. 第85步兵师　意大利

36. 第86步兵师　法国、德国

37. 第87步兵师　法国、德国

38. 第88步兵师　意大利

39. 第89步兵师　法国、德国

40. 第90步兵师　D日（犹他海滩）、法国东部、德国、捷克斯洛伐克

41. 第91步兵师　意大利

42. 第92步兵师　意大利

43. 第94步兵师　布列塔尼、法国东部、卢森堡、德国

44. 第95步兵师　法国、荷兰、德国

45. 第97步兵师　德国、捷克斯洛伐克

46. 第99步兵师　比利时、德国

47. 第100步兵师　法国、德国

48. 第101空降师　诺曼底、荷兰、突出部战役

49. 第102步兵师　德国

50. 第103步兵师　法国、德国、奥地利

51. 第104步兵师　法国、比利时、德国

52. 第106步兵师　突出部战役、比利时、德国

其他单位臂章

1

2

3

4

5

6

7

8

9

10

11

12

13

14

15

16

17

18

19

20

21

22

23

24

变型臂章

在二战时期，美军士兵佩戴的臂章一小部分是由陆军自己制造的，但大部分是从不同的民间刺绣公司定购的，其中一些还是在海外生产的。臂章的制造工艺根据产地的不同而有所不同，在英国、意大利、法国、比利时，甚至德国，都曾经生产过美军臂章，也就造成了当时各种各样的变型臂章出现。这里列举其中一些实例，欧洲战区美军司令部臂章共有6种变型。

幽灵单位

1943年6月18日，诺曼底最终被选定作为盟军重返欧洲的登陆地点，一系列的欺骗计划随之展开，欺骗行动代号"坚韧"（Fortitude）。当时战局的发展已使德国认识到盟军在法国登陆已经在所难免，"坚韧"行动的目的就是使德军在进攻地点上判断失误，盟军为此制定了周密的计划，包括窃取情报、反间和保密、敌后特别行动、政治宣传和心理欺骗等，为"霸王行动"提供掩护。这场战略欺骗，范围之大，构思之妙，难度之高，都令人难以想象。这个行动首先是欺骗德军，让其误以为登陆将在挪威或丹麦等地发生，以牵制德军在斯堪的纳维亚的部队。其次是"水银计划"（Quicksilver），使德国人以为盟军也有可能在法国北部登陆。为此在英格兰东南部肯特地区，虚构了美国第1集团军群，并由著名战将巴顿将军担任这个虚构的集团军群司令。这个集团军群下设若干个师，并用纸板、木板和橡皮伪装了司令部、飞机、坦克和登陆艇，并设立了许多电台，发送假

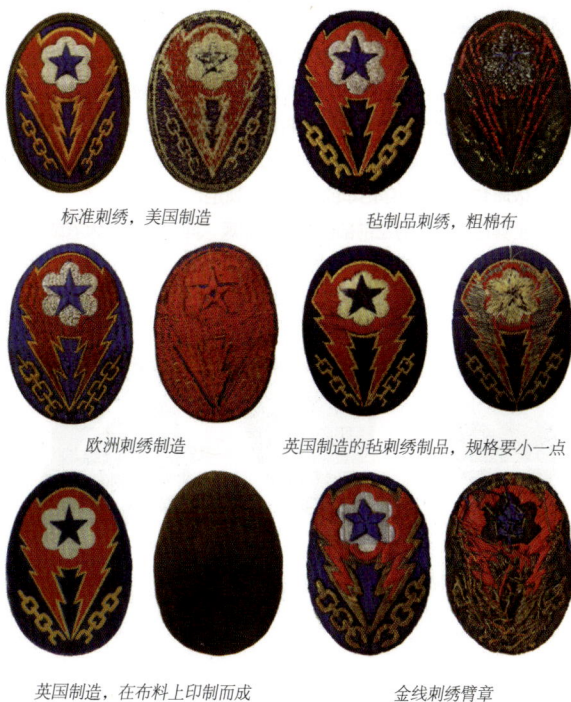

标准刺绣，美国制造　　　　　　　毡制品刺绣，粗棉布

欧洲刺绣制造　　　　英国制造的毡刺绣制品，规格要小一点

英国制造，在布料上印制而成　　　　金线刺绣臂章

电报，造成有大量部队集结的假象。伴随着这些欺骗计划，也为虚假的影子部队——2个集团军群和19个"幽灵"师——制造了大约1000~2000枚臂章。

1. 第14集团军
2. 第31军
3. 第33军
4. 第6空降师
5. 第9空降师
6. 第11步兵师
7. 第14步兵师
8. 第17步兵师
9. 第18空降师
10. 第21空降师
11. 第22步兵师
12. 第46步兵师
13. 第48步兵师
14. 第50步兵师
15. 第55步兵师
16. 第59步兵师
17. 第108步兵师
18. 第119步兵师
19. 第130步兵师
20. 第135空降师
21. 第141步兵师
22. 第157步兵师

陆军武装与勤务部队军官徽章

国籍领徽	副官队	陆军上将副官	陆军中将副官	陆军少将副官	陆军准将副官

陆军航空兵　骑兵　海岸炮兵　野战炮兵

步兵　工兵　化学兵　财务兵　参谋队

随军牧师（基督教）　随军牧师（犹太教）　监察长　军法队　军事情报兵　军械兵

宪兵　国民警卫队　军需兵　通信兵　非武装或勤务部队军官

  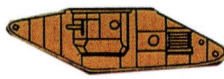  

准尉　美国军事学院　装甲兵　运输兵　反坦克兵

军医队　　牙医队　　兽医队　　医疗管理队　　陆军护士队

合同军医　　陆军医疗专业人员队　　药剂师队　　军乐队　　陆军妇女辅助队

陆军军官的武装与勤务部队标志符号用别针钉缀在制服上衣的翻领上，"US"的国籍领徽则置于翻领缝上方。当军官将衬衫作为外服穿着时，军官军衔符号佩戴在翻领的右边，兵种勤务符号则佩戴在左边。在1942年8月以前，"US"的国籍领徽佩戴在右领口，军衔符号则佩戴在肩章上。

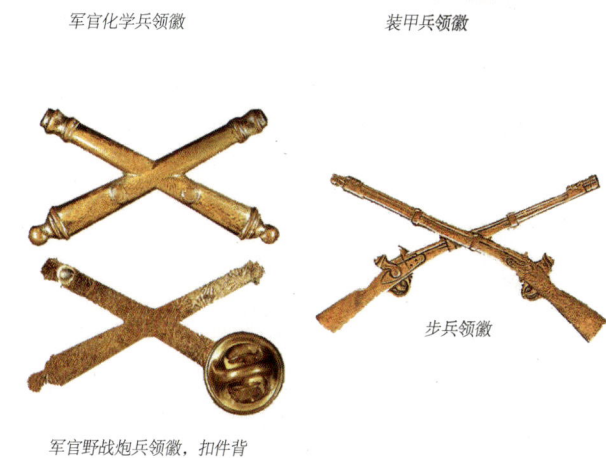

◀ 军官制服翻领上"US"国籍领徽。

▲ 军官的军需兵领徽，战争早期风格的珐琅扣件。

军官化学兵领徽

装甲兵领徽

▼ 陆军武装与勤务部军官制服的领徽佩戴示意图。

US.　　US.

军官野战炮兵领徽，扣件背

步兵领徽

陆军武装与勤务部队正规士兵徽章

士兵国籍符号　　带有单位编码　　陆军航空兵　　装甲兵　　骑兵　　化学兵

海岸炮兵　　工兵　　野战炮兵　　财务兵　　步兵　　医疗兵

宪兵　　国民警卫队　　军械兵　　军需兵　　通信兵　　反坦克兵

特种部队　　运输兵　　待遣士兵　　预备役军官训练团　　陆军妇女辅助队

海岸炮兵领徽，带有连队编码，第三种类型螺盘（1937－1943），螺丝背。

第三种类型国籍领徽，螺丝背，圆形螺盘已经拆下以展示细节。

装甲兵领徽，第5种类型螺盘（1943－1971），别针背。

陆军妇女辅助队，由提纳曼公司于1943－1945年生产，别针背。

▼ 正规陆军士兵制服上装和短夹克金属领徽的佩戴示意图
正规陆军士兵在常服或短夹克的右侧领口佩戴国籍领徽，而武装与勤务部队兵种领徽则佩戴在左侧领口，外套翻领和船形帽上佩戴单位徽章。这里展示是第116步兵团（属于第29步兵师）的领徽佩戴示意图。

美国军事勋章佩戴顺序

荣誉勋章
服役优异十字勋章
服役优异勋章
银星勋章
荣誉军团勋章
军人勋章
铜星勋章
紫心勋章

陆军勋奖章

1. 荣誉勋章

设立于1862年7月12日，图片展示的是第4版(1944年版)荣誉勋章。美国国家最高勋章，授予在战斗中冒生命危险，在职责之外表现出英勇无畏的官兵，该勋章只由总统亲自颁发。

2. 服役优异十字勋章

1918年7月9日批准设立，授予在战斗中表现出卓越英雄行为，但不足以获得荣誉勋章的人员。

3. 服役优异勋章

1918年7月9日批准设立，授予在陆军服役期间，以卓越的服役履行了重要职责的人员。

4. 银星勋章

1932年8月8日由1918年星章发展而来的银星勋章被批准设立，授予在战斗中表现勇猛的军人，但对英勇行为的要求低于荣誉勋章与服役优秀十字勋章。

5. 荣誉军团勋章

1942年7月20日由国会设立，表彰为美国服役期间行为表现和工作成绩突出的武装部队成员。这是第一种分三级的勋章（军官、司令、总司令），也可以用来授予友好国家的军事人员。

6. 军人勋章

1926年7月2日批准设立，授予在非直接参加对武装敌人作战而表现出英雄行为的美国陆军人员。

7. 铜星勋章

1944年2月4日批准设立，授予凡在1941年12月6日以后以任何身份在美国陆军服役期间，在与武装之敌的军事行动（不含飞行作战）中表现出英雄行为或建立功绩、功勋的人员。

8. 紫心勋章

1782年8月7日，由乔治·华盛顿将军设立，后终止，1932年2月22日重新恢复颁发。紫心勋章授予在美国武装部队服役期间因敌方行动而负伤、阵亡或因伤死亡的人员。

奖章与勋章

军事奖励的目的是对军人的勇气、功绩、服役情况、特殊技能或资格，以及非战斗英雄行为进行鼓励，从而促进任务的完成。美国武装力量接受个人奖励和勋章这一观念是非常慢的。在18、19甚至20世纪初期的主要欧洲国家的陆军中，个人的勋章常常是由君主赐予的。许多勋章在颁授时附有褒奖之词和头衔，某些勋章甚至还伴有在被占领土上受赐领地的承诺。所有这些都是与美国文化背道而驰的，也就制约了奖励制度在美国的发展。

美国颁发的第一种勋章是紫心勋章。它于1782年8月由华盛顿将军设立，已知这种勋章只授予了3人。1847年墨西哥战争期间，陆军设立了功绩证书，受奖者每月可得2美元的奖金。1905年，功绩证书转变为勋章形式。批准授予美国士兵的第一种勋章是1862年7月根据国会法案设立的荣誉勋章，它后来成了美国国家最高勋章，颁发给战争中英勇顽强、不怕牺牲、临危不惧的英雄人物。自1904年开始，美国设立了一套战役勋章，追赠给美国内战以来历次战争中的参战老兵，它包括1905年的南北战争战役奖章以及西班牙战役奖章等。在美国介入一战期间，政府除了颁发荣誉勋章、功绩证书外，还设立了品德优良奖章，基本涵盖了美国军人所有的奖章类型。到1918年，官方又设立了两种新勋章——陆军服役优异十字勋章和服役优异勋章。同年，美国军人被批准可以接受外国的勋奖章。一战结束后，胜利奖章的发行开始采用挂条，并引入了包括铜星、银星以及橡树叶等配饰。一战结束后，联邦和各州生产了大量纪念章来表彰自己的士兵。在两次世界大战期间，尤其美国参加二战以后，其军功奖章和战役奖章的颁发数量明显增加了。

奖章与勋章用于奖励美国现役人员两种行为：

勋章用于奖励异常勇敢与杰出的服役人员。

服役奖章用于奖励光荣服役或参加战役者，通常颁发给参加特定战役或完成一定服役期的人。

1　　　　　*2*

3

4

1. 陆军中尉银质军衔条，由英国冈特(Gaunt)制造，背面别针扣件是典型英国样式。
2. 陆军少尉镀金军衔条，由澳大利亚布里斯班华莱士主教联合公司（Wallace Bishop and Co. of Brisbane）制造。
3. 陆军上尉军衔条，51号橄榄褐色（深色）细毛大衣呢料刺绣制品，配在常服大衣上。
4. 陆军中尉军衔条，配用军官常服外套上的金线刺绣制品。
5. 工兵军官领徽，由澳大利亚墨尔本的卢克公司（Luke）制造。

5

▶ 一名步兵部队总部士兵的战争早期非标准领徽。

▶ 工兵军官领徽，在卡其色面料上绣成，用于夏季常服。

▲ 由提纳曼公司（Tinnerman Co.）于1943~1945年制造的一款兵种领徽，典型扣件样式。

◀ 试验型塑料领徽，于1943年被采用，用于M1944毛料野战夹克。

◀ 这件战斗步兵资格章是在棉料背衬上绣成，用于卡其色夏季衬衫。

▶ 陆军军官帽徽，由英国为著名的拉克森伯格（Luxenberg）美军军服商店制造。

勋略

勋略用别针佩戴在军装上衣、衬衫、短夹克的左胸口袋上方，但不能佩戴在野战服或工作服上。勋略通常安装在长方形金属条上，再用别针或紧固件钉缀在制服上，有时也能看到直接用与制服同样颜色布料缝缀好的勋略。

陆军品德优良奖章（仅授予现役军人）

1941年6月28日设立，该奖章授予光荣完成战时1年、和平时期3年服役期，且服役期内行为典范，工作有效且忠诚可靠的人员，奖章配饰是一种绥带上的铜饰条。

优异集体嘉奖奖章（DUC）

于1942年2月26日设立，授予从1941年12月7日开始美军及其盟军在对敌作战中的突出英雄行为，1957年更名为优异集体嘉奖奖章。这种奖章为一种蓝色勋表，勋略的四周为金黄色的金属月桂树叶边框，只能佩戴在右胸口袋上，没有对应的奖章。

▲ 陆军品德优良奖章，背面有时刻有获得者的姓名。

▲ 优异集体嘉奖奖章。

▲ 在绥带上增加有铜星和箭头配饰，其中铜星表示参加过一次战役，箭头表示参加过战斗伞降或两栖登陆行。

▲ 美洲战役奖章、欧洲–非洲–中东战役纪念章勋略，固定件为别针。

美国陆军勋略1941-1945

荣誉勋章

服役优异十字勋章

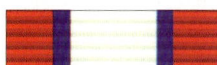

服役优异勋章

银星勋章

铜星勋章

紫心勋章

飞行优异十字勋章

航空奖章

荣誉军团勋章

优异奖章

军人勋章

优异集体嘉奖

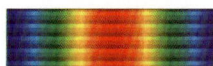

一战胜利纪念章

陆军占领奖章

美国国防服役奖章

美洲战役奖章

欧洲–非洲–中东战役纪念章

亚洲–太平洋战役纪念章

二战胜利纪念章

品德优良奖章

▼▶ 一枚陆军品德优良奖章及其配套的包装盒。

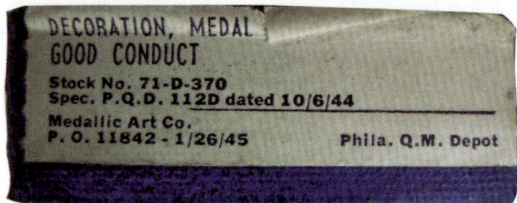

DECORATION, MEDAL
GOOD CONDUCT
Stock No. 71-D-370
Spec. P.Q.D. 112D dated 10/6/44
Medallic Art Co.
P. O. 11842 - 1/26/45   Phila. Q.M. Depot

▼ 陆军品德优良奖章证书，于1945年8月27日在德国霍夫盖斯马（Fofgeismar）授予一等兵哈罗德·伦德奎斯特（Harod Lundquist）。

Army of the United States

To All Who Shall See These Presents, Greeting:

KNOW YE, THAT _____ PRIVATE FIRST CLASS HAROLD W LUNDQUIST 31429260 _____ HAVING attained a rating of EXCELLENT in conduct and proficiency and having maintained such a rating for a period of one year in time of war, is hereby awarded the GOOD CONDUCT MEDAL under the provisions of Army Regulations 600-68 dated 4 May, 1943.

He is entitled to wear such medal, or the appropriate ribbon in lieu thereof, so long as he complied with the provisions of the above cited Army Regulation.

Given under my hand at _____ HOFGEISMAR GERMANY _____ this _____ TWENTY SEVENTH _____ day of _____ AUGUST _____ in the year of our Lord One Thousand Nine Hundred and _____ FORTY FIVE _____

E. F. PARKER, JR.
MAJOR GENERAL, U. S. ARMY,
COMMANDING.

Note: Appropriate entries will be made in Service Record and WD AGO Form No. 20.

▶ 铜星勋章。

▼ 由第19集团军总部于1945年4月27日签发的授勋命令，授予五级技术军士赫尔曼·施韦策铜星勋章。

▼ 在二战时授予赫尔曼·施韦策（Herman Schweitzer）的奖章和勋章概要。

HEADQUARTERS 959TH FIELD ARTILLERY BATTALION
APO 562   U.S. Army

15 August 1945.

Tec 5   Herman F. Schweitzer   20247990
(Rank)   (Name)   (ASN)

The above mentioned individual is authorized to wear the following decorations.

BRONZE STAR MEDAL .... GO # 94 HQ XIX Corps 17 Apr 45
PURPLE HEART ....GO #   HQ.
AMERICAN DEFENSE MEDAL ....WD Cir #27 dated 19 Jan 44.
E.A.M.E. RIBBON ....WD Cir #1 dated 1 Jan 45
WITH BRONZE SERVICE STAR FOR:

Campaign NORMANDY, Ltr AG 200.6 ETOUSA
Campaign NORTHERN FRANCE, Ltr AG 200.6 ETOUSA
Campaign RHINELAND, Ltr AG 200.6 ETOUSA
Campaign CENTRAL EUROPE, Ltr AG 200.6 USFET
Campaign ARDENNES, Ltr AG 200.6 ETOUSA or USFET

GOOD CONDUCT MEDAL ....GO #   HQ. 258th FA Bn 15 Jun 43

BY ORDER OF MAJOR FRYE.

SAM FAZIO, JR.
CWO 959th FA Bn.
Adjutant

RESTRICTED
HEADQUARTERS
Office of the Commanding General
APO 370

GENERAL ORDERS)
NUMBER   94)   27 April 1945

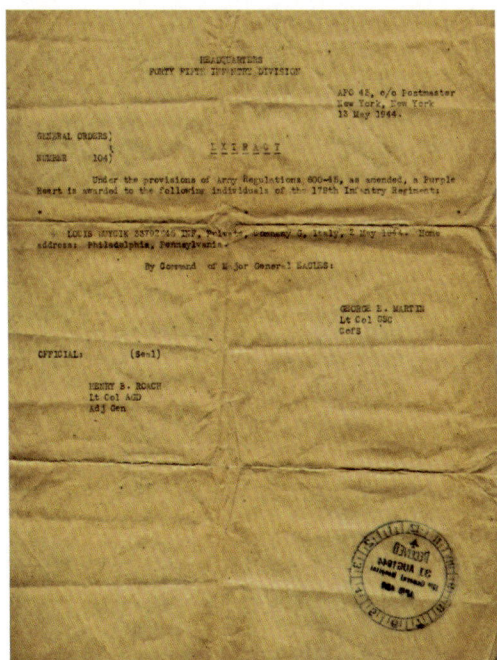

▲ 这些文件证实，第45步兵师第179团G连的一等兵路易斯·魏奇克（Louis Wuicyk），在1944年5月2日至6月1日意大利战斗期间因为负伤被授予了第四枚紫心勋章。

▼ 这件证书签发时间是1945年6月20日，追授第7装甲师第40坦克营下士马歇尔·琼斯（Marshall Jones）紫心勋章，琼斯因伤于4月9日死亡，安葬在荷兰马格拉登(Margraten)美国军人公墓。

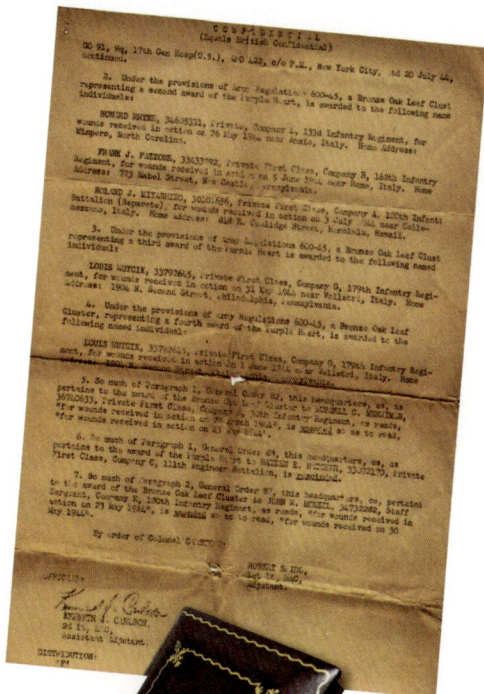

◀ 紫心勋章包装盒及勋略。

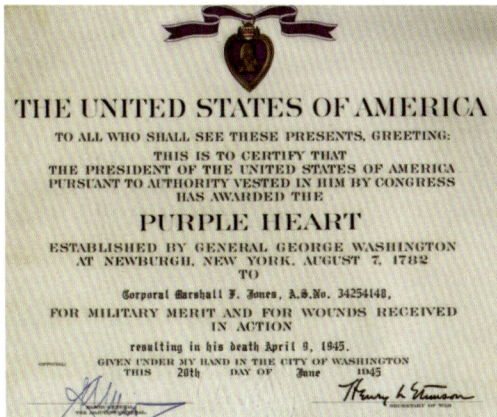

▶ 这封慰问信带有罗斯福总统的复印签名，表达对死亡军人家属的深切体恤。

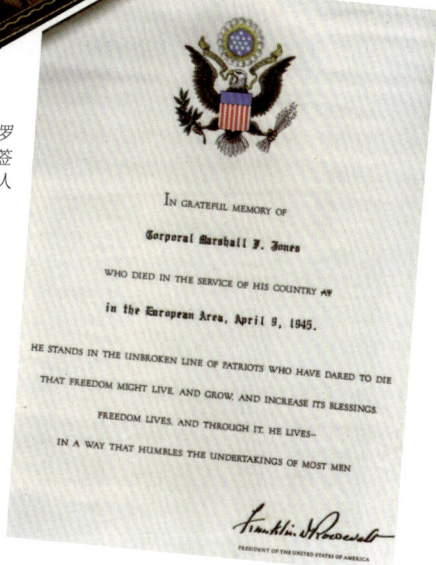

▼ 政府用来邮寄这些文件给琼斯家人的邮递筒。

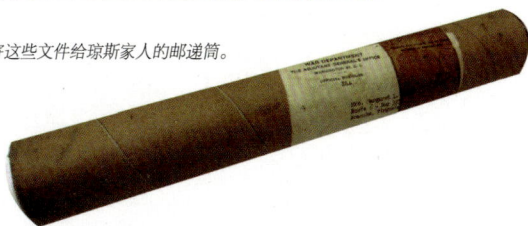

所有陈列在这里的文件展示了二等兵奥维德·阿德科克（Ovid Adcock）的悲惨命运。他是第3206军需连的一名士兵，在英国斯拉普顿海滩（Slapton Sands）为登陆日举行的最后一次预演——"猛虎"演习（Tiger）中，于预演第二日被报告失踪。载有其所在部队的531号坦克登陆舰（LST-531）被从法国瑟堡港出动的德国鱼雷快艇（E-boats）用鱼雷击中。他所在的连队共有250人，几乎全军覆没，其中201人因为这次攻击而被杀死或失踪。此次演习是为进攻诺曼底犹他海滩做准备，于1944年4月27日举行，共有25000名士兵在斯普顿海滩登陆。337艘舰船参加了这一演习，英国皇家海军为此提供护航和掩护，以防德军舰船发起攻击。4月28日午夜后不久，9艘德军鱼雷艇靠近斯拉普顿海滩，由于英国护航舰队出现的普遍混乱，德军鱼雷艇得以最大限度地接近演习船队，并发射了鱼雷。由于盟军没有采取有效的预防措施，结果造成了这一场彻头彻尾的灾难。LST-507燃起大火，最后被放弃，LST-531在鱼雷攻击后不久当场沉没，该舰上496名士兵和水手中有424人死亡，正是由于该舰的快速沉没，来自密苏里的第3206军需连损失了201名小伙子。LST-289则燃起大火但最后挣扎回到岸边，LST-511因友军误伤而损坏。在这场称为"莱姆湾战斗"（Battle of Lyme Bay）中，官方的阵亡统计数字为749人，其中许多名士兵和水手则是在等待救援期间被冰冷的海水所吞噬。

◀ 阿德科克前往欧洲前的快照。

▼ ▶ 总参谋长马歇尔将军的慰问信。

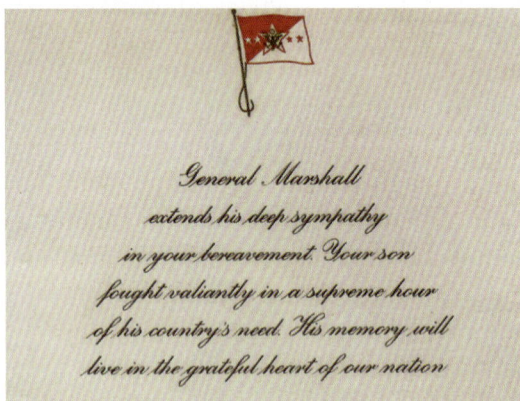

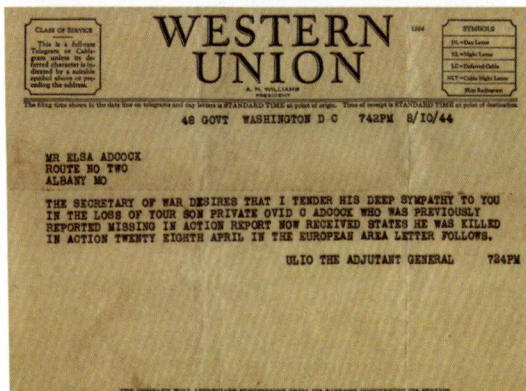

General Marshall extends his deep sympathy in your bereavement. Your son fought valiantly in a supreme hour of his country's need. His memory will live in the grateful heart of our nation

October 21, 1944.

My dear Mr. Adcock:

At the request of the President, I write to inform you that the Purple Heart has been awarded posthumously to your son, Private Ovid C. Adcock, Infantry, who sacrificed his life in defense of his country.

Little that we can do or say will console you for the death of your loved one. We profoundly appreciate the greatness of your loss, for in a very real sense the loss suffered by any of us in this battle for our country, is a loss shared by all of us. When the medal, which you will shortly receive, reaches you, I want you to know that with it goes my sincerest sympathy, and the hope that time and the victory of our cause will finally lighten the burden of your grief.

Sincerely yours,

Henry L. Stimson

Mr. Elza Adcock,
Route # 2,
Albany, Missouri.

▼ 于1944年10月21日追授的紫心勋章。

▼ 伊瓦尔（Ival）是奥德科·阿德科克的兄弟，于第79步兵师第315步兵团在欧洲战区参战，他获得了紫心勋章和三枚铜星勋章。

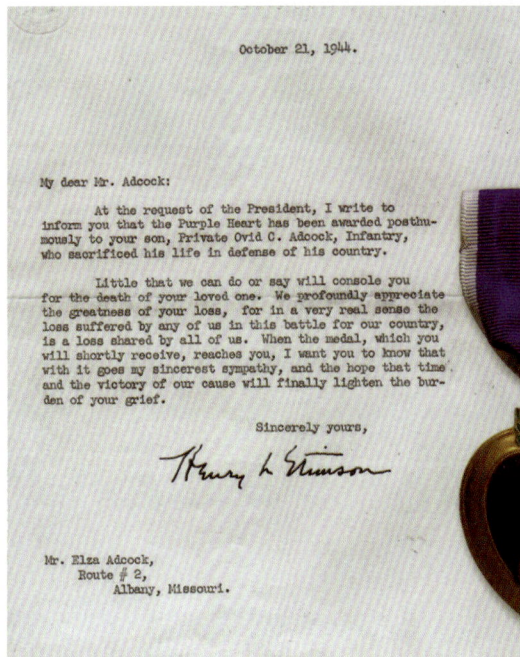

战役奖章

1. 墨西哥服役奖章
1917年设立，授予在1911年4月至1917年2月期间在墨西哥边境服役的人员。

2. 墨西哥边境服役奖章
于1918年7月9日设立，授予1916年5月9日到1917年3月24日期间在墨西哥边境服役的国民警卫队成员，同时也授予在1916年1月1日至1916年4月6日期间相同服役，却没有获得墨西哥服役奖章的正规陆军人员。

3. 一战胜利纪念章
1919年设立，授予在1917年至1920年间，于欧洲、俄罗斯和西伯利亚光荣服役最少三个月的军官和士兵，防区和战役条可以加挂在奖章绶带上。

4. 一战陆军占领奖章
1941年设立，授予在1918年11月12日至1923年7月11日期间，在德国、奥地利、匈牙利服役的武装部队人员。

5. 美国国防服役奖章
1941年6月28日设立，授予1939年9月8日至1941年12月7日期间（也就是宣布战争状态以前）服满现役一年或以上的军事人员。

6. 美洲战役奖章
1942年11月6日设立，授予1941年12月7日至1946年3月2日期间在美洲战区服役一定时间的人员。

7. 欧洲-非洲-中东战役纪念章
1942年11月6日批准设立，授予在1941年12月7日至1945年11月8日在相应战区连续服役30天（或累积满60天，如参加战斗则更短）的武装部队人员。每参加一次战斗或战役，就可以在绶带上用别针钉缀一颗铜星，铜箭头则代表参加战斗伞降或两栖登陆行动。

8. 陆军妇女队奖章
1943年7月29日设立，授予在1942年7月20日至1943年8月31日期间在陆军妇女辅助队（WAAC）服役或在1943年9月1日至1945年9月2日期间在陆军妇女队（WAC）服役的人员。

作战与特种技能徽章

步兵是最古老的战斗兵种，也是陆军中占领地盘的基本作战兵种。二战进行到接近1943年年底，通过残酷的战争，军方认识到了在所有兵种中，服步兵役是最为艰苦的。为了推动步兵兵种的征兵工作，陆军部设立了两种特别的徽章：

1943年11月11日设立了战斗步兵徽章（CIB）。

1943年11月15日设立了专业步兵徽章（EIB）。

这两种徽章的设立，也是对战斗中步兵勤务所面临独特危险与条件的正式承认。这两种徽章佩戴在左胸口袋上方，在勋略的上方。获得战斗步兵徽章的官兵，每个月可获得10美元的奖金，而获得专业步兵徽章则是5美元。

战斗步兵徽章授予上校以下军衔的官兵（不包括医疗人员和随军牧师），条件是1941年12月6日后被分配至团及以下步兵单位，并参加了地面战斗的步兵人员。战斗步兵徽章由步兵师、步兵团和独立营级别的指挥部授予。

专业步兵徽章授予圆满完成并通过步兵专业水平测试的人员，包括射击、行军、徒手搏击、巡逻、急救、战场机动与卫生等的步兵团或独立营的军官和士兵。

战斗医疗兵徽章

步兵单位的医务部门人员有时候和普通步兵一样，暴露在同样的危险之下，因此一样值得人们尊敬，但并没有类似战斗步兵徽章来作为奖励。直到1945年1月，陆军部设立了战斗医疗兵徽章，用于授予1941年12月6日分配至步兵团及以下步兵单位的医务部门，圆满完成医疗职责，并在此期间参加过地面战斗的医务人员。这种徽章也能为一名士兵带来10美元的奖励。战斗医疗兵徽章佩戴的位置与战斗步兵徽章一样，在左胸口袋上方，勋略的上方。

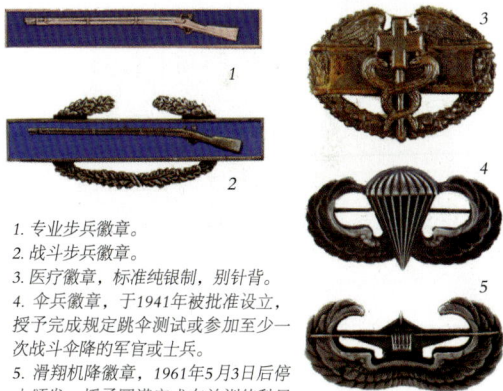

1. 专业步兵徽章。
2. 战斗步兵徽章。
3. 医疗徽章，标准纯银制，别针背。
4. 伞徽章，于1941年被批准设立，授予完成规定跳伞测试或参加至少一次战斗伞降的军官或士兵。
5. 滑翔机降徽章，1961年5月3日后停止颁发，授予圆满完成有关训练科目或参加过至少一次敌占区滑翔机空降行动的滑翔机降部队成员。

驾驶员与机械员徽章

1942年7月28日设立，授予具有相应技能的军人，用别针佩戴在左胸口袋盖上，勋略的下方。驾驶员与机械员徽章具有以下四种不同的基本坠饰条徽章：

DRIVER-W：轮式车辆驾驶员；
DRIVER-T：履带及半履带车辆驾驶员；
DRIVER-M：摩托车辆驾驶员；
MECHANIC：机械员。

1~2. 标准纯银制，别针背。
3. 资格坠饰条。

射手徽章

美国陆军设立的第一种资历章约在1880年，授予射手。根据1921年制定的射手徽章体系，包括三种基本级别的射手徽章，并采用下缀饰条的方式来标明使用武器的种类。

这三个级别是：

二等射手徽章，根据武器或取得资格课程成绩，授予最低得分在60~77的人员。

一等射手徽章，授予得分在78~87的人员。

专家徽章，授予得分在85~91的人员。

射手徽章佩戴位置在左胸口袋盖上，勋略的下方。

Rifle:步枪	Small bore pistol小口径手枪
Pistol-D:手枪（徒步）	Submachine gun 冲锋枪
Pistol-M:手枪（骑马）	Small bore MG小口径机枪
Auto-Rifle:自动步枪	Carbine 卡宾枪
Machine gun 机枪	Antitank反坦克武器
Coast arty海岸炮	81-mm mortar 81毫米迫击炮
Mines地雷	60-mm mortar60毫米迫击炮
Field arty野战炮	TD-37-mm:37毫米反坦克炮
Bayonet刺刀	TD-75-mm:75毫米反坦克炮
Tank weapons坦克武器	TD-57-mm:57毫米反坦克炮
CWS weapons 火焰喷射武器	TD3 inch: 3英寸反坦克炮
Machine Rifle机关枪	Antiaircraft weapons:防空武器
Grenade 手榴弹	Inf Howitzer榴弹炮
Small bore rifle小口径步枪	

士兵佩戴解说

▼ **正规士兵军装上衣和夹克佩戴金属徽章和勋略图例**

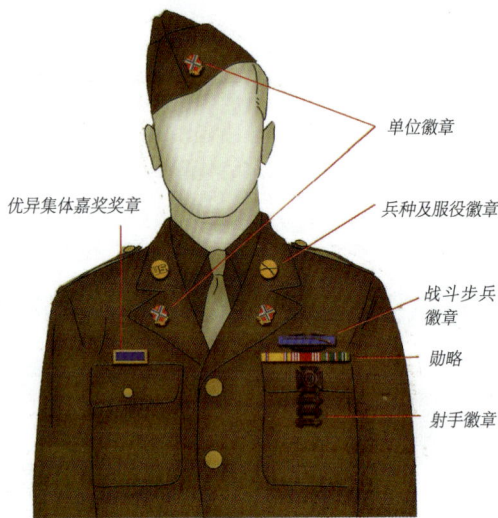

单位徽章

优异集体嘉奖奖章

兵种及服役徽章

战斗步兵徽章

勋略

射手徽章

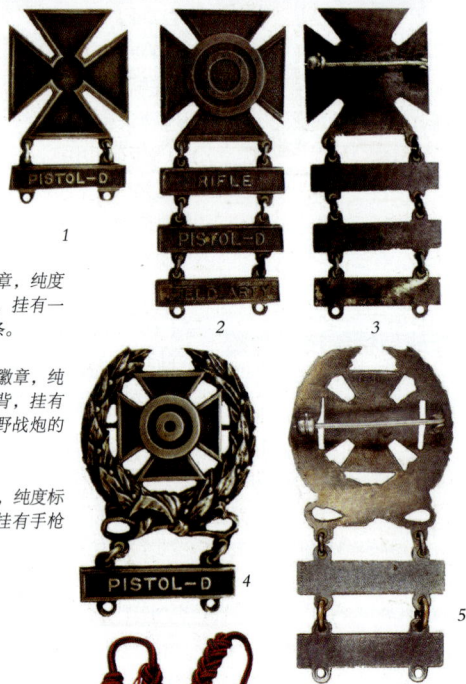

1

2

3

4

5

1. 二等射手徽章，纯度标记，别针背，挂有一个手枪的坠饰条。

2~3. 一等射手徽章，纯度标记，别针背，挂有步枪、手枪、野战炮的坠饰条。

4~5. 专家徽章，纯度标记，别针背，挂有手枪坠饰条。

饰绪

1918年7月9日，国会通过一项法案，批准陆军部队可以获得和佩戴外国荣誉饰品。在第一次世界大战结束时，部队就可以佩戴法国授予美军部队的奖励，如战争十字勋章。法国人将这种勋章授予了美军个别人员或整支部队，这样美军个人也就可以佩戴这种勋章的饰绪。在二战期间，法国、比利时和丹麦国家的奖章都曾授予美国军人。

授予美军部队的饰绪

法国(1917-1918)战争十字勋章二次获得者
1918年2月22日设立。

法国(1917-1918)战争十字勋章四次获得者
1918年2月22日设立。

法国(1942-1945)战争十字勋章二次获得者
1945年4月20日设立。

法国(1942-1945)战争十字勋章四次获得者
1945年4月20日设立。

比利时（1944-1945）二次通令表彰的部队
1945年3月26日设立。

荷兰橙色挂绳，相当于法国和比利时的饰绪，也是一种荣誉饰品，授予参加解放荷兰战斗的美军部队，例如曾参与"市场花园"行动的第82和第101空降师。

◄ 在美军部队二次获得战争十字勋章后可以佩戴的法国战争十字饰绪，采用三条彩色人造丝编织而成，坠饰为黄铜箍环。

▼ 1. 类似于一条荣誉饰绪，橙色挂绳可以佩戴在左肩上。

▼ 2. 戴法国或比利时饰绪标准。

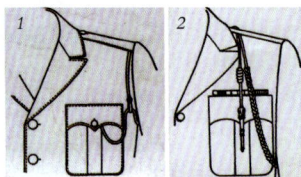

1

2

第五章

制服

导言

军需兵

军需兵(The Quartermaster Corps 缩写为QMC)是陆军部最古老的供应机构之一。它的起源可以追溯到1775年6月16日，大陆会议通过了一项决议，任命了第一位军需主任，但仅为陆军供应一些军事装备和运输工具。那时候实际上既无钱又无权，只是依靠几个州的保障供给，因此早期军需局完成任务的条件非常艰苦。在美国独立后，军需局还曾被短暂废除过，陆军部通过民间承包商来购买军需用品。此后20多年在军用物资采购方面经过了多次变化，有时由财政部负责，有时候由陆军部负责。1812年，在与英国爆发战争后，军需部门重新被恢复，1812年春，军需部门被赋予了广泛的军用物资采购职权。此后军需部门的职权不断扩大，成了陆军综合补给机构，担负起了采购和分发服装和其他军需品的工作。1818年，托马斯·杰瑟普（Thomas Jesup）被任命为军需主任，他一直连任至1860年，在他的任期内，军需部门得到了很大的发展。美国内战促进了有效的仓库系统的发展，铁路被广泛用来建立补给线，这期间发展来的补给系统和程序成为一战前的补给基础。经过一战及此后的发展，1939年9月战争在欧洲爆发的时候，当时军需兵只是陆军部下面的一个小型补给机构，但具有扩充的潜力，可以在紧急情况下进一步发展成大型组织，由不少于12000名军人和约37000名文职人员组成，为整个陆军包括夏威夷、阿拉斯加、巴拿马驻军提供补给。在第二次世界大战中，美国军需兵将数量与种类多样的补给品送到了世界上更多的地方和更多人的手中。军需兵的功能是复杂的，其主要工作是提供给士兵所需要的装备以进行战斗，军需兵看起来位于战斗士兵的后方，进行包括食品供应、被服供应、管理洗衣房、供应燃煤与汽油等等各种补给与勤务支援工作，如果士兵阵亡了，军需兵还会保证安排合适并符合规定的军葬。同时，军需兵也负责回收单位的运作，用以回收战场遗留物资。随着战争的进行，美国陆军军需兵不断发展壮大，有超过7万个大小不同、各种各样的单位，其军事人员从12000人发展到拥有50万人，文职人员趋于稳定在约7.5万人。

从习惯来说，军官属于领导阶层，被认为在军服的缝制上也是最为优越的，然而陆军部对准尉采取了发放服装津贴的办法，由军官自行购买符合着装规定的军服。军需部门对此也有所准备，从服装制造业定购了相应的军官制服，并在专门的零售商店出售。

▶ 可用作战争装备，一块布料标签可以钉在服装或装备上，由一个军需单位，位于新泽西州的迪克斯堡（Fort Dix）回收中心制作。

◀ 军需兵兵种符号：军需兵的兵种符号是较复杂的兵种符号之一。上面有象征仓库管理工作的钥匙和象征"军事"的军刀交叉放在象征运送补给品的车轮上。星和车轮辐条代表原来的13个殖民地并表示军需兵创建于美国革命时期，鹰是美国国家的标记。

▲ 裁剪标签钉在大多数服装制造面料上，以保证色调与尺寸的连续性。

▲ 这是由英国约维尔（Yeovil）民营裁缝店制造的军官夹克标签。

▲ 军需部队定购的军官上衣上的规定标签，这些上衣以低廉的价格在零售商店出售。

标准化

军需部队大多数物品的存储分为三个类别：

标准装备也是通常采用的类型，可以优于任何其他装备采购与发放。

代用标准类装备就不像标准装备那么令人满意了，但也可以采购与发放以补充供应。

限定标准类装备是这种装备在使用中或作为标准装备的代用品，还没有下达新的采购订单，而库存将一直发放直至耗尽。

状况分类

军需部队发放新的或翻新的制服与装备，并对回收的装备进行整理，根据不同状况分类如下：

A类：新装备，从没有使用过。

B类：使用过的装备，但看起来像新的一样。

C类：使用过的装备，不需修补可以重新发放。

CS类：使用并重新修补过的装备，已准备好发放，这类装备上带有油墨标记（或钉有一个小标签），CS是Combat Serviceabler的首位字母缩写，意思是可用战斗装备，当制服穿着后这种标记并不能被看到。

X类：使用过但无法修补的装备，油墨印记带有一个大写的字母"X"。

尺码

只有最合体的军装，穿在士兵身上才能显示良好的军人姿态。为了适应美国大兵不同的体型，二战美军在这方面做的可是相当到位，拥有充足的不同尺码的军装。

1. 盔帽的尺码一部分用数字表示，一部分选用更简单的代码表示，S是小号，M是中号，L是大号。尺码中的数字一般与头部尺寸一致，如"7 1/4"表示该钢盔适合的头围尺寸是23英寸。

2. 在军服上，包括军装上衣、野战夹克、毛料野战夹克、毛料大衣的尺码采用字母或多个字母来表示。制服的尺码显示胸围与身高，这里举一个例子，R（标准）表示符合身高在5英尺8英寸到5英尺11英寸之间，S表示短，R表示标准，L表示长，XL表示更长。

3. 衬衫的尺码一般为两个数字，第一个数字表示领围尺寸，第二个数字表示袖长，例如15×34。

4. 鞋的尺码标识通常为数字（5到18，表示脚长）和一个字母（AA到EEE，表示脚宽）。防雨套鞋与高筒防水靴只提供了3种尺寸：N(窄)、M（中等）、W（宽）。

1

2

3

4

5

6

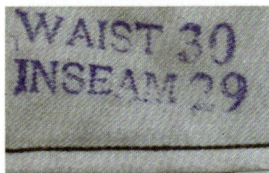

7

1~2. 人字形斜纹布（HBT）工作帽的尺码标记，印在白色的制造商标签上，在头带内部也具有同样的油墨印记（图2）。
3. 一顶M1941型毛料编织帽的尺码标签。
4. 印制好的野战夹克尺码标签，缝在夹克的法兰绒衬里内面。
5. 1943型人字形斜纹布工作服夹克的编织尺码标签，缝在领内下方。
6. 在一件正规军士兵毛料大衣里上油墨印制的尺码标识。
7. 一件早期卡其棉料长裤束腰带内的尺码标记。
8. 一个毛料哔叽长裤内的编织尺码标签。
9. 一件橄榄褐色(OD)毛料衬衫的编织尺码标签，第一个数字是领围尺寸，第二个数字是袖长尺寸。
10. 军鞋的脚长和脚宽尺码，压印在军鞋皮革鞋帮内侧顶端，"FV"是必须带有的陆军检查人员的姓氏缩写，脚长和脚宽的尺码也压印在鞋面外面和鞋底内里。
11. 用油漆涂在鞋底的高筒防水靴尺码标识。

8

9

10

11

承包商标签

　　许多由军需部门订购的制服上都带有生产承包商的标签，标签在制服穿着时并不能够从外面看到的位置，例如在一件正规士兵制服上装的下摆口袋内。承包商标签采用薄白衬里面料制造，尽管也能发现蓝色或红色的字母印记，但承包商文字大多数还是采用黑色印制。承包商标签印记并不能像衣物那样能经受反复洗涤，褪色非常快。

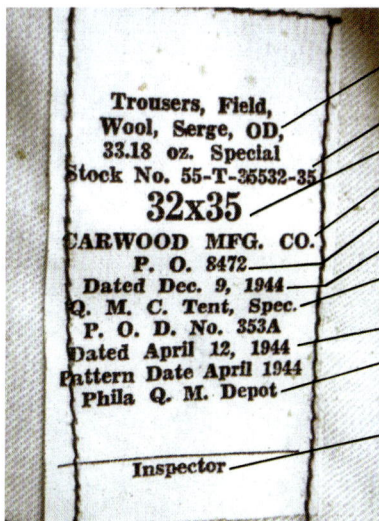

以下是一个承包商标签所表明的装备相应信息

装备的名称（并未表明这个服装制造于1942年前）

储存编码

尺码

制造商

合同或采购命令编号

采购命令日期

装备的规格（*Tent Spec* 表示试验规格）

日期规范

合同部门鉴定，服装类最常见的鉴定来自费城军需仓库（*Philadelphia Quartermaster Depot*，缩写为PQD）。

检查员(Inspector)：左边的空白处是标示检查交付军方装备的军需（QM）检查员的签名或姓氏签名，这种用钢笔的签名非常少见。

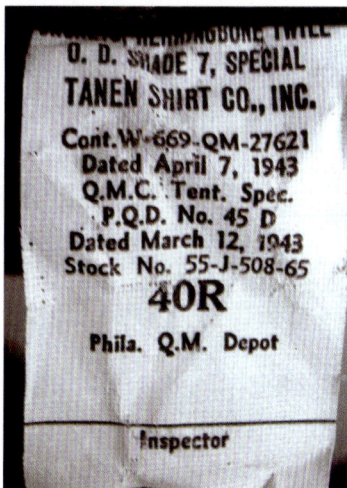

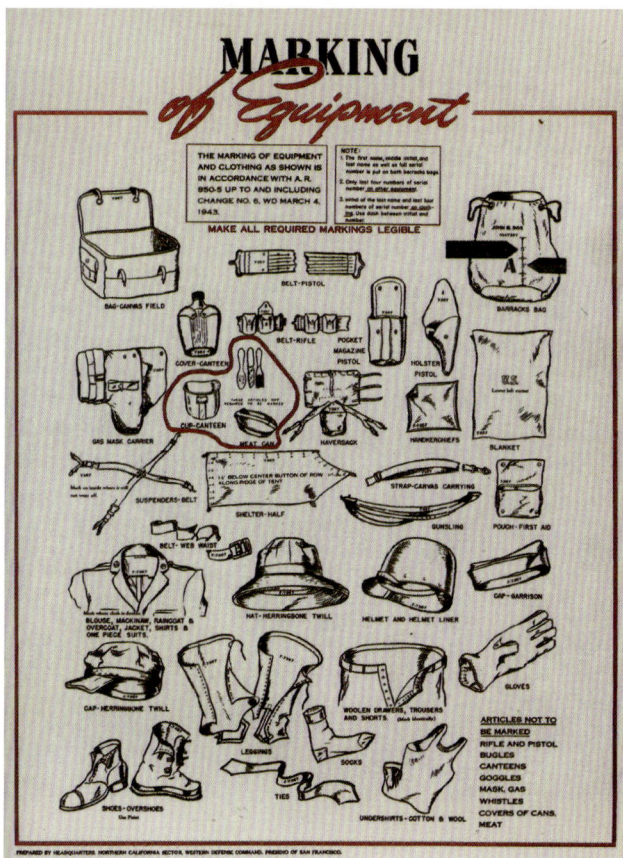

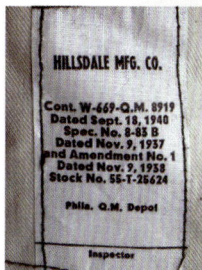

▲ 一批10件装编织帽的承包商标签，表明这批帽子制造于1943年，编织帽本身只带有一个表明尺码的小标签。
◀ 制造于1940年长裤的承包商标签，缺少装备的名称。

个人标识

　　分发给士兵个人的服装或装备物品都带有士兵的油墨姓氏缩写，以便于士兵对自己的装备进行识别，通常由士兵个人姓氏最后一个字母和他所属部队的后四位陆军编号（ASN）组成，由一个短线进行分隔，如B-4380。但并不是所有装备都是这样，有些装备物品，例如宿营或露营袋，就带有士兵全名和完整的部队编号。军官的服装与装备与士兵的一样，同样带有个人标记，军官的系列编号的第一个字母是"O"，表明属于军官。

军官礼服

1938年8月17日，美军陆军为其军官队伍采用了两种新型礼服：一种是蓝色礼服；一种是于夏季和热带地区服役时穿着的白色制服。1940年6月，陆军部下令，对礼服穿着不再强制要求，比如在战争仍在进行的1943年4月1日军官就可以自行决定何时穿着这两种礼服。展示在本书里的这些制服，在1943年至1945年的欧洲战区并没有被穿着。

◀ 礼服肩带，炮兵的红色兵种色背景上带有金丝花边，雄鹰的军衔标志（注：为上校军衔标志）采用银丝刺绣制作。

▲ 蓝色大檐帽
蓝色大檐帽是配合蓝色军装一起穿戴的，这里展示的是炮兵上校的蓝色大檐帽。帽墙是炮兵的红色兵种色，黑色皮革帽舌包着深蓝色的布料，上面带有金丝橡树叶刺绣图案。

▲ 裁缝的标签缝在礼服上衣的口袋里。

▶ 蓝色礼服上衣
这件蓝色礼服上衣仍属于同一名军官，由深蓝色的毛华达呢制造。上衣带有4个衣袋，开放式衣领。礼服矩形肩带的背景色是兵种色，佩有军衔标志，上衣袖子上带有军官装饰性的金丝红色花边饰带，"US"的国籍领徽与军官野战炮兵领徽用别针别在领口和翻领的恰当位置上。

◀ 蓝色礼服长裤
礼服长裤也为毛华达呢面料，色度比上衣稍微浅一点，牙线也是炮兵的兵种色。

▶ 腰带
皮革和织锦腰带，饰有金、红两色。

◀ 与礼服配套使用的还包括黑色的
领带，与白色衬衫一起穿戴。

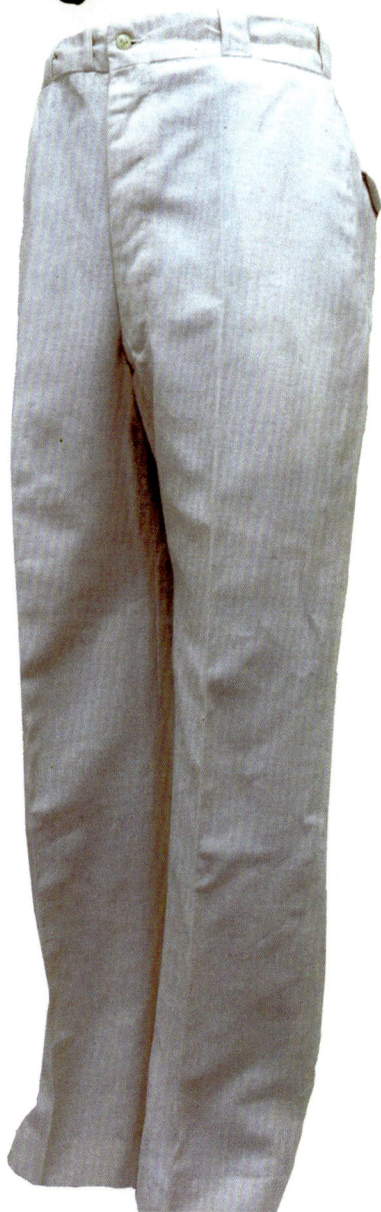

◀ 白色礼服上衣
白色棉料，这件制
服是军需兵一名少
尉的上衣。

▶ 白色礼服长裤
采用与上衣同样的面料制
造，与浅口白色皮鞋配合
穿着。

◀ 配合礼服推荐穿用的
黑色浅口皮鞋。

(储存编码：NO 55−C−69299/55−C−69510)

1926年美军陆军引入了一种常服上衣，这种常服上衣采用开放式衣领和尖翻领。这种常服上衣同时也可作为野战服使用，直到1941年采用了新的棉料野战夹克。常服上衣并不能作为野战装备的一部分，上衣的后褶于1942年6月被去除（M1942修改版常服上衣）。1944年秋季，常服上衣被归类为限定标准类装备，但实际上在战争结束前并没有被短夹克取代。这里展示的是1939型常服上衣，臂章是第80步兵师。

▲ **正规士兵常服大檐帽**

橄榄褐色的毛料大檐帽与常服一起使用直至1941年正式被船形帽取代，但士兵仍保留或私下购买，并在旅行及休假时佩戴。红褐色的帽带由2个小型镀金制铜纽固定，美国陆军军徽印在纽扣圆盘上，这种军帽配发给正规士兵。

◄ **卡其色棉质海马毛领带**

(储存编码：NO 73−N−120)

领带的材质是棉毛混纺面料，于1942年2月24日被批准采用，取代了1939年引入的配用夏季及热带制服的M1940型黑色海马毛和黄褐色棉质领带。当穿着衬衫作为外套时，可以在衬衫第一和第二个纽扣之间位置松开领带结，以使穿着更加舒适。

▲ **M1944型橄榄褐色毛料野战夹克**

(储存编码：NO 55−J−384 510/55−J−384 940)

这种制服与两种样式的毛料野战夹克是由英国生产的，1944年4月由艾森豪威尔将军决定选用，因此也被称之为"艾克夹克"(注:本书中短夹克实际就指这种夹克)。紧接着5月这种制服开始在美国进行生产，这种野战服装就像英国战斗服的仿制品。在欧洲战区，这个新型毛料野战夹克是M1943型野战夹克并不受欢迎的竞争者，作为妥协方案，M1943野战夹克配上了冬季衬里。最后虽然艾克夹克在欧洲胜利日（VE−day）前并没有充足的数量来提供使用，但仍被证实是取代常服上衣一种非常好的制服，图中军服上的军衔与臂章表明这件夹克属于第42步兵师一名四级技术军士。

◄ **正规士兵皮革腰带（军营腰带）**

红褐色皮革腰带，使用到1941年3月，但军人们仍保留这种腰带并在不值班时使用。

船形帽

　　1939年，一种在兵营或野外环境使用的新型野战帽（在一战时期称为"海外帽"）被采用了，但被证明不适于野外穿戴，于1941年2月19日制式化作为"军营帽"以取代大檐帽。正规士兵的船形帽带有兵种绲边，其单位徽章佩戴在左前部。这种帽子有两种面料，采用橄榄褐色毛哔叽面料的用于冬季制服，黄褐色的棉料用于夏季或热带地区，1942年6月其剪裁有轻微的变化。

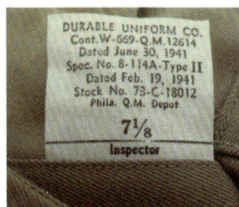

卡其色船形帽
（储存编码：NO 73-C-17996/73-C-18026）
船形帽材质为黄褐色棉料，与棉料衬衫和长裤（插图为长裤承包商标签）配合一起穿用。

橄榄褐色船形帽
（储存编码：NO 73-C-18168/73-C-18196）
橄榄褐色毛哔叽面料制造，其兵种色是炮兵的红色，1941年2月19日确定样式。

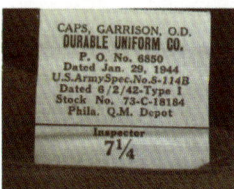

橄榄褐色船形帽
根据1942年6月2日样式制造的船形帽，兵种绲边为步兵的浅蓝色。

武装及勤务部队正规士兵船形帽兵种色

步兵	通信兵	财务兵
装甲兵	军械兵	副官队
野战炮兵 海岸炮兵	军需兵	分遣队正规士兵
骑兵	化学兵	国民警卫队
反坦克兵	宪兵	陆军航空兵
工兵	运输兵	第一特种作战旅
医疗兵	陆军妇女队	

军官船形帽兵种色

将官（金色）
军官（金色和黑色）
准尉（银色和黑色）

军官常服

▼ **橄榄褐色毛大衣呢军官常服上衣**

这是一件医疗少校的毛料上衣，其服役单位在欧洲战区司令部。此型制服为开放式衣领，于1940年被批准采用，1942年进行了改进，增加了一个布质内腰带取代了皮革的山姆·布朗腰带。到战争结束时，这种上衣部分被采用军官的暗色面料制造的M1944型野战夹克所取代。

▲ **军官大檐帽（准尉）**

51号深黑色毛料制造的橄榄褐色军官大檐帽，油墨标记钉在防汗带内，由军需部队采购并在零售商店出售，配合固定有镀金"US"国籍领徽的军官常服上衣使用。

▶ **山姆·布朗腰带**

红褐色M1921型皮革腰带，配合常服使用直到1942年。

▶ **军官袋**

由皮革加强的结实帆布旅行袋，用来盛装军官的衣物和个人物品，将军官袋打开并且悬挂起来，就变成了一个衣物架和储鞋柜。

▲ **夏季军官常服上衣**
这种上衣于1942年9月4日被批准采用，作为新的军官夏季常服的一部分。采用不同的轻质面料制造，最为常见的是5号卡其色精纺毛料。

▲ **军官常服大檐帽**
穿戴夏季常服时配用的常服帽，带有卡其色布料帽冠，这顶大檐帽带有著名班克罗夫特(Bancorft)的商标。

▲ 2个军官样式的裤腰带扣，带有兵种徽章，一个是工兵，另一个是通信兵。

▼ 私人购买的袜子。

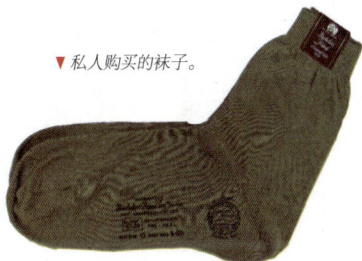

▲ **夏季军官常服长裤**
配合上面的常服上衣穿用，如同所有军官长裤样式，带有2个边口袋，1个表袋和2个带有纽扣袋盖的臀口袋。

▼ 皮带扣浅口皮鞋，标准的红褐色皮革料，另一种批准搭配军官常服穿用的样式。

◀ 裁缝标签带有与上衣同样的批准印记。

◀ 军官常服大檐帽

这顶大檐帽特征是带有非标准的帽冠，是流行的"粉红色"毛料华达呢面料，配用毛料长裤和衫衬时使用。

▼ 这顶帽子由有着悠久历史的著名的美国制帽商约翰·斯特森（John Stetson）公司制造。第一顶牛仔帽就是由该公司于1865年制造的。

▶ 橄榄褐色常帽

这种老式的"蒙大拿山峰"帽冠的帽子也就是牛仔帽，于1911年9月8日被陆军批准采用，命名为M1911型牛仔帽（Campaign Hat），其特点是将帽顶的四个边凹凹下去，以利于排水。1921年进行了细微的改进，1941年10月16日被列为限制标准装备，这种帽子在官方被适用所有军衔的更加便宜而且方便的船形帽所取代。尽管1939年后普遍采用了船形帽，但M1911牛仔帽仍被批准供给几个部队佩戴——山地部队，驻阿拉斯加部队，驻守在如巴拿马、夏威夷、波多黎各、菲律宾的部队以及不能穿用棉料制服地区的海外部队。这顶常帽采用褐色的兔毛毡面料制造，带有橄榄褐色帽带，并且在左侧带有一个蝴蝶结，帽绳为军官的黑色和金色丝线混合编织，前部别着的帽徽为第1步兵师第18步兵团。

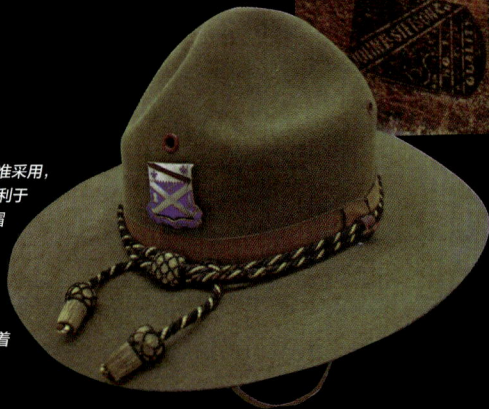

组图：陆军军官需要自行购买自己的服装。在战争期间，几个服装商店开设了分支机构，以满足这些需求，同时还分发服装邮购目录。这就是其中的一份目录，由波士顿的罗森菲尔德制服公司（Rosenfeld Uniform Company）提供，于1942年4月邮寄给中尉罗伯特·克洛斯（Robert Close）。

▼ 军官的毛料围巾。

▼ **欧洲战区陆军军官常服上衣**
这件外套虽然是在英国定制，但同美国制造的外套是一样规格，采用褐色毛料巴拉瑟亚军服呢制造，腰部由制服相同面料的腰带收拢，这种面料于1942年被批准采用。

▼ **英国制造的M1937编织裤腰带。**

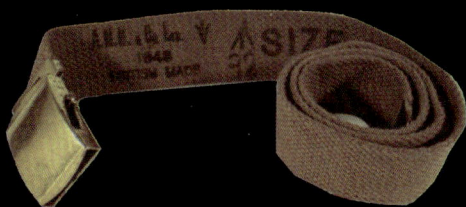

▲ 伦敦裁缝的标签缝在右边胸口袋的内里。

▲ "Approved CIC"印记表明这种制服样式由艾森豪威尔将军亲自批准。

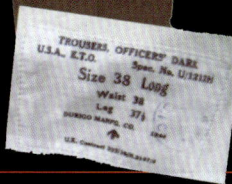

▼ **欧洲战区陆军军官野战夹克**
由位于英国的美国军需部队与欧洲战区士兵野战夹克同时设计，用于军官的夹克采用与常服上衣同样的深褐色毛料面料制造，带有肩绊，2个倾斜口袋带有纽扣袋盖，腰带上带有纽扣带，前襟由4个塑料纽扣闭合。这种制服只进行小批量生产，后正式由M1944毛料野战夹克取代。这种类似英国制造的士兵野战夹克，尽管很少穿用，但军官夹克是作为野战服装的一部分设计的。

◄ **欧洲战区陆军深色军官长裤**
这种常服长裤在英国生产，面料也是在英国当地采购的橄榄褐色巴拉瑟亚军服呢，裁剪样式与美国生产的一样。

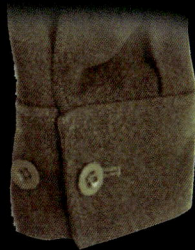

▶ 袖口由纽扣闭合。

▼ **军官单色毛料衬衫**

54号浅色军官衬衫，毛华达呢料，除了这种颜色，还有"粉红色"样式。军官衬衫在肩部缝有肩绊，1942年8月之前，将衬衫作为外套穿用时，可以将军衔标志别在肩绊上。

▲ **橄榄褐色毛大衣呢军官船形帽**

1940年12月，三种新型带有饰边的船形帽被批准用于军官，金色的用于将官，金色与黑色用于其他军官，银色和黑色用于准尉，带有单位识别徽章的船形帽使用至1942年8月25日，新的军官军衔标志开始在船形帽上佩戴。

▶ *由军需部门生产的军官长裤标准标签，以低廉的价格在零售商店出售。*

REGULATION
ARMY OFFICER'S TROUSERS

▶ **橄榄褐色军官常服长裤**

采用51号橄榄褐色毛大衣呢面料制造的军官长裤，与常服上衣配套穿着。长裤两边和臀部带有口袋，并且还有一个表袋。这些M1942型长裤是随着原来M1938型橄榄褐色常服引入长裤的变种。

◀ **红褐色军官浅口皮鞋**

图中展示的这款皮鞋由约翰逊&约翰逊公司(Johnson&Johnson)制造。

▼ 陆军部总参谋部勤务识别章
这种徽章设立于1943年，佩戴在军官常服的右胸衣袋上，授予自1920年6月4日在陆军参谋部服役最少满一年的人员，除总参谋长和前任参谋长是3英寸直径之外，所有人员使用的都是2英寸直径的，这里展示的是3英寸直径的。

◄ 军官大檐帽
由著名的班克罗夫特生产的品质优良的军帽，橄榄褐色软毛料制造。

► 军官帽徽。

► 准尉帽徽(与制服领徽相同)。

▲ 由裁缝制作的军官短夹克，典型的艾克夹克风格，这件制服属于工兵上尉凯恩。

▲ 军官毛料野战夹克
第3步兵师的步兵中尉标准样式的军官短夹克，材质与颜色与1944年11月的相同，但内衬是人造丝。

▲ 毛料大衣呢军官船形帽
由"粉红色"毛料细毛大衣呢原料制造。

◀ 军官毛料衬衫
由51号深色毛料缝制的、极为考究的橄榄褐色衬衫。
左下边小插图是承包商的标签。

▼ 军官单色毛料大衣呢长裤
这件军官的"粉红色"毛料长裤，按照与橄榄褐色长裤的一样的样式裁剪制作，这种长裤可以选择与51号单色常服上衣配套穿用，图片中的长裤在英国地方制造。

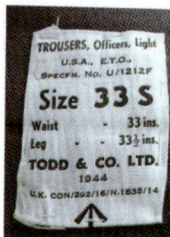

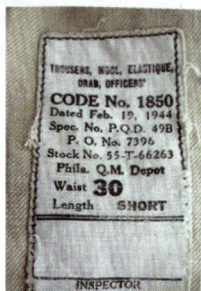

▲ 一个由美国制造的军官
"粉红色"长裤承包商标签。

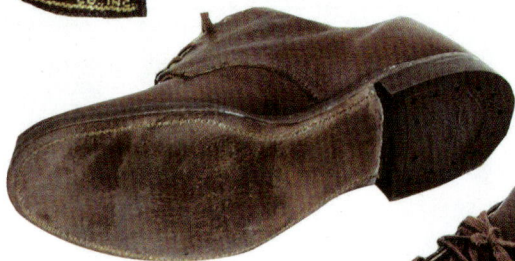

▶ 军官红褐色浅口皮鞋
配合制服给军官穿着的许多款皮鞋的一种。

夏季常服

美国陆军1938年批准一种夏季热带地区常服，包括黄褐色的长裤和衬衫（或者是斜纹棉布长裤和衬衫）。在1941年至1942年，棉质制服也开始生产，提供作为夏季或热带地区基本的野外制服。

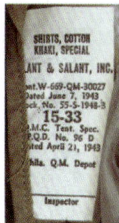

◀ 卡其色棉料衬衫
1941年11月新型可变领的棉料衬衫被军方采用，取代了配合领带穿用1938样式衬衫。这种可变领的设计在军营时可配合领带穿用，在野外则可以打开。

▶ 特殊卡其色棉料衬衫
(储存编码：No 55-S-1942/55-S-1958-7) 黄褐色棉质衬衫，具有气密的特征，如袖口有衬料，胸袋带有袋盖，这种衬衫于1942年引入，并且也指定了带有"特殊"字样的名称。

◀ 美国陆军包锡纽扣，用在早期黄褐色长裤上。

▶ 特殊卡其色棉质长裤
(储存编码：No 55-T-12400/55-T-12650) 黄褐色的棉料长裤，门襟增加有三角形的防毒气里襟（因此也就有了"特殊"的名称）。

◀ 卡其色棉料长裤
(储存编码：No 55-T-10000/55-T-10672-65) 1937样式的黄褐色棉料长裤，这种长裤为直筒裤腿，带有2个边口袋，2个臀口袋和1个前表袋。

冬季常服与野外服装

在20世纪30年代末期，正规军士兵的冬季野外服装和常服包括毛料制造的常服上衣、衬衫和长裤。

CROYDON CLOTHES
Cont. W-669-qm-10367
Dated Dec. 19, 1940
Stock No. 55-O-49425
19 R
Spec. No. 8-31D
Dated 2/7/40
Phila. Q. M. Depot
Inspector

RITER-THOMAS, Inc.
C. W-669-qm-15402
ed. Jan. 30, 1942
ck No. 55-S-5511-2
16½ 32
Spec. No. 8-10c
Dated 8/2/37
Phila. Q. M. Depot
Inspector

◀ **橄榄褐色军士毛料上衣**
根据1940年12月合同制造的1939样式毛料常服上衣，在背部带有2个腰带钩。

◀ **上衣风格橄榄褐色法兰绒衬衫**
(储存编码：No 55-S-5487-1/55-S-5517-7)
橄榄褐色法兰绒衬衫，1934年被采用，1937年进行修改。前面缝有7个纽扣，口袋上开有纽扣眼，2个口袋带有用纽扣闭合的袋盖，承包商标签缝在右手后部。这种衬衫于1941年被类似的可变领衬衫所取代。

◀ **浅橄榄褐色毛哔叽长裤**
(储存编码：No 55-T-81995-20/55-T-82267-30)
1937样式的直筒毛料长裤，于1938年成为大多数兵种和勤务部队的标准制服。像黄褐色棉料长裤，这种长裤还有2个边口袋和1个前表袋，并且都带有5个纽扣的门襟。

▶ **翻领橄榄褐色麦尔登呢毛料大衣**
(储存编码：No 55-O-8876/55-O-9140)
双襟毛料大衣于1939年定型，带有2个斜角内插边口袋，2个肩绊，背部有一条钉着纽扣的半腰带，主要与常服配用并在不值班时穿着。这种大衣被大量配发给战斗部队用于1944—1945年冬季战斗中使用。

HILLSDALE MFG. CO.
Cont. W-669-Q.M. 8919
Dated Sept. 18, 1940
Spec. No. 8-85 B
Dated Nov. 9, 1957
and Amendment No. 1
Dated Nov. 9, 1938
Stock No. 55-T-25424
Phila. Q. M. Depot
Inspector

DEPENDABLE
CLOTHING CO.
Cont. W-869-qm-11297
Dated March 15, 1941
Stock No. 55-O-8950
38 R
Spec. No. 8-51B
Dated 3/11/40
Phila. Q. M. Depot
Inspector

野战服装

陆军大范围引入了新型M1941型野战夹克，在常服（军营制服和非值班制服）和野战（战斗）制服之间带来明显的差别。

▲ **橄榄褐色野战夹克（第一种样式）**

依照巴顿将军（第3集团军司令）于战前的研究，于1940年10月7日采用了野战夹克。这种野战夹克属于短防风衣风格，夹克面料为防风防水的防染棉府绸，带有法兰绒内衬。野战夹克的采用意味着在战场上取代了毛料常服上衣。

其特征是：在腰部和袖口带有纽扣，边口袋有1个拉链隐藏在用纽扣扣紧的袋盖后面，背部有2个宽褶，领口带有扣合纽扣。第一种样式带有倾斜边袋和纽扣盖盖，没有肩绊。

▲ **橄榄褐色野战夹克（第二种样式）**
（储存编码：No 55-J200/55-J-304）

第二种样式野战夹克于1941年5月定型，边口袋盖去除了，增加了肩绊，后来这种野战夹克逐渐被发展于1942年的M1943野战夹克取代。

◀ **特殊上衣风格法兰绒衬衫**
（储存编码：No 55-S-5652-2/55-S-5668-7）

变领和气密是这种衬衫的两个特征，衣袖有衬料，胸口袋带有纽扣袋盖，2个塑料纽扣缝合在衣领下面，可以扣上防毒气的毛料风帽。

▶ **特殊浅橄榄褐色毛哔叽长裤**

1942年的1937年样式长裤，带有早期"特殊型"特征，三角形绿色法兰绒里襟增加在门襟内。

▲ 欧洲战区带内衬野战夹克（第一种样式）

这是一件在外国设计和制造的夹克，于1943年5月在英国制造。这种夹克属于英国战斗服的仿制版，用于在冬季穿着代替标准的野战夹克。这种夹克是由欧洲战区司令部罗贝·利特尔约翰少将（Robet Littlejohn 1890－1982，于1942年至1945年任欧洲战区军需主任）发展的。第一种样式野战夹克有倾斜口袋，腰部的调整带和搭扣仿制英国BD短上衣，前襟内有用纽扣扣合的宽防毒布，第一批这种制服配发给了位于英国的第29步兵师用于野战测试。

▲ 欧洲战区带内衬野战夹克（第二种样式）

这种样式于1943年7月开始制造，这种样式与第一种样式在胸口袋上有所不同，带有纽扣的调整带在腰部，夹克带有肩绊，去掉了内部的防毒布。1944年3月由艾森豪威尔将军签署命令发放，首批30万件野战夹克从英国公司订购，在英国大批量生产的则是这种夹克的改进变型M1944毛料野战夹克（艾克夹克，见第58页），并直到战争结束。

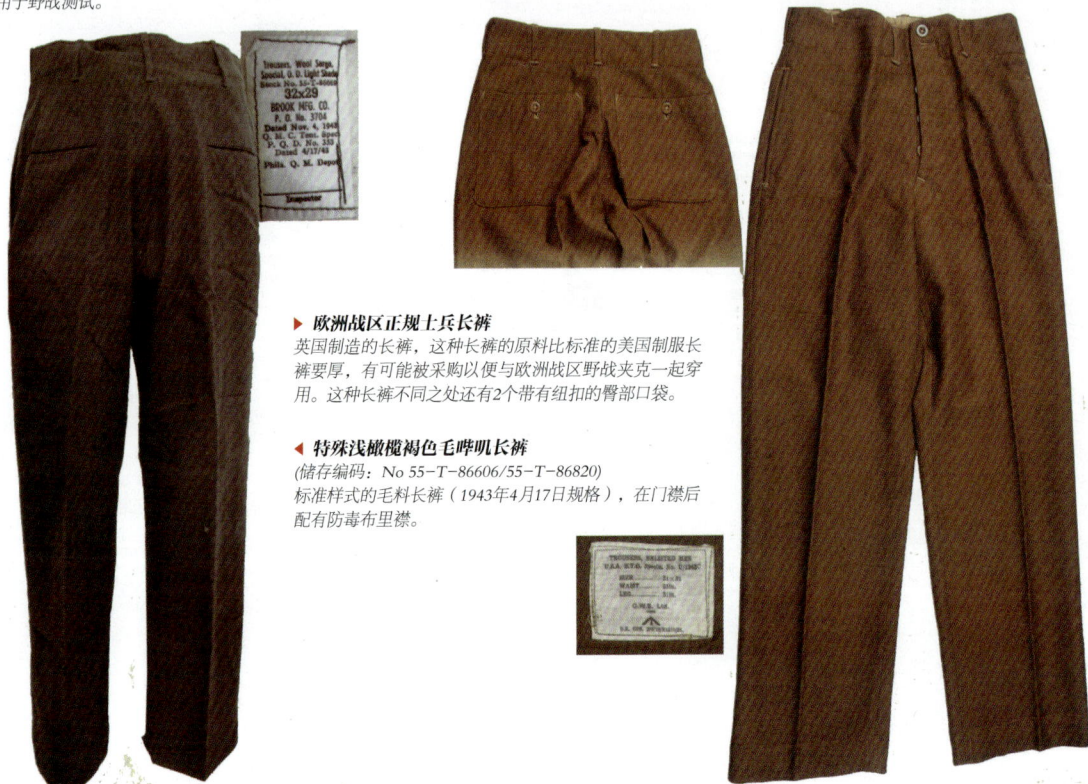

▶ 欧洲战区正规士兵长裤

英国制造的长裤，这种长裤的原料比标准的美国制服长裤要厚，有可能被采购以便与欧洲战区野战夹克一起穿用。这种长裤不同之处还有2个带有纽扣的臀部口袋。

◀ 特殊浅橄榄褐色毛哔叽长裤

(储存编码：No 55-T-86606/55-T-86820)

标准样式的毛料长裤（1943年4月17日规格），在门襟后配有防毒布里襟。

M1943制服

在1942年秋季，面对大量关于战斗制服的投诉，美国陆军开始发展一种通用的战斗制服来取代以前的制服，包括野战夹克（见第69页）、寒区夹克（见第82页）、麦基诺大衣（见第84页）、毛料大衣（见第68页）以及一些特种服装（如伞兵、装甲乘员、山地部队服装等）。新的M1943单兵装备包含20多种新型装备，有棉缎夹克和长裤，带有可以拆除的内衬以用于温暖地区，一顶野战帽和绒毛帽，带扣靴，高领毛衣。新装备同时还确定了一些标准型装备，包括一种新型雨披和帐篷布，一件睡袋等。

军需部队在1943年夏季对这些新装备进行了测试，然后配发给了在安奇奥海滩作战的第3步兵师进行战场测试。这种新型制服被证明非常令人满意，紧接着意大利战场的军需官们就请求配备这种新制服。然而在西北欧，利特尔约翰将军支持艾森豪威尔将军预定配发的新型M1944毛料野战夹克，这种M1944野战夹克将作为士兵基本要素在下一个冬季作为战斗装备使用，同时还包括有毛料大衣。在这种情况下，军需办公室（OQMG）想指定M1943夹克，对欧洲战区来说这可真是个坏透了的计划，加上其他供应上的变故，1945年1月以前这种新制服并没有被大范围送达欧洲。

◀ **M1943野战夹克**
(储存编码：No 55-J-190/55-J-192-98)
一种棉缎四衣袋夹克，颜色是新型的7号橄榄褐色（绿色），前襟由7个褐色塑料纽扣闭合，袖口带有衬料。这种新型夹克于1944年晚期首次大批量配发给了欧洲战区空降部队。

1. 特殊毛哔叽野战长裤
(储存编码：No 55-T-35028-29/55-T-35050-33)
1944年4月批准的变型毛料长裤，特点是高腰宽臀，以容纳过长的冬季里裤，边袋是倾斜样式，左臀口袋带有一个纽扣闭合的袋盖。这条裤子可以单穿，也可在里面穿上新型的棉缎野战长裤。

2. 特殊33号橄榄褐色毛哔叽野战长裤
(储存编码：No 55-T-35528/55-T-35550-33)
哔叽面料的橄榄褐色（33号）长裤，配合在欧洲于战争后期配发的M1944短夹克（见第58页）穿着。

◀ M1943野战夹克内衬细节，带有腰部调节带，浅色府绸面料。

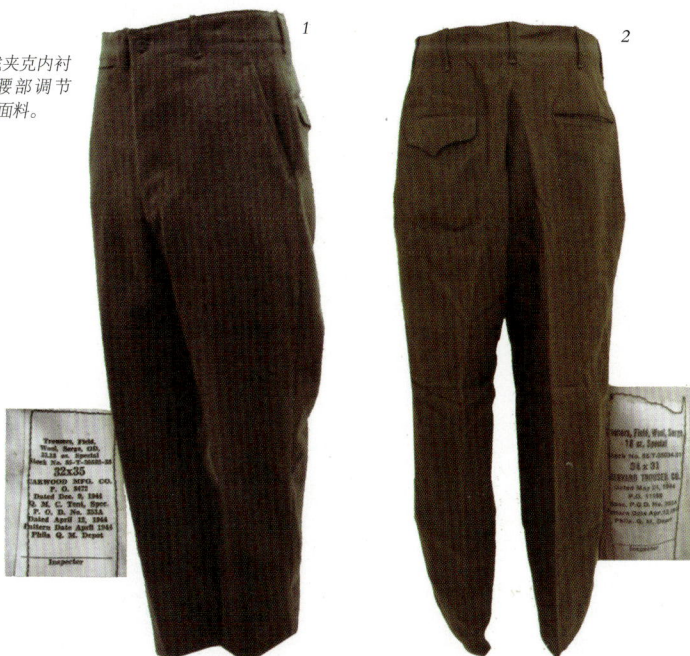

◀ 夹克的标签在熨烫后字迹仍可以辨认，这件制服用于寒冷天气，可以套在其他绒面夹克外面穿用。

M1943野战夹克

（储存编码：No 55-T-34028-28/55-T-34044-32）

依照1944年2月23日370D规范制造的夹克，它不同于前者（依照1943年10月370C规范）的地方在于指示标签缝在领部下方的衬里上，制服上的标志表明拥有这件制服的是第2步兵师一名陆军上尉。

▲ 橄榄褐色绒面野战夹克

（储存编码：No 55-J-382-260/55-J-382-430）

一件府绸内衬人造毛（绒面）夹克，带有编织袖口和立领，前襟由6个大塑料纽扣通过绳扣圈闭合。

绒面夹克标签指明可以在M1943夹克或风雪大衣内穿用，其自身除在屋内一般不外穿，但也并不总是这样，也有例外在室外穿用的。

▲ 棉料野战长裤标签，在绿色的HBT口袋内里，这个标签的黑色字母或是缝制或是熨制。

▶ 用在卡其色棉料长裤的斜纹棉布原料制造的变型棉料野战长裤，衬里和口袋采用绿色人字形斜纹棉布剪裁。插图的标签缝在右手臀袋内，腰绊的纽扣朝向前方，这实际上是违反战时标准的（1945年2月22日的371C规范）。所有的纽扣都是平头钉型，黑金属材质光泽。

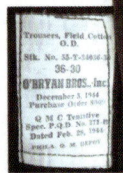

▶ 橄榄褐色棉料野战长裤

棉缎野战长裤的颜色是7号橄榄褐色（绿色），是1943年8月引入的颜色，衣袋和内衬采用未漂白的白棉料制造。在冬季，这种长裤可以穿在特别的绒面衬里的外面（类似绒面夹克），但这种长裤迅速被标准的带有背带的毛哔叽长裤取代了。这种长裤在腰部剪去一英寸，在腰部两边的纽绊可以在长裤独自穿用时调整绷紧，在裤腿踝关节处带有束绳，可以将裤腿绑缚紧拢在新的"作战靴"（搭扣靴）内。

人字形斜纹布工作服

1941年5月，陆军部宣布旧式的蓝色粗斜棉布工作服将分阶段被新型绿色人字形斜纹布制服取代，二件式的HBT工作服也可以作为夏季或热带地区战斗制服穿用。制服面料进行过化学处理，曾配发给欧洲战区用于诺曼底登陆行动。

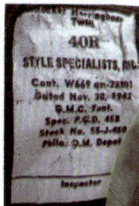

▲ 大多数HBT制服都用黑色平头钉形金属纽扣。

▶ 人字形斜纹布夹克
根据1942年11月2日第45B号规范，早期浅绿色1942型HBT夹克，在胸前带有2个大容量口袋，带有扩展的侧褶，褶边平直。

▲ 人字形斜纹布夹克
（储存编码：No 55-J-414/55-J-494）
根据1941年4月3日第45号规范，浅绿色HBT面料的早期1941型工作服，胸口袋上带有衬衫风格的褶带，腰部带有调节带扣的调整带。

▶ 人字形斜纹布长裤
（储存编码：No 55-T-38001-78/55-T-38108-10）
早期浅绿色1941型HBT长裤，除了面料和上面钉缀的金属纽扣，样式非常接近卡其色夏季长裤。图中承包商标签标示的规格是错误的，因为6-254规范实际是用于卡其色棉料长裤的。

▲ HBT制服上钉有的另一种类型平头钉形金属纽扣。

◀ 特殊人字形斜纹布长裤
（储存编码：No 55-T-43310/55-T-43469）
根据1942年10月30日第42A号规范，1942型的工作裤仍旧是早期的浅绿色，裤腿上面仅有的就是2个大容量口袋，带有袋盖，其"特殊"的名称意味着在门襟带有防毒里襟。

▲ HBT制服上使用的另一种类型金属纽扣，纽扣具有中空孔并带有花卉图案。

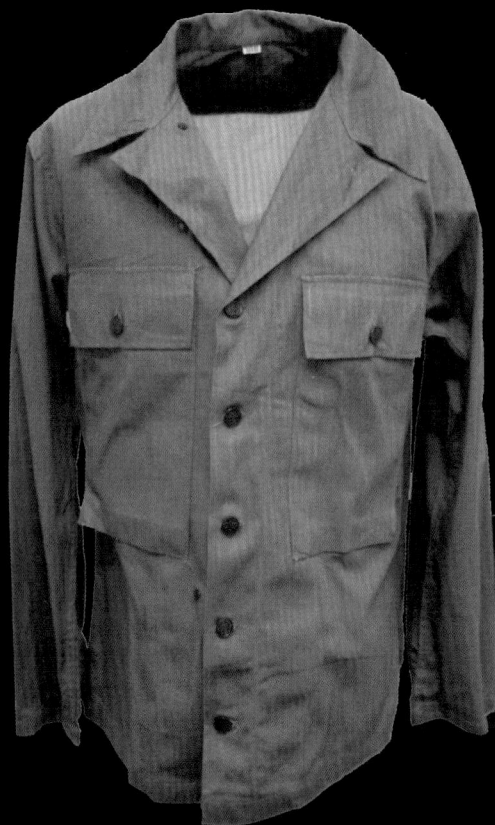

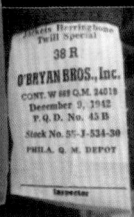

▲ 特殊人字形斜纹布夹克

（储存编码：No 55-J-532-30/55-J-542-30）
根据1942年11月2日第45B号规范，"特殊"HBT衬衫在前襟带有防毒衬布，领下带有2个纽扣，可以扣上防毒的毛料风帽。

▶ 7号橄榄褐色特殊人字形斜纹布长裤

根据1943年3月10日第42C号规范，HBT长裤与前页的样式相同，但颜色是新型的暗绿色，1943年1月7号橄榄褐色被选定为作为所有HBT制服和棉料野战制服颜色，以及大部分的陆军织物和帆布装备颜色。

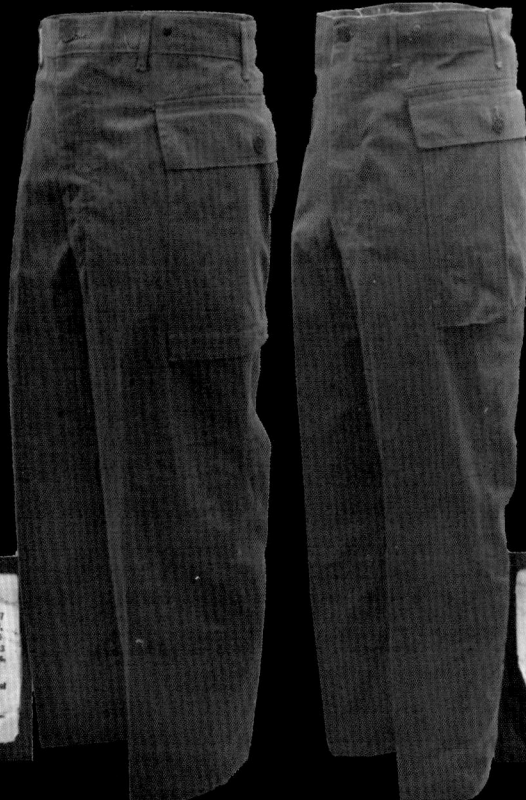

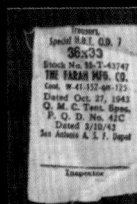

▲ 7号橄榄褐色特殊人字形斜纹布夹克

根据1943年3月12日第45D号规范制造，与左侧的夹克一样，但颜色是新的暗绿色（7号橄榄褐色），钉在夹克上的裁剪师小标签仍旧没有损坏。

◀ 7号橄榄褐色特殊人字形斜纹布长裤

根据1943年3月10日，第42C号规范，这是左侧长裤的变型，特征是裤腿口袋上带有中褶，这是一种出于节约制造时间的设计，在一些夹克上也能看出，生产商可以自行选择采不采用。

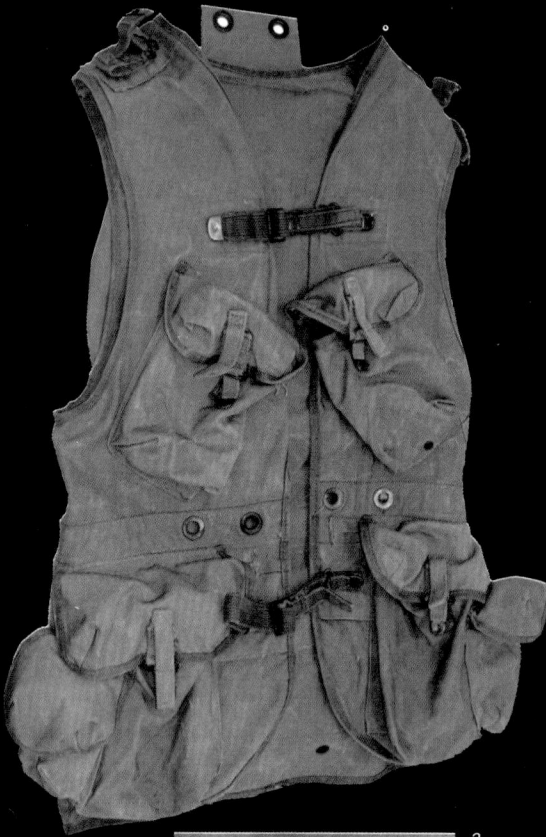

突击背心

　　多口袋的背心有两种颜色，一种是5号橄榄褐色（图片中展示的），一种是绿色帆布（7号橄榄褐色-OD7），发展这种突击背心的目的是取代突击步兵使用的帆布背包和其他特殊用途的背包。突击背心在前部有4个大口袋，较低位置有2个小一点的手榴弹袋，大口袋和手榴弹袋的特征是上面带有长拉带，以帮助更方便地取出内装物品。环绕腰部的4对金属挂孔可以帮助携带其他装备，比如手枪套、工具等等。突击背心是在英国样式出现后于1943年间被匆忙采用的，以利于步兵装备的携行。在1944年开始大批量生产，开发这种背心目的是用于诺曼底登陆行动，主要装备了第一波登陆部队。但由于当时设计及技术上的不成熟，而且士兵常常将背心塞得很满，反而增加了沉重、闷热、疲倦的感觉，在美军成功登陆后的海滩上，到处可以看到这种被丢弃的突击背心。

1. 近距离观看突击背心，带有可以速解装置和内拉带。
2. 速解装置的细节，背面带有解脱带。
3. 在突击背心背部底袋袋盖上油墨戳印的生产商名称和生产日期，内背面的尺码是小号。
4. 突击背心的后部视图。上部的金属挂孔是用来携带挖壕工具（A）而且金属挂孔与搭扣配合可以作为提手，在边上的一个垂直的套袋可以用来容纳刺刀或战壕刀（B），底部的腰背袋有2条捆扎带可以调节以扩展或减少袋子的容量（C）。

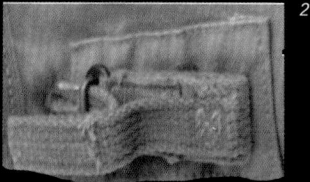

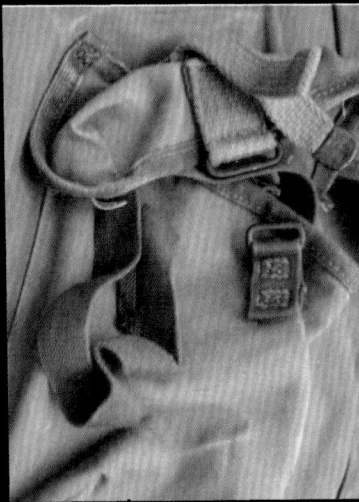

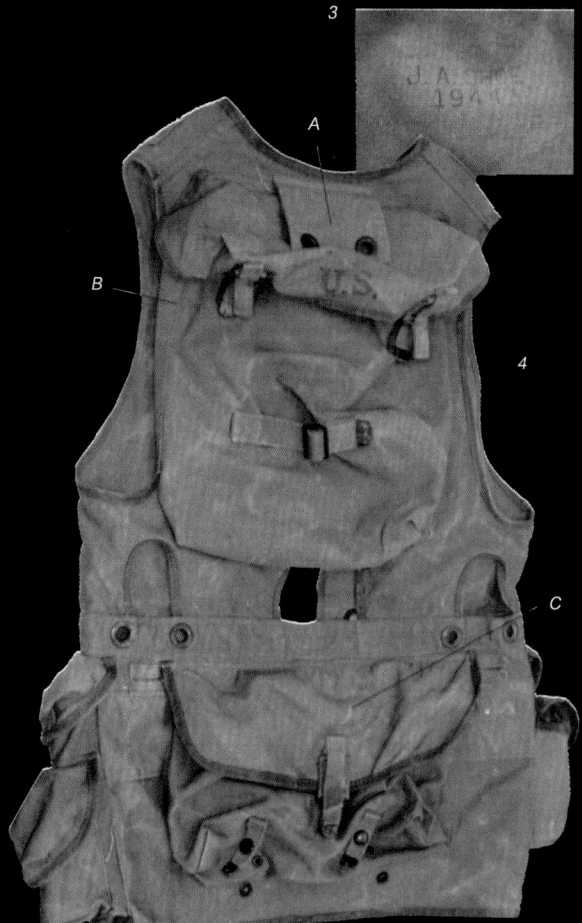

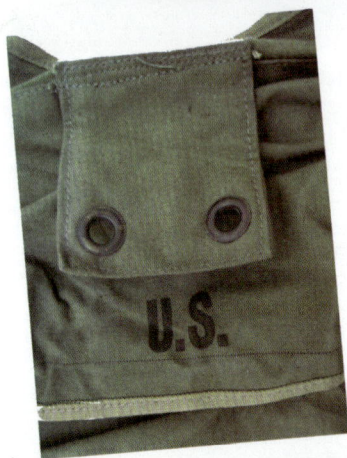

▲ 突击背心的变型，采用7号橄榄褐色帆布制造，由诺曼底登陆日的突击波部队使用。

▶ 这件中等尺码背心由特威迪制鞋公司（Tweedie Footwear）于1944年制造。J.A.制鞋公司(J.A.Shoe)、S.弗罗利奇公司（S.Froelich Co.）、哈里恩缝纫公司（Harian Stitching Co.）是突击背心的承包制造商。

◀ 缝在突击背心背部的金属孔眼，用来固定掘壕工具。

▶ 这2个缝在突击背心内部隔仓底部的孔眼用来充当排水孔。

◀ 不同的装备可以挂在突击背心腰部加强的开口上。档案照片表明水壶套可以钩挂在一个孔眼上而不是两个，证明了这种突击背心并不是匆忙设计的产品。

两栖行动

▶ 防水皮裤
(储存编码：No 72-W-5000/72-W-5020)
这种防水皮裤可以为穿着者提供更大范围的防水能力，穿着它可以在深水区进行建造工作或是卸载登陆艇物资。

▲ M1钢盔上的白色标识是一种特殊标记，它属于诺曼底登陆日的独立工兵旅。

▼ 高筒防水橡胶靴
（储存编码：No 72-B-343-505/72-B-343-555）
带有防水帆布鞋筒的橡胶靴，鞋筒顶部可以在膝盖下面扎紧，这种橡胶靴可以穿在皮革靴外面，在浅水区工作。

▼ M1937高筒橡胶靴
（储存编码：No 72-B-1261/72-B-1271）
由工兵穿着的褐色或黑色的橡胶靴，可以在拍岸浪中工作或进行架桥作业。

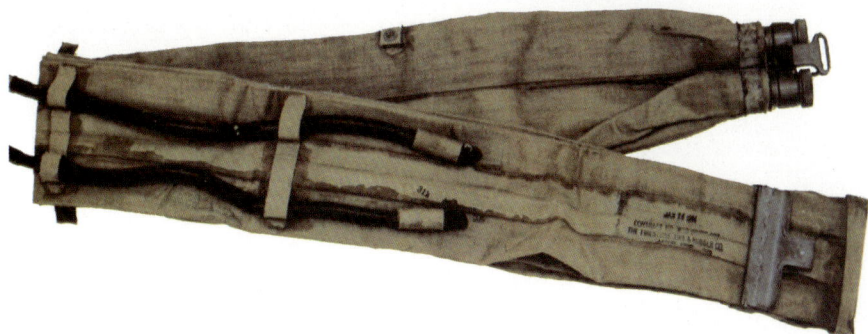

◀ 救生腰带
标准的美国海军M1926型救生用具，提供给运输和登陆艇部队所有陆军人员用于两栖行动。这种救生腰带可以通过靠近前腰带扣的2个二氧化碳气筒迅速充气，提供救生所需的浮力。

▼ M1937过膝橡胶靴
（储存编码：No 72-B-126/72-B-1271）
新型的高筒橡胶靴，主要配发给工兵，除了颜色，其余与第77页展示的相同。

▲ 重型过膝橡胶靴
（储存编码： NO 72-B-1194/72-B-1214）
这种结实的靴子被M1937过膝橡胶靴所取代，新的M1937橡胶靴采用薄橡胶面料制造，靴筒通过穿过5对鞋眼的鞋带系牢。

▲ 高筒腰橡胶靴
（储存编码：No 72-B-1149/72-B-1168）
这种高筒靴为布衬里橡胶面料，作为配发给工兵装备的一部分，可以通过连接在腰带上的带子或裤背带穿用。

两件式HBT伪装制服

1943年早期研发这种伪装服的目的是用于丛林战斗，配发给欧洲战场和南太平洋战场使用。其中配发用于诺曼底登陆战役的这种制服尽管数量很少（如提供给了第2装甲师第42装甲步兵营部分人员），但仍然造成了一个不幸的结果——发生过穿着这种伪装制服的士兵被其他盟军士兵误以为是德军迷彩服而被误杀的事件。这种伪装制服也可以反穿，尽管每一面织物都可以提供不同的伪装色调效果，但口袋只存在于绿色面。

1943年型伪装服后来被1944年型HBT制服取代了，这种版本只在颜色上有所不同，后期发放的颜色更深。这种伪装服在欧洲战区带来了识别问题。在太平洋战场，人们发现单一颜色的橄榄褐色制服在移动时是更好的隐蔽伪装，由于这些因素，到1944年后期，这种伪装制服已基本被淘汰了，只有狙击手使用和用于其他有限的特殊用途。

◀ 人字形斜纹布伪装夹克
（储存编码：No55-J-497-10/55-J-497-95）
这种HBT夹克采用伪装面料（1943年6月3日375号规范），通过以下细节可以识别其与绿色夹克的不同：塑料纽扣（全部为隐藏式，以防凸出），在肘部带有加强料。

▲ 近距离看胸部的防毒衣襟。

◀ 近距离看长裤门襟后面的防毒里襟，门襟通过5个纽扣闭合。

▼ 裤袋的细节，通过单独缝在袋盖内部的布衬来闭合，这样做是为了防止纽扣在服装外表凸出钩挂其他物体。

▶ 人字形斜纹布伪装长裤
（储存编码：No 55-T-38112-31/55-T-38119-33）
这种长裤也与绿色的工作长裤有细微的不同，防毒里襟缝在门襟的两边，裤口袋通过带有纽孔的垂片来闭合，踝关节收紧也是通过带有纽孔的布片来实现的，膝盖上缝有长方形的补丁。

▲ 裤腿带有用纽扣扣紧的系带。

雨衣

◄ **雨天派克大衣**
（储存编码：No 72-P-2510/72-P-2525）
派克大衣采用涂有合成树脂棉布料制造，胸部带有4个弹性拉钩，风帽和腰部都带有收敛绳，这种大衣在战争期间自始至终在进行生产和配发。

▶ **橄榄褐色合成树脂涂层雨衣**
（储存编码：No 72-R-4050/72-R-4056）
这种雨衣配发给除山地部队外的所有部队，1942年引入，采用涂有合成树脂的棉料制造，以节约战略物资橡胶。这种雨衣取代了M1938型橡胶涂层雨衣，以及老式的1935防水油布雨衣。这种雨衣采用5个大的塑料纽扣来扣紧，雨衣狭长的长方形通气衣襟处缝有承包商标签。

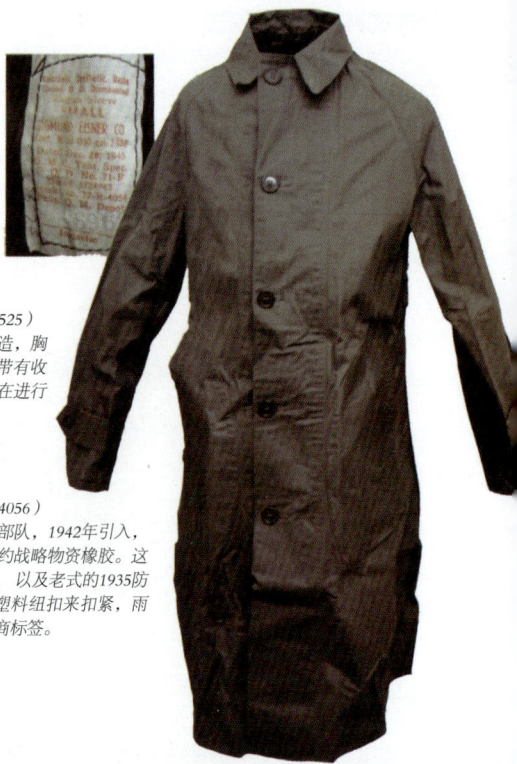

◄ **雨天长裤**
（储存编码：No 72-T-8010/72-T-8040）
防水围裤，带有胶接缝，这种装备在2个金属平头钉纽扣上带有2个可以调整的背带，右侧有一个大型的腿袋，小腿下摆带有拉绳。

▶ **橄榄褐色合成树脂涂层斗篷**
这种防雨装备开发于1942年后期，原来是用来取代热带地区雨衣，这种斗篷也可以作为睡袋和半防风雨罩使用，这件早期"橄榄褐色轻量斗篷"由尼龙制造。这种材质的斗篷只在1944年短时间内制造过。

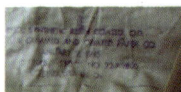

防寒服装

▼ 防雨夹克
（储存编码：No 72-J-50/72-J-56）

这种雨衣在战争初期穿用，于1942年3月被批准采用，根据1943年军需补给目录3-1变为限定标准装备。这套服装包括防雨帽、雨裤，由合成树脂涂层的棉料制成，通过5个纽扣闭合，立领带有尖角。

▼ 羊驼呢内衬派克型外套大衣
（储存编码：No 55-O-3131-36/55-O-3131-50）

于1941年定型，这种派克型外套大衣由防水的棉料和带有人造毛（羊驼呢）的内衬制成。1943年发展成可反穿的两面——绿面和白面，随后被带可以去除内衬的大衣所取代。这种大衣带有2个暖手袋和2个腰带下面的大型配有袋盖的口袋，大衣腰带带有金属带扣，衣袖内毛衬里在编织手腕处中止。

▼ 承包商标签缝在夹克挡风襟下面。

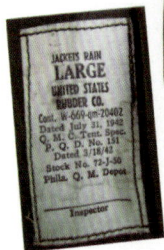

▶ 鞋筒内的纸质标签表明这双套鞋制造于1940年。

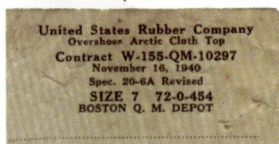

▼ 布帮寒区套鞋

第一种样式的布胶套鞋，可以穿在皮单军靴的外面，通过2个棘齿夹闭合，而不是后来样式的4个。

◀ 通过风帽上纵向缝合的拉链，大衣连接的风帽不用时可以向下折叠到肩膀上。

麦基诺大衣

◀ 橄榄褐色麦基诺大衣

（储存编码：No 55-C-33090/55-C-33190）
这种大衣与一战后期的大衣风格类似，于1938年进行了修改。早期型号采用带有绿色的帆布制造，衬里是毛料，带有毛料披肩和一个腰带。在1941年后，开始使用薄府绸面料，同时使用的还包括浅色毛料内衬。1942年春季，又引入了另一种版本，其披肩领面不再是毛料。

▶ 正规士兵麦基诺大衣（英国制造）

英国制造的麦基诺大衣，剪裁的面料是棉斜纹布，色调比美国制造的更深，腰带扣和塑料纽扣也不相同。

◀ 橄榄褐色麦基诺大衣

（储存编码：No 55-C-33100/55-C-33190）
第二种样式的麦基诺大衣，采用防水棉府绸面料制造，于1942年被采用（1942年8月27日，第252号规范）。这种大衣保留了连接腰带，但披肩领面为大衣原料同样的面料取代了橄榄褐色毛料。

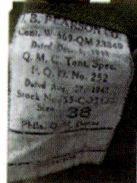

▼ 橄榄褐色麦基诺大衣

（储存编码：No 55-C-33100/55-C-33190）
最后一个样式的麦基诺大衣（1943年4月19日规范），大衣不再带有腰带。大衣上的徽章表明这件大衣属于第1步兵师的一名下士。

雪地伪装装备

　　在西欧、北欧1944年至1945年的冬季，美国陆军遇到了白色伪装服装严重不足的局面，为了解决这个问题，从英国订购了15000套雪地伪装服，这种雪地伪装罩衫和长裤展示在本页中。

▶ **雪地套装罩衫**
英国白色棉外套，带有4个口袋，2个带褶的胸口袋和2个下摆口袋，在腰部和风帽上带有可以收紧的系绳。

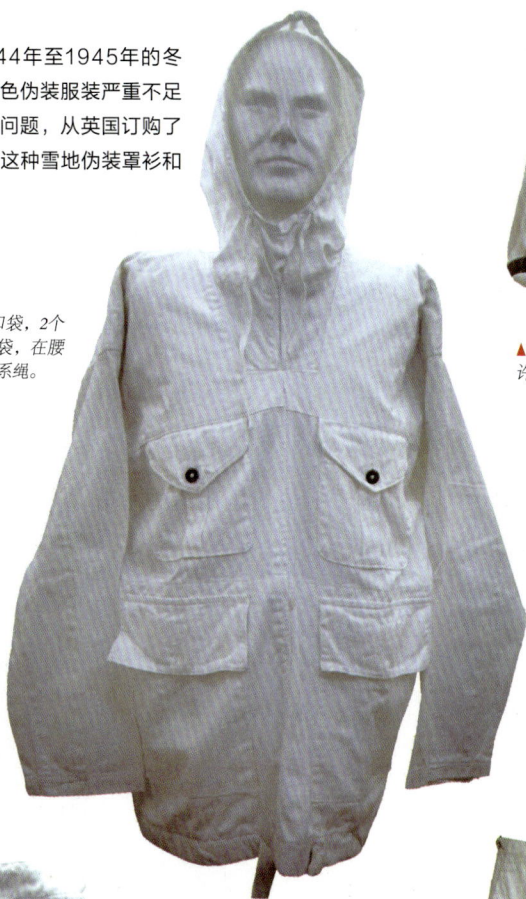

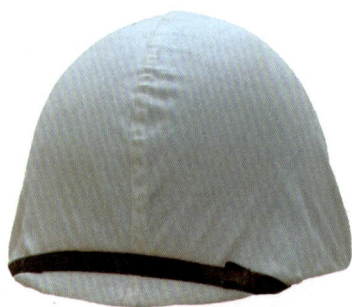

▲ 一块简易的民用白布包住头盔内外，这是官方准许的一种简易雪地伪装。

▲ 一顶涂有白色涂料的M1钢盔。

◀ **雪地套装长裤**
可以通过系绳在腰部收紧，在左腿上有一个带有袋盖的大口袋。

▶ **白面野战长裤**
（储存编码：No 55-T-34253大/55-T-34255中/55-T-34257小/55-T-34260超大）
长裤是白色棉料，腰部和腿部都可以由系绳扎紧，右臀部带有一个大口袋，带有钉着纽扣的袋盖。这种长裤与白色派克大衣配合穿着，派克大衣带有风帽，并具有2个由纽扣闭合的袋盖的胸袋。这套装备是于1943年6月引入，但没有在欧洲战区发放过。

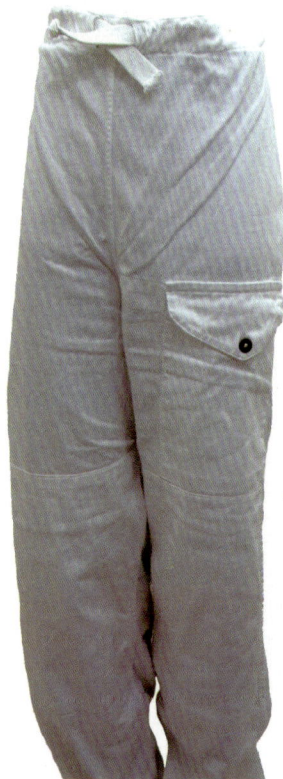

其他军官服装

◀ **A2型飞行夹克**

1931年，为飞行人员采用了一种皮制夹克，1943年4月被归类为限制标准型装备。这种皮夹克有时候也可以由航空队的其他武装或勤务部队军官穿着。有意思的是A2夹克的标签也成了二战期间的纪念品，当时航空队属于美国陆军，这个夹克标签也反映了相应的名称、制造商和合同序号。

▶ **军官野战大衣**

带腰带的军官野战大衣由两层绞合的防水府绸原料制造，毛料内衬上带有一个纽扣。1942年夏季期间，军需部队考虑用类似的大衣取代正规士兵的毛料大衣和雨衣，但由于毛料大衣的大量库存，1942年12月仅对军官的新制服进行了标准化。

◀ **军官橄榄褐色法兰绒衬衫**

这件法兰绒衬衫用于野外穿着，带有肩绊，肩部带有交叉缝线，靠近领口处有1枚纽扣。

▶ 毛纺可拆除衬里,在腰部下方带有2个布口袋,可以通过侧面开口取用穿在里面的夹克或裤子口袋内的物品。

▲ 承包商标签表明定购时间是1944年。

▲ 军官野战大衣

一种军官战壕大衣于1942年12月被采用,与以前的样式类似,但从1943年开始采用颜色更绿一些的7号橄榄褐色面料来制造。

▼▶ 橄榄褐色毛哔叽军官野战长裤

这种长裤于1944年和士兵的规范长裤一同被批准采用(见第71页)。这里展示出略微倾斜的边口袋开口,在手臂部口袋上带有扣合襟片,后面带有防毒气内衬。

▶ 欧洲战区美军军官大衣(英国制造)

军官双口袋毛料长大衣于1926年被采用，开放式切口口领，腰部有2个垂直开口口袋，大衣后部带有2个纽扣的半腰带。这种战争早期的大衣规定与常服一起使用。后来被截短的大衣取代了，M1926大衣自身则被新型的M1943型大衣所取代。

图中展示的是1944年的一件由英国制造的大衣。

▲ M1926军官短大衣

这是二战初期的一种可选军官服装，只有当所有列队军官都着同样外套时才可以穿着。这种大衣带有披肩领，2个下摆口袋和1条整体由2颗大纽扣固定的腰带。

◀ M1943军官短大衣

由裁缝店制造的1943规范版本大衣，开放式切口衣领，后腰带被去除了。

▶ 缝制的标签

另一种标签，缝制在右口袋内部，表明是1943年11月下令采购的。

非美国生产制服

在澳大利亚为美军制造的军服只配发给了在该国服役的军人和太平洋战区的美军，许多人在退役后把这些制服带回了家里。其他非美国制造的制服，只有英国制造的装备配发给了欧洲战区。

▶ 这种夹克的特征是调节腰绊带带有带扣。

▲ 制造商标签缝在夹克内里，表明了尺码、生产年份、制造地点，公司代码带有"N"前缀的代表新南威尔士。

▲ 根据逆向租借法案，由英国为美国制造的橄榄褐色毛哔叽船形帽。

◀ 这件士兵毛料大衣也在澳大利亚制造，样式与美国发行的相同，但布料颜色更绿一些。

▲ 为了减少《租借法案》带来的债务，澳大利亚制造了许多制服装备给驻扎在该国反抗日本法西斯的美军士兵，截止1942年，总计27万件与英国和澳大利亚战斗服上衣类似的这种毛料夹克被制造出来。

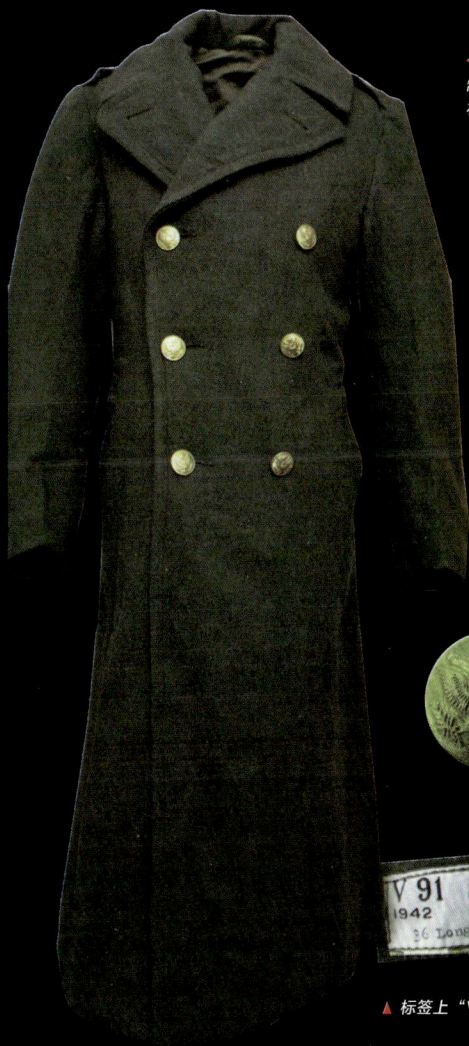

▶ 这件1937年样式的士兵橄榄褐色哔叽长裤也在澳大利亚制造，虽然纽扣不同，内衬面料不同（美国承包商采用一种米白色面料），但其剪裁样式与美国发行的相同。

◀ 由墨尔本卢克公司制造的大衣纽扣。

▲ 标签上"V"前缀代表制造公司位于该国的维多利亚。

毛料编织装备

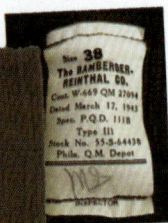

▲ 无袖毛衣
(储存编码：No 55-S-64434/55-S-64450)
这种编织毛衣是一战样式的修改型，在整个二战期间穿用。

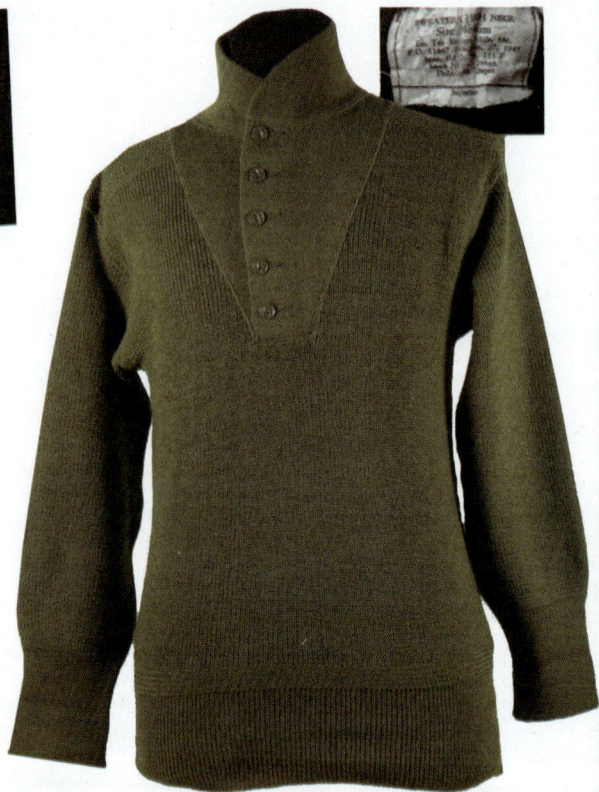

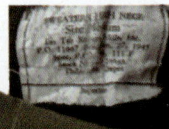

▲ 高领毛衣
（储存编码：No 55-S-64234/55-S-64252）
基于分层原则，与M1943装备一起发展了一种新型毛衣。士兵可以在棉料防风夹克下面穿着冬季保暖内衣、法兰绒衬衫、毛衣和绒毛夹克来保暖。

披巾

▼ 毛料编织围巾
一条橄榄褐色毛料编织的围巾，由美国红十字地方分会的一名志愿者编织。

▶ 一条军官围巾。

家庭编织慰问品

为了支持战争而努力，并缓解军需的负担，政府鼓励妇女为了他们正在服役的亲人手工编织衣物。这些慰问品直接邮寄给士兵，或通过在战区活动的非营利组织，例如红十字会来分发。适宜的服装图案书籍由大型毛线公司发放以使其尺码能尽量标准。《为了防御编织》和《为了胜利编织》这2本小册子由卷轴棉线公司（Spool Cotton Company）分别发行于1941年和1943年，该公司销售毛线的商标是红心。

◀ **无袖毛衣**
这件无袖毛衣由美国红十字会洛杉矶分会志愿者制作。

▼ **编织护腕**
这双通过红十字发放的护腕，以及类似发放的编织护腕，都能够戴在扳机手指套内，在寒冷天气里戴上这种护腕担负棘手的任务时，手指可以自由活动。

裤腰带和裤子背带

▲ **M1937士兵编织裤腰带**
（储存编码：No 73-B-5115/73-B-5140）
正规士兵的编织裤腰带，早期的卡其色。
腰带扣是开脸扣，采用多种黑色金属冲压制
造，裤腰带末端包头的也是黑色金属，这种
裤腰带适用于士兵所有长裤。裤腰带1.25英寸
宽，60英寸长，可以切短到适合的长度，像这
种黄铜材质腰带扣是战争早期类型。开脸式腰
带扣在二战后期被淘汰了，士兵在20世纪50年
代中后期开始使用像军官那样的腰带扣。

▲ **M1937士兵编
织裤腰带**
战争中期到后期的
绿色编织裤腰带，
靠近腰带扣位置具
有裤腰带的尺码、
承包商和生产日期
油墨印记。

▲ **军官编织裤腰带**
军官的裤腰带与士兵的
编织裤腰带类似，但带
有一个金色的腰带扣。

▶ 一种简单样式的裤子背带，可
以通过前面的V型带进行调节。

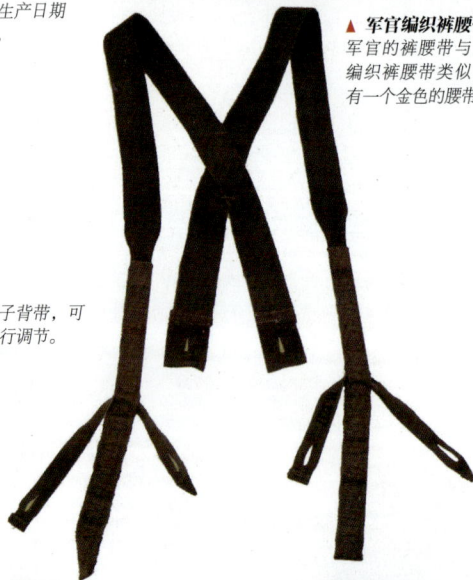

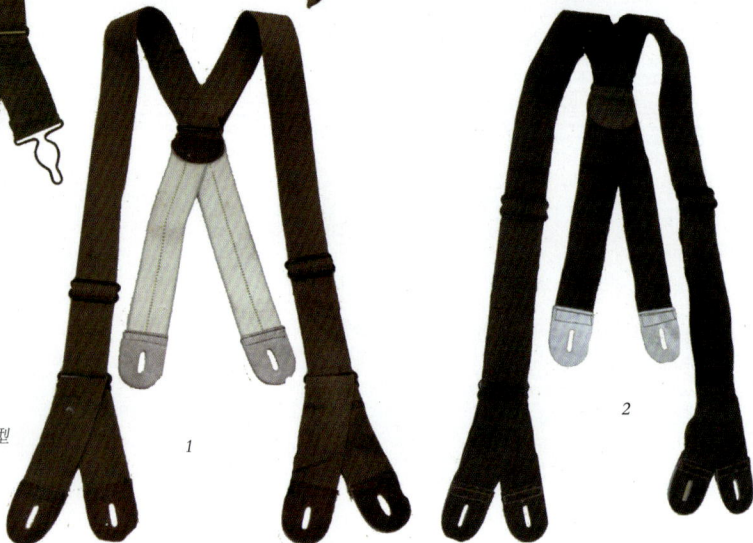

▲ 带有金属搭扣的裤子背带，以便于装在
长裤上。

1. 新式样的裤子背带，于1943年6月成为标准型
装备，背带可以松紧，扣眼采用皮革打孔制造。
2. 一种裤子背带的变型，颜色是深绿色。

1

2

手套

◄ 皮掌橄榄褐色毛料手套
制式配发的冬季手套，这种手套不能作为工作手套使用。

SIZE 9
CONT. NO.
W-W-009-QM-35207
WNIG GLOVE CO.

L 5732

▲ 厚皮革手套
（储存编码：No 73-G-30500-/73-G-30515）
可用于高强度施工和手工作业的结实皮手套，有两种尺寸规格。标签上的L5732是士兵的编号缩写。

▲ 带刺铁丝网防护手套
（储存编码：No 73-G-2050）
这种保护手掌的工作手套只有一种尺寸规格，用于带刺铁丝网的手工作业。

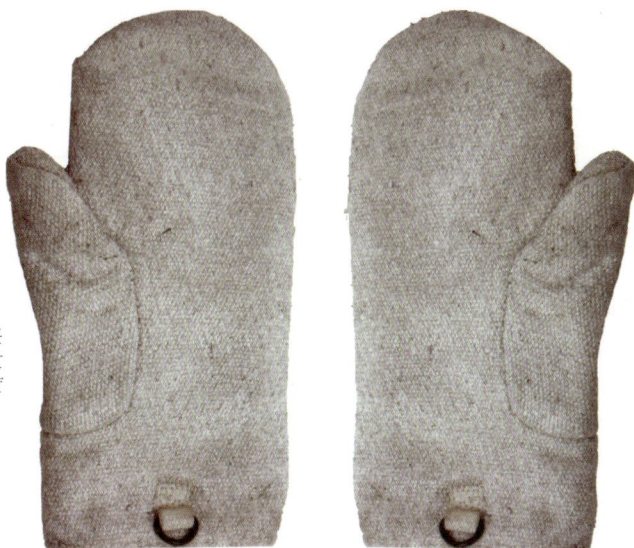

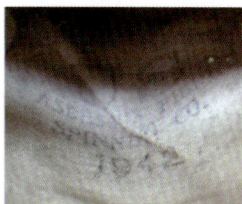

◄ ▶ M1942石棉连指手套
（储存编码：No 37-M-394）
石棉手套被设计出来的目的是在更换机枪枪管时保护手部，这种手套可以经受最高700华氏度的高温约15秒。

◀ 扳机指外层手套
（储存编码：No 73-M-3610）

府绸防风手套用于山地或寒冷地区行动，带有皮革护掌。戴在右手的毛料连指手套的外面，左边手套的食指可以自由活动，这也就是扳机指，以便于扣动武器扳机。这些手套一直配发直至库存耗尽，后被展示在下面的手套取代了。

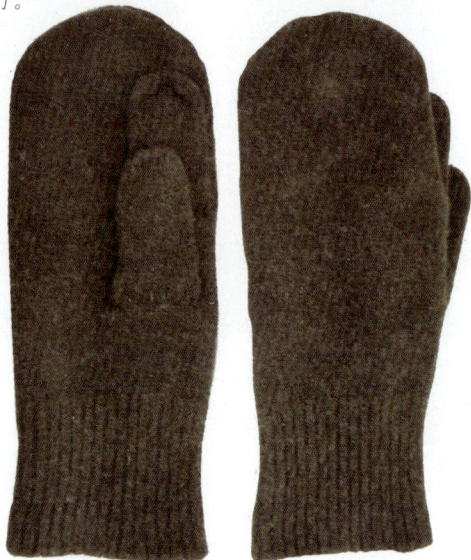

STOCK NO. 73-M-3620
5 Prs. Mittens, Shell, Trigger-finger, Type 1
Size Men's
Jos. N. Eisendrath Co.
July 10, 1943 - Cont. No. W 199 qm-34591
Q. M. C. Tent. Spec. C. Q. D. No. 105
Chicago Quartermaster Depot

◀ 这种纸标签绑在5副一捆的连指手套上，制造时间是1943年7月。

▼ 1型扳机指外层手套
（储存编码：No 73-M-3620）

这里展示的这种手套在结构上与旧型号不同。扳机指现在的位置是在手的背部，在手套口内部带有纵向加强布料。

▲ 扳机指内层手套
（储存编码：No 73-M-2705/73-M-2720）

毛料的内层手套，戴在外层手套内部。

MITTENS·OVER·WHITE
Advance Winfare Shade Co.,. Inc.

▲ 白色手套
（储存编码：No 73-M-3250）

单一尺寸规格的伪装手套，戴在其他手套或连指手套外面。

内衣

◀ **橄榄褐色夏季无袖汗衫**
（储存编码：No 55-U-4830/55-U-4862）
棉料针织背心，在法兰绒衬衫内穿着。

▼ **白色棉料短裤**
（储存编码：No 55-D-420/55-D-450）
军方配发的早期白色内裤，珍珠母纽扣。

▶ **橄榄褐色棉料短裤**
（储存编码：No 55-D-400/55-D-415）
样式与白色的短裤一样，橄榄褐色面料，带有绿褐色塑料纽扣。

▶ **白色棉毛混纺汗衫**
（储存编码：No 55-U-
7828/55-U-7862）
棉毛各占一半的混纺面料有
袖汗衫，早期是未漂白的白
色，后期是橄榄褐色。

▼ **特殊棉料衬裤**
抗糜烂毒气服装的一部分，这
种衬裤的特征是在调节气孔后
面带有防毒衬布。

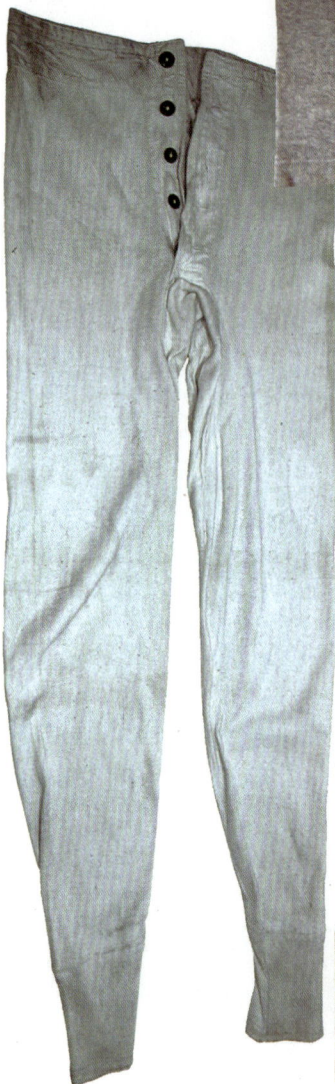

▼ **毛料汗衫**
（储存编码：No 55-U-7766/55-U-
7800）
长袖汗衫面料为50%棉和50%羊毛编织
面料，也有一些面料比例是75%棉和
25%羊毛，这种汗衫于冬季在法兰绒
衬衫里面穿用。

▶ 冬季衬裤腰部
尺寸通过一条细
绳和金属扣眼进
行调节。

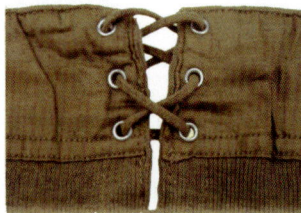

▶ **橄榄褐色棉毛混纺衬裤**
(储存编码：No 55-D-526/55-D-540)
这种长衬裤是橄榄褐色的，面料是棉毛混纺布料。

军靴

二战美军作战靴是由军靴配合绑腿模式发展而来的。M1939型军靴采用一种深红色的棕褐色皮革制造，最初带有皮革鞋底，1940年改变为橡胶鞋底（Ⅱ型军靴），于1943年早期又进行了修改（Ⅲ型军靴），1943年采用了一种与Ⅲ型军靴类似的军靴，称之为"翻帮军靴"。这种军靴不同于早期军靴，靴筒高度有所降低，尼龙鞋带取代了棉质鞋带，后两种型号是战时最为普遍的军靴样式。在战场上，这些军靴同绑腿配合穿用，绑腿底部带有扎带，可以系在鞋底跟前面，绑腿通过挂钩和扣眼绑在小腿上。在二战开始时，长绑腿采用卡其色或浅橄榄褐色，1944年将绑腿改短了，颜色采用了更深的7号橄榄褐色，大部分地面部队穿着这种军靴和绑腿直到战争后期。

◀ Ⅱ型军靴
1939年军方规格，采用铬鞣棕褐色皮革制成的军靴，带有鞋头、皮革鞋底和鞋跟，有8对鞋眼孔。1941年陆军军需部队对鞋类采用了一种新的命名方法，原来的军鞋变成了Ⅰ型军靴。1940年10月增加了橡胶鞋跟，不久又增加了橡胶鞋掌，这就是Ⅱ型军靴。

▼ Ⅲ型军靴
按照Ⅱ型军靴规范制造的，带有橡胶鞋跟和整体鞋底，这种军靴发展于1943年2月，在鞋面两边带有加强铆钉。

▲ 平头钉军鞋
在1940年陆军演习后，军需部队技术人员不得不纠正陆军军靴皮革鞋底的弱点，一种坚硬的橡胶鞋掌于1940年10月添加了进去，1941年11月又增加了橡胶鞋跟。加固了早期Ⅰ型军靴皮革外底，增加了钢质鞋钉，并且在脚后跟也钉上了U形加固板。这种节约橡胶的变型军靴在战争初期军方曾经大批量购买。小图为平头钉军鞋戳记细节。

▼ M1943作战靴
这种作战靴是从美军以前军靴加绑腿模式发展而来，这种作战靴是美军第一种真正的作战靴，鞋腰增高了，由2个搭扣和皮带系紧。这种作战靴也是M1943装备发展项目，于1943年11月成为美军标准装备，但实际上许多部队并没有配给，直至二战后期，当时只配发给海外部队。这种作战靴的高腰也取代了以前的绑腿，大大简化了后勤补给和战场使用。早期生产的M1943作战靴（也称为M43作战靴）的鞋筒内衬表面采用橄榄褐色帆布制成，后期产品则使用白色帆布。这种作战靴也用于女兵，在1943年至1945年，这种作战靴并不能保证充足供应，游骑兵和一些正规步兵单位使用一些伞兵跳伞靴当代用品。

▼ 翻帮军靴
1943年6月采用的样式，与Ⅲ型军靴类似，但靴筒降低了，同年鞋头也去掉了，棉质鞋带被更耐用、更耐腐烂的尼龙鞋带取代了。

2. 鞋帮上压印有尺码和脚宽标记，生产日期以及合同编号。

1. 油墨印记或压印标记在鞋筒的上部，标明了军靴的尺码、脚宽以及合同日期等信息，波士顿军需仓库负责配发所有陆军鞋袜。

绑腿和袜子

◀ M1938帆布绑腿
帆布绑腿是浅色调的橄榄褐色，1939年配发这种绑腿有4种规格，用于配合军靴于野外使用，通过绳穿过黄铜挂钩与扣眼可以将绑腿绑在腿部。

▼ M1938帆布绑腿
（储存编码：No 72-L-61883/72-L-61903）
1942年的绑腿颜色是深橄榄褐色，绑腿上的挂钩为黑色金属材质。

◀ 7号橄榄褐色M1938帆布绑腿
（储存编码：No 72-L-61920~72-L-61929）
战争后期（1944年11月）的帆布绑腿呈绿色调，长度也缩短了3英寸。

▶ 毛料滑雪短袜
厚厚的未漂白毛料短袜，可以穿在其他袜子外或垫在鞋底垫上。最初这种短袜是为了山地部队而开发的，在1944年至1945年冬季大范围配发使用。

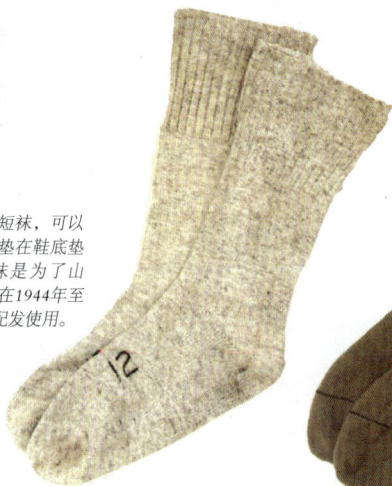

◀ 橄榄褐色加强底短袜
毛（65%）、棉（35%）混纺面料的新式短袜于1943年引进，用于配合军靴穿着，这种带有加强底的袜子更耐穿也更加舒适。

寒区鞋类

对于二战这一场全世界的战争，在战争早期军方就认识到了对于暴露在低温环境中的士兵，急需一种特制的保暖性能良好的军靴。在战争开始的时候，陆军仅有商业样式的橡胶套鞋和长靴，陆军军需人员从寒冷的阿拉斯加和其他地区寻找解决这个问题的方案。其中最为著名且保暖性能最好的靴子是毛皮靴，以前由爱斯基摩人使用的一种长靴。这种爱斯基摩人长靴采用驯鹿皮和毛皮制作，内部辅有杂草绝缘层。由这种爱斯基摩人靴子发展而来的商业替代型，使得陆军可以使用统一规格来迅速投入大批量生产，经过一些试验后，1942陆军采用了这种设计方案（储存编码为NO72-B-1130 至 72-B-1132）。然而因为这种毛皮长筒靴并不防水，因此只能在零摄氏度以下的低温环境中使用，这时候所有水分都冻结凝固了，但这种理想状况显然不太现实，尤其是在潮湿的散兵坑中，这里的温度要超过零摄氏度，为了防水于是又发展了缚带防水鞋。这种缚带防水鞋有鹿皮靴形状的橡胶鞋底和防水皮革的系带顶组成，其设计是可以在靴内铺上一层毛毡鞋垫再穿上一到两层的毛料袜子。当时缚带防水靴是在极寒地区春秋季节穿用的最好的鞋类。这种季节气温不是太低，地面泥泞且有融雪，这种防水靴正好能够应付这种环境。但早期的生产遇到了一些问题，美国橡胶公司（U.S. Rubber Company）拥有橡胶鞋底与鞋帮的连接工艺专利，这样就形成了一种垄断阻止陆军去寻求其他承包商来生产这种军靴。但大批量生产显然需要更多的生产商，一些承包商就采用了不同的连接工艺，但有时质量也就不那么可靠。在1941-1943年，这种缚带防水鞋的生产并不均衡，一些承包商退出了缚带防水鞋供应商行列。1943年8月军需品目录中，缚带防水鞋共有三种型号：

低腰缚带防水鞋，储存编码：No 72-S-8598 到 72-S-8620（10英寸）。
高腰缚带防水鞋，储存编码：No 72-S-8400 到 72-S-8420（16英寸）。
缚带防水鞋（12英寸），储存编码：No 72-s-8750 到 72-S-8770。

▶ **全橡胶寒区套鞋**
（储存编码：No 72-O-398/72-O-422）
战前的样式且完全由橡胶制造，通过4个弹簧支承的钩子闭合，为了应对橡胶短缺危机，在1940年后就再没有这样制造了。
这种套鞋可在穿在军靴外面，适用于泥泞和雪地环境，但穿这种鞋进行持续的行军可就不明智了。

在阿留申群岛战役期间，陆军注意到了在穿着标准皮靴的人员中产生了大量的脚部冻伤，基于这个教训，陆军将缚带防水鞋作为冬季标准军靴使用，这就是12英寸的M1944缚带防水鞋，储存编码为No 72-S-8790到72-S-8824。1944年夏季，在诺曼底登陆后，军方下达给欧洲战区生产缚带防水鞋的采购命令，为即将到来的冬季做准备，但大多数部门直到1945年1月下旬还没有收到这种军靴。甚至当使用后，发现这种缚带防水鞋对于欧洲的冬季来说鞋筒仍然过浅，尤其对于多山地形来说。虽然在新生产的缚带防水鞋采取了一些解决方法，但性能依然不能令人满意，这些性能不足的缚带防水鞋被强塞给了欧洲战区部队。除了这种靴子本身的问题，在如何安全而有效使用这种军靴上也缺乏训练，在寒冷地区穿着这种靴子的士兵也发生了脚部冻伤，当穿着这种隔热的缚带防水鞋，士兵在行军中脚部大量出汗，而当停止移动时脚部汗水又会冻结，由此造成了脚部冻伤。军方发布了新的培训通告，并且军方也制定了一些强制规定，何时穿用以及根据不同时间去变换鞋垫和短袜。

▶ **高腰皮靴**
（储存编码：No 72-B-128-8/72-B-133-18）
高腰皮靴采用油脂皮革，平皮鞋底，通过鞋带孔和挂钩系紧。这种高腰皮靴是由阿拉斯加军区首次批准使用的，紧接着就于1943年配发给了在阿留申群岛行动的部队，经过使用证明其性能不能满足需要，但由于1945年西欧、北欧寒区装备的不足，在当时仍配发了一定数量这种皮靴。

▶ **布帮寒区套鞋**
（储存编码：No 72-O-275/72-O-295）
这是第二种样式的套鞋，带有橡胶鞋底和帆布鞋帮，这是应对橡胶短缺而采取的一种措施。这种代用套鞋在二战期间一直配发直到战争结束。

United States Rubber Products, Inc.
All Rubber 4 Bkle. Overshoe
Contract W155 QMECW 163
Dated July 5, 1935
Stock No. 72-0-402
Spec. tentative July 6, '34 Class B
SIZE 6
BOSTON Q. M. DEPOT

◀ 标签粘在早期橡胶鞋套的里面。

▶ **高腰缚带防水鞋（16英寸）**
（储存编码：No 72-S-8400/72-S-8420）
带有油皮腰，橡胶鞋底和鞋帮的防水鞋，根据其鞋腰高度分
三种类型，这种防水鞋在战争早期配发。穿着这种防水鞋可
以穿多层厚毛袜，下辅绝缘的毛毡、羊毛或牛毛制的鞋垫，
这种防水鞋适合在泥泞或积雪地区行军使用。

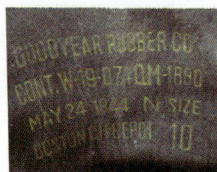

▲ 油墨标记在靴腰内里顶部，表明这
双军靴由古德伊尔橡胶公司（Goodyear
Rubber Co）根据1944年5月24日规范制
造，尺码是10N（窄）。

▼ **M1944缚带防水鞋（12英寸）**
（储存编码：No 72-S-8790/72-S-8824）
这种新鞋于1944年采用，顶部由2块皮革
缝在一起，鞋底增加了钢质的撑板，类
似几种滑雪靴样式的鞋后跟顶部的宽肋
板使其更加结实。

▲ 可更换的绝缘羊毛或牛毛鞋垫和每双
系带防水鞋一起配发。

▶ 随着每双新缚带防水鞋一起发放的说
明书。

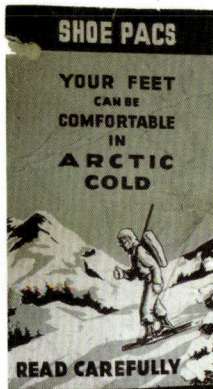

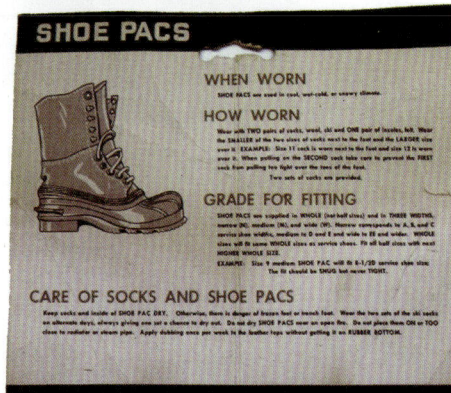

SHOE PACS

YOUR FEET CAN BE COMFORTABLE IN ARCTIC COLD

READ CAREFULLY

SHOE PACS

WHEN WORN
SHOE PACS are used in cool, wet-cold, or snowy climate.

HOW WORN
Wear with TWO pairs of socks, wool, ski and ONE pair of insoles, felt. Wear the SMALLER of the two sizes of socks next to the foot and the LARGER size over it. EXAMPLE: Size 9 sock is worn next to the foot and size 12 is worn over it. When pulling on the SECOND sock take care to prevent the FIRST sock from pulling too tight over the toes of the foot.
Two sets of socks are provided.

GRADE FOR FITTING
SHOE PACS are supplied in WHOLE (not half sizes) and in THREE WIDTHS, narrow (N), medium (M), and wide (W). Narrow corresponds to A, B, and C service shoe widths; medium to D and E and wide to EE and wider. WHOLE sizes will fit same WHOLE size as service shoes. Fit half sizes with next HIGHER WHOLE SIZE.
EXAMPLE: Size 9 medium SHOE PAC will fit 8-1/2D service shoe size. The fit should be SNUG but never TIGHT.

CARE OF SOCKS AND SHOE PACS
Keep socks and inside of SHOE PAC DRY. Otherwise, there is danger of frozen feet or trench foot. Wear the two sets of ski socks on alternate days, always giving one set a chance to dry out. Do not dry SHOE PACS near an open fire. Do not place them ON or TOO close to radiator or steam pipe. Apply dubbing once per week to the leather tops without getting it on RUBBER BOTTOM.

军帽

美军包括陆军和其他军兵种在二战期间使用过许多种军帽，第一种是粗斜棉布蓝色工作帽，制造于20世纪30年代，后被橄榄褐色的棉帽替代，最后被1941年的HBT军帽取代了。野战帽的设计中通常带有一个后帘，呈圆柱形的帽顶，非棒球帽的风格，随着M1943野战夹克的发行，M1943棉野战帽取代以前的各种设计。

▲ **粗斜棉布蓝色工作帽**

渔夫风格的蓝色粗斜棉布（即牛仔布）布料，配合老式的蓝色工作服使用，1941年被新引入的浅绿色HBT工作服配套的HBT工作帽所取代。

▲ **卡其色棉野战帽**

（储存编码：No 73-H-38300/73-H-38334）

这种帽子于1941年1月被批准与野战制服一起使用，这种帽子于1941年夏季第一次配发直至新的HBT训练工作服开始发放，这顶野战帽制造于1941年7月。

▲ **人字斜纹布工作帽**

（储存编码：No 73-H-42308/73-H-42340）

1941年1月随着两件式绿色HBT工作服引入了一种新的工作帽，根据着装规定，佩戴这种工作帽时其帽檐要放下。这种工作帽提供给除装甲和摩托化部队外的所有士兵，这两种部队佩戴一种特殊的帽子。1943年7月，这种工作帽变成了限制标准装备。

▲ **M1941毛料编织帽**

(储存编码：No 73-C-64660/73-C-64680)

这种橄榄褐色的帽子于1942年2月成为标准装备，用于寒冷天气戴在钢盔下面，不明具体原因，这种帽子的绰号是"比尼"（Beanie），同时也被称之为"吉普帽"。这种编织帽具有短帽舌，两边的帽襟可以放下来包住耳朵，这种编织帽非常柔软，当不需要时可以装在衣服口袋内，后来这种编织帽逐渐被1943棉野战帽取代了。这种编织帽在士兵中非常的流行，但军官要是戴这种帽子的话就不修边帽了。

▶ 棉野战帽的指示标签。

▲ **M1943橄榄褐色棉野战帽**

（储存编码：No 73-C-16010/73-C-16035）

府绸帽壳的帽子，内部带有绒布帘，可以将这种布帘展开遮住耳朵和后颈。1943年8月这种作为M1943单兵装备一部分测试的野战帽被批准定型，这就意味着这种军帽取代了其他各种军帽，包括毛料编织帽、滑雪帽、冬季战斗帽。早期生产（1944年6月6日采购命令）的帽子两边带有两个通气孔，标签缝在帽冠内部。

▲ **M1943橄榄褐色棉野战帽**

战争后期生产（1945年2月7日采购命令）的野战帽两边的通气孔被取消了。

◀ **防雨帽**

（储存编码：No 73-H-55010/73-H-55025）
防水油布制造的防雨帽，在战争早期与防雨夹克、防御长裤一同配发，耳襻内衬是白色的毡布，下巴带上带有纽扣。

▲ **橄榄褐色防寒帽**

这是一战样式的防寒帽，粗棉布面料带毛内衬，主要装备勤务部队，在二战前只轻微改动过。这种防寒帽一直配发直到1943年，后被绒毛帽取代了。

▲ **橄榄褐色野战绒毛帽**

（储存编码：No 73-C-16350/73-C-16375）
对于冬季来说，M1943野战帽并不能充分保暖，军需部门想用一种设计来取代所有其他防寒军帽，这样做也就可以简化后勤供应。出于这种目的，发展了橄榄褐色野战绒毛帽。这种防寒装备是采用防风防水府绸帽壳，内衬为毛料的绒毛帽，两侧的护耳可以放下，上面衬有保暖的人造毛。这种军帽于1943年8月与M1943战斗制服一起被军方采用，它取代了防寒帽、羊皮帽、皮帽、毛料编织帽和布料风帽（见第83页）。

▶ 要感谢绒毛帽两侧够深的护耳，它可以有效保护耳朵和脖子。这种绒毛帽对于冬季来说格外的重要，尤其对车辆驾驶人员。这种帽子也可以戴在钢盔下面。

◀ **M1943野战夹克风帽**

这种依照1944年6月2日44A规范制造的棉绒风帽，具有三种尺码规格，可以通过M1943野战制服衣领上的纽扣扣合来穿戴，通常戴在钢盔下面，同时这种风帽也可以扣在军官的野战大衣上。

▲ M1943野战夹克风帽的说明标签。

钢盔

在二战早期阶段，美军仍然装备着M1917和M1917A1钢盔，这种钢盔是一战英国钢盔的仿制型。1939年，美军采用了改进版的M1917A1钢盔，这种型号只在细节上有所不同。1941年，美军采用了M1钢盔，并成为所有军种的制式钢盔。1942年春季和夏季早期也配发给了海军陆战队士兵。在1941年美军采用M1钢盔后，这件装备成了二战美国大兵的显著象征，并参加了以后的朝鲜战争和越南战争，一直服役到20世纪80年代早期。

▶ M1917A1钢盔

美国陆军于1917年采用英国一战样式的"布罗迪"钢盔。这种钢盔于1936年升级了新型衬垫和一条带有环扣的下巴带，后来这种老式钢盔被M1钢盔取代了。

▶ M1917A1钢盔1936年引入的新型内衬。

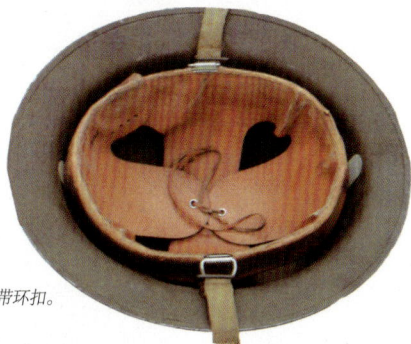

◀ M1钢盔第一种类型的下巴带环扣。

▶ M1钢盔

1940年美军在本宁堡开始研制比M1917更好的钢盔，最初测试称为TS3。1941年2月，美军步兵委员会同意了这个设计，1941年4月30日，M1钢盔定型，并于6月9日成为批准装备。随着M1钢盔的采用，军械局保留外盔的采购与发展，军需部门负责衬垫与悬挂系统。M1钢盔外盔类似碗状，采用一块钢板冲压而成，内部有一层衬垫。衬垫可以调节，以适合不同头型。外层盔体左右两边具有通过环扣安装在钢盔上的下巴带，下巴还采用棉编织带，分为两个部分，可以通过卡扣系紧。这种钢盔表面喷涂深橄榄褐色。1942年12月引入了防磁不锈钢边，焊缝在帽舌前部。1944年后将焊缝制作于钢盔后部，成了制造商的可选样式，但在欧洲战区的大部分钢盔仍然是焊缝在前部的类型。美军士兵佩戴M1钢盔有个习惯，就是经常不系下巴带，之所以造成这种现象，是因为士兵中毫无根据的猜测，认为系着下巴带，爆炸冲击钢盔时会造成伤害，虽然钢盔内部可调节的悬挂系统会缓解这种冲击。当不系下巴带时就将其反扣在钢盔上，但为了确保钢盔稳定，在运动时就不得不将手按在钢盔上，为此指挥官下令在任何时候都要系牢下巴带。

▶ 新型M1钢盔

带有活动下巴带扣的M1钢盔，1943年10月采用了这种改进。

◀ 近距离观看新型M1钢盔下巴带环，通过3个焊点焊在钢盔上。

▼ 焊有少校军衔标志的M1钢盔。

▶ 带有白色标识带的M1钢盔，表示佩戴者的军士身份。

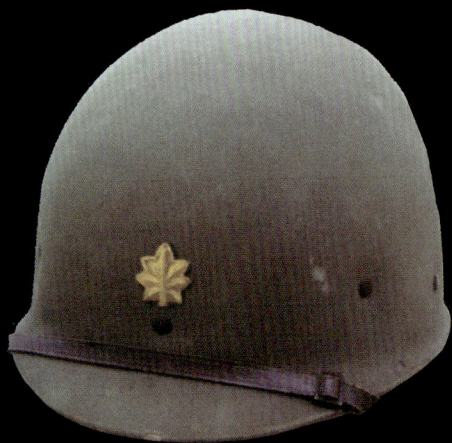

◀ M1钢盔第一种型号
钢盔衬垫，橄榄褐色布
料压有纤维料，钢盔上
绘有少校的军衔标志。

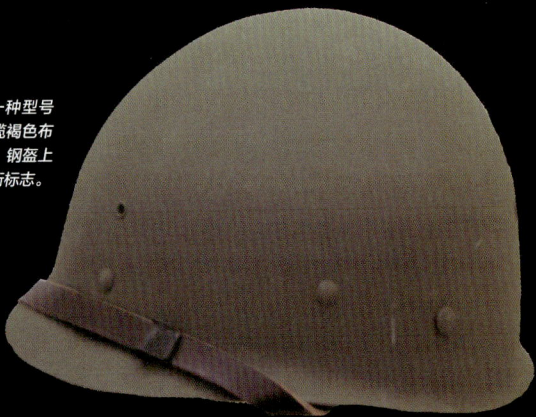

▲ M1钢盔第二种型号（1943）钢盔衬垫，采用合成树脂处理的
帆布制造，钢盔外面仅涂有橄榄褐色。

◀ M1钢盔第一种型
号衬垫内部细节，
白色尼龙制的头带
不可调整（配发有
不同的尺寸），皮
革下巴带采用铆钉
固定钢盔两侧，因
此当下巴带破损后
不容易更换。

▶ M1钢盔第二种型
号衬垫内部细节，
头带被替换了，衬
垫的头带上带有可
调整的带扣，通过
6个扁平的金属夹固
定在外盔上。

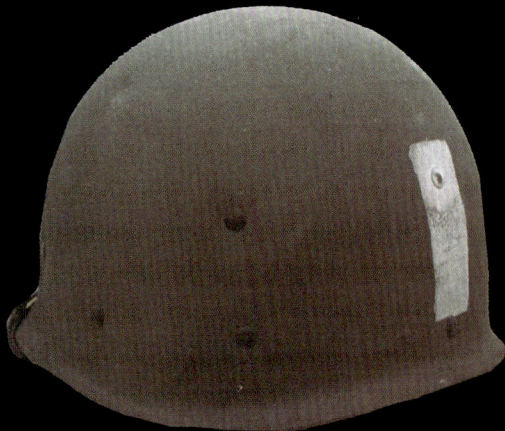

▼ 带有第1262战斗工兵营军士军衔标识的M1钢盔，这个营隶
属于第1集团军，于1945年1月在法国展开行动。

▲ 带有垂直的白色识别带表明佩戴者的军官身份。

钢盔伪装网

◄ 英国样式的细眼伪装网，通过基部的系带将伪装网紧紧包在钢盔外壳上。

▼ 大孔眼的伪装网，来自于大型交通工具伪装网。

▼ 指示如何使用带有系带的钢盔伪装网的说明标签。

带系带的钢盔伪装网
与M1943野战制服同时制式配发的钢盔伪装网，氯丁橡胶的松紧带上面可以插上树枝叶以增强伪装效果。

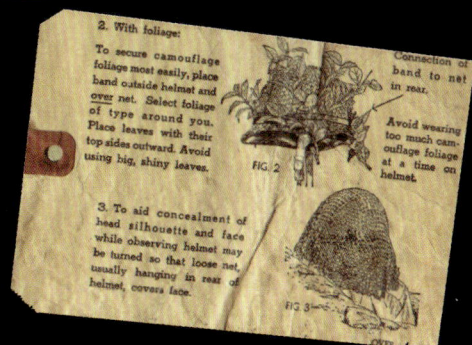

眼罩与护目镜

◀ **M1眼罩**
防糜烂性毒气可消耗醋酸纤维眼罩，通常在防毒面具袋内携带，然而这种眼罩经常被作为挡风和遮挡灰尘的护眼罩使用，4个打开的眼罩平放存贮在厚纸袋内，其中2个是清晰型，2个是深绿色的彩色型。

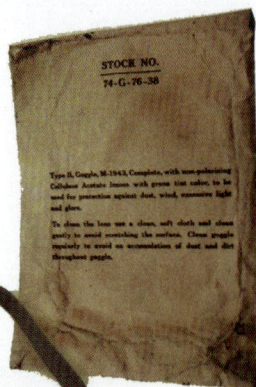

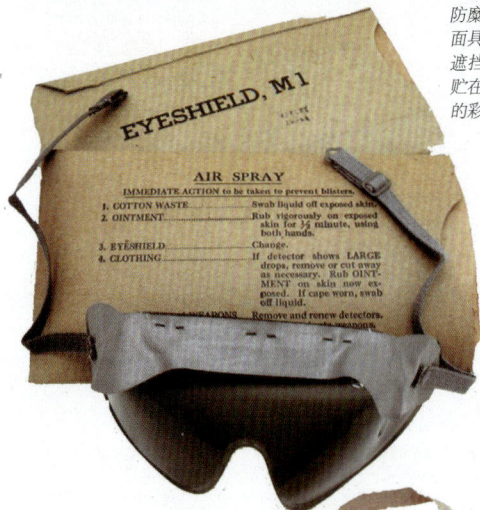

◀ **M1943护目镜（绿色）**
防眩光的绿色护目镜，配发时用简单的纸袋包装，袋上面印有军用物资储存编码（74-G-76-38）和指示说明。第三种是红色镜片，配发给机枪手，以便于跟踪曳光弹道。

▶ **M1943护目镜**
（储存编码：No 74-G-76）
这种护目镜是用来保护眼睛遮风挡灰的，带有醋酸纤维透明镜片，"US 1943"的油墨印记在皮革镜框内部，护目镜的包装是一个绿色人造皮袋。

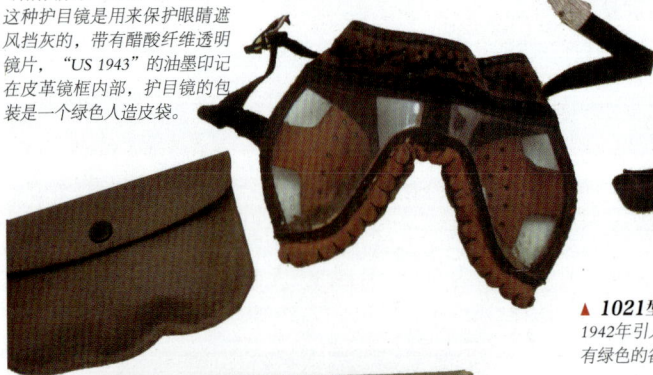

▲ **1021型通用偏光护目镜**
1942年引入的带有透明镜片海绵橡胶镜框护目镜，绿色人造皮镜袋内带有绿色的备用醋酸纤维厚镜片。

▼ **可变护目镜**
由偏振片制造的这种护目镜用于地面防空炮手，由宝丽莱制造，根据周围环境的光线，通过护目镜前面的旋钮调整镜片进而控制过滤光线，这样便于对顺阳光飞来的飞机进行瞄准。金属储存箱中还包含一份用于战场维修的说明书。

▲ **M1944护目镜**
（储存编码：No 74-G-77）
模压黑色橡胶面罩内镶有更宽的护目镜片，其视线比1021型护目镜更好，这种护目镜储存在用金属加强角加强的纸盒内。需要注意的是M1943和M1944护目镜配发给了大多数战斗部队和装甲、摩托化部队，以及某些其他人员（如驾驶员等）。

第六章

单兵装备

在19世纪与20世纪之交，英国、德国和法国开始研究单兵负荷问题，经过研究这些国家得出了同一个结论，单兵负荷的重量不能超过士兵体重的三分之一。科学分析单兵负荷，加之对旧式单兵装备毛毯卷和挎包的不满，导致美国军队开始重新评估其单兵装备。1910年，美国步兵委员会设计了第一种配发给士兵的标准装备，用来分担士兵身上装备的重量。这种标准装备采用卡其色编织带和帆布制造，其基本装备包括采用挂带支撑的装备腰带（弹药腰带或手枪腰带）。挂带上的挂钩挂在腰带带扣两侧和后面中间。M1910帆布背包可以通过带子上的挂钩挂在腰带上，M1910单兵装备后来进行过多次改进，但保留了其基本设计和用途。M1928帆布背包属于M1910背包的小改版本。单独的M1936背带可以连接弹药腰带和其他装备，包括急救包、刺刀、水壶、工兵铲等都可以挂在腰带上或者背包上。所有这些装备的连接系统是同一种标准，腰带上带有均匀分布的金属挂孔，两个相连的挂孔可以穿过一个金属弯钩，进而将装备挂在腰带上。于1910年采用的M1910型挂钩在美军各个军种中得到普遍使用，直到后来被M1956型所取代。

装备挂带

M1936挂带

弹药腰带和手枪腰带可以单独使用，但其设计是作为M1928背包连接件或连接挂带使用的，M1936挂带和腰带是二战时期使用最为普遍的一种挂带，后来被更新式的M1943型所取代。海军陆战队则使用一种类似的挂带，称为M1941型挂带，配用其装备的M1941单兵装备。M1936编织挂带上带有可以调节的带子和挂钩，用于支撑手枪或子弹腰带，也可以用来背负M1936背包（见第109页）。

▲ 一种类似的绿色挂带，或是绿色与棕色编织部分结合的挂带，在肩部带有帆布垫肩，以减轻背负沉重装备时士兵的疲劳度。大量的照片证明，自1944年7月或8月在欧洲战区就开始使用这种挂带。

手枪腰带

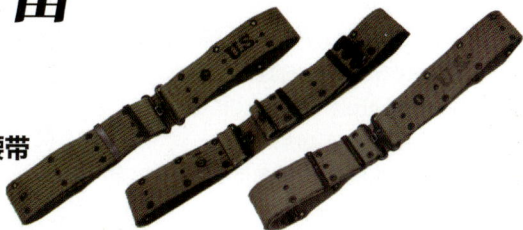

▲ 手枪腰带的后部视角，显露出其上的油墨标记，以及长短调整装置(中间)。

▲ 1944年制造的腰带，带有锌合金挂孔和配件（右侧）。

▲ M1936手枪或左轮手枪腰带

M1936手枪腰带是M1912手枪腰带的轻微改进型，带有更加坚固的腰带扣。配发给美军的这种编织腰带，用于武装人员，包括使用手枪、卡宾枪、冲锋枪的人员，以及医务人员（注：国内一般称这种腰带为S腰带），也提供给军官、坦克乘员使用。这里要注意一点，并没有配发给步枪手。"US"的标记位置在腰带外侧，而生产商与生产时间标记则在腰带内侧。图中这条棕褐色的腰带，生产日期是1942年，带有发黑的黄铜配件，上面的一行挂孔用于勾住挂带的挂钩，底部一行的挂孔用于固定其他各种装备，通过一种特殊的金属弯钩（挂钩）。挂在这种手枪腰带上标准的装备是.45口径的手套弹匣袋、手枪套，在战场上还包括水壶和急救包，其他装备就可以自由选择了（上左侧）。

▲ 英国制造的变型挂带，带有简单的本地制造挂钩，但这种挂钩更加难以固定在腰带相应位置上。

▲ M1936挂带（英国制造）

由英国制造的美国陆军装备，带有英国风格的带扣，但挂钩是美国样式。

▼ M1936手枪或左轮手枪腰带

英国依据逆向租借法案制造，腰带扣为漆黑的黄铜。

▲ 近距离观看挂钩和制造商标记。

▼ 这条1944年制造的腰带带有士兵编号缩写，"U-1948"是他名字字母的首写，最后四位数字是他的编号。

帆布背包和野战背包

M1928帆布背包

M1928帆布背包在整个战争中是徒步士兵的标准背包，采用帆布制造，可以作为轻型突击包使用，或者在底部增加下背包（背囊）作为完整的野战背包使用。

1. M1928帆布背包
在背包盖上面的顶袋主要用于装肉罐头和刀叉餐具，工兵铲可以通过带有2个挂孔的固定带固定在这个顶袋下面，刺刀也可以同样的方式在背包左侧携带。这款特别的背包于1942年由博伊特公司（Boyt）制造。

2. 这是背包的背面视角，展示了2条主背带和2条副背带，这些背带通过上面的挂钩连接在手枪腰带挂孔上，M1910型背包背部则仅有一条类似的背带。

3. 背包主袋通过口盖和水平束带捆扎闭合，这种背包通常可以容纳6份C口粮和梳洗用品，雨衣也可以折叠后捆在背包内。

4. M1928帆布背包 (英国制造)
1944年制造的绿色调背包，带有英国风格的带扣和挂钩。在战争期间，英国本地生产的美军装备用以偿还政府借款，同时还可以节约从美国向欧洲的舱运空间，有时候也是为了减轻美国本土厂商的生产压力。

5. M1928背囊
可以捆在后于背包底部携带的背囊，可以用来捆绑毛毯、备用内衣、帐篷杆、销钉和细绳，也可以巧妙地将半个帐篷卷在背囊内。

M1936野战背包

◀ ▶ M1936橄榄褐色野战帆布背包

配发的这种背包是作为M1928背包的替代品，用来代替军官或部分人员，如空降部队、装甲乘员的背包。这种背包可以使用M1936挂带携行，或者使用一种特殊的背带背在身体一侧。图中浅橄榄褐色的背包实物是1942年的产品。

▲ 在背包右侧带有一个小口袋，通过带有金属按扣的袋盖闭合。

◀ 在M1936背包出现前，军官携带着他们个人购买的挎包。这个军官私人购买的挎包由帆布和皮革制造，军官用来携带口粮、肉罐头和餐具。

▼ M1936橄榄褐色野战帆布挎包

英国制造的M1936野战帆布挎包。英国制造的装备可以通过更薄的绿色帆布面料，配有的英国挂钩和带扣来区分，更小的侧口袋和后隔间通过一个取代了钉状纽扣的按扣闭合。

▼ 制造商的标记在包盖下面。

▲ 英国制造用于M1936背包的背带。

弹药包

▼ M1弹药包

这种弹药包可以用来携带所有种类的弹药，包括机枪弹匣、步枪弹夹、卡宾枪弹匣，以及手榴弹和枪榴弹。展示在图中带有背带的弹药包是1943年的产品。

S. FROEHLICH CO., INC.
NYC 1943

▼ 背包带

下左：这种橄榄褐色的背包带可以用来携带M1936野战背包，也可用于弹药包，后来被通用背包带取代了。

下右：通用背包带，可以用于M1936野战背包、弹药包、M1938便携包。深绿色背包带上面的标记表明它是1944年的产品。

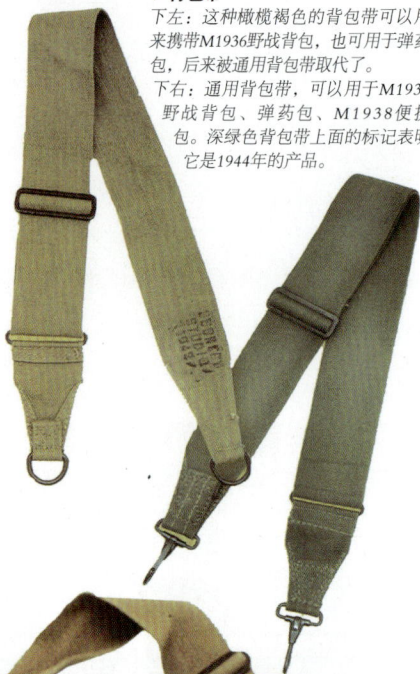

FRONT

AMMUNITION BAG
M2

U.S.

▲ M2弹药包

这种大的弹药包用来携带组员武器弹药，其前后袋可以用来装不同种类的弹药，如机枪子弹箱、火箭弹或迫击炮弹。

▲ 英军制造的带有背带的M1弹药包，背带和弹药包的生产日期印记都是1944年的。

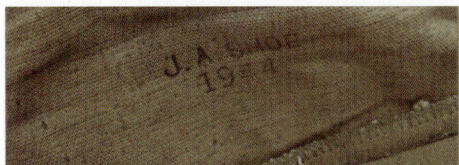

▲▲ M1弹药包

在这个1945年变型弹药包上，它的右手边带端的挂钩已经变更为一个D形环。

▶ M6火箭弹携行袋

战争后期的巴祖卡火箭弹携行袋，由2个按扣闭合。

◀ 运输袋

两名士兵可以通过这个袋子上的2条结实的提手来合力携运沉重的负荷，袋子采用一条带子封闭。

◀ M1弹药包

重型弹药运输工具，吊挂在胸前，由重武器人员（机枪、巴祖卡、迫击炮）在战争初期使用。这种背包后被M2弹药包所取代，新弹药包具有更大的容量和更容易搬运的特点。

M1943背包

　　测试作为M1928背包替代品的M1943背包，实际上是采用伪装帆布制造的1942丛林背包的变型。展示在图中的产品是稍微扩大的最终样式，绿色布料。1944年这种背包在欧洲配发了一部分，最后于1944年晚期被两件式战斗背包取代了。

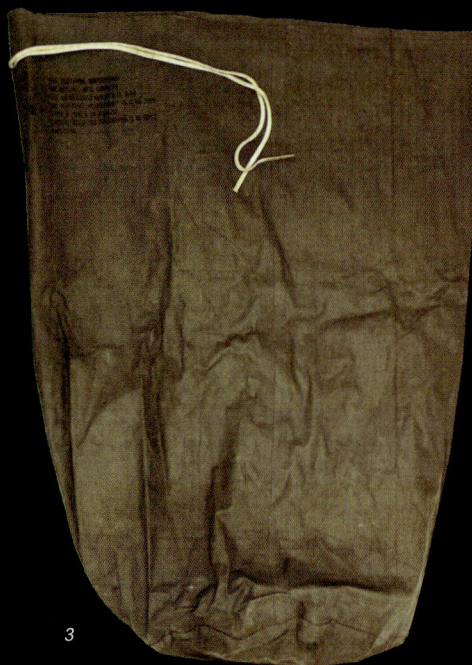

1

2

1. 制造时间是1944年的丛林背包前部视角，展示了用来调整背包容积的不同束带和带扣，可以用来携行毛毯、防雨斗篷和雨衣等装备。上面的顶袋可由拉链闭合，用以盛装肉罐头或餐具。袋盖上带有挂孔的布带可以用来携行工兵铲，背包右侧则可以携带刺刀或大砍刀。

2. 背包的后部视图，上面的挂钩可以钩挂在手枪腰带上，后部用于捆扎的束带较短，作用类似M1928背包束带。

3. 防水衣物袋

这种袋子是与丛林背包和M1943背包一同配发的，用来保护其内容物（例如在两栖突击行动中），这种衣物袋也可作为驻扎或露营袋使用。

3

BAG, CLOTHING, WATERPROOF
THE SUNLITE MFG. COMPANY
P. O. 4600 DATED OCTOBER 17, 1944
QMC TENTATIVE SPECIFICATION P. Q. D. No. 2290
STOCK NUMBER 74-B-54-50
CONTRACTING OFFICE PHILADELPHIA Q. M. DEPOT
INSPECTOR

M1944战斗背包

◀ 这种新型背包的灵感来自于海军陆战队的M1941背包，采用绿色帆布和编织带制造。这种背包可分解为上下两个部分，小的战斗背包（也可以称为上背包）和可以拆开的杂物背包（也可以称为下背包），并可使用一种1944年批准的特殊背带。

▲ 完整的M1944野战背包，上面装有特殊的背包带，上下背包与背带的生产时间都是1944年。

战斗背包
2块带有挂孔的布条缝在背包上，前面的用于携带工兵铲，在右边的另一个用于携带刺刀。毛毯卷可以通过3条带有带扣的束带，捆在背包外面（卷在半防雨罩内）。这3条束带其中1条在包盖上，另外2条在背包后部两侧。

杂物背包
这种背包通过4个快脱带扣挂在战斗背包的下面，和后来的M1945背包几乎一样，杂物背包也可以通过标准的背带和带扣固定。杂物背包在顶部带有一个提手，并且通常与个人行李一同保存，同时也可以作为休假的背包使用。这种杂物背包主要用来装非必要的备用个人物品，如备用的军鞋、长裤、衬衫和内衣等。

战斗及野战背包挂带
这是与M1944背包一同配发的背包挂带，使用方法与M1936背包挂带一样。

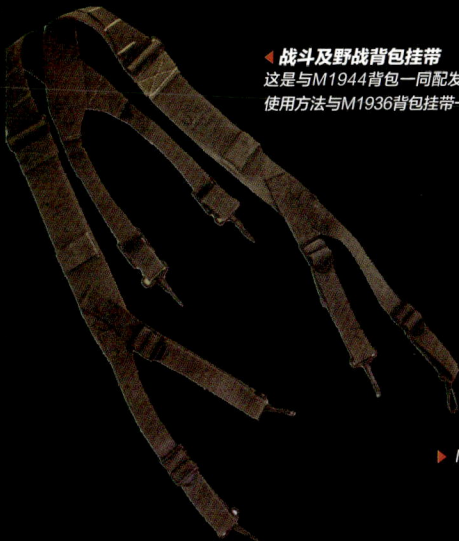

▶ M1944战斗背包的使用说明。

防水背包

这种涂有橡胶的背包主要用于在两栖行动时为无线电和其他必要的装备起防水作用，依据其装载量，分为5种型号。

BAGS WTRPRF., SPEC. PURPOSE
7-1/2 L X 7-1/2 W X 12 H
STOCK NO. 24-B-1263-200
EAGLE RUBBER CO., INC.,
PURCHASE ORDER 12701
P. O. D. NO. 425A. 12/26/4

◀ **特殊防水背包**
这种小载量的防水背包，制造时间是1944年，通过可以调整的编织背带背在体侧。

▶ 通信兵的BG-169背包，用来装SCR-593无线电台，2条宽编织带用于搬运。

BAG   BG-169
U. S. RUBBER CO.
CONT. NO. W36-030-Q.M.-6901

◀ BG-159背包，用于BD-71电话交换机。

SIGNAL CORPS U.S.A.
BG   159
U. S. RUBBER CO.
PROVIDENCE. R. I.

▼ 美国军需手册QM3-4的摘录，展示了5种不同类型的防水背包。

背板

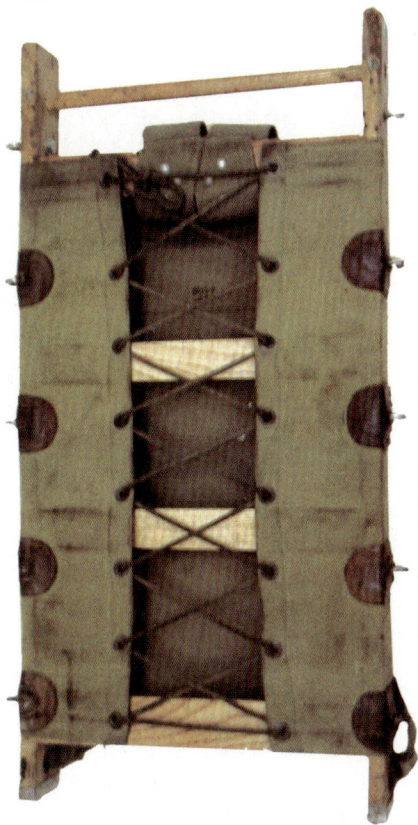

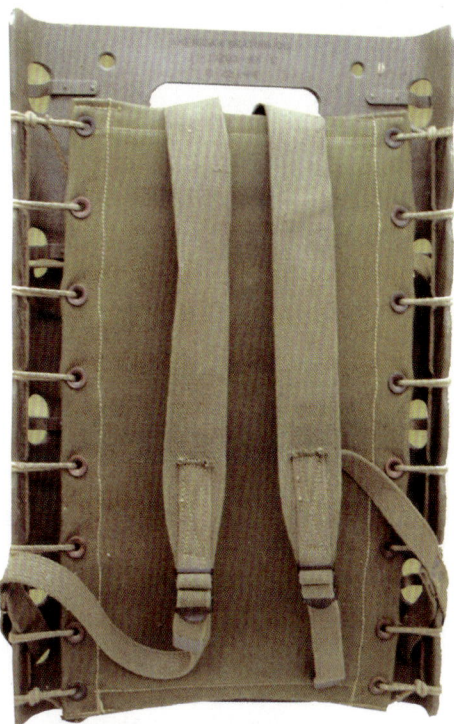

◄ 育空背板
育空（Yukon）背板设计于二战初期阶段，由木质框架与帆布组合而成，用于支撑沉重物品。背板两边带有侧钩，可以勾住细绳捆绑住的各种不同形状的物品。这种背板主要用于在陡峭、困难地形向前线提供补给的部队。这种背板除了重量外总体还令人满意。

► 夹板背板
美军继续试验，最终研制了这种新型背板。这种背板主体是呈U形的宽夹板，通过系绳把一个帆布垫系在夹板U形封口的位置，也就是背负时身体的一侧，通过这种背板，可以在背负沉重装备的同时减轻人体疲劳。

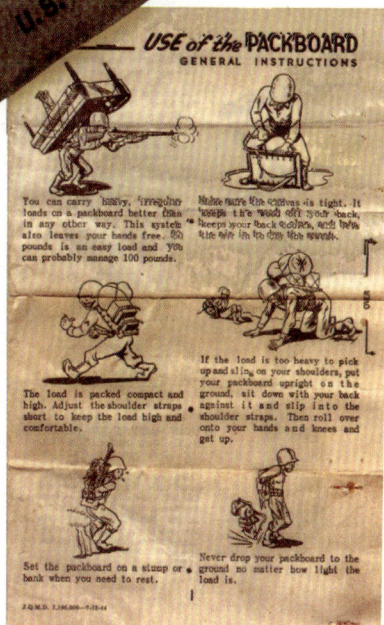

▲ 肩垫可以在背负时防止打滑，同时也降低了身体疲劳。

◄ 轻金属制造的夹板背板，可以将物品捆在背板上3个间隔的位置上，以尽可能地提高负重能力，可以使用一条或更多条的快脱背板带以捆住物品。

► 喜剧风格的背板使用说明，通过这些说明，表明可以使用背板来运输机枪弹药、迫击炮弹、机枪和迫击炮等。

军用水壶

在介绍美军军用水壶前，有必要简要介绍著名的M1910型军用水壶的发展历程。1909年，美国步兵委员会下令进行新型水壶和配套水杯原型的生产，300套镀锡水壶和水杯由岩岛兵工厂（Rock Island Arsenal，简称RIA）生产，500套铝制水壶和水杯由铝制品制造公司（Aluminum Goods Manufacturing Company 简称AGM）生产，随后对这些水壶进行了野外测试。1910年，步兵委员会决定采用铝制水壶，第一批产品由铝制品制造公司制造。尽管铝制品制造公司的产品比较成熟，但由于该公司拥有一件式（无缝式"旋转"车制）铝制品的专利权，这就使得采用该公司的工艺制造水壶变得昂贵而且不灵活。1911年，美国陆军积极研究水壶的制造方法以避免向铝制品制造公司支付专利费。1912年，岩岛兵工厂开发出一种新工艺，采用焊接的方法来制造铝制水壶。这种工艺被军方批准后，岩岛兵工厂于1913年开始采用这种将两件铝制品焊接在一起的工艺来制造成品水壶，这种工艺可以从水壶两边的垂直焊缝上非常容易地识别出来。尽管岩岛兵工厂已开始生产水壶，但在1913年至1917年期间，铝制品制造公司仍继续采用原始设计生产军用水壶，供应国民警卫队和用于市场销售。

早期的M1910军用水壶带有平顶的铝制壶盖，约3/4英寸高，带有一个连接黄铜链条的颈圈。1914年，岩岛兵工厂开发了改进型设计，取消了壶颈圈，采用一个小凸耳来挂住链条。同时在铝制壶盖上也有所变化，从原来的光滑平顶壶盖改为凹底周边带有垂直防滑纹的新样式，这样做是为了更方便打开壶盖，其他在M1910军用水壶上的微小改进遍及这种军用水壶的整个制造史。

在一战期间，军需部门有责任向士兵供应包括水壶在内的个人装备。1918年，军需部门共与5个制造商签订了水壶制造合同，这些合同都采用岩岛兵工厂开发的工艺及细节，配有1914年型水杯，也有称这种水壶为"一战型"M1910军用水壶。根据记录，一战期间共有5个M1910军用水壶生产商：

· 铝制品制造公司
· 美国铝业公司（The Aluminum Company of America 缩写为ACA）
· 巴克耶铝品公司（Buckeye Aluminum Co.缩写为BA Co.）
· 布朗公司（Brown Co.）
· 兰德斯·弗雷里&克拉克公司（Landers Frary & Clark 缩写为L F & C）

1918年前的铝制水壶上并没有生产商、生产时间标记，根据1918年的制造合同，这些信息戳记开始出现在水壶底部。在一战期间，为美军共生产了1000万到1100万个水壶，在一战后则很少或几乎没有再制造过这种军用水壶直至20世纪40年代早期。一战时期生产的M1910军用水壶在美军中继续使用，直到二战早期。从1942年开始，采用替代原料开始生产新的军用水壶，尤其是不锈钢，这样做的原因是节约制造飞机急需的铝材。1942年晚期，战时生产委员会（War Production Board）批准铝材可以用于军用水壶的制造，第一批战时铝制军用水壶在解除禁令后开始投入生产。这时生产的军用水壶采用的是水平焊接工艺，采用传统的垂直焊缝工艺水壶也于1943年开始生产。1942年，铝制水壶盖被带有软木封塞的黑色树脂塑料（电木）壶盖所取代，最初壶盖为0.75英寸高平头顶，后来修改变为1英寸高但直径稍微变小了，盖顶也变为了凹底以保护链钉。

二战时期的铝制军用水壶色泽偏暗，并且都带有"US"的标记，制造商缩写，以及制造的年份。根据记录，二战时期M1910铝制军用水壶制造商有：

· 铝制品制造公司
· 巴克耶铝品公司
· 兰德斯·弗雷里&克拉克公司
· 铝制品公司（Aluminum Products Co. 缩写为AP Co.）
· 格德尔·佩施克·弗雷公司（Geuder, Paeschke, Frey Co. 缩写为GP&F Co.）
· 马西隆铝品公司（Massilion Aluminum Co. 缩写为MA Co.）
· 共和冲压和搪瓷公司（Republic Stamping and Enameling Co.缩写为R.S.E.）
· 东南部金属公司（Southeastern Metals Co. 缩写为S.M.Co）
· 铝品厨具公司（The Aluminum Cooking Utensil Co.缩写为TACU）

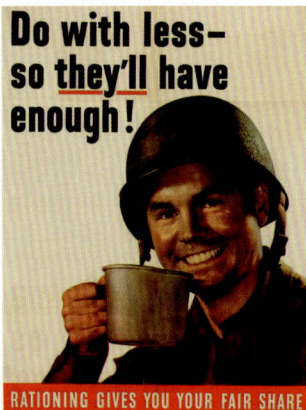

Do with less— so they'll have enough!

RATIONING GIVES YOU YOUR FAIR SHARE

1. M1910军用水壶

M1910军用水壶，于1910年生产定型，容量1夸脱，历经两次世界大战，随美军走遍世界，是服役期最长，生产数量最大，使用范围最广，最典型，最具影响力的一种军用水壶。它集水壶、水杯、饭盒、汤盒、烧水、打水等功能为一体，是近代多用水壶的鼻祖。图中展示的是1942年制造的，铝制水壶和水杯，水壶可以装在水壶内，外面装有折叠把手。

2. M1942军用水壶

采用搪瓷金属制造的水壶，分为两个部分，水壶上带有水平焊缝，塑料水壶盖是第一类型。这种型号的军用水壶出于节省铝材的原因，仅在1942年制造过，并且生产数量也不多，这水壶还有变型版本，焊缝是垂直的。

3. 3个M1942军用水壶底部的标记。

4. 塑料水壶

也是出于节约金属的目的，用半透明的橙黄色塑料制造的水壶，于1943-1944年采用注塑工艺生产，第三种类型壶盖。

5. 生产时间和生产商的名字模塑在水壶底部。

6. 不锈钢水壶

1943年一种新样式的标准化水壶，这种1943年份的水壶配用第一种类型壶盖。

7. 不锈钢水壶

另一种不锈钢水壶，制造于1944年，带有第三种类型塑料壶盖，顶部是凹底以护住链条铆钉。

8. M1910军用水壶

1943年后制造的铝质水壶，当时铝材短缺的情势已经得以扭转，这种水壶搭配第三种类型壶盖。

9. M1910军用水壶

明亮的铝合金水壶，这是生产的变种，带有水平焊缝，生产时间是1945年。

▼ 这种可折叠的水壶带有可拆除的软体塑料水囊以及硬塑料壶嘴和瓶塞，壶套采用橄榄褐色帆布制造，在背部带有可拆除的特殊金属丝钩，可以将水壶挂在手枪腰带上。水壶套上这种可以快速解脱的挂钩证明并不令人满意，水壶经常从挂钩上滑脱而丢失。最终样式的可折叠水壶于1945年才引入，带有长的携行背带。

▲ 两夸脱可折叠水壶
与M1943装备一起测试的一种实验软塑水壶。展示在这里的是一个说明标签和一个用于钩持在背包或腰带上的挂钩，这种水壶仅由国际乳胶公司（International Latex Corporation)生产，并且没有生产日期。

▶ M1910水杯
1943年的铝制水杯，M1910水杯顶边为卷边。

▼ 不锈钢水杯
1944年生产的水杯，杯缘比较锋利。

▲ M1942水杯
采用蓝色搪瓷铁制造的水杯仅于1942年生产过，同时也生产这种材质的水壶，1943年这种铁质水杯被镀上了锌或锡。

◀ 标记实例，戳印在水杯折叠把手上。

◄ 两夸脱可折叠水壶
软塑料水壶，与展示在上页的可折叠水壶类似，快脱装置已经被取代了，长的编织背带可以将水壶跨过肩部携行。

▼ 2.5加仑水壶
这种大容量的水容器于1942年2月测试用于沙漠地区行动，其规范于1942年10月被批准。虽然测试结果比较顺利，但这个装备项目仍于1943年2月被放弃了。

▼ 这件塑料水囊的制造时间是1945年。

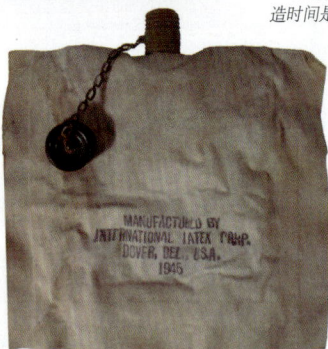

MANUFACTURED BY
INT'L NATIONAL LATEX CORP.
DOVER, DEL. U.S.A.
1945

◄► 用于骑兵部队的老式M1917水壶套，改造为1941年样式，由不同的军需仓库来承担这些改造工作，以使这些老式水壶套可以挂在腰带上继续使用。固定皮带的布环缝线被拆开，去掉了皮带和布环，标准的双挂钩铆接在水壶套的背面。

◄ M1917马上水壶套
这种用于骑马人员的水壶套于1917年批准，1941年被一种更简洁的不同样式取代。它通过一个连接在皮带上的大挂钩挂在马鞍上，皮带穿过5个缝合在水壶套上的布环固定。

▼ 美军水壶套承包商的油墨印记位置也有多种情况，1917年至1925年制造的水壶套印记在一个闭合襟翼内，1916年至1934年制造的在套底外部，1935年至1941年制造的印记位置在水壶套背面。

J.Q.M.D.
1934

►► 在1944年秋季，在更多的铝材可以被自由使用后，欧洲战区军需部门决定要求当地工业制造水壶装备，这件由萨尔特尔(Sartel)制造于1945年的M1910水杯就是其中的一个实例。

U.S. ARMY
SARTEL
1945
MFG IN BELGIUM

▶ M1910水壶套

制造于1940年的早期水壶套，带有黄铜挂钩，水壶套背面缝制样式比较独特，这种缝制方式一直使用到1942年。水壶套用于隔热的内衬采用灰蓝色的羊毛下脚料制造。

▶ 制造于1942年的M1910水壶套，采用新的缝制方式。

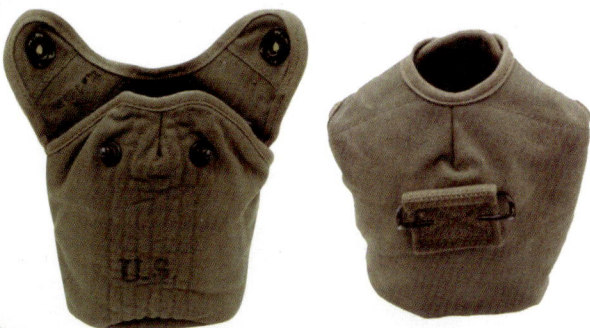

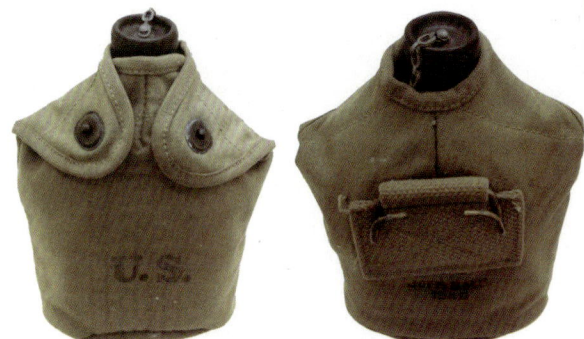

▶ 生产于1945年的水壶套，水壶挂钩固定带采用了加强的矩形宽编织带。

▶ M1941马上水壶套

用于骑兵部队的水壶套，带有可以调整的挂带以便于钩挂在马鞍上，因为这种钩挂方式更牢固，有时候伞兵也使用这种水壶套。

▶ M1941马上水壶套（英国制造）

英国制造的水壶套前面带有4条缝线（美国制造的是7条），水壶挂带头部带有快脱带和带扣。

▶ M1917马上水壶套

1917年一种新版本的马上棉质水壶套被美军引入，样式类似于M1910水壶套，但水壶套上带有一条红褐色的皮带，这条皮带包在水壶套的底部和两边，皮带头部带有一个弹簧钩以挂在骑兵的马鞍上。1941年，这种水壶套被修改并糅合了新设计，取消了加强皮带。图中展示就是这种旧型号的水壶套，于1944年在英国制造，挂带头部带有快脱挂钩。

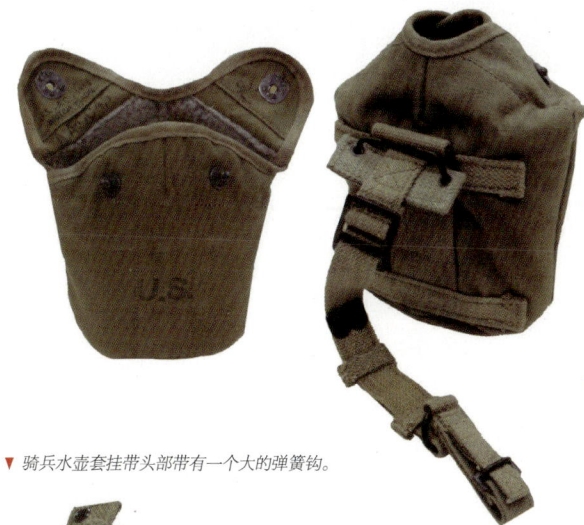

▼ 骑兵水壶套挂带头部带有一个大的弹簧钩。

急救包

    二战配发给美国士兵的急救包发展自20世纪初，由卡莱尔兵营（Carlisle Barracks，缩写为Penn）的美国陆军医疗装备实验室（Medical Department Equipment Laboratory）研制。在1920年，官方装备名称为"美国政府卡莱尔型急救包"，有意思的是卡莱尔绷带的黄铜包装盒还有一个"沙丁鱼罐头"的绰号，这种包装盒用来防止绷带被毒气污染。美军每名士兵在其手枪腰带上携带一个编织急救包，这是一种非常普通的装备。在二战初期，美军在急救包这件小装备的采购上遇到了相当大的困难，在美军1940年的急速扩军中，约需800万件这种初始装备。1940年，军方与两个供应商签署了生产200万件急救包的合同，但估计直到1942年3月才能交付完成。由于制造绷带包装盒的黄铜板不能获得充足的数量，关于使用黄铜代用品的紫铜的谈判于1941年3月开始，但到1941年末，紫铜的供应也并不比黄铜好到哪里去，于是采用钢铁作为代用材料，并增加了两个供应商。这两个供应商也立即获得了生产合同，然而战时生产委员会拒绝为急救包的生产分配更多的钢铁。在1943年早期，生产必需材料的不足导致急救包生产开始逐步下降，一种塑料包装盒被开发出来并投入生产，但在战场条件下，这种包装容易变形和破碎。医疗部门为此开发了箔纸袋包装，经过卡莱尔医疗装备实验室的测试，证明它甚至比原来的黄铜包装盒还令人满意，而且这种包装成本更低。1943年后，又引入了一种新型包装盒，这种包装盒采用蜡纸板制造，内部再装上用箔纸包装的绷带卷。在战争最后一年，又出现了更进一步的变化，绷带卷外侧采用便于战场伪装的褐色，外包装盒也变成了两件式包装盒，并且外面再套上蜡纸。

1. 卡莱尔型急救包，表面压印的黄铜金属盒，整体分为两个部分，表面涂着橄榄褐色，通过一边一个波纹状金属条来闭合，估计是1941年秋季的产品，因为里面没有磺胺药物纸包，白色内面的绷带包在油纸内。
2. 为了节约宝贵的黄铜，1941年末包装盒外面的印刷也采用了马口铁制，磺胺纸包在包装盒的底部。
3. 急救包内包装的急救物品：白色亚麻绷带上带有红色指示印记；防毒的外包装盒采用马口铁制造；红白纸袋内装有磺胺粉，可以洒在伤口上，防止伤口感染。

4. 当决定在急救包内增加磺胺纸包后，绷带盒内就包括了这种药物，但使用时不能用反，在绷带上带有鲜红的标示文字。
5. 变化的绿色塑料包装盒，带有一个黄铜材质的撕角，采用塑料是为了节约制造罐头和润滑油容器所需的马口铁。
6. 为了进一步节约宝贵的战略金属，1943年引入了蜡纸板盒外包装，绷带卷包装在锡箔纸包装以内防湿气污垢和有毒气体污染。
7. 一种新的褐色绷带取代了以前的白色亚麻绷带，这种绷带包装在同样的锡箔纸包装内，绷带的另一层保护是外面的两件式蜡纸板盒。

每名士兵都配发有一件急救包，通过后面的挂钩缚在手枪腰带上，内部装有急救包和创可贴。

▲ **M1910急救包**
采用橄榄褐色帆布制造的老式急救包，带有2个"耐久"（Durable）型按扣，这种急救包在一战时期就使用过，1942年仍由杰斐逊维尔军需仓库（Jeffersonville QM Depot，缩写为JQMD）进行生产。

▲ **M1924急救包**
这种新型急救包的引入是为了容纳卡莱尔型急救包，突起圆点（LTD）型按扣。

▲ **M1924急救包**
这种急救包也是由杰斐逊维尔军需仓库于1942年生产，袋盖更深也更尖，红色油墨的CS是"可用战斗装备"之意，表明这件小装备即便轻微使用过，也仍然符合配发的要求。

▲ **M1942急救包**
发展这种新型产品是为容纳更大规格的急救包纸盒和磺胺嘧啶药丸。

▲ **M1942急救包（英国制造）**
这种编织袋和按扣是与美国产品有所区别的英国制造急救包，而且标记位置在袋盖内面，而不像美国产品在急救包背面。

工具

在二战以前，陆军配备给士兵的是M1910系列工具装备，包括：M1910型工兵铲，配铲套；M1910型工兵镐，配镐套；M1910型手斧，配斧套。每名士兵都配发有一把工兵铲——木质铲柄，手柄头为T形。在M1928背包上带有配合工兵铲套挂钩的挂孔，可以将工兵铲挂在背包上携带。每个班几名士兵配一把工兵镐，这种双刃镐配有木质镐把，镐头可以从镐把上取下以便于携带，手斧则可以选择性配发。在二战前，这几种工具的携行帆布套都是卡其色的，上面带有"US"

的标记。与此同时，M1910型工兵铲的一些特殊变型也被开发出来，以适应对一些特别部队如骑兵和空降兵部队的特殊需要，这些变型工兵铲也配发给了部队并继续得以在二战的战场上使用。工兵铲这件看似不起眼的小装备，确为士兵的生命安全提供了一点起码的保障。与第一次世界大战士兵大部分时间待在前线不同，二战以机动作战为主，士兵需要时常构筑单兵掩体和散兵坑，因此工兵铲就成了一件必不可少的装备。

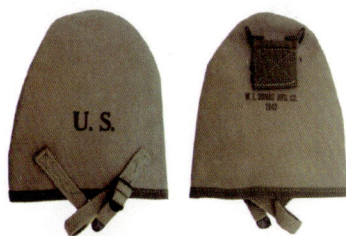

◀ **M1910型工兵铲套**
1943年制造的铲套，卡其色的套身，绿色的镶边。

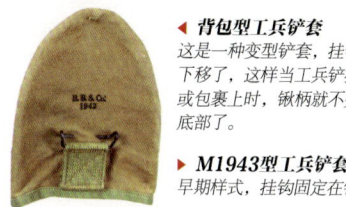

◀ **背包型工兵铲套**
这是一种变型铲套，挂钩的位置下移了，这样当工兵铲挂在背包或包裹上时，锹柄就不突出背包底部了。

◀ **M1943型工兵铲套**
早期样式，挂钩固定在铲套上。

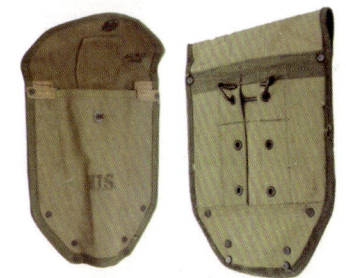

◀ **M1943工兵铲套**
晚期样式，视工兵铲在腰带还是背包上携行，铲套后面的挂钩可以在3个位置间变换。

M1943型工兵铲是一种多功能工具，具有铲、斧、镐的功能，配有木质铲柄。这种工兵铲是折叠式的，非常容易携带，而且组合时几乎不用指导。M1943型工兵铲于1943年开始进行配发，但M1910型工兵铲仍一直使用至二战结束。

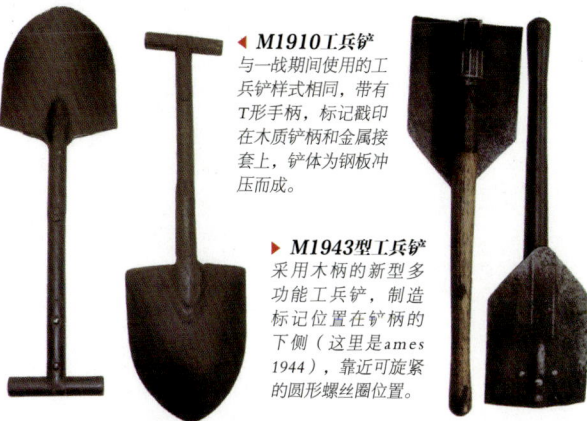

◀ **M1910工兵铲**
与一战期间使用的工兵铲样式相同，带有T形手柄，标记戳印在木质铲柄和金属接套上，铲体为钢板冲压而成。

▶ **M1943型工兵铲**
采用木柄的新型多功能工兵铲，制造标记位置在铲柄的下侧（这里是ames 1944），靠近可旋紧的圆形螺丝圈位置。

1. M1910型工兵镐及镐套

这2件装备的制造时间都是1943年，工兵镐可分离成两部分以方便携带。

2. M1910型手斧及斧套

制造时间都是1943年，斧套背后也带有携带用的挂钩。

3. M1942型大砍刀

在二战前美国陆军使用22英寸的大砍刀，但在巴拿马的试验证明稍短一点的砍刀更容易使用，改进后的直背18英寸大砍刀定型为M1942型被美军采用。这种大砍刀在热带地区得到了广泛的使用，作为热带丛林地区行动的一件基本装备，使用它才可以在茂密的热带丛林中穿行。这种砍刀使用时主要依靠砍劈动作的速度而不砍刀本身的重量，砍劈时以手为中轴，拇指、食指和中指同时用力。在刀把上带有一个细孔以穿过腕绳，这样就可以将砍刀系在手腕上，防止砍刀脱手和丢失。这种砍刀除了作为工具之外，也是一种实用的武器，用于悄无声息地收拾哨兵和夜间突袭行动。刀鞘采用防水的厚帆布制造，这种材料比皮革更能经受热带地区潮湿环境的考验，刀鞘配有加强铆钉和金属的鞘口，刀鞘背面带有挂钩（M1910型），以便于在手枪腰带或弹药腰带上携带，图中刀鞘上的挂钩已经遗失了。砍刀的规格是总长22 1/2英寸，刀长17 7/8英寸，刀宽2英寸。

4. M1938钢丝钳

这些钳子和钳套制造时间都是1942年。

5. 一种变型钢丝钳，带有加强钳头，钳套带有可以闭合的袋盖。

6. 英国制造的变型钳套，1944年制造。

▲ **M1910工兵镐套**
1944年由英国制造的携带工兵镐的镐套。

▲ **M1910手斧和斧套**
这件制造于1944年的手斧配有一个变型斧套，袋盖上用LTD型按扣取代了以前的固定带和带扣。

▼ 英国制造的手斧套。

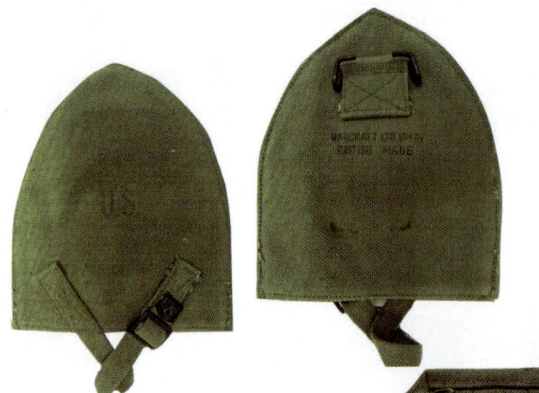

▲ **M1910工兵铲套**
这件编织铲套可以通过其英国风格的带扣来识别。

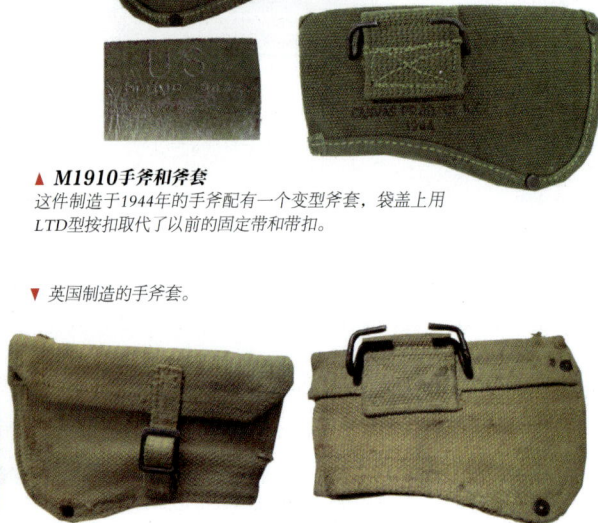

战斗刀具

◀ M1918战壕刀（MKI战壕刀）

带有指套的双刃战壕刀，刀鞘采用金属制造，采用2个铆接的金属钩挂在腰带上。图中战壕刀的握把上标记为"LF&C 1918"。这种刀具显然是法国的设计，外表与法国为美国远征军（AEF）制造的战壕刀（标记是"金狮"）类似。图中这把美军生产的战壕刀在一战结束前可能并没有配发给部队，在二战中这种战壕刀配发给了突击部队，直到1943年被M3战壕刀所取代。

◀ M1917型博洛刀

美国陆军从1897开始使用博洛刀产品，并一直持续至二战，具体型号有M1897型、M1904型、M1905型、M1909型、M1910型以及这里介绍的M1910型的变型M1917型。这是一种一战的战时型号，制造原材料比斯普林菲尔德兵工厂的M1910博洛刀用材有所下降，在1917-1918年，M1917型博洛刀进行了大批量生产。该型刀也有比较稀少的变型，在制造日期的下面带有"CT"标记。由于1917型博洛刀太短、过重等原因，陆军的M1917型博洛刀比起精心设计的砍刀来说并不是太有效，后来在二战早期被M1942大砍刀取代了。博洛刀可以作为短砍刀和战斗刀使用，刀身上标记为"Plumb St Louis 1918"（普拉姆·圣·路易斯公司，1918年）。M1917木质刀鞘外包裹着帆布和皮革，标记是"Bauer Bros 1917"（布劳尔兄弟公司，1917年）。

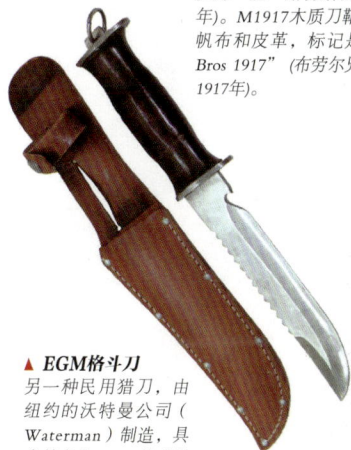

◀ 卡特罗格斯225Q格斗刀

这种刀带有6英寸的鲍伊猎刀风格的刀刃，回火钢质柄头，皮革握把，由成立于1882年的卡特罗格斯刀具公司（Cattaraugus Cutlery Company）制造。这把刀有可能是作为猎刀捐献给军队，或者是在M3战壕刀采用前由个人购买。

◀ 帕尔RH36格斗刀

磷化处理6英寸刀身，铝制柄头，皮革握把。在20世纪40年代初，帕尔刀具公司（PAL Cutlery co）买下了雷明顿刀具，将其产品扩展到了狩猎刀领域，刀刃上的"RH"代表Remington Hunting——雷明顿狩猎。

▲ EGM格斗刀

另一种民用猎刀，由纽约的沃特曼公司（Waterman）制造，具有特色的7.375英寸抛光钢刃。

▶ 这2把猎刀由纽约市EG·沃特曼公司制造，带有非常具有特色的木质呈锯齿状的刀柄，刃长6.375英寸。

▶ 这把刀带有抛光的6英寸刀刃和皮革刀柄，由位于纽约州利特尔瓦利（Little Valley）的金福克斯公司制造，刀刃和刀鞘都带有"Kinfolks USA"的印记。

展示在这里的刀具都是非制式武器，在M3格斗刀被采用之前由士兵自行购买刀具，或者由部队配发民间猎刀捐赠运动收集到的刀具给士兵。

▼ 除了用于伞兵的标准M2弹簧折刀，施拉德·瓦尔登刀具公司（Schrade Walden cutlery company）也制造这种5.125英寸刃长的格斗刀，刀刃上带有"Schrade-Walden·NY-H-15"的印记。

▶ 铝制刀柄，带有4.875英寸刀刃，由科罗拉多州巨石城的西部州刀具公司（Western States Cutlery Co）大范围销售的一款刀具。

M3格斗刀

M3格斗刀也称之为M3战壕刀，标准配备M6皮革刀鞘的M3格斗刀于1943年3月引入，M3刀身前半部分为双刃，后半部分为单刃，无血槽。其皮质刀柄由32片经过防水化学处理皮质垫片压制而成，并环有6~8条凹槽以易于握持。刀身长度为6.75英寸，全长11.7英寸。早期的刀身是烤蓝处理，后期改为磷化处理，后期磷化处理大多数见于M3S型。

M3印记具有三种不同的式样，第一种刀身上刻"US M3+厂名+年份1943"；第二种与第一种类似，但没有年份；第三种将印记改在了护手上，柄头是军械局的印记——燃烧的炮弹，表示同意接收。

M3格斗刀共有9个制造商：

· 航空刀具公司(Aerial Cutlery Mfg. Co.)
· 博克公司Boker (Boker & Co.)

· 卡米拉斯刀具公司(Camillus Cutlery Co.)
· 凯斯父子公司 (Case & Sons)
· 帝国刀具公司 (Imperial Knife Co.)
· 金福克斯公司 (Kinfolks Inc.)
· 帕尔刀片工具公司 (Pal Blade & Tool Co.)
· 罗伯逊刀具公司 (Robeson Cutlery Co.)
· 尤蒂卡刀具公司 (Utica Cutlery Co.)

最初M3格斗刀采用的是M6皮鞘，1943年与格斗刀同时发展而来，刀鞘头部带有金属护箍，这种皮革刀鞘仅在1943年生产过。不到一年（1943年7月）的时间，M6皮鞘被M8型以及其升级版M8A1型塑料刀鞘取代了。M8A1刀鞘增加了标准的腰带挂钩，许多M8刀鞘也按M8A1样式进行了改造。1944年5月，M3格斗刀被M4刺刀取代，但在欧洲胜利日前配发给欧洲战区的M4刺刀数量并不多。

▶ **M3格斗刀配M6刀鞘**
早期产品，刀身上的印记为"US M3 Imperial"，皮革刀鞘上的印记为"US M6 Milso 1943"。

▲ 刀身上独特的印记是生产商的标记，但没有制造时间，根据1943年的命令指示取消了制造时间标记。

◀ **M3格斗刀配M8刀鞘**
金福克斯公司制造，配有编织带与塑料结合的M8刀鞘。

▲ 在柄头上有军械局燃烧的炸弹标记，表明官方批准接收。

▼ 战争晚期（1944年）制造的刀具，制造商标记印在刀柄上，刀鞘是M8型但已增加了挂钩。

▼ 护手上的PAL印记。

光学及地图读取装备

1. TL-1228和TL-122C手电筒

这2件塑料手电筒由2节BA30干电池供电，通过多色滤片及筒体上的推波开关可以进行信号通信，在螺丝帽内还带有一个备用灯泡。

2. E型望远镜

望远镜上的印记为"us army corps military stereo 6×30"，皮革镜盒盖上带有指南针，这是一战样式的望远镜，一直使用到1941~1942年，后被M3望远镜所取代。

3. M3望远镜和M17镜盒

地面部队的标准望远镜，6×30，倍率6倍，镜头直径30毫米。

4. M1938型指南针和携行袋

这种指南针由军官和专业人员使用，并没有大规模配发给普通士兵。由于这种指南针比较稀少，想要收藏的话也就不太容易了。

5. 怀表型指南针

这种怀表型指南针在一战时期就提供给了部队，在盖子上刻有"US"缩写。这种指南针实际上在一战前美军就普遍开始使用了，从外表看这种指南针就像一个怀表。最初这种指南针由政府定购并由表厂进行生产，如威娜欧（Wittnauer）和沃尔瑟姆（Waltham），后来增加了仪器生产商如柯费尔&埃瑟（Keuffel & Esser）、史密斯&韦森（S&W）、伊萨德·沃伦（Iszard Warren）、泰勒（Taylor）。

这种指南针常采用黄铜制造，但也有采用镀镍或铬生产的。大部分这种指南针上都带有"US"标记，但也并不是全部都这样，通常还能看到有"Eng. Dept"标记或者小的陆军工兵标记，有时上面还有制造商的印记，但也不是总能见到。在二战前期，仍然能常常看到有人使用这种怀表型指南针。

6-7. 透镜指南针和携行袋

这种指南针是二战时期制式配发的指南针，作为M1938型指南针的替代型，比M1938型指南针结构简单而且便宜，这种指南针在二战结束前取代了所有怀表型指南针。携行袋采用防水帆布制造，挂在腰带右前方。图7为指南针盖子上的印记细节。

▶ 1945年5月，一位中士使用6×30的威斯丁豪斯双筒望远镜观察敌人的行动，为他的.30机枪捕捉目标。

▲▲ 民用手电筒，由2节BA-30干电池供电，类似TL-122手电筒。

▶ 制造于1944年的结实的TL-122C手电筒纸包装盒。

ANS-122
TL-122-C
WITH FILTER M-384
STOCK NO. 6Z4002C

USALITE

RIGHT ANGLE FIXED-FOCUS FLASHLIGHT

FILTER M-384
PACKED INSIDE CARTON

▲ USALite牌手电筒由美国电气制造公司（Electric Mfg Corp）制造，TL-122手电筒则由国民碳化物公司（National Carbide Company）以永备牌（Eveready）制造。

▲ TL-122A手电筒
战争早期生产的标准带可调角度灯头手电筒，后来生产的TL-122B和TL-122C手电筒采用绿色塑料制造，TL-122A手电筒带有一个黄铜筒身和铝制筒头。

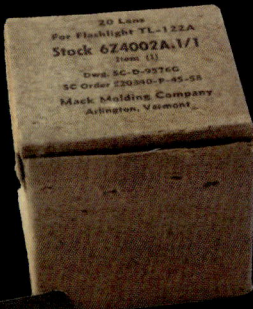

20 Lens
For Flashlight TL-122A
Stock 6Z4002A.1/1
Mack Molding Company
Arlington, Vermont

◀ 一盒20只不同颜色的TL-122手电筒滤镜。

Westinghouse
Miniature
MAZDA LAMPS

Westinghouse
Miniature
MAZDA LAMPS

▶ BA-30电池
圆柱形的1.5伏干电池，由威斯康星州麦迪逊的Ray-O-Vac公司制造。

◀ 10只盒装西屋电气灯泡。

▼ 关于麦芝达（Mazda）微型电灯泡的这些连续的数字表明他们于1938年就获得了专利。

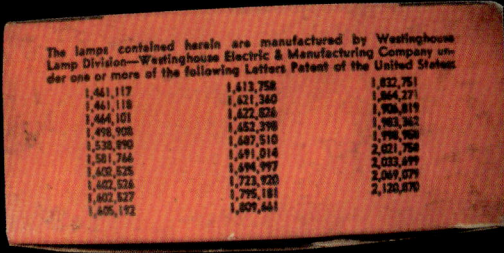

SIGNAL CORPS U.S. ARMY BATTERY BA-30 CONTRACT NO. W-288-SC-286 DATE OF MANUFACTURE STAMPED ON BOTTOM RAY-O-VAC CO

The lamps contained herein are manufactured by Westinghouse Lamp Division—Westinghouse Electric & Manufacturing Company under one or more of the following Letters Patent of the United States

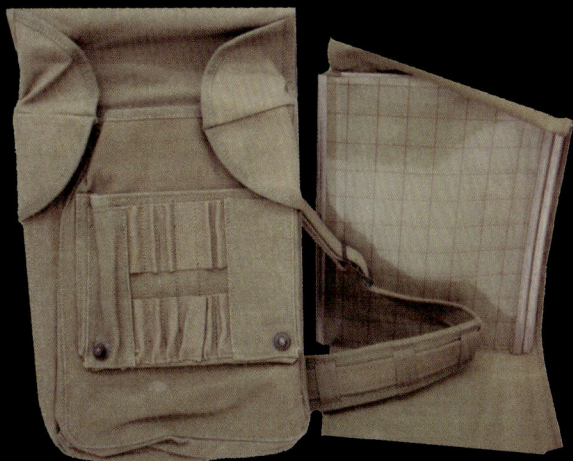

▲ M1938型帆布公文包

配发的地图及文件包，内部带有2个大隔仓，文件包背后带有可以装铅笔与橡皮等物品的小插袋，公文包背后配有可以钩挂背带的D环，配备带有肩垫的特殊背带。这种公文包是战争期间的标准装备，配发给军官和个别士官，与双筒望远镜一样都是限定配发装备。在这个公文包内可以携带的物品有红蓝铅笔、橡皮擦、铅笔、地图量角器、尺子、指南针（不在腰带上携带的话）、留言本、地图、通信指示或密码本、完成命令所需的战场文件。

▲ 可以装在公文包内的地图包，配有用于军用地图的带红方格线的透明塑料插袋。

▼ 和所有的美军地图一样，这种大比例的道路地图早已准备妥当，并由工兵部队印制。

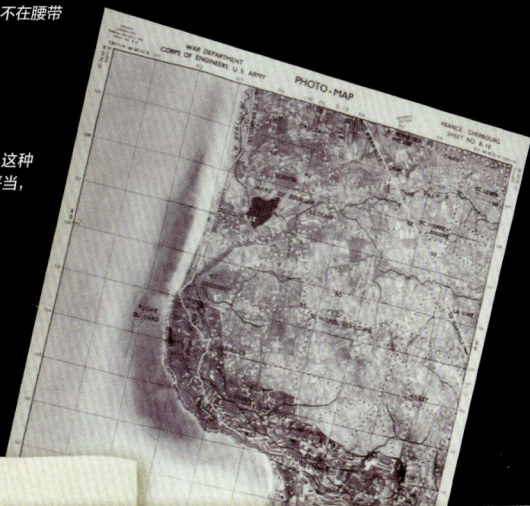

EUROPE ROAD MAP SERIES
1:1.000.000

A.M.S. 6303

FIRST EDITION-AMS 1

FRANCE

For use by
War and Navy Department Agencies only
Not for sale or distribution

ARMY MAP SERVICE
CORPS OF ENGINEERS, U.S. ARMY

An assortment of American military maps of French regions and localities.

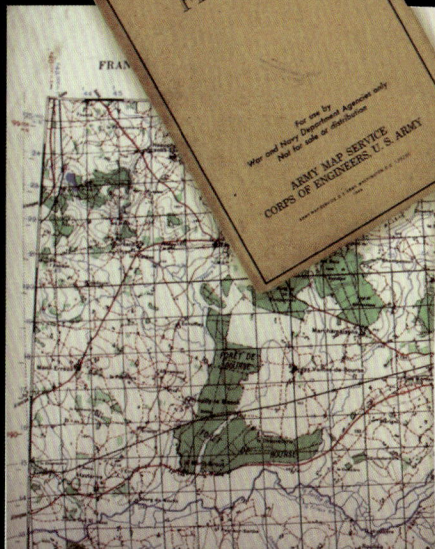

▼ **M1938急件帆布包（英国制造）**
类似其他英国制造的装备，这个背包采用更薄的绿色帆布面料制造，携行带没有可移动的垫肩，制造商标记能在包盖下和背带上读到。

▼ ▶ 标准的行军指南针和帮助训练使用的可折叠纸板教具。

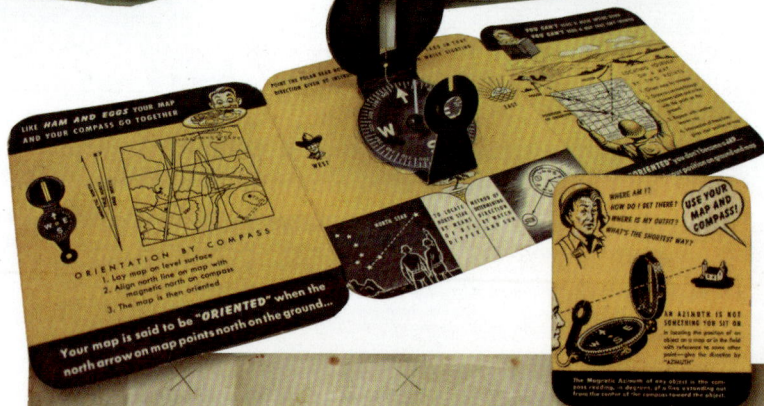

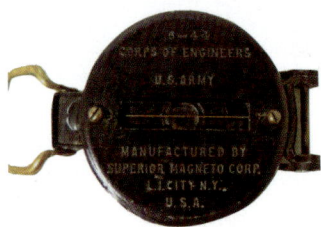

▶ 这份犹他海滩的绝密地图，发给第一攻击波中值得信赖的部队军官，由第122任务小组指挥官于1944年4月21日精心准备的，于D日前（即5月30日）刚刚更新。

第七章

武器及班组武器

美军军械兵始于大陆会议在1775年5月27日通过的一项法令，该法令决定成立一个委员会研究和计划大陆陆军的武器和其他作战物资供应问题。在该法令通过后不久，华盛顿将军便任命伊齐基尔·奇弗为炮兵军需品总补给长，奇弗实际上担任文职军械主任，而由炮兵主任亨利·诺克斯少将负责掌管所有的军事工作，从那时开始，美国军械兵就开始伴随美国陆军。1777年，在马萨诸塞州普林菲尔德建立了第一所制造武器的兵工厂，同年，在宾夕法尼亚州的卡莱尔建立了一所军械库。1812年5月14日，正式批准建立军械局，首任军械局长为德修斯·沃兹沃思上校，然而美军直到内战前夕才有可能大规模生产武器。1812年后，军械主任负责订购武器和弹药，监督政府兵工厂和存储仓库，以及招收和训练派往团、军和驻军的工匠，到1816年已有5所联邦兵工厂开工。在内战中，由于大规模作战行动，使美军的军械有了很大的发展。美国与西班牙的战争给军械局带来了新的难题，必须改进采购方法和扩充供应，才能适应首次海外作战的需要，并且建立了海港仓库和野战仓库，给部队提供装备。在第二次世界大战期间，军械局的任务并没有变化，包括提供武器和装甲车辆，装备维修；也包括弹药供给，回收遗留战场的友军和敌军武器。军械局采购、分发和维修工作量都大得惊人。在每个师，都由一个专门单位负责坦克、半履带车、卡车和其他交通车辆维修，在装甲师，由军械维修营负责；在步兵师则由军械保障连负责；战场抢修如同基本维修和保养一样也是这些单位的基本职能。步兵师的军械保障连拥有147人，而装甲师的维修营则拥有762人。

▶ 军械军官领徽

▲ 1945年6月21日，在法国穆尔默隆的匹兹堡兵营，第44步兵师第156野战炮兵团的士兵正在准备将M1卡宾枪运往太平洋地区。

信号枪

▼ 1943年由圣弗朗西斯科即旧金山的斯克拉(Skalr)公司采用锌材制造的信号枪。

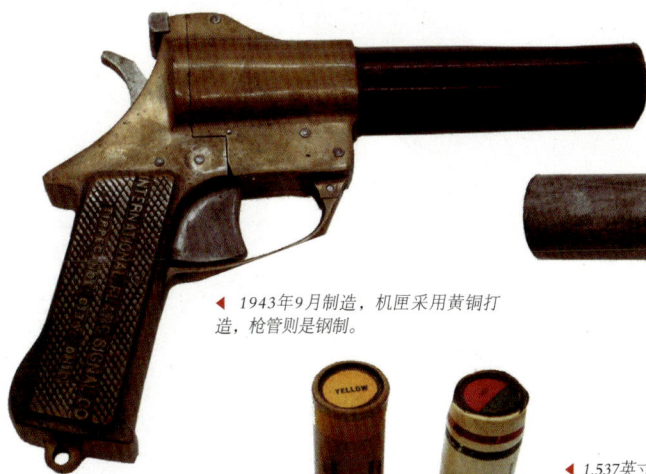

◀ 1943年9月制造，机匣采用黄铜打造，枪管则是钢制。

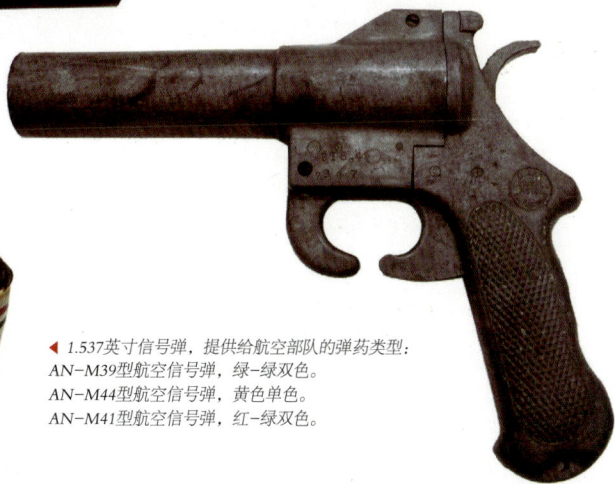

◀ 1.537英寸信号弹，提供给航空部队的弹药类型：
AN-M39型航空信号弹，绿-绿双色。
AN-M44型航空信号弹，黄色单色。
AN-M41型航空信号弹，红-绿双色。

.45口径M1917型左轮手枪

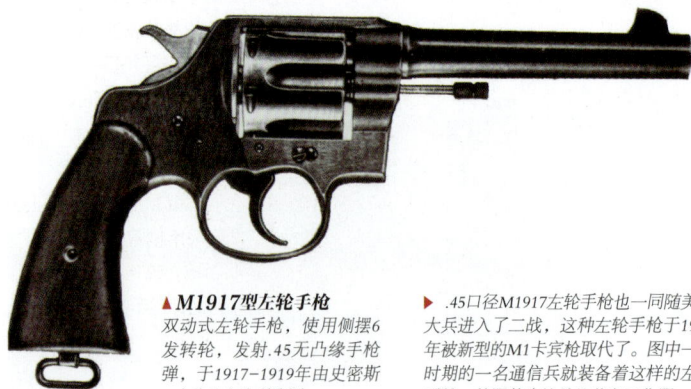

▲M1917型左轮手枪
双动式左轮手枪，使用侧摆6
发转轮，发射.45无凸缘手枪
弹，于1917~1919年由史密斯
&韦森和柯尔特制造。

▶ .45口径M1917左轮手枪也一同随美国
大兵进入了二战，这种左轮手枪于1942
年被新型的M1卡宾枪取代了。图中一战
时期的一名通信兵就装备着这样的左轮
手枪，其服装为战前的蓝色工作服。

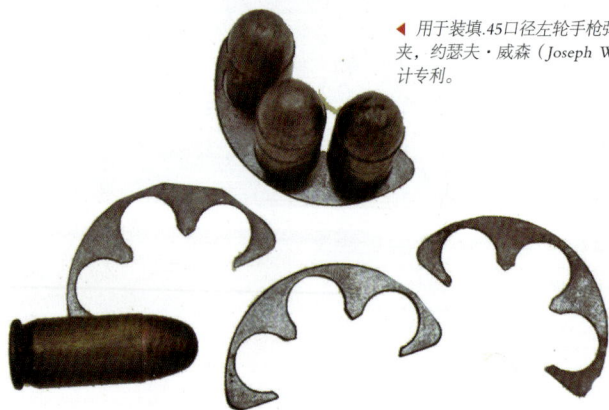

◀ 用于装填.45口径左轮手枪弹药的半月
夹，约瑟夫·威森（Joseph Wesson）设
计专利。

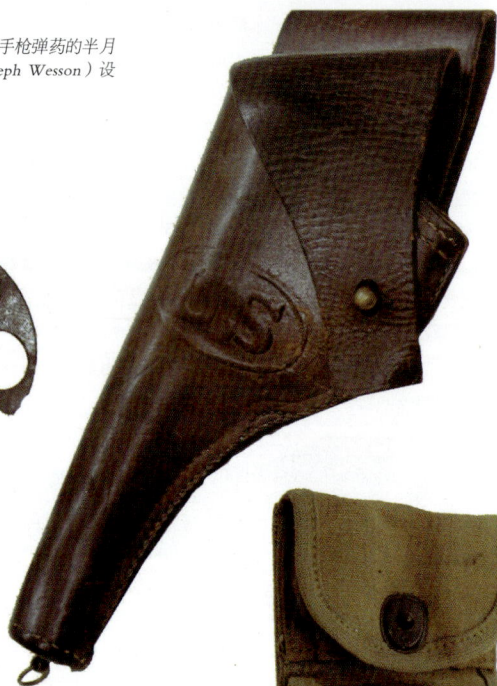

▲.45口径M1909左轮手枪套
用于M1917左轮手枪的左轮手枪套，同时也可用于
M1907和M1917柯尔特左轮手枪。

▶ 可以容纳6发左轮手枪子弹的M1917三仓式弹药袋，
通过其背后的宽腰带环带在手枪腰带上。

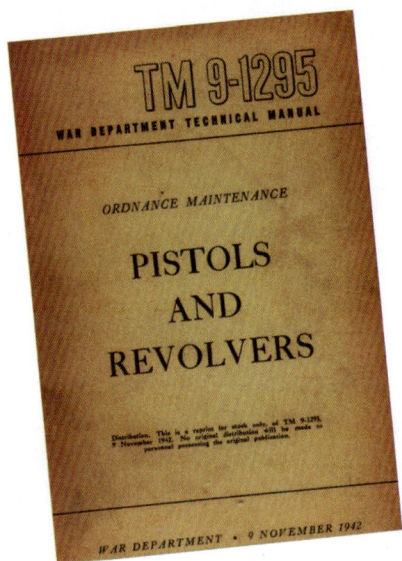

TM 9-1295

WAR DEPARTMENT TECHNICAL MANUAL

ORDNANCE MAINTENANCE

PISTOLS
AND
REVOLVERS

Distribution. This is a reprint for stock only, of TM 9-1295,
9 November 1942. No original distribution will be made to
personnel possessing the original publication.

WAR DEPARTMENT · 9 NOVEMBER 1942

M1911/M1911A1半自动手枪

　　M1911半自动手枪由美国著名设计师约翰·摩西·勃朗宁（John Moses Browning，1855-1926）设计。1907年，美国军方开始招标.45口径的左轮手枪或半自动手枪作为其新一代制式手枪。经过勃朗宁改进的手枪通过了所有的测验而大获全胜，凭借其出色的性能，赢得了军用制式手枪合同。1911年3月29日，由勃朗宁设计，柯尔特公司生产的0.45英寸口径半自动手枪被选为美军制式武器，并正式命名为"柯尔特.45口径M1911型半自动手枪"。它于1912年4月开始装备部队，并成为美军装备的第一支半自动手枪。当美军第一次装备自动手枪后不久，第一次世界大战爆发了。在美国正式参战前，美国政府已经从柯尔特和斯普林菲尔德兵工厂购买了约

140000把M1911手枪。由于战争的需要，在一战中M1911由众多厂商进行了大规模的生产，但主要由柯尔特公司和斯普林菲尔德兵工厂，以及雷明顿和加拿大的北美武器公司生产。在一战后，军械局评估了柯尔特.45手枪的战斗表现，提出了一系列改进意见，改进后的新手枪在1926年6月15日投入生产，并命名为".45口径M1911A1型半自动手枪"。在第二次世界大战中，M1911手枪成为受各方欢迎的军用手枪，并一再追加订单，直到战争结束，在美国陆军中就有270万把M1911手枪，在二战期间，M1911A1唯一的变化就是把胡桃木握把片改换成褐色塑料握把片。M1911手枪采用枪管短后坐自动方式，7发弹匣供弹。作为一款半自动手枪，该枪结构简单，结实耐用，性能可靠，成为世界最为著名的军用手枪之一。

▶▼ M1911手枪，古铜色的表面，木质握把护板，长程扳机。

▶ M1916手枪套配有通常的挂钩以挂在编织腰带上，手枪套背后的两个垂直开口是为了方便在其他类型腰带上佩挂，这种特制的手枪套是1944年由博伊特制造的。

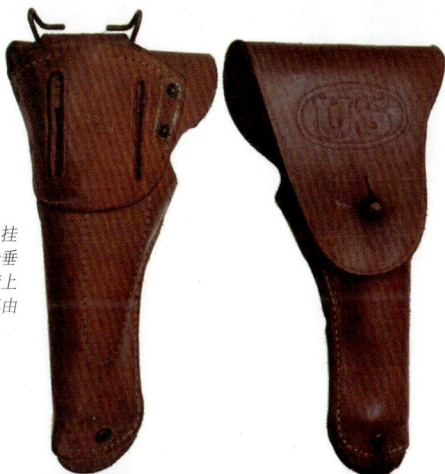

◀ M1916型手枪套
皮革的M1911或M1911A1手枪套，带有可以绑在腿上的皮绳。

▶ 制造于1918年的手枪或左轮手枪枪绳。

◀▲ M1912弹匣袋，背部带有一个圆按扣眼，通过在腰带内部的搭扣佩在腰带上。

◀ M1918弹匣袋
一战后期版本的帆布编织弹匣袋。

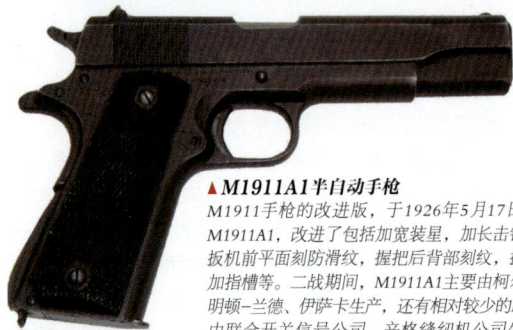

▲M1911A1半自动手枪

M1911手枪的改进版，于1926年5月17日定型为M1911A1，改进了包括加宽装星，加长击锤顶部，扳机前平面刻防滑纹，握把后背部刻纹，扳机后方加指槽等。二战期间，M1911A1主要由柯尔特、雷明顿-兰德、伊萨卡生产，还有相对较少的M1911A1由联合开关信号公司、辛格缝纫机公司生产，到1945年总共生产了超过250万把M1911/1911A1手枪。

▲.45手枪弹

1. M1911型.45手枪弹（印记FA 18）
2. M1911型.45手枪弹（印记WCC 43）
3. M1921型.45教练弹（印记FA 44）

▼标记为"Hickock 1943"的枪绳。

M3手枪套

除了M1916腰挎式手枪套，还有这种1942年采用的M3肩挎带式手枪套，采用皮革制造，主要用于飞行人员，但也可由其他武装和勤务部队使用。图中手枪套由恩格尔-克雷斯(Enger-Kress)于1943年生产，还有M3手枪套的改进版M7手枪套。

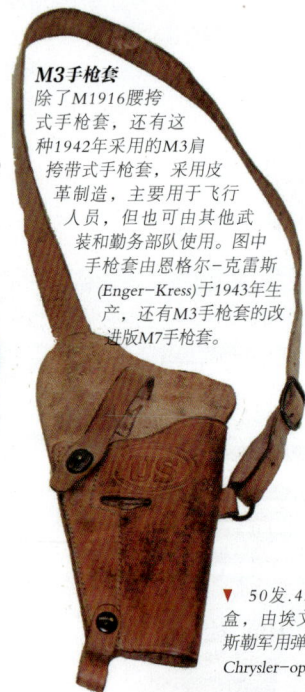

▼可以容纳50发一包共计600发.45口径手枪的弹药箱。

▼手枪防水套

这种合成树脂袋子（337A规范）是一系列设计用来保护武器装备的设备的一部分，旨在两栖行动中阻止沙子和水分的侵入，这种手枪防水套后来配发也用以保护小型个人财物。

▼用于M1911和M1911A1手枪拆卸的组合工具（螺丝刀和销钉螺纹梳刀）。

▲磷化处理的M1911A1手枪，带有塑料握把护木，注意其改进在扳机上增加的防滑纹。

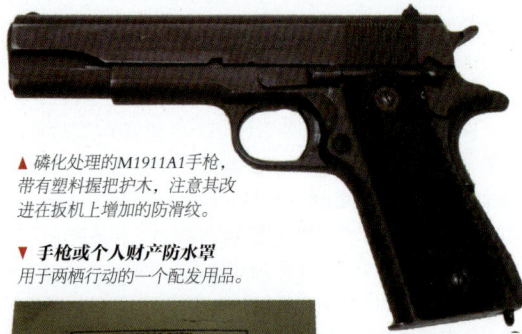

▼手枪或个人财产防水罩

用于两栖行动的一个配发用品。

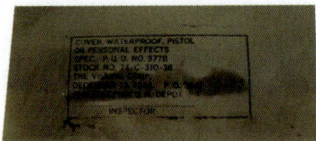

▼M1923弹匣袋

这是一种新型弹匣袋，带有突起圆点按扣，这件产品由埃弗里(Avery)生产于1942年。

▼M1912类型的手枪弹匣袋，由英国在1944年采用编织材料制造。

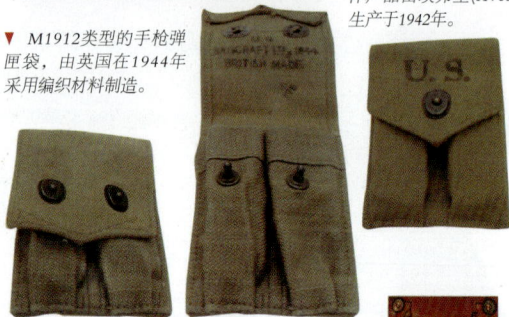

▶承包商的名称"Craighead Denver"（丹佛克·雷格黑德）和生产时间(1943年)印在手枪套的背面，在手枪套背面的2个狭孔之间可以穿过军营腰带或裤腰带来携带手枪套。

▼50发.45手枪弹的包装盒，由埃文斯维尔·克莱斯勒军用弹药厂（Evansville Chrysler-operated）制造。

▶红褐色的皮革手枪套，可以用来携带2英寸或4英寸枪管的特制柯尔特.38口径左轮手枪。

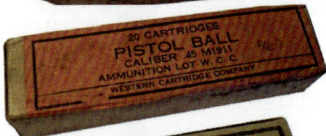

▲20发.45手枪弹的包装盒，由西部轻武器弹药公司（Western Cartridge Company）制造。

▶M1912手枪套

这种皮革手枪套于1912年选定用于骑兵，1916年进行了简化并变成了通用手枪套，用于所有兵种。转环和绑在大腿上的皮带使在马背上佩戴这种手枪套时更加舒适。

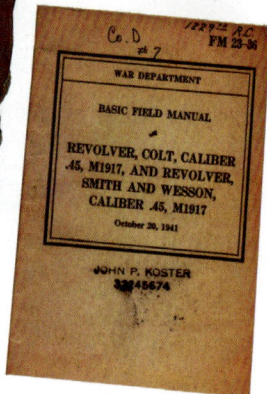

M1卡宾枪

在二战爆发前，鉴于许多非战斗人员并不需要步枪，而手枪威力又不足，美军开始着手研制一种介于手枪和步枪之间的新式防卫武器。温彻斯特最终设计的原型枪被采用，并于1941年10月定型为".30口径M1卡宾枪"。这是一种采用导气式原理的半自动武器，15发弹匣供弹，主要配装特种部队和连排级军官、军士。由于该枪后坐力小，质量轻，短小灵活，颇受官兵的喜爱，美军将其昵称为"战争宝贝"。在1941年8月至1945年总计生产了625万支各型M1卡宾枪，生产商包括温彻斯特公司、通用汽车公司内陆制造分公司（Inland Manufacturing Division, G.M.C.）、安德伍德斯-艾略特-费舍尔公司（Underwood-Elliot-Fisher Co.）、通用汽车萨其诺舵机分公司（Saginaw Steering Gear Div., G.M.C.）、国家邮政仪表公司（National Postal Meter Co.）、柯立蒂五金机械公司（Quality Hardware & Machine Co.）、国际商用机器公司（IBM）、标准件公司（Standard Products Co.）和洛克-奥拉公司（Rock-Ola Co.）。与M1伽兰德步枪相比，M1卡宾枪有便于更换的弹匣和较大的携弹量，实际射速高而且后坐力低，其射击精度和侵彻作用又比使用手枪弹的冲锋枪强。增加快慢机和大容量弹匣的M2型的火力"几乎"相当于突击步枪（之所以用"几乎"是因为其有效射程还是太近了）。因此在二战期间M1卡宾枪及其变型枪是一种相当有效的步兵近战武器，道格拉斯·麦克阿瑟将军更称这种连珠炮火力似的卡宾枪为"为我们赢得太平洋战争胜利的最大因素"。

这里展示的是制造于1944年的M1卡宾枪，1943年对M1卡宾枪进行了改进，早期M1卡宾枪上的照门为L形翻转式，大觇孔射程设定在150码（137米），小觇孔为300码（275米）。后来的M1和M2卡宾枪都把照门改为滑动式，距离从100米至300米内可调，而且也可以调整风偏，并且护木减薄。

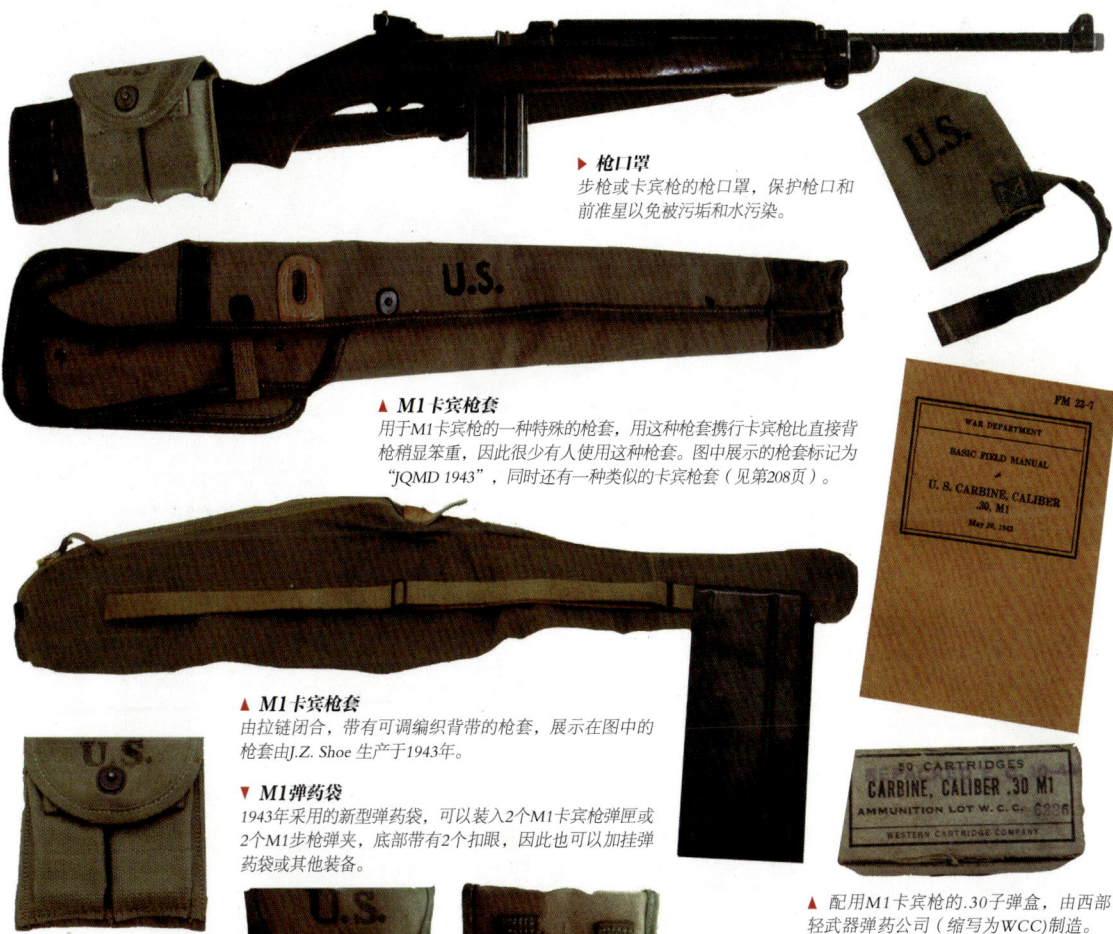

▶ **枪口罩**
步枪或卡宾枪的枪口罩，保护枪口和前准星以免被污垢和水污染。

▲ **M1卡宾枪套**
用于M1卡宾枪的一种特殊的枪套，用这种枪套携行卡宾枪比直接背枪稍显笨重，因此很少有人使用这种枪套。图中所示的枪套标记为"JQMD 1943"，同时还有一种类似的卡宾枪套（见第208页）。

▲ **M1卡宾枪套**
由拉链闭合，带有可调编织背带的枪套，展示在图中的枪套由J.Z. Shoe 生产于1943年。

▼ **M1弹药袋**
1943年采用的新型弹药袋，可以装入2个M1卡宾枪弹匣或2个M1步枪弹夹，底部带有2个扣眼，因此也可以加挂弹药袋或其他装备。

▲ **M1卡宾枪双袋式弹匣袋**
这种弹匣袋可以用与手枪弹药袋一样的方式携带在手枪腰带上，也可以将其放入像上图中展示的缠在枪托上的弹匣袋中。

▲ 配用M1卡宾枪的.30子弹盒，由西部轻武器弹药公司（缩写为WCC）制造。

▶ **.30卡宾枪弹**
1. M13式教练弹（印记WRA 44）
2. M6式空包弹（印记LC 43）
3. M1式普通弹（印记WCC 43）

1

▶ M1和M1A1卡宾枪的技术手册。

1. 运输3000发.30卡宾枪子弹的木箱。

2. 50发卡宾枪子弹包装盒，由俄亥俄的彼得斯弹药公司（Peters Cartridge Company，弹底标印PC）生产。

3. 50发M16子弹的纸质包装盒，由康涅狄格州布里奇波特(Bridgeport)的雷明顿轻武器公司制造。

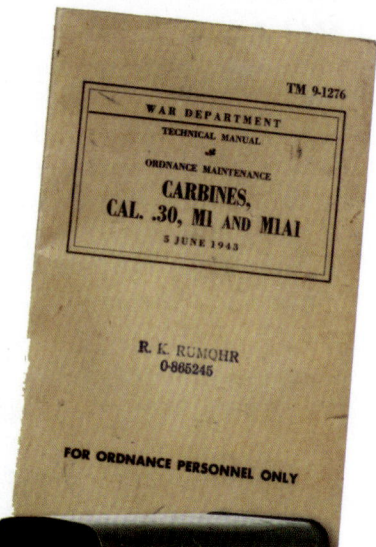

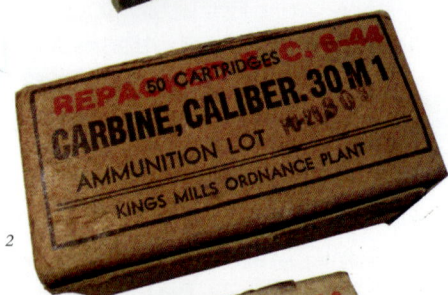

2

3

▶ 800发.30M1卡宾枪弹金属弹药盒。

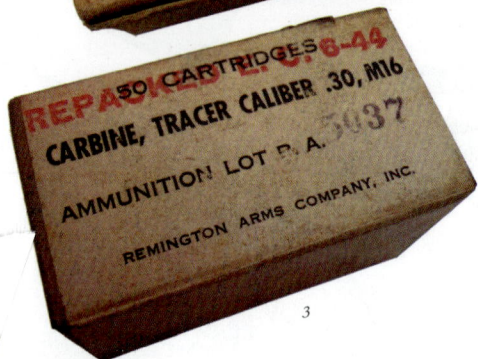

▶ 英国制造的双仓卡宾枪弹匣袋，用呈尖角的袋盖取代了美国式的圆角样式袋盖。

◀ "IS" 的印记表明这个油壶由康涅狄格州梅里登的国际银器公司（International Silver Co.）制造。

▼ 金属油壶，这是一种常见的样式，既可用于卡宾枪，也可用于M3冲锋枪。这种油壶是一个简洁的空心管，用一个带有汲器的螺丝盖闭合。

M1903步枪

斯普林菲尔德M1903步枪，在美军装备史有过30年的光辉历程，其发展始于1898年的美西战争。在战争中，美国认识到西班牙装备的7毫米毛瑟步枪比美军装备的M1898型克拉格（Krag）步枪性能更好。克拉格步枪采用的是右侧装弹设计，只能单发装填，而毛瑟采用的是桥夹装填，一次可以压入5发子弹，在弹药装填速度、火力持续性上比前者都要好得多。美国军械局于是将战争中缴获的西班牙毛瑟步枪和当时德国现役的Gewehr98步枪提供给斯普林菲尔德兵工厂进行测试与研究。在经过一次次被否定的失败设计之后，1900年8月15日，斯普林菲尔德兵工厂推出了一个新方案——在大量参考了Gewehr98步枪设计，采用桥夹给步枪上弹，结合德国毛瑟设计与美军.30口径弹药后，最终造就了这款步枪。1903年，美军将之正式定型为".30口径M1903步枪"，其配用的弹药也定型为".30口径M1903型枪弹"，作为美国军队制式步枪，取代了M1898克拉格步枪。首批M1903步枪于1904年配发给西点军校的学生队。由于M1903与Gewehr98步枪太像了，在该型步枪量产后，德国毛瑟厂找上门来，通过法律程序控告美国政府侵权并讨要专利费。在经过反复的协商后，德国人最终打赢了官司。美国政府将20万的专利费支付给了毛瑟公司，从此也获得了毛瑟兵工厂的生产授权。然而经过这次波折后M1903步枪也并没有一帆风顺，1905年1月M1903步枪生产暂停了。美国总统罗斯福（二战美国总统富兰克林·罗斯福的叔叔）写信给陆军部长，对这种步枪装备的杆式刺刀表示严重的质疑，认为这种刺刀太脆弱，根本无法满足作战需要，于是军械局令斯普林菲尔德兵工厂研制新型刺刀，并在参考了德国步枪刺刀设计后，于1905年采用了一种新型刺刀，也就是M1905型刺刀，它成了以后M1903步枪的标配刺刀。在M1903步枪配发给部队使用后，发现枪管膛线磨损过快，经过调查，发现问题出在子弹上。当时配用的子弹使得膛线承

受过大的压力，致使其过度磨损，斯普林菲尔德兵工厂迅速研发了新型子弹，将原来半圆重弹头改成尖头平底，重量减轻为150格令，弹壳比原来的缩短了0.7英寸。这种新型弹药虽然因弹头重量减轻，射程有所降低，但弹道与精度甚至比原来的子弹还要好，很快被定型为.30M1906型枪弹。为了配合新弹药，重新设计了表尺，称为M1905型表尺。使用新型子弹和表尺的步枪经测试后表现良好，于是将已经出厂的约271000支M1903步枪和备用枪管回收，进行了改良。因为这种子弹在射程上有所降低，后来又在1925年采用了M1枪弹，1939年采用了M2枪弹。因斯普林菲尔德兵工厂产量有限，军械局还选定岩岛兵工厂一同生产。由于M1903步枪配发给部队后，经历了刺刀和弹药上的这些修改，使之迟迟无法大规模配发部队，经过这些混乱的过渡期，1910年才正式统一了各种规格。1911年，海军和海军陆战队也采用了这种步枪作为其制式步枪。作为美军在第一次世界大战中的制式装备，由于本国产量不足，美军不得不采用改自英国设计的恩菲尔德M1917步枪来应急。这反而导致了一战中M1917步枪的数量多过M1903步枪的局面。最终到1927年，这两个工厂才将军方订单生产完毕，共计约120万支。岩岛兵工厂停产后，斯普林菲尔德兵工厂仍持续生产整枪和零部件。在第二次世界大战中，由于英军轻兵器不足，英国政府向雷明顿下达了50万支的英国型的M1903步枪订单，改用.303英军制式弹药，照门和刺刀座也进行了修改。雷明顿为此从已停产的岩岛兵工厂购买了相应机具。后来因《租借法案》的关系，雷明顿转而生产美军标准的M1903A1步枪。美军使用了多种M1903步枪改进型。M1903A1型，这种型号只在枪托部分进行了改进，改用了"手枪型"弯曲握把的枪托；M1903A3型，这种型号是M1903A1的简化版，以应对战二战对步枪的急需；M1903A4型，这是一种狙击型步枪，配备有瞄准镜，在二战期间这些产品全数投入作战。

◀ **.30口径M1903步枪**

1905年型M1903步枪，配有标准的M1907皮革枪背带。

▲ **M1905刺刀**

配用M1903步枪的M1905型刺刀，配有M1910型刀鞘。这种刀鞘为木质，外面包覆着帆布和皮革，可以通过挂钩携带在背包上。M1905刺刀除可配用M1903步枪之外，也适用于M1步枪。第一种型号的M1905型刺刀由斯普林菲尔德和岩岛兵工厂于1906年至1922年生产，在技术上称为M1905型刺刀。每把刺刀都有自身编号（从1到1196000），握把采用木质护木，刺刀金属部分起初并没有处理，1917年开始采用磷化处理工艺。第二种型号就是二战时期生产的，收藏者有时也将其称为M1942型，但这并不是官方型号。

◀ **仿真训练步枪**

用于新兵基础训练的M1903步枪复制品，制造商标记（Victory Trainer PD Co. 1942）在枪托护板上。

M1917步枪

1917年，美国政府购买了英国P14步枪设计，改造后开始制造这种英国式步枪以供应美军，定型为M1917步枪。仅在1917年8月1日到12月31日就生产了414696支M1917步枪，显示了美国惊人的工业生产能力。这种步枪和M1903步枪一起成为美军一战期间两种制式步枪，但装备数量要远远超过M1903步枪。M1917步枪类似M1903步枪，也为旋转后拉枪机式，采用5发弹仓供弹，使用标准的.30-60子弹。在二战期间，美国参战后，不仅重开生产线生产M1903步枪，还将封存的M1917步枪重新拿出来使用，主要由美国本土部队用于训练。

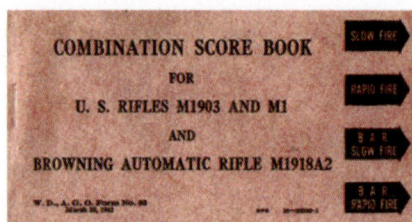

▲ .30口径M1906教练弹，弹夹为5发一组。

▶ M1917腰带式弹袋
这种弹药腰带是一战的样式，采用帆布和编织带制造，共有10个弹袋，可以携带20个5发装.30步枪弹夹。

◀ 骑兵M1918腰带式弹袋
这种弹袋用于骑兵，采用帆布与编织带制造，带有9个步枪弹夹袋和一个.45口径手枪弹匣袋。

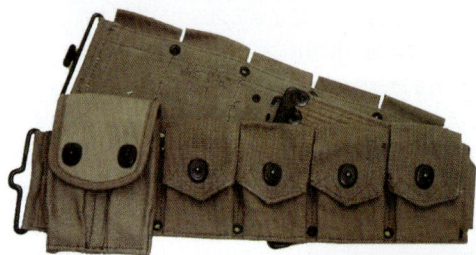

▼ M1903A4狙击步枪。

▼ M1917步枪。

▶ M1917刺刀
配用M1917步枪的M1917刺刀，配第二型刀鞘。

1944年在美国进行防化训练期间，一名士兵正通过一辆燃烧的坦克，他肩上背的正是M1步枪。

M1半自动步枪

1936年1月9日，美国陆军经过16年反复研制与试验后，采用了新型半自动步枪，并正式定型为"美国M1型.30口径步枪"，装备战斗部队。这是一种导气式自动原理，枪机回转闭锁，采用比较独特的8发弹夹供弹，当最后一发枪弹发射后，弹夹便由退夹器抛出。M1步枪由斯普林菲尔德兵工厂的约翰·坎特厄斯·伽兰德（John C. Garand）设计，因此也称之为伽兰德M1步枪，这是世界上大量生产和成功使用的第一支半自动步枪，其出色的表现，深受美国官兵的喜爱，巴顿将军就盛赞M1步枪是"一件伟大的武器"和"世界上最致命的步枪"。M1步枪投入生产之后最初生产和装备军队的速度都十分缓慢，随着美国于1941年参加第二次世界大战，伽兰德步枪产量猛增，除了斯普林菲尔德兵工厂外，1940年，美国政府增加了温彻斯特公司作为M1步枪的生产承包商。在1936年至1945年间，斯普林菲尔德兵工厂大约生产了3526922支M1步枪，而温彻斯特公司1940年至1945年间共生产了513880支。到二战结束时两家公司共生产了超过400万支M1步枪。1945年8月，M1步枪停止生产，以后M1步枪改进型M14步枪又得以为美军继续效力。

▼ M1923腰带式弹药袋

二战标准的弹药袋，3号橄榄褐色的编织品，可以携带10个M1步枪弹夹，或20个M1903、M1917普通弹夹。这种型号的弹药腰带是一战M1910型弹药腰带库存耗尽后采用的，设计作为步兵单兵装备的一部分，可以连接固定M1910背包和后期的M1928背包。

▲ 另一种多功能棉质弹药袋，可以携带M1步枪弹夹、普通弹夹或卡宾枪弹匣。

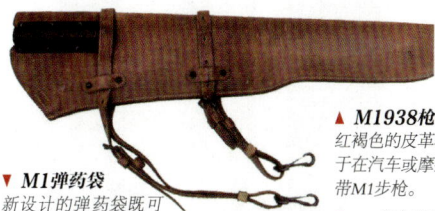

▼ M1弹药袋

新设计的弹药袋既可用于卡宾枪弹匣，又可用于M1步枪弹夹。

▲ M1938枪套

红褐色的皮革枪套，用于在汽车或摩托车上携带M1步枪。

▲ M1半自动步枪的8发漏夹。

▼ 英国制造适用于步枪的M1923型弹药腰带，采用编织品制造，有10个口袋，可以携带10个M1步枪弹夹或20个5发装M1903步枪弹夹。

1. M1942刺刀

M1步枪配用了一些不同式样的刺刀，包括M1905刺刀和二战期间生产的M1942刺刀。M1942刺刀刃长16英寸（406毫米），柄长4英寸（101毫米），这种型号可以说是一种M1905刺刀的精仿型，也可以用于M1903步枪。此型刺刀不同之处在于带有一个大的柄头，握把配有塑料护片，金属表面磷化处理。刺刀配M3型橄榄褐色塑料刀鞘，黑色金属鞘口，上面带有通常的挂钩可以在手枪腰带或背包上携带。M1905/1942型刺刀在战时一直进行生产以装备M1步枪，1942-1943年共生产了1505000把。

2. M1905E1刺刀

随着战争的进行，1942年下半年，骑兵委员会提出了将刀身长度从16英寸改短到10英寸的请求，这种改变的好处是更加便于士兵在骑马或乘坐交通工具时随身携带，并且在紧急情况下也能够发挥出手持武器的效能。经军械局同意后，将M1905和1942型刺刀尽可能回收，缩短6英寸重新使用。缩短改造的M1905刺刀在刀尖上有两种样式，一种刀身中心带血槽，一种鲍伊刀风格刀型刀尖，这些缩短的试生产型刺刀才称之为M1905E1型。

3. M1刺刀

1943年2月11日，步兵委员会推荐M1905E1型刺刀作为标准刺刀，于1943年3月4日获得批准，并正式将其命名为M1刺刀。1943年4月中，一共有5个生产商制造M1刺刀，分别是美国餐叉锄具公司、奥内达公司、帕尔刀具公司、联合餐叉锄具公司和尤蒂卡刀具公司，新制造的M1刺刀可以在刀尖上与M1905E1识别出来。原来的M3刀鞘也被改短以配用M1刺刀，并命名为M3A1刀鞘，由于担心造成名称上的混淆，随后正式将其命名为M7刀鞘。

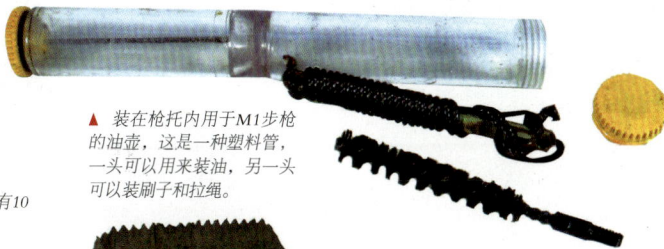

▲ 装在枪托内用于M1步枪的油壶，这是一种塑料管，一头可以用来装油，另一头可以装刷子和拉绳。

◄ 用来清洁步枪枪膛和枪管的一包布片。

◄ 步枪枪膛清洗剂。

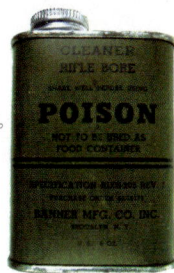

▲ 用以保护M1步枪弹夹的硬纸板，在使用一次性棉子弹带携带弹药时使用。

▶ 配发用于盛装M1步枪擦拭工具的皮口袋。

▶ M7枪榴弹发射器
可以安装在M1步枪上的榴弹发射器，于1943年生产并开始使用，用来发射各种类型枪榴弹。这是一种22毫米的榴弹发射装置，为管状结构，可以简单地将其安装在M1步枪枪口上，通过它可以将枪榴弹发射到300码~400码的距离，要远远大于人力35码的手榴弹投掷距离，主要用于对付坦克、碉堡或暴露目标。

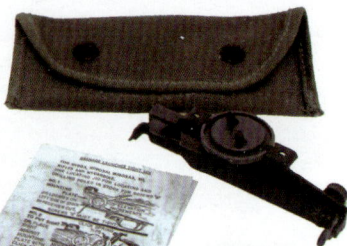

枪口罩纸浆带
用来密封枪口，防止海水、雨水、污泥和积雪污染枪口。

▶ M15榴弹发射器瞄准具
在这里展示的是瞄准具说明书和帆布包装袋。瞄准具由安装架和瞄准器两部分构成，可以通过2个螺丝安装在步枪或卡宾枪护木左侧，包括M1步枪、M1卡宾枪、M1903步枪。这种瞄准具是1944年早期引入的，由于仅在战争后期生产，因此在战场上使用也很少。

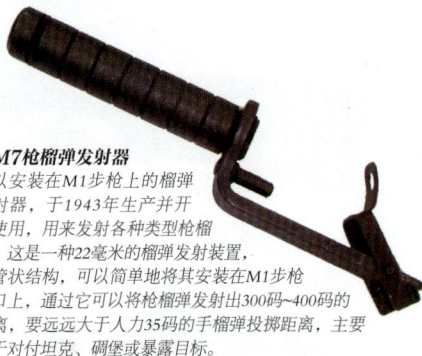

1. M9A1反坦克枪榴弹
空心装药的反坦克枪榴弹，可以平直发射。

2. M21A1信号枪榴弹
这种信号弹是带有降落伞的橘色信号弹，可以像枪榴弹那样发射，榴弹包装筒为防水处理过的厚纸板。

3. M1手榴弹发射适配器
在二战中，美军装备的手榴弹除常规的手投外，多数还可以加装步枪专用的手榴弹发射适配器，使其变为"准枪榴弹"。在枪榴弹发射器之外，使步兵又多了一种填补迫击炮和手榴弹之间火力空白的手段。这种手榴弹发射适配器主要有M1系列和M2系列。其中M1系列配用MK Ⅱ卵形手榴弹，M2配用圆柱形弹体手榴弹。M1系列为M1、M1A1、M1A2三种，图中展示的为M1型，在二战早期采用了这种发射适配装置，并且仅在二战时期使用过。经过训练，可以将手榴弹发射出约200码距离，后来被M7破片枪榴弹取代了。

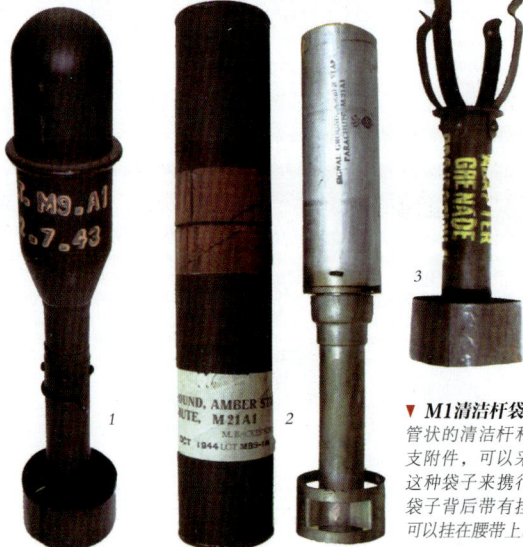

▶ 枪支防水护套
在两栖行动中，为保护步枪和卡宾枪的防水软塑料护套（宽8英寸，长56英寸），军方还提供有一种白色不透明版本。

▼ M1清洁杆袋
管状的清洁杆和枪支附件，可以采用这种袋子来携行，袋子背后带有挂钩可以挂在腰带上。

▶ 美国威氏兄弟炼油公司的菲斯克（Lubriplate）润滑油，用于枪膛特定位置，可以在M1步枪枪托内舱中携带。今天的威氏兄弟炼油公司是美国历史悠久的专业用润滑油脂制造公司。

▲ 枪管清洗剂
这种容器可以容易地装在弹药腰带的小袋内。

▶ 装有枪油和皮条的管状油壶。这个容器内部分了两个隔仓，其一端装着枪油和滴油器，而另一端则可以装其他清洁工具，如图中的皮条和小刷子。这种油壶除用于M1步枪之外，也可用于M1903步枪，它被装在枪托内舱中。

▶ M1步枪维护及清洁工具
是2件组合工具，右侧有关节连接的工具用于清理弹膛，另一端带有狭长开槽的是清洁杆或钢丝刷。活帽螺丝刀用来调整气缸帽和其他螺丝，两叉扳子用来调整后照门螺母，带小凸起的扳子用于调整外销，切口钩是手动退弹器，用于在子弹退壳失败时使用。

汤姆逊冲锋枪

　　汤姆逊冲锋枪是美国研制的第一种冲锋枪，样枪出现于1918年，由美国自动武器公司生产，其最早生产型号为M1921型，后来又相继出现了M1923、M1927、M1928A1型和M1型5个系列。汤姆逊冲锋枪被认为是冲锋枪元老之一，在20世纪20年代成了匪徒杀人越货的黑帮武器，因而声名狼藉。第二次世界大战的爆发使得该枪出现了转机，虽然美国陆军装备不多，但法国、英国和瑞典都购买了一批自用，到1941年8月，各盟国政府共订购该冲锋枪318900支。在美国成立装甲部队后，乘员急需一种火力猛尺寸小的自动武器，汤姆逊冲锋枪一时成为抢手货，由于汤姆逊冲锋枪火力猛、结实耐用而深受士兵的欢迎。

▲ M1928A1汤姆逊冲锋枪

M1928A1口径为11.43毫米，采用半自由枪机式，用一个"H"形延迟块在发射瞬间通过不同角度的摩擦阻力来延迟枪开锁，结构比较复杂。枪口装有克茨喉缩补偿器，发射柯尔特11.43毫米手枪弹，采用20、30发弹匣或50发弹鼓供弹。

▶ 冲锋枪弹匣袋

用于汤姆逊冲锋枪20发弹匣的编织弹匣袋，在背部带有宽带环可以在腰带上携带，这件弹匣袋制造时间是1942年。

▲ M1汤姆逊冲锋枪

由于M1928系列冲锋枪结构复杂，在二战爆发后，对冲锋枪的急切需要使得简化生产工艺成为必要，对M1928A1简化后的型号于1942年4月被美军列为制式装备，定型为M1冲锋枪。该枪取消了枪上延迟机构，简化了瞄准表尺，采用觇孔式照门，拉机柄移到了机匣右侧，去掉了枪管外部的散热槽，枪口的克茨喉缩补偿器也被取消了，并且只能使用20或30发弹匣供弹。

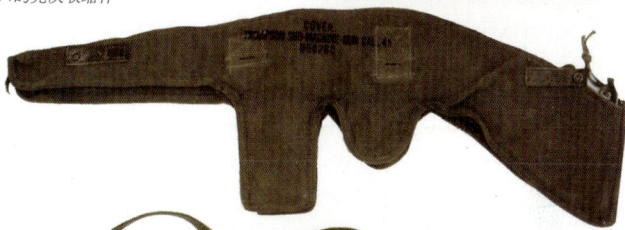

◀ 1942年用于携带50发弹鼓的弹鼓背包。

▶ 30发弹匣袋

带有背带的弹匣袋，制造时间是1943年，用于携带汤姆逊冲锋枪30发弹匣。

▲ 带有拉链的厚帆布枪套，用于汤姆逊冲锋枪。

◀ 汤姆逊冲锋枪50发弹鼓。

◀ 英国制造的汤姆逊冲锋枪30发弹匣袋，制造时间是1943年。

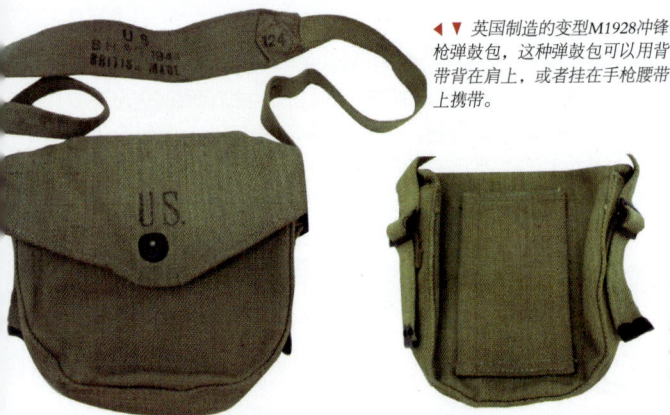

▲▼ 英国制造的变型M1928冲锋枪弹鼓包，这种弹鼓包可以用背带背在肩上，或者挂在手枪腰带上携带。

▲ 用于汤姆逊冲锋枪（M1928和M1928A1）的油壶，在枪托内携带。

▲ BAR自动步枪携行袋，从一战就已经开始使用，在二战时期仍时常使用。

◀ 冲锋枪防水罩
另一种合成树脂防水罩，由军需部门设计，用于保护所有型号的冲锋枪。上面的标记是：
COVER WATERPROOF
SUBMACHINE GUN
SPEC P.Q.D No 377B
STOCK No74-C-310-45
THE VISKING CORP
FEBRUARY 7 1945 PO 15508
PHILADELPHIA QM DEPOT
INSPECTOR

▲ 制造商标记特写。

▲ BAR自动步枪配件和备件皮盒。

▶ 用于在车辆或摩托车上携带冲锋枪的结实皮革枪套。

M3冲锋枪

在美军正式列装汤姆逊冲锋枪后不久，便提出研制一种新式冲锋枪，以取代质量大成本高的汤姆逊冲锋枪。1942年12月，经试验后正式采用M3冲锋枪。在定型后，军械局选择位于印第安纳州安德森的通用动力公司的导向灯分厂制造这种冲锋枪，该厂在金属板材冲压方面积累了很多经验和技术，由它来制造M3冲锋枪再合适不过了。当时也有很多子合同商为导向灯厂提供各种小部件，关键部件基本上都在导向灯分厂制造，但枪机组件由纽约的巴法罗武器公司生产。M3冲锋枪口径为11.43毫米，采用自由枪机式，实施连发射击，没有快慢机，机匣为圆柱形，采用钢板冲压而成，抛壳口有防尘盖，采用伸缩式钢丝枪托。通过更换枪管、枪机和弹匣适配器可以迅速将.45口径换为发射9毫米派拉贝鲁姆手枪弹。M3使用了很多冲压件，因此加工迅速且成本低廉，其机匣是由两个冲压金属板卷曲后焊接在一起，1943年5月第一支M3离开生产线，最初曾因为焊接问题而延迟了交货，在改进解决后，开始进入全速生产。1944年士兵抱怨曲柄式的装填拉柄由于易磨损不便于使用，于是在枪前方钻了一个大孔，用手指即可将枪机拉向后方，并加大了抛壳窗盖尺寸，枪口加装喇叭形消焰器，在枪机后焊有支架形装弹器，于1944年11月定型为M3A1型，第二年开始投入生产，这种型号更简单，加工的成本更低。M3A1型由于出现较晚，在欧洲胜利日前并没有配发给欧洲战

区。在二战期间，导向灯分厂共生产606694支M3冲锋枪，82281支M3A1冲锋枪。根据M3的外形，人们给它起了一个绰号叫"黄油枪"。二战后，M3继续在美军中使用，直到1990年，这种冲锋枪仍然保留在美国武器装备清单中。M3冲锋枪还在朝鲜战争中由伊萨卡枪械公司恢复生产，在朝鲜战争结束后的1955-1956年，该厂还在一直在生产M3A1冲锋枪，共制造了33227支，该厂与导向灯分厂的产品部件可以互换。

▼ 1945年7月在法国锡索讷，在欧洲胜利日后几位反坦克营的士兵正准备将汤姆逊冲锋枪运回美国使用。

M1918A2勃朗宁自动步枪

由美国著名枪械大师勃朗宁于1917年设计的勃朗宁（Browning Automatic Rifle，缩写为BAR）自动步枪，其设计思想起源于第一次世界大战的法国战壕战，当时交战双方陷入了伤亡惨重的持久阵地战壕战当中。美国参战后发现自己缺乏密集的火力，装备力量太过薄弱，于是勃朗宁设计的这种自动步枪很快就被采用，在一战末期就装备了美军。勃朗宁自动步枪具有多种型号，如M1922型轻机枪、M1918A1型、M1918A2型。当美国加入第二次世界大战后，勃朗宁自动步枪的需求量急剧增加，于是政府找了国际商用机器公司（IBM）和新英格兰轻武器公司（New England Small Arms Corp）作为M1918A2的生产承包商，这两家公司在二战期间一共生产了168000支M1918A2。勃朗宁自动步枪采用导气式自动原理，20发弹匣供弹，发射标准的.30步枪弹，除M1918A2仅能自动射击外，其余的型号都可以进行半自动或全自动射击。M1918A2型装备有两脚架，可以当轻机枪使用，但其中一些被取掉了两脚架以提高机动性，用于近距离射击时使用，勃朗宁自动步枪在二战中，再次证实了其有效性和可靠性。在朝鲜战争中，勃朗宁自动步枪又重新恢复生产，合同交给了皇家麦克比打字机有限公司（Royal McBee Typewriter Co.），共生产了61000支M1918A2轻机枪，此时生产的M1918A2采用了一种新的消焰制退器。

▶ M1918型帆布弹匣袋，可以携带6个BAR弹匣，这种弹袋可以单独携带也可以成对携带，每边有对应的"左"和"右"标记，图中展示的是左边弹袋，生产于1918年。

▲ 勃朗宁自动步枪M1937弹匣袋
可以携带12个勃朗宁步枪弹匣的编织弹匣袋，由博伊特公司于1941年制造。
▶ 勃朗宁步枪拆卸工具。

勃朗宁M1919机枪

勃朗宁机枪设计于1916年。1917年5月，美国陆军签订了45000挺机枪的订货合同，开始正式装备美国陆军，成为一战、二战战场上步兵的主要压制性武器之一。勃朗宁M1917机枪由雷明顿、柯尔特和新英格兰威斯汀豪斯三家公司制造，到1918年年底共生产了56608挺。该枪采用枪管短后坐原理，楔闩横动带动闭锁卡铁起落闭锁方式，250发弹带供弹，实施自动射击。二三十年代笨重的水冷式机枪已经完全不能适应作战需要，于是改为气冷式，陆续推出了M1919和M1919A1等型号。

▶ 7.62毫米勃朗宁步枪弹
该弹又称为.30-60步枪弹、7.62×63毫米弹、.30斯普林菲尔德步枪弹。自1903年开始装备直到1957年正式撤销，长达半个世纪，是美军装备时间最长的通用枪弹，该弹第一种型号为M1903枪弹，也称为.30-03弹，1906年，将弹壳缩短并改成尖头弹丸，即为.30-06枪弹。1925年，将弹丸改为锥角9度的船尾的重弹丸，称为M1型枪弹。1940年，为适应新式伽兰德半自动步枪，采用尖头平底铅心被甲弹丸，称为M2型。除这些普通弹外，还有多种型号的特种弹，包括M2穿甲弹、M14穿甲燃烧弹、M1曳光弹、M25曳光弹、M1燃烧弹等。
1. 一枚.30口径M2穿甲弹（印记FA42 黑尖）。
2. 一枚.30口径M1曳光弹（印记FA43 红尖）。

▲ 勃朗宁M1919A4机枪
勃朗宁M1919A4机枪是在M1917机枪基础上改进而成的，该枪从20年代末由雷明顿武器公司开始批量生产。勃朗宁M1919A4机枪从20年代初到20年代末陆续装备美军，用以逐步替换M1917水冷式机枪，是美军装备时间最长的机枪之一。图片中的机枪装有M2型三脚架作为地面使用。在二战中，该枪也曾作为坦克机枪和车载机枪使用。采用250发的织物或金属弹带供弹，发射.30口径标准枪弹。1942年2月，又采用了其改进型M1919A6机枪。

▲ 250发冲压金属弹药箱，在帆布弹带上每隔四发穿甲弹就有一发曳光弹。

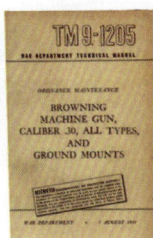

TM9-1205
WAR DEPARTMENT TECHNICAL MANUAL

ORDNANCE MAINTENANCE

BROWNING
MACHINE GUN,
CALIBER .30, ALL TYPES,
AND
GROUND MOUNTS

◀ **机枪和弹药背带**
这种结实的编织带头带有金属挂钩，可以用来运送机枪或弹药箱。

◀ 一种特殊的工具，用于从弹膛中退出破裂的弹壳。

▼ **M1三脚枪架保护套**
这种帆布套是用来在乘坐机动车辆时保护折叠的M1枪架。

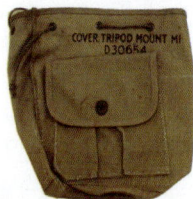

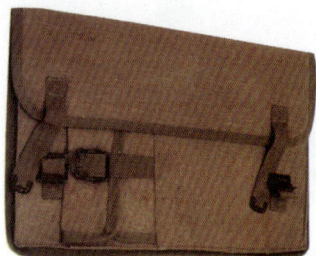

COVER TRIPOD MOUNT M1
D30654

◀ 用于机枪手的胶合板射程表和帆布套。

▼ 用来装7.62口径机枪备用枪管的枪管套。

COVER, SPARE BARREL, MG-D30674

◀ M3装弹器用来给机枪弹带压弹。

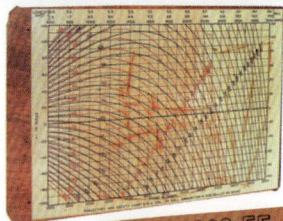

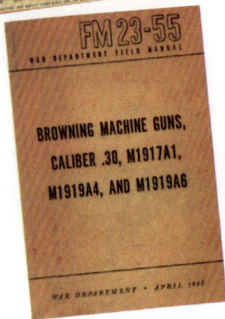

FM 23-55
WAR DEPARTMENT FIELD MANUAL

BROWNING MACHINE GUNS,
CALIBER .30, M1917A1,
M1919A4, AND M1919A6

WAR DEPARTMENT · APRIL 1943

CAL .30 M1

U.S.

BOLT

◀ .30口径机枪的冲压金属弹药盒，可以容纳250发子弹链，取代了一战老式的木质弹药箱。

▶ 装有.30口径机枪各种备件的帆布包。

◀ 机枪油壶。

▼ 这2个小包被设计用来携.30口径机枪的野外维修工具和备件。

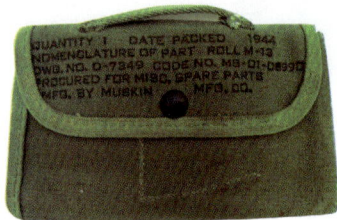

QUANTITY 1   DATE PACKED 1944
NOMENCLATURE OF PART ROLL M-13
DWG. NO. D-7349 CODE NO. MB-01-D899C
PROCURED FOR MISB. SPARE PARTS
MFG. BY MUSKIN   MFG. CO.

TOOL ROLL M 13

▲ .30口径机枪的维护工具帆布卷。

▼ 用于各种.30口径机枪的组合工具，包括螺丝刀、扳手、销钉螺纹梳刀。

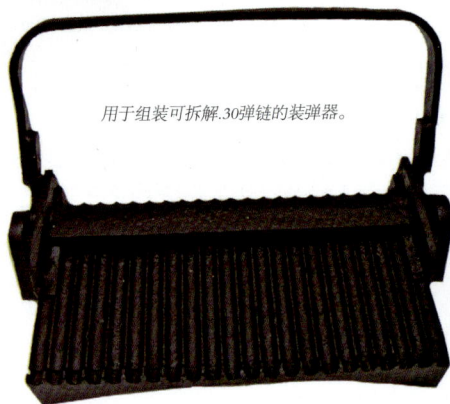

用于组装可拆解.30弹链的装弹器。

勃朗宁M2HB12.7毫米重机枪

　　.50口径（12.7毫米）机枪的研制始于1918年，根据美国陆军远征军的要求研制的，在成功研制出第一挺水冷式12.7毫米机枪后，气冷式机枪于1918年11月12日首次试射，并于1923年被正式采纳，型号为M1921型，1933年重新命名为M2型。为了保持良好的持续火力，加大了枪管，随之定名为M2HB（HB即Heavy Barrel，重枪管），M2HB除枪管加重外，还取消了油压缓冲器，简化了机枪结构。这种机枪在美军中得到了广泛的使用，在二战后仍继续在部队中服役。图中展示的是装在M63防空机枪座上的高射机枪型，采用200发弹鼓供弹。这种重机枪也可以安装M1枪架作为地面机枪使用，或者架在车载枪架上作为车辆机枪使用

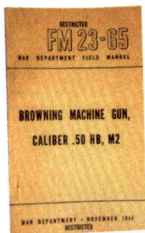

▼ 冲压金属制造的105发12.7毫米机枪子弹箱。

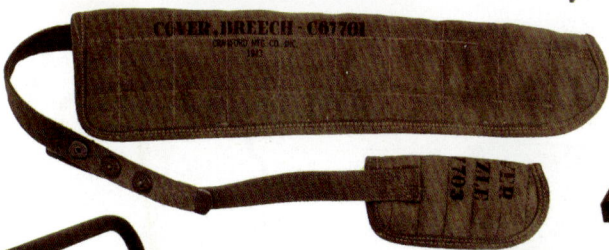

▲ 12.7毫米勃朗宁机枪弹，1918年12月由温彻斯特公司研制成功，并为美军正式采纳。该弹是应用广泛，型号繁多的一种枪弹，因其最基本型号为M2 12.7毫米普通弹，所以人们常将12.7毫米勃朗宁机枪弹统称为M2 12.7毫米机枪弹。该弹有多种型号，如M1空包弹、M33普通弹、M2穿甲弹、M8穿甲燃烧弹、M17曳光弹等。图中为M1 12.7毫米燃烧弹，印记为SL43（圣路易斯军械厂），浅蓝色弹头。

▲ 枪尾和枪口组合保护套。

▶ 可以消耗的12.7毫米金属弹链的链节，每10个一包。

▶ 车辆上用于回收机枪弹链链节的帆布袋。

◀ M2机枪采用可拆散弹链，通过这种M7链连接器可以组装成完整的机枪弹链。

▲ 250发.50口径机枪子弹的木板包装箱。

▼ ▶ 用于.50口径机枪分解的扳手和组合工具。

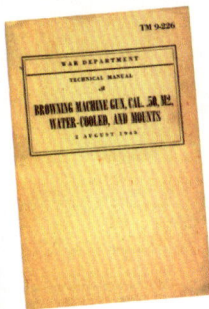

▶ 用于可消耗金属弹链的帆布袋，类似的帆布袋在上一页就有展示，但拉链闭合方式改为了LTD按扣闭合。

▶ 用于.50口径机枪破裂弹壳的退壳器。

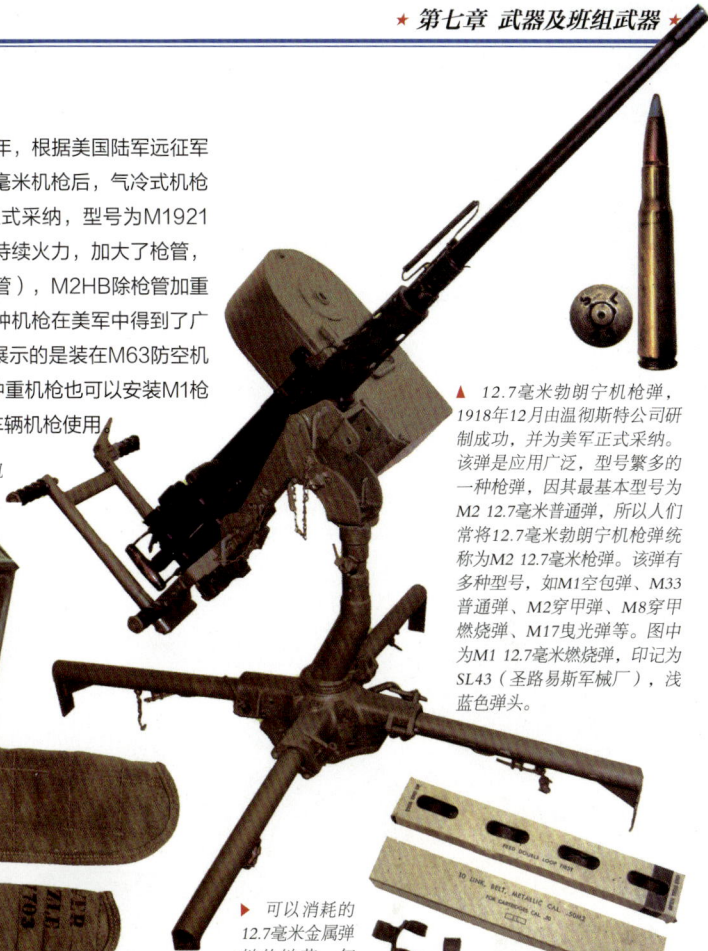

手榴弹

▶ **MKⅢA1进攻手榴弹**

这种手榴弹弹体为纸壳，圆柱弹体底部则为冲压金属制造，在弹体外部贴有黄色纸标签，上面标明种类、型号和制造时间（这里是1942年），使用M6A2或A3引信。

▶ **MKⅡA1破片手榴弹**

MKⅡ系列手榴弹是二战期间美国使用数量最大、装备最广、影响最深远的一类防御手榴弹，除了装备美军，还广泛支援过盟国部队。该弹是在一战期间使用的MKI手榴弹基础上改进而成的，并在二战期间根据实战经验不断改进。MKⅡ手榴弹呈长椭圆形，表面有纵横交错的深槽，爆炸后形成致命的碎片在一定范围内形成有效的杀伤力。MKⅡ手榴弹采用的引信装置有许多种，分别为M10、M10A1、M10A2、M10A3和M6系列等，其中M10最常见。MKⅡ手榴弹的弹种通过弹体表面的油漆颜色来区分的，在战争早期漆为黄色，后来在1942年中期出于伪装考虑重新漆上了橄榄褐色，黄色带仅保留在弹体颈部，这成为后来美国军用手榴弹的标准涂装方式。

▶ **M18彩色发烟手榴弹**

M18发烟弹是种非常普通的发烟手榴弹，这是一种化学手榴弹，薄钢板弹体，内部装有11.5盎司的发烟剂，可以产生约1分钟左右的有色烟雾信号（这里是黄色，还有红色、橙色、绿色、蓝色、黑色或者紫色烟雾，一共七种颜色）。早期弹体漆为蓝灰色，带有黄色标识，类似其他化学手榴弹。圆柱弹体顶部有4个排烟口，平时用标签封盖，标签上印着可以产生的烟雾对应颜色。

◀ **MKⅡA1手榴弹的内部剖面图。**

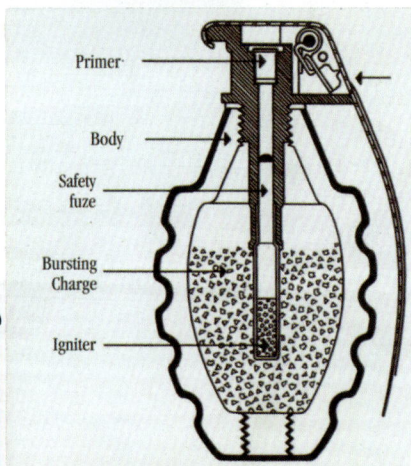

- Primer
- Body
- Safety fuze
- Bursting Charge
- Igniter

◀ **M8发烟手榴弹**

这种M8手榴弹是从二战末期到1955年间使用的一种单色发烟手榴弹，用于发送信号或烟雾遮蔽使用，后来被M18发烟手榴弹所取代。弹体为圆柱体，为蓝灰色，带有黄色色带，或者浅绿色带有黑色标记。弹顶带有4个排气孔，平时用胶带密封，点燃后会冲破胶带释放烟雾。手榴弹由引信、弹体和装药组成，引信一般采用M201A1引信，也采用M201引信，延时2秒，燃烧时产生白烟，燃烧时间150秒。

◀ **M15黄磷发烟弹**

这种手榴弹弹体上有一个黄色色带，其上英文SMOKE表示发烟，WP表示黄磷，采用M6A3引信，延迟5秒。全弹长140毫米，全弹重量为840克，装药410克，每箱装25颗。

◀ 一战样式的胸挂式手榴弹袋，1918年引入，在1941-1945年很少被使用。

◀ 更多时候，步兵用M1弹药袋来携带手榴弹，这种弹药袋不装其他物品的时候可以单独容纳11发枪榴弹或28枚手榴弹。

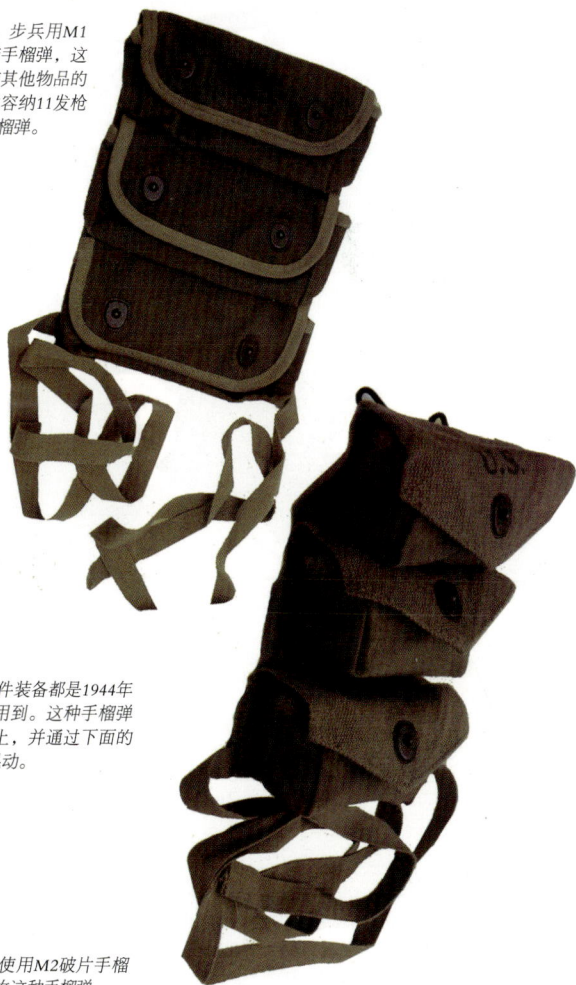

▶ 三袋式手榴弹袋

第二种手榴弹袋，这2件装备都是1944年产品，显然也很少使用到。这种手榴弹袋通过挂钩挂在腰带上，并通过下面的系带绑在大腿上以免晃动。

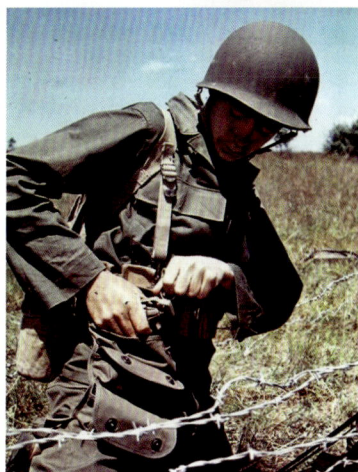

◀ 这名士兵正在演示使用M2破片手榴弹，手榴弹袋可以装6枚这种手榴弹。

火箭筒
M1A1型2.36英寸（60毫米）火箭筒

在二战和二战后相当长的一段时间内，巴祖卡系列火箭筒都是美国陆军所拥有的步兵反坦克武器中的佼佼者。巴祖卡火箭筒是一种简单实用的反坦克武器，因为其管状外形类似于一种名叫巴祖卡的喇叭状乐器而得名。这种武器的渊源可以追溯到一战期间，当时火箭在战争中的应用已经引起了交战各方的注意。在1918年夏美国启动了一个关于研究单兵火箭筒的项目，其主持者是美国火箭技术创始人之一的戈达德博士，并于1918年在阿伯丁试验场进行了展示，最后因一战结束而停止发展。最早的实用M1型于1942年7月定型，其主体是1根长1.38米的无缝钢管，左侧焊接有简易机械瞄具，下方有2个带有木制护片的握把和一个大型的木制肩托，在筒口部有一个不大的方形挡焰片，筒尾部有一个钢丝焊成的喇叭状支架，支架的作用并不是消除后喷尾焰，而是防止筒尾因磕碰变形而影

响火箭弹的装填。在筒身的中后部设有金属加固环，以减小筒身变形的可能性。这些设计或多或少地都曾被后来的各型火箭筒效仿。M1筒尾上方有一个接线盒，从中牵出两根导线，一根与肩托内的BA30干电池相连接，另一根则通到扳机，用来控制线路的闭合。M1A1型诞生于1943年7月，它改进了筒身和电池的结构，外观上最明显的变化就是取消了前握把和筒身上方的接线盒。为了更好地保护射手免受后喷尾焰的伤害，M1A1还在筒口部安装了一个大型的喇叭状挡焰圈，而且为了保证使用安全和延长电池的寿命，在握把上增加了一个手动保险。M1型发射的M6火箭弹十分不可靠，所以军方马上就用M6的改进型M6A1来代替原来火箭弹，M6A1火箭弹全长549毫米，重量为1.54公斤，由战斗部、引信、发射药管和弹尾翼4大部分组成。图中展了M1A1型火箭筒及M6A1火箭弹，火箭弹涂成橄榄褐色，并且带有黄色标识。

▼ **火箭发射面罩**
这种面罩于1944年年初引入，是在M1943护目镜（见第106页）的基础上修改而来的产品，增加了护帘，用来保护面部防止被火箭弹尾焰灼伤。

▲ *运输状态的M9A1火箭筒。*

▲ **M9A1火箭筒**
应空降部队的要求，M9定型时间为1943年10月，M9A1则定型于1944年9月。这两者在外观上更为简洁，肩托改为钢板冲压而成的空心多边形，握把护片改为树脂材料，而且采用了和握把等高的大型扳机护圈，以便在冬季戴手套时使用。为了方便伞兵使用和在丛林地区作战，M9A1的筒身改为可以拆卸的两段式，筒口挡焰圈直径也有所减小。和M1系列相比，M9系列最大的改变就是放弃了对环境适应性比较差的干电池电源，取而代之的是更加可靠的小型发电机，通过扳机驱动产生发射火箭弹所需的点火电流。

◀ **M6火箭弹携行袋**
这种帆布背包内可以装3枚火箭弹，对伞兵还配有另一种样式的背包，采用1个牢固的弹簧钩以挂在降落伞具上，并且还带有2条腿带。背包的样式也有两种：早期包盖只有1个按扣，后期是2个按扣。

▼ *一群在意大利的巴西士兵正通过美国士兵的演示学习使用巴祖卡火箭筒。*

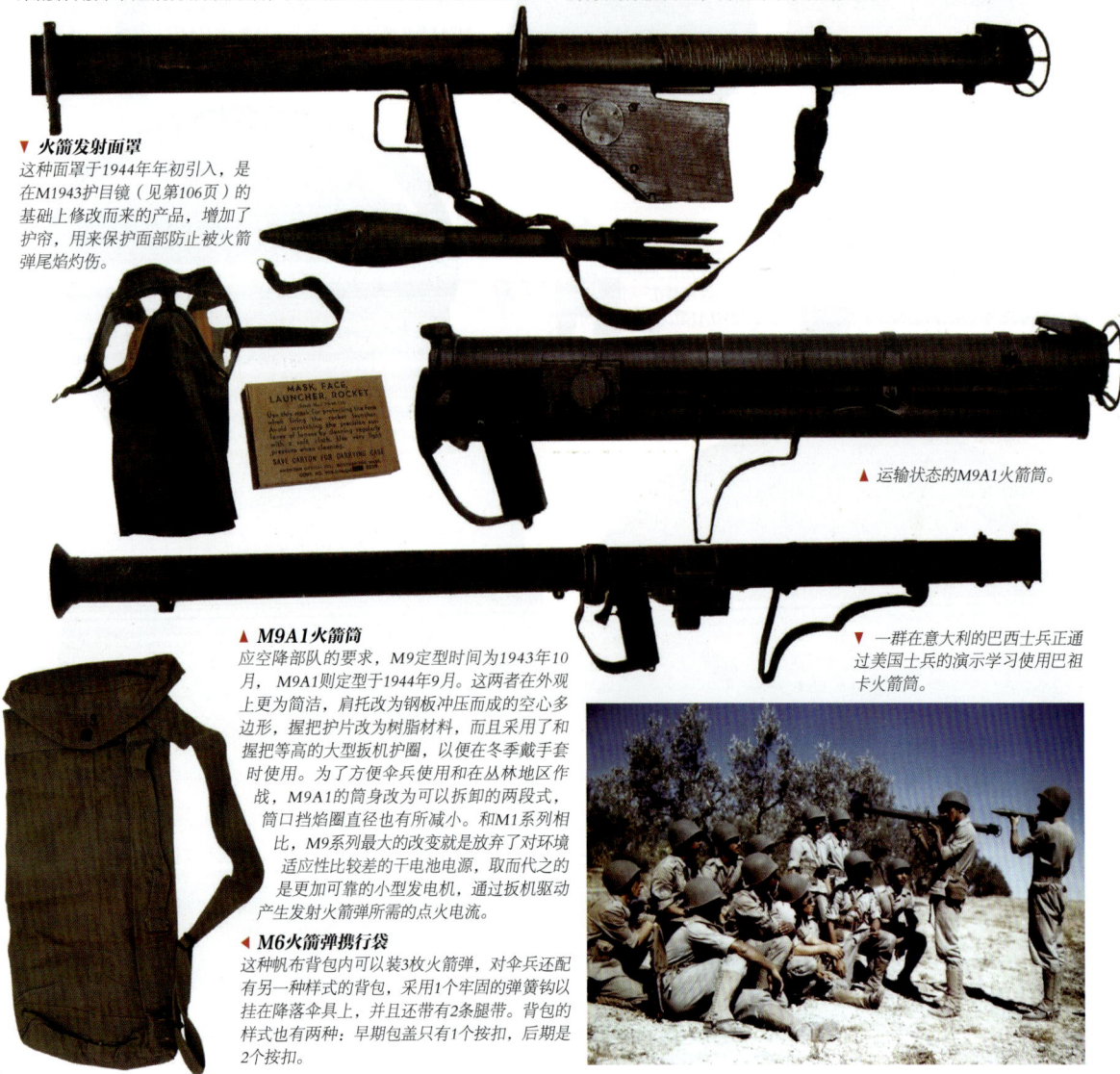

60毫米迫击炮

在20世纪20年代美军开始试验将迫击炮作为轻型步兵支援武器，最后陆军部决定仿造法国60毫米迫击炮研发出被定型为M2型的60毫米迫击炮。经过20世纪30年代末的测试后，陆军部于1940年1月下达了第一批1500门M2迫击炮的采购命令。60毫米迫击炮用于填补手榴弹和81毫米迫击炮之间的火力空白，通常作为步兵连的排级武器使用。相对于81毫米迫击炮，60毫米迫击炮更利于机动和战场使用，因此也成为美军步兵首选迫击炮，是二战中美军值得信赖的武器。在二战中，美国陆军和海军陆战队使用了该型迫击炮，在后来的朝鲜战争和越南战争中M2迫击炮仍得以继续使用。M2迫击炮主要由炮管、座钣和二脚架三部分组成。炮管为滑膛钢管，28.6英寸长，12.8磅重，矩形的M5座钣重12.8磅，14.6磅的两脚架安装在炮管上部，整个M2迫击炮重42磅。经过训练的炮手可以达到每分钟18发的射速，射程为100码至2000码，每枚炮弹的杀伤半径是17~35英尺。训练有素的炮手最大射速每分钟可达30~35发，极速射击可达到一分钟100发！配用的迫击炮弹包括M49A2高爆弹、M302发烟弹、M83照明弹。事实证明，M2迫击炮性能可靠，不论是进攻还是防御都能很好地完成使命，迫使敌人只能拼命地挖掩体以求自保。在二战中，M2迫击炮总产量约为60000门。

▲ 一个迫击炮组正在圣马洛市一座房子的废墟中瞄准敌人准备射击。

▲ **M2肩垫**
这种肩垫配发给机枪手和迫击炮手，上面通常没有生产时间标记，但有L（左）和R（右）的标记。

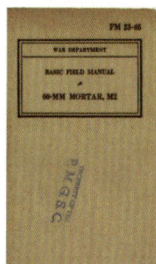

▲ **M4瞄准镜**
M4型瞄准镜既可用于60毫米迫击炮，也可用于81毫米迫击炮，其皮革瞄准镜盒（M14型）顶部带有盒盖，镜盒背带也带有挂钩可以挂在腰带上携行，同时两边带有铜环，可以采用皮革背带携行。

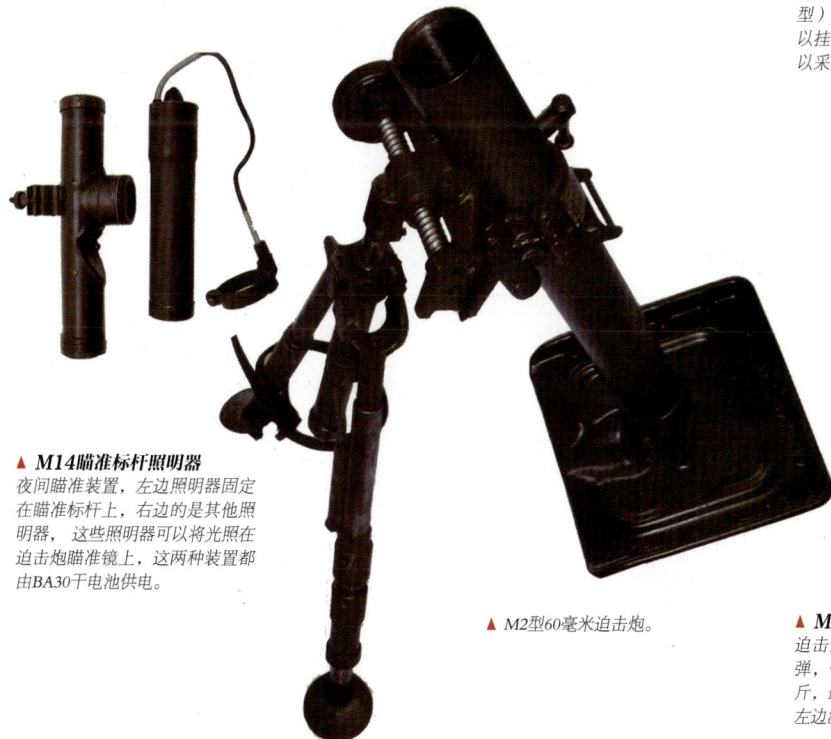

▲ **M14瞄准标杆照明器**
夜间瞄准装置，左边照明器固定在瞄准标杆上，右边的是其他照明器，这些照明器可以将光照在迫击炮瞄准镜上，这两种装置都由BA30干电池供电。

▲ M2型60毫米迫击炮。

▲ **M49A2高爆弹**
迫击炮高爆弹，即HE（High Explosive）弹，带有M52引信，长244毫米，重1.38公斤，最大射程1815米。完整的炮弹采用图中左边沥青处理过的纤维包装筒运输。

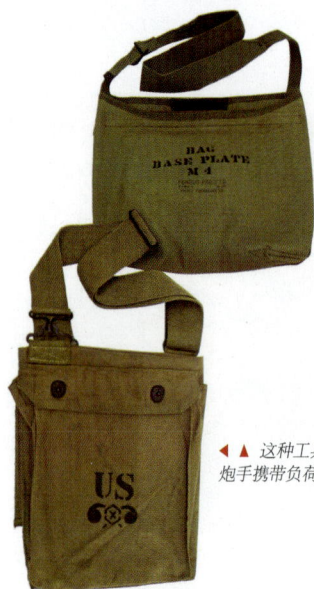

◄ M4座钣包
这种结实的编织背包用来携带60毫米迫击炮的座钣。

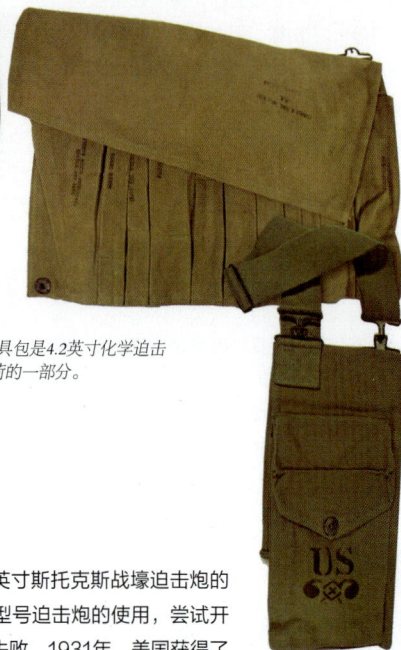

▲ M6工具卷
这种帆布卷用来携带60毫米或81毫米迫击炮的清洁保养工具。

▼ 这是化学迫击炮弹药手的携行包，内部包括文件夹、砂纸、小斧头和一些其他工具。像炮手的背包，这种背包一样也带有化学兵的兵种符号。

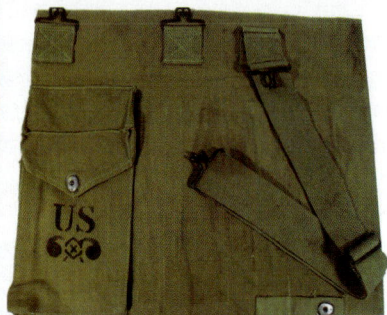

◄▲ 这种工具包是4.2英寸化学迫击炮手携带负荷的一部分。

M1型81毫米迫击炮

在一战中，美军已经积累了3英寸斯托克斯战壕迫击炮的使用经验，在一战后美军停止了该型号迫击炮的使用，尝试开发类似的替代装备，但最后都归于失败。1931年，美国获得了4门81毫米勃兰特原型火炮，在进行简单修改以便适应美军使用和制造后，正式定型为M1型81毫米迫击炮，成为美军营级标准迫击炮。它在二战、朝鲜和越南战争中都曾被使用过，后被重量更轻射程更远的M29型81毫米迫击炮代替。

类似轻型的M2迫击炮，M1型迫击炮由炮管、座钣和二脚架三部分组成。组装后全炮重59.87公斤，炮身重20.18公斤，炮架重19.27公斤，座钣重20.41公斤，炮身长1266毫米，管身长1155毫米。持续射速为每分钟18发，最大射速为每分钟30~35发。高低射界为40~85度，方向射界为10度。配用弹种包括M43A1轻型高爆弹，M45、M45B1、M56重型高爆弹。除这些普通弹种外，还有一些特种弹，包括M57FS发烟弹、M57WP白磷发烟弹、M301照明弹等。

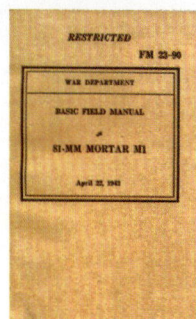

▲ 一个1943年迫击炮两脚架上的金属铭牌，铆在脚架上方。

配用迫击炮口径
装药类型
弹药型号
弹药批次

弹体漆橄榄褐色，标记为黄色。

▶ 81毫米M56高爆弹，弹头配M53引信。

M18型57毫米无后坐力炮

美军在二战和朝鲜战争中使用的一种肩扛式反坦克火炮，1943年11月开始测试，测试型号为T15。测试结果显示，这种口径的火炮综合性能比105毫米火炮更加优秀，不久正式定型为M18型57毫米无后坐力炮，使用时通常架设在单脚架或是直接扛在肩头，其最稳固的支架是从勃朗宁M1917A1型水冷机枪的三脚架发展而来。无后坐力炮配用破甲弹、高爆榴弹、白磷烟幕弹和训练弹这4种炮弹。M18型57毫米无后坐力炮总重量42.4公斤，战斗质量20.4公斤，身管全长1.56米，最大射速为12发／分，最大射程为3932米（榴弹）。第一批M18很快就被运到了欧洲和太平洋战场，在欧洲战区，首个接收它们的部队是第17伞兵师，于1945年3月24日在"大学行动"期间被首次投入使用。1945年6月9日，M18在冲绳岛战役中投入使用，同时提供的配用炮弹为高爆弹和烟幕弹。在太平洋地形复杂的岛屿上同日军进行艰苦的拉锯战时，M18能够提供有效的炮火支援，士兵们唯一的怨言就是希望能够提供更多的炮弹。

◀ 完整的57毫米高爆弹。

弹丸类型颜色标记：
橄榄褐色弹体黄色标记：榴弹
黑色弹体白色标记：空包弹
灰色弹体黄色标记：发烟弹
灰色弹体绿色标记与条纹：糜烂性毒气弹
灰色弹体绿色标记与2条纹：持续型糜烂性毒气弹
灰色弹体红色标记与条纹：刺激性毒气弹
灰色弹体红色标记与2条纹：持续型刺激性毒气弹
蓝色弹体白色标记：练习弹
红色弹体黑色标记：榴霰弹

弹丸标记主要缩写：
AP穿甲
AT反坦克
BD弹尾起爆
HE高爆炸药
HV高速
NP凝固汽油
P含磷
PD头部引爆
PI头部起爆引信
TM定时装置

炮兵弹药

▼ 炮兵人员用的耳塞及其黑色塑料包装罐。

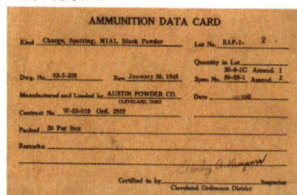

▲ 大部分弹药都带有这种数据卡，这张卡上带有黑色火药粉的污点，低成本火药作为练习发射药来说成本优势比较明显。

▲ 炮兵定时引信设定器。

A. 完整的105毫米榴弹炮弹，标记为HE AT M67，采用M62弹尾起爆引信。这是反坦克高爆弹，用M2A1或M4榴弹炮。

B. M12训练弹
用于90毫米火炮训练的教练弹，引信为M44A2型，其尺寸规格和重量与实际炮弹一致，用于炮手装填和退弹训练。

C. 配M31底火的M18黄铜药筒，用于75毫米榴弹炮弹。

D. 配M32A2底火的M25黄铜药筒，用于40毫米炮弹，配用战前瑞典设计的博福斯M1型防空高炮。

E. 完整的40毫米高爆榴弹包装筒。

F. 完整的37毫米炮弹，定装M63高爆弹，弹尾采用M58引信，这个黄铜药筒带有M23A2底火。

G. 带有M36底火的M2A1黄铜药筒，用于20毫米炮弹。

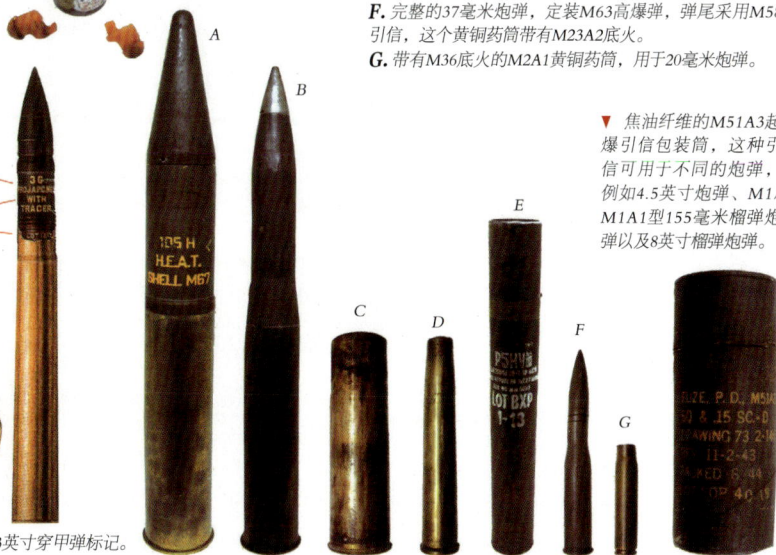

▼ 焦油纤维的M51A3起爆引信包装筒，这种引信可用于不同的炮弹，例如4.5英寸炮弹、M1／M1A1型155毫米榴弹炮弹以及8英寸榴弹炮弹。

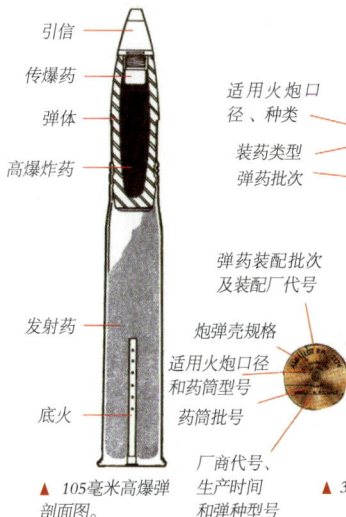

引信
传爆药
弹体
高爆炸药

适用火炮口径、种类
装药类型
弹药批次

弹药装配批次及装配厂代号

炮弹壳规格
适用火炮口径和药筒型号
药筒批号

厂商代号、生产时间和弹种型号

发射药

底火

▲ 105毫米高爆弹剖面图。

▲ 3英寸穿甲弹标记。

野战炮兵

WAKE UP SOLDIER!
SHOOT IN THE SHELLREP

ALL SOLDIERS

If you see enemy artillery shells falling, call your head-quarters and turn in a "shellrep" (Shelling Report), giving them as much of the following as possible:

Where shells landed, when, and how many.
Direction shells came from; or, if you can see the gun, where it is located, and the number of seconds from muzzle flash to sound of gun firing.
Type of gun—light, medium, or heavy.

THIS INFORMATION WILL HELP YOUR OWN ARTILLERY KNOCK-OUT THE ENEMY ARTILLERY.

KEEP IN POCKET FOR REFERENCE

AG P BR HQ 505 4-44/500M/26286

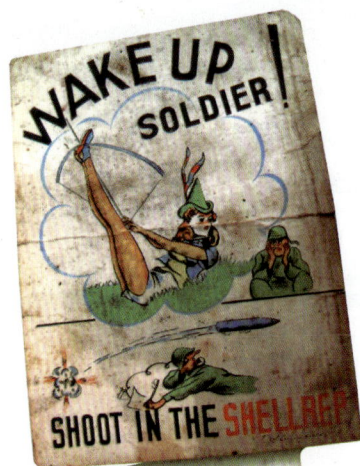

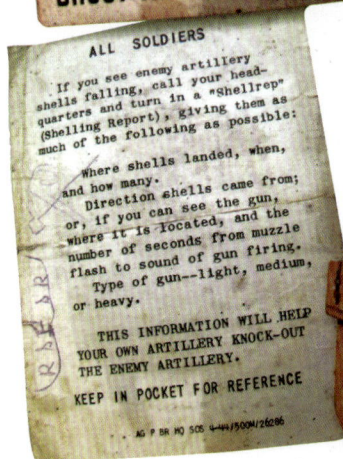

▲ 这张印于1944年的传单要求士兵报告关于敌军炮兵的所有信息，以使反击炮火能够更加准确。

▲ **M16望远镜和M24镜盒**
这种7×50倍率的望远镜，带有十字分划，配发给几个兵种，包括炮兵。后来被防水性能更好的M17望远镜取代了。M24皮革镜盒前带有D45874印记。

▼ **M19携行盒**
作为M2指南针的携行盒，背面带有一个用来在腰带上携带的带环。

▲ **M2指南针**
一种野外炮兵指南针。

▶ **M1火药温度计**
这是一种测量装置，是每个炮连必须配发的设备之一，帮助测量凝固或半凝固的火药温度，刻度为负10度到160度。

▶ **M8底火腰带**
可以穿在炮弹装填手的裤腰带上，用来携带例如155毫米分离式炮弹的底火，2个用按扣闭合的小包中装有必要的设定工具，可以设定在其他隔仓内携带的底火。

炮兵瞄准设备

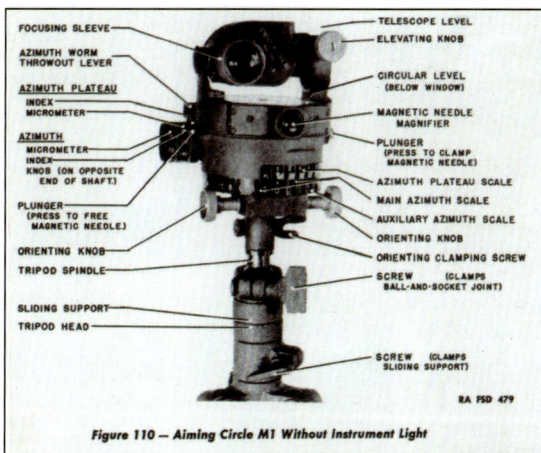

FOCUSING SLEEVE
AZIMUTH WORM THROWOUT LEVER
AZIMUTH PLATEAU INDEX MICROMETER
AZIMUTH MICROMETER INDEX KNOB (ON OPPOSITE END OF SHAFT)
PLUNGER (PRESS TO FREE MAGNETIC NEEDLE)
ORIENTING KNOB
TRIPOD SPINDLE
SLIDING SUPPORT
TRIPOD HEAD

TELESCOPE LEVEL
ELEVATING KNOB
CIRCULAR LEVEL (BELOW WINDOW)
MAGNETIC NEEDLE MAGNIFIER
PLUNGER (PRESS TO CLAMP MAGNETIC NEEDLE)
AZIMUTH PLATEAU SCALE
MAIN AZIMUTH SCALE
AUXILIARY AZIMUTH SCALE
ORIENTING KNOB
ORIENTING CLAMPING SCREW
SCREW (CLAMPS BALL-AND-SOCKET JOINT)
SCREW (CLAMPS SLIDING SUPPORT)

RA PSD 479

Figure 110 — Aiming Circle M1 Without Instrument Light

◀ **M1方向盘**

测量水平与垂直角度的仪器，带有罗盘，可以进行设定或者读出磁方位角，用于火炮或机枪火线的测量与瞄准。这种仪器放在三脚架上，并且带有夜晚使用的照明装置。

▶ M6A1装具，用来携行M1方向盘的金属盒。

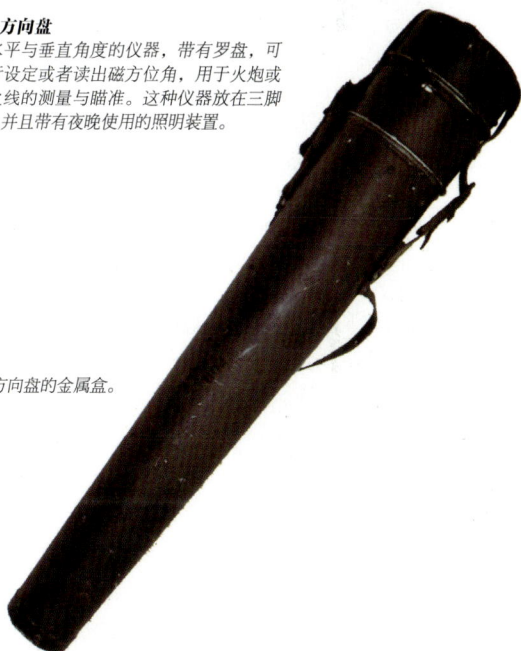

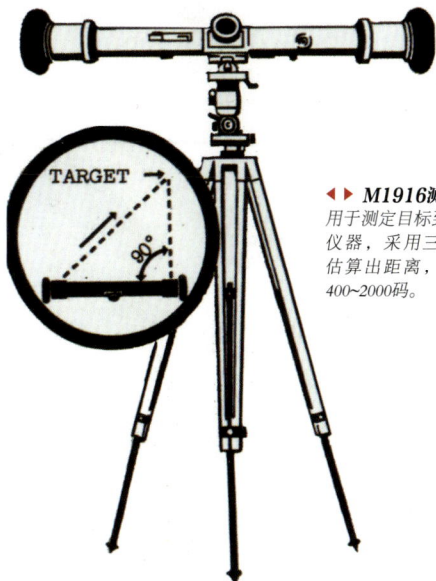

◀ ▶ **M1916测距仪**

用于测定目标到火炮距离的仪器，采用三角测量法来估算出距离，使用范围为400~2000码。

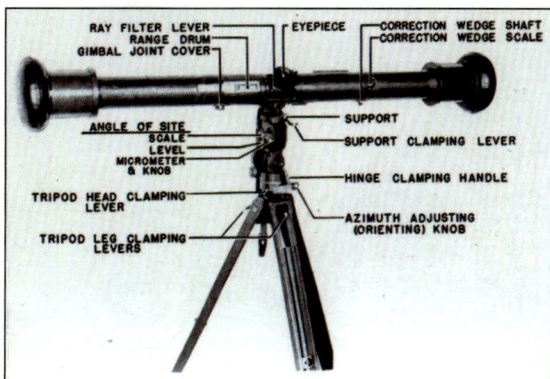

RAY FILTER LEVER
RANGE DRUM
GIMBAL JOINT COVER
EYEPIECE
CORRECTION WEDGE SHAFT
CORRECTION WEDGE SCALE
ANGLE OF SITE SCALE
LEVEL
MICROMETER & KNOB
SUPPORT
SUPPORT CLAMPING LEVER
TRIPOD HEAD CLAMPING LEVER
HINGE CLAMPING HANDLE
TRIPOD LEG CLAMPING LEVERS
AZIMUTH ADJUSTING (ORIENTING) KNOB

FT 3-R-2

FIRING TABLES

FOR

GUN, 3-INCH, M5 AND M7
(ANTITANK)

AND

GUN, 3-INCH, M3
(ANTIAIRCRAFT)

FIRING

SHELL, HE, M42,
PROJECTILE, APC, M62
AND SHOT, AP, M79

1943

ANGLE OF SITE
KNOB
MICROMETER
SCALE
LEVEL
RETICLE ROTATING RING
DIOPTER SCALES
AZIMUTH
KNOB
INTERPUPILLARY SCALE
THROWOUT LEVER
MICROMETER
LEVEL
SCALE

▲ M1915A1炮队镜。

◀ M65BC炮队镜的三脚架。

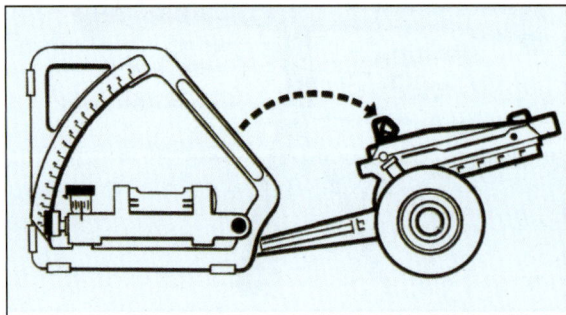

TELESCOPE B.C.
M65
NO. 1191 G.I.R.
M.L.CO. 1944

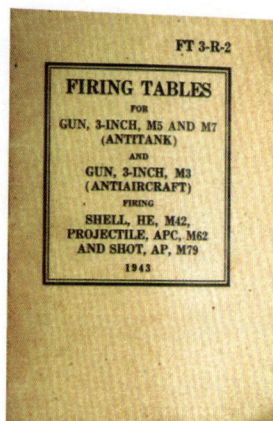

▲ M65BC炮队镜铭牌。

▲ M65炮队镜

M65炮队镜是由2个单目镜筒组成的双筒潜望镜、方向测角机构、高低测角机构和三脚架组成，用于观察射击效果，测量水平与垂直角，以计算射击所需的数据。

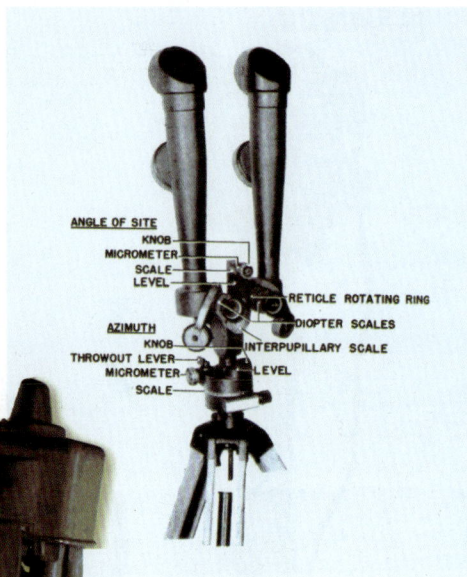

▶ M1火炮象限仪

这种仪器用于测量仰角，测量与水平垂直面内的角度，检查火炮瞄准装置及火炮的角度。美军大部分野战火炮都使用M1象限仪，其携行装具为M18皮袋。

▲ M1A1型75毫米榴弹炮安装M1火炮象限仪的位置。

防空炮兵装备

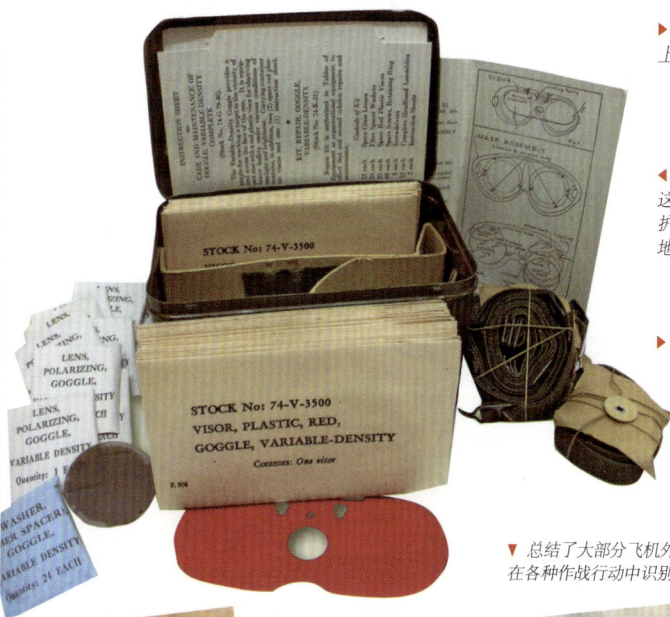

▶ 近距离观看修理工具盒上的标记。

Stock No. 74-K-31
KIT, REPAIR, GOGGLES, VARIABLE DENSITY
Contents: One Set

◀ 可变密度护目镜修理工具
这个马口铁皮盒中包括维修、保养护目镜所需的工具和备件，配发给地面防空炮手。

▶ 2张说明书和维修工具一同配发。

INSTRUCTION SHEET
on
CARE AND MAINTENANCE OF GOGGLE, VARIABLE-DENSITY COMPLETE
(Stock No. 74-G-79-40).

The Variable-Density Goggle provides a goggle for tracking a target in the vicinity of and across the face of the sun. It is equipped also with a red plastic visor for observing tracer bullets under various conditions of sunlight and brightness. Carrying container contains, in addition, two (2) spare red plastic visors and one (1) instruction sheet.

★
KIT, REPAIR, GOGGLE, VARIABLE-DENSITY
(Stock No. 74-K-31)

Repair kit is authorized in Tables of Equipment as organizational equipment to effect first and second echelon repairs and maintenance.

Contents of Kit
12 each	Spare Glass Lenses
24 each	Fibre Spacer Washers
25 each	Spare Red Plastic Visors
60 each	Spare Screws, Retaining Ring, Screwdrivers
3 each	Screwdrivers
12 each	Complete Headband Assemblies
2 each	Instruction Sheets

▼ 总结了大部分飞机外形的识别手册，供防空炮组人员在各种作战行动中识别出可能遇到的不同飞机。

▲ 这种1：72比例的北美P41野马战斗机模型，由芝加哥克鲁佛公司（Cruver Co.）制造，这些模型用来训练飞行人员，也用来训练防空炮手。在战争期间，共计制造了数个国家的将近200多种飞机模型。

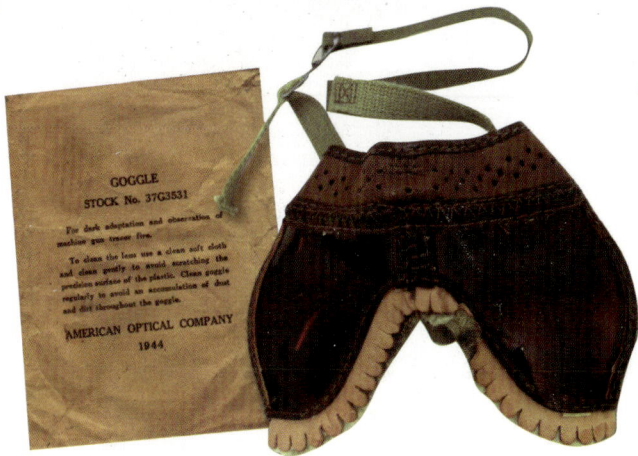

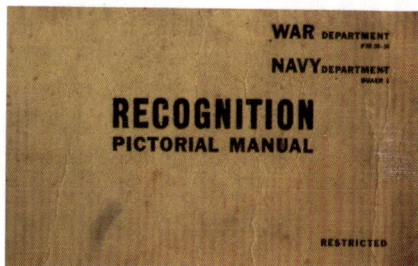

▲ M1943护目镜（红色）
于1943年被采用，这些醋酸酯材料的护目镜帮助防空炮手跟踪曳光弹道轨迹。

▶ **多孔消毒帆布水桶**

这种"利斯特水袋"（注：利斯特是英国外科医师和医学科学家，被公认为消毒医学的奠基人）用于在野外净化泉水使用。一瓶次氯酸钙倒入装水的水桶中，然后用干净的木棍搅拌，通过底边上的5个水龙头就可以供出纯净的饮用水，或者给士兵的水壶补水。这种水袋通常用3个支架悬挂或者用3个木棍支在地面上。

▲ **帆布水桶**

两种规格的帆布水桶，帆布水桶最初由山地部队使用，后来配发给了大多数武装和勤务部队。

▶ 马具式风格背袋，并带有挂钩的5加仑便携式水袋，使用时可以倒扣。其内胆为软塑胶囊，带有螺丝纹的塑料盖拧在塑料嘴上，塑料盖还带有一条金属链绳以防丢失。图中的装备由国际乳胶公司于1945年制造。

▶ **D形手柄铁锹**

可由不同人员使用的大铁锹，也是军用车辆随车工具的一部分。

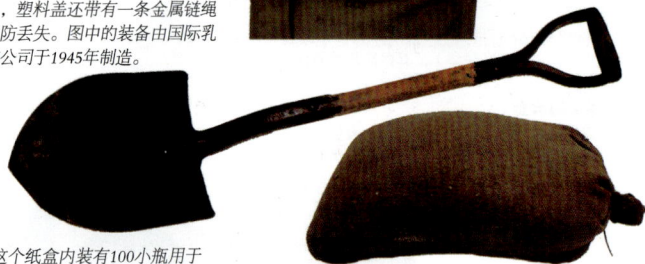

▲ 在二战早期，美军采用了五加仑的金属桶，用来装汽油、水和其他液体，小小的金属桶是军事后勤的重要组成部分，成为得到广泛认可的军事装备。图中就是五加仑水桶，"W"（表示装水用）和制造日期（1942年）标记在桶底。

▲ 另一种装水用的水桶，"W"戳记在桶侧，制造商和生产日期在底侧。

▼ 这个纸盒内装有100小瓶用于水净化的石灰次氯酸钠和测试用品，一小瓶净化剂可以净化利斯特水袋内30至35加仑的水。

▲ 黄麻原料制造的沙袋。

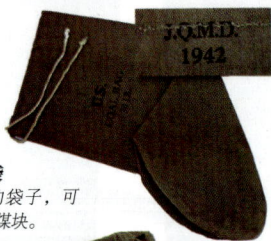

WATER PURIFICATION KIT FOR LYSTER BAGS
This box contains 100 tubes of calcium hypochlorite, Grade A, 70% available chlorine, contents of each tube sufficient for one Lyster bag (30 to 35 gallons), and 100 orthotolidine testing tablets with testing kits.

Two year expiration date   Feb. 1946
Shipped   Feb. 1

MANUFACTURED BY
EMPIRE FINDINGS CO.
10-34-44th DRIVE   L. I. CITY, N. Y.

▶ **煤块帆布袋**

用来装煤块的袋子，可容纳30磅重的煤块。

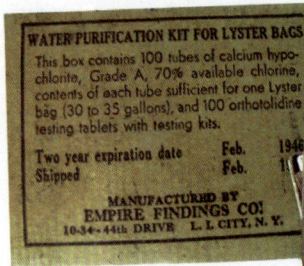

▶ **双沙罩含铅汽油提灯**

采用压缩汽油气体工作的野外用灯，这盏提灯由科尔曼制造，其他厂商也参与了提灯的生产。

▼ ▶ 由迪斯公司（Dietz Co.）制造的煤油提灯，该公司由罗伯特·迪斯于1840年在纽约成立，那时起就开始生产煤油灯，即风灯。目前的迪斯集团公司仍然在生产包括风灯、LED灯、手电筒、节能灯、电水壶等在内的众多产品。

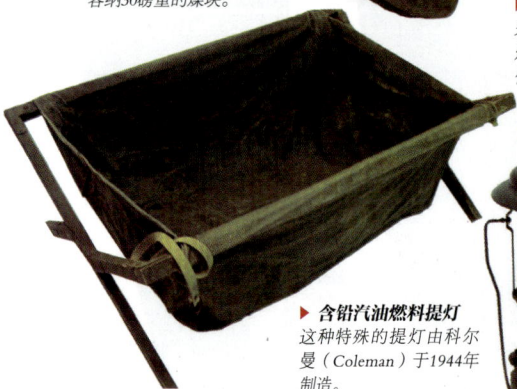

▶ **含铅汽油燃料提灯**

这种特殊的提灯由科尔曼（Coleman）于1944年制造。

▲ 这种结实的野外帆布盆框架和陆军的吊床类似，用来沐浴或清洗衣物。

军犬

在 1941年12月美国正式参与二战后，政府负责保护工厂厂房和军营免遭破坏。出于这种警戒任务的需要，政府批准专门训练相应的人员和警戒犬，并于1942年6月25日出台了一个"随军犬（War Dog）计划"，由军需办公室（OQMG）来负责执行，另由一个称为"防卫犬公司"的非营利组织来负责挑选市民捐赠的狗。训练则由陆军来承担。为了训练这些狗，陆军于1942年7月成立了6个接待和训练中心。在这些狗正式"入伍"后，每条狗都要经过体检，并得到一个编号，纹在狗的左耳上。在经过一系列对这些狗体能和心理状况的测试后，根据测试结果，将决定一条狗会被训练为警戒犬、攻击犬、侦察犬还是通信犬；同时也可以训练这些狗拉雪橇，寻找战场上受伤的士兵，或是搜寻地雷。

所有军犬，通常第一个月要致力于基本科目的训练，它们学习服从口令指令、体态姿势以及习惯佩戴口笼和防毒面具，它们也学习乘各种车辆和在炮火中工作。主要培养它们的行为模式，以便对它们的服役类型进行分类。在完成基础科目的训练之后，对每头犬来说，尽管已根据不同的使用目的做了初步分类，但是为了使其能胜任特种使命，还要进行专门的训练，进行更加精细的分类。警戒犬可以8周内完成训练科目，而其他类型的犬通常需要大约12周。警戒犬的工作主要以拴系的方式进行，需要的训练科目和时间都要少于其他类型的犬，当然这种犬必须具有适度伶俐性、反应迅速性和一定攻击性。攻击犬也包括在警戒犬类型当中，对它的训练不仅要求对出现在现场的陌生人进行吠叫警报，而且能在主人命令或受到挑衅的情况下脱离拴系带的束缚，进行攻击。这就要求这种犬必须拥有较高的智能，积极主动的精神，还要有活力和进攻性。此外还需要有强壮的体格、足够的胆量、较大的体型以及足够的体重，以便能够制服它的攻击对象。警戒犬主要被训练去担任军事或非军事巡逻性警卫任务，无论白天还是夜晚都能对出现在它所保护区域的陌生人发出警报。侦察犬与警戒犬训练科目和程序相似，但是对侦察犬的训练要求是其不能吠叫警报，更多的是强调要适应并习惯于重炮火环境。军犬被指挥去发现敌人，主要是通过军犬对风吹来的气味的察觉能力和超常敏锐的听力，利用它的天然生物学功能。当它嗅到敌人的气味时，立即通过竖起背毛，立起耳朵和举尾等方式表示它有所发现。在与侦察分队或战斗分队一起执行任务时，军犬和它的主人往往

要超前一小段距离。军犬的行动要利用风向和其他条件，以便顺利发挥军犬的嗅觉功能。当军犬发现敌人并警报时，驯犬员立即向队伍指挥官发出信号，然后指挥官发出战斗指令。通信犬通常被使用在与侦察犬相似的军事行动中，训练它们用于战场上侦察巡逻分队和侦察司令部之间，以及前沿阵地和后方之间的通信。与警戒犬形成鲜明对比的是，通信犬要有2个驯犬员，因为它必须在两个地点执行任务，所以在这两个地点都要有它忠的主人。探雷犬的训练要基于一种能引起犬的恐惧心理以及自卫的本能，帮助军队查找地雷的掩埋地点，从而决定是否可以通过雷区，以及扫清开进的雷障。但仅有2个分队成功训练了探雷犬，被派往北非战场，1944年9月经过战场条件下德国雷区的测试，结果2个分队探雷犬对地雷掩埋地点的准确定位率分别仅为51%和48%，由此决定探雷犬不能被真正在战场上使用，这两个分队随即被解散。

为了便于这些军犬的战术使用，1944年3月，陆军部授权军需部队组建了15个军犬排。最初的军犬排由12只侦察犬、12只通信犬、1只探雷犬、1名军官和26名应征人员组成。不久北非被解散的探雷犬补充到侦察犬的编制里，此时侦察犬增加到18只，而通信犬数量减少到6只，驯犬员也减少到20名。这些军犬排负责管理、照顾和训练这些军犬。在这些排中，有6个排被分配到了地中海战区，8个排被分配到太平洋地区，还有1个排（第42军需军犬排）于1944年夏季乘船来到法国，加入已在登陆日后投入使用由英国和当地狗组成的军犬队伍当中。这个排配属于第1集团军，并且参加了在荷兰、阿登和德国的部分行动。根据战场上的使用经验，重新修订了军犬组织和装备议案，因为一些作战报告表明，通信犬在执行任务中要么不合人意，要么不具备侦察犬那样安静的基本素质。1944年11月，新的组织与装备议案颁布，军犬排更名为"步兵侦察犬排"，每排预编27头侦察犬。从1944年11月到1945年春天，这15支军犬部队都进行了更名，重新改编与新的编制相一致。1945年，地面作战部队训练了6个步兵侦察犬排，但只有5个排直到1945年11月11日后不久才完成训练任务，因此也就没有被派往海外。在军犬部队使用的各类军犬中，只有两类发挥了真正的作用，即侦察犬和警戒犬，尤其是警戒犬证明其表现令人十分满意。在经过战争的考验，证明了这些军犬的价值后，这些军犬排在二战后得以保留，军犬这一伙伴直到今天依然在为人类服务。

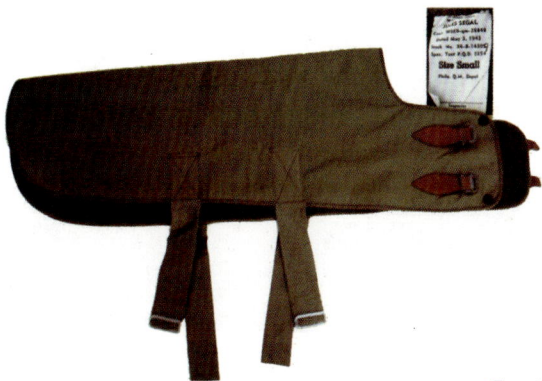

◀ **防水狗夹克背心**
狗也是军事生活的一部分，许多著名的指挥官都饲养狗当作宠物，普通士兵在军营中则以狗为伴，狗是人类最好的朋友，哪怕这个人是名军人。美军早在一战前就开始使用军犬了，主要用于送信、警戒和巡逻。在二战期间的欧洲和太平洋战场，美军继续使用军犬。这种狗夹克用于军犬，由棉内衬和毛料制成，有3种尺寸规格。

▶ **橄榄褐色兵营袋**
配发给每位士兵，有两种规格（标签为"A"和"B"）。在引入更好的露营袋后，这种兵营袋就作为洗衣袋被使用。

▼ **M1929兵营袋**
战前和战争初期配发的兵营袋，由蓝色斜纹粗棉布制造，后来被橄榄褐色兵营袋所取代。

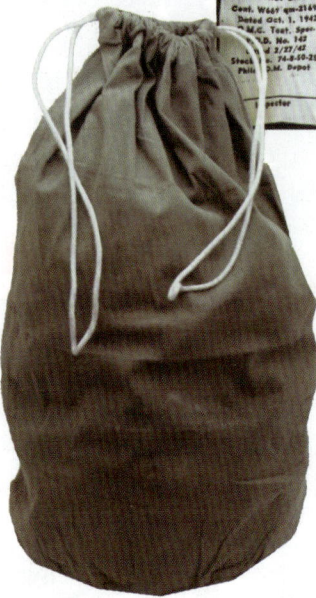

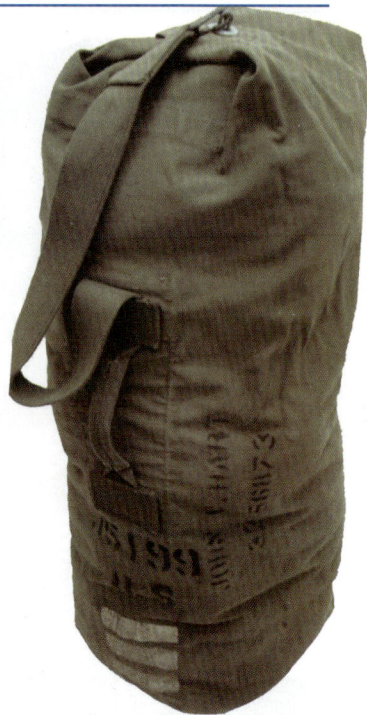

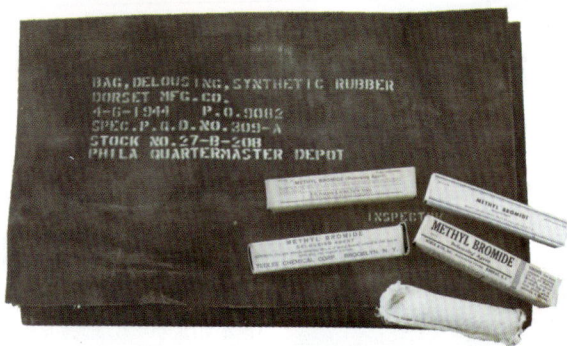

▲ **露营袋**
这种更大更结实的绿色帆布袋子于1943年被批准采用，这种露营袋带有肩背带，其带口可以采用挂锁封闭。这个1944年的袋子属于约翰·哈特，上面带有他的全名和编号。还能看到军需运输条码漆在每个单位的袋子上，用来帮助进行识别，以便在卸载后能将袋子运送到正确单位。

▲ **灭虱袋**
用于生虱衣物驱除的一种合成橡胶袋，一安瓿的灭虱药（溴化甲烷）放进袋子后再将其封闭。

▲ 2个杀虫剂粉罐。

1. 纽扣杆刷和私人购买的衣料油，用来保养制服上的黄铜纽扣。
2. 一套皮靴护理用具，这是可以买到的许多不同样式中的一种，可在民用市场或军人服务社购买。
3. 2罐鞋油，标准的红褐色。
4. 一罐皮鞋保护油，这配发的鞋油是一种化合物油脂，用于皮鞋护理，这种鞋油防霉且改善了防水性能。

病虫害防治

◀ **汽油发动机驱虱设备**
这种设备每天可以给6000人去虱，这种设备把10个撒粉器连接在一个靠发动机驱动的压缩机上。

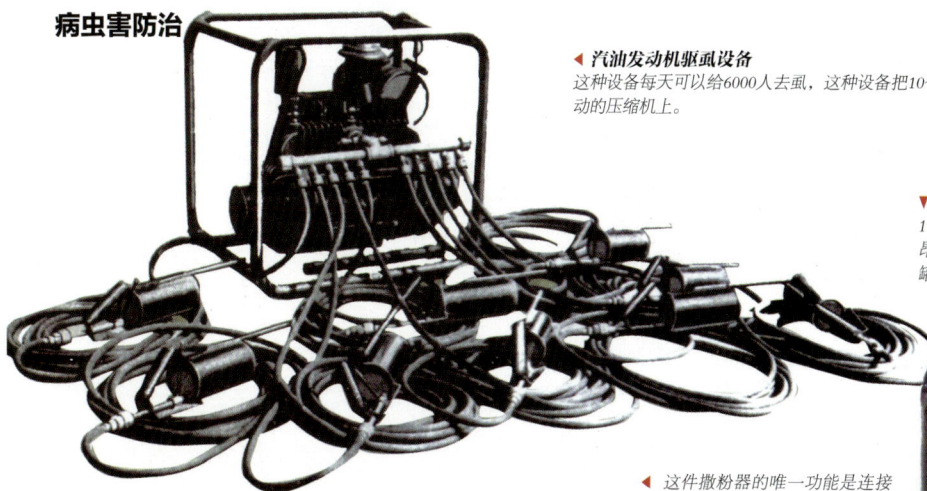

▼ **氟利昂气雾杀虫剂**
16盎司罐装浓缩杀虫剂，由氟利昂气体推动的除虫菊和麻油，25罐装在一个大纸板箱中。

◀ 这件撒粉器的唯一功能是连接在一个压缩机上。

组图：几件手动撒粉器也可以用来灭虱。

▶ 由位于伊利诺伊州马真塔（Magenta）的麦吉尔金属制品公司(McGill Metal Products Co.)于1943年生产的鼠夹。

陆军理发师

LIST OF CONTENTS

Quantity   Contents

1 Set Blades, Clipper, Hair, Size No. 1.
1 Set Blades, Clipper, Hair, Size No. 000.
1 Ea. Box, Soap, Plastic.
2 Ea. Brushes, Shaving, Barber Type.
1 Ea. Clipper, Hair, Size No. 1.
1 Ea. Clipper, Hair, Size No. 000.
2 Ea. Cloths, Barber.
2 Ea. Combs, Barber.
1 Ea. Hone, Razor.
1 Ea. Oil, Typewriter, 4 oz. Can.
1 Ea. Powder, Talcum, Plain, 1 lb. Can.
2 Ea. Razors, Straight Edge.
2 Ea. Shears, Barber.
4 Ea. Soap, Toilet; Soft, Hard or Sea Water, 4 oz. Cake.
1 Ea. Strop, Razor.
1 Ea. Tray, Disinfecting, Barber.

WILLIAM BAL CORPORATION
Newark 5, New Jersey
1945

INSTRUCTIONS FOR THE PROPER
CARE OF TOOLS, BARBER.
KIT, BARBER, WITH CASE (M-1944).

Sterilization

▲ 理发工具帆布卷
在野外剪发需要的所有工具都携带在结实的帆布卷中。

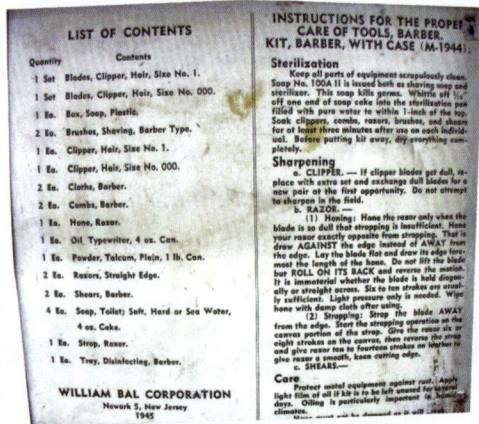

▲ 所有工具和卫生规定的清单印在箱盖下面。

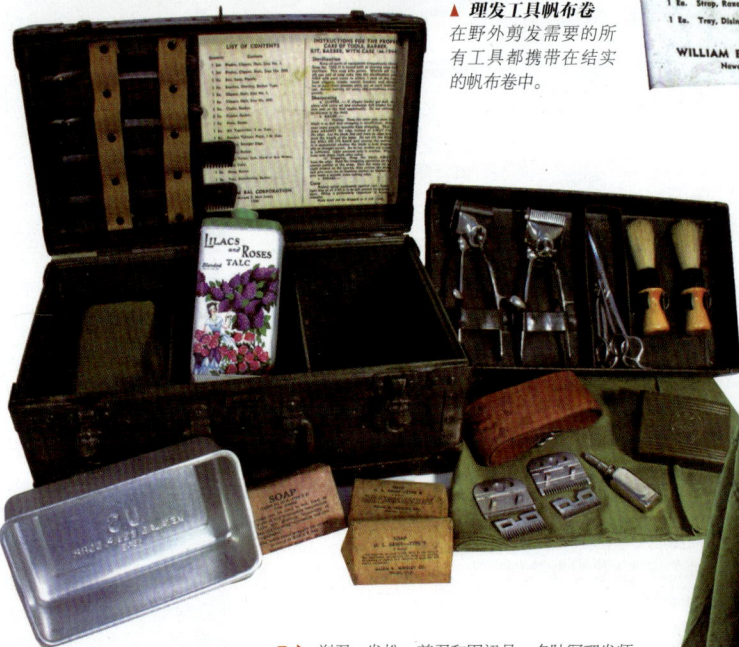

◄ M1944理发工具箱
这种塑料工具箱，于1944年被采用，内部装有所有理发工具和用品。

▼ ▶ 剃刀、发推、剪刀和围裙是一名陆军理发师基本装备的一部分。

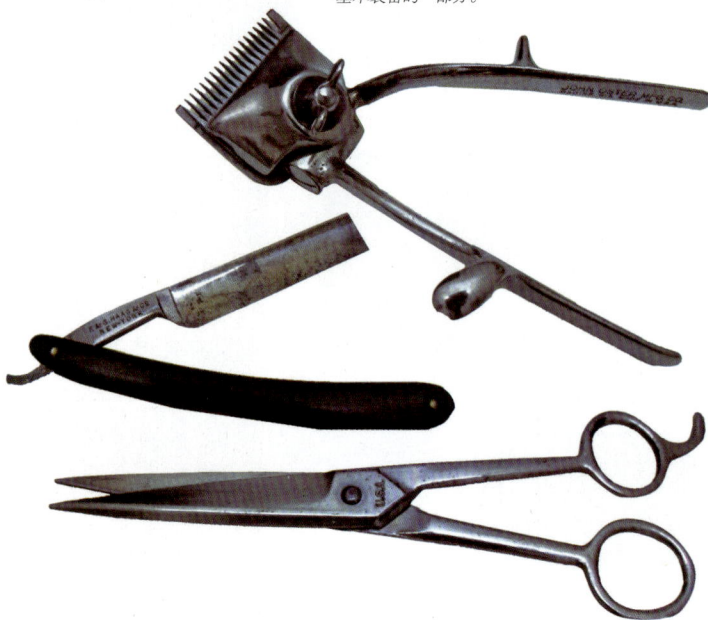

清洗及修补制服

▼ ▶ 由 拉德利·梅茨格公司（Radley Metzger Co.）制造的洗衣袋，该公司还以"闪电"（Blitz）的品牌向军人出售过许多其他个人用品。

◀ **黄铜纽扣清洁套**
一块浸渍的软布和一张纽扣垫板。

▼ 一件衣服刷及其皮革套。

◀ 另一套纽扣清洁套件，金属盒内装有1张纽扣垫板，1把小刷子，1块擦布，1瓶大邦牌（Dabon）黄铜清洗液。

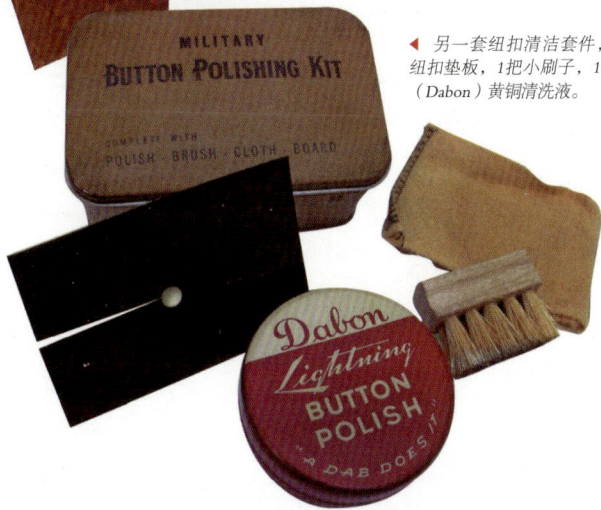

▶ 黄铜纽扣垫板，由著名的纽约徽章公司迈耶出售。

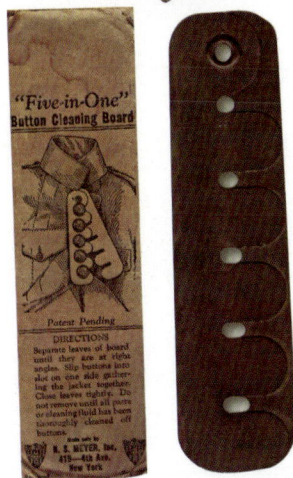

组图：每位士兵都有一套针线包，不管是他自己购买的，还是由可口可乐瓶装公司等某个著名品牌赠送给他的。

▼ 私人购买的绅士牌鞋类护理用品。

▼ ▼ 标准的红褐色鞋油由格里芬制造公司 (Griffin Mfg.Co.Inc.) 制造。

GRIFFIN
A·B·C
WAX
SHOE POLISH
BROWN

GRIFFIN
A·B·C
REG. U.S. PAT. OFF.
SHOE POLISH
The Popular Military Polish
Stains and Gives a Quick
Long Lasting Shine
GRIFFIN MFG. CO., INC.
BROOKLYN, NEW YORK

MENS SERVICE KIT

ESQUIRE
Service
SHINE KIT

ESQUIRE
BOOT POLISH
BROWN STAIN

▼ 配发的罐装皮革防水油，这是一种动物脂和油的混合物，用来保护皮鞋并且有防水功能。

DUBBING
4 OZ NET
DIRECTIONS FOR USE

SHOES SERVICE

Whittemore's
Cadet
BROWN
LIGHTNING
LEATHER
DYE
USE ON SMOOTH LEATHERS

Whittemore's
Cadet
LEATHER DYE
BROWN
HIGHLY INFLAM
MABLE FLUID. KEEP
AWAY FROM FIRE

GRIFFIN
DYCOTE
DARK BROWN

GRIFFIN
DYCOTE

▲ 这瓶惠特莫尔（Whittemore）的皮革染料带有一个涂抹工具。

▶ 这种鞋类护理用品，由格里芬制造，与一个采用人字斜纹面料的袋子一同出售，上面饰有美国徽章。

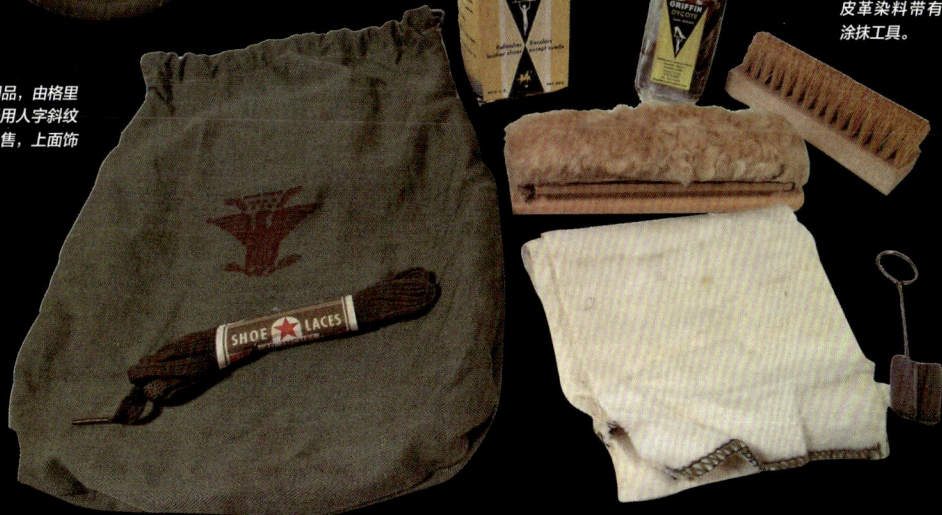

SHOE ★ LACES

组图：不同的商业压印工具，用来在制服和个人装备上压印士兵系列编号缩写。这种橡胶印戳带有一个台垫和一小瓶擦不掉的油墨。

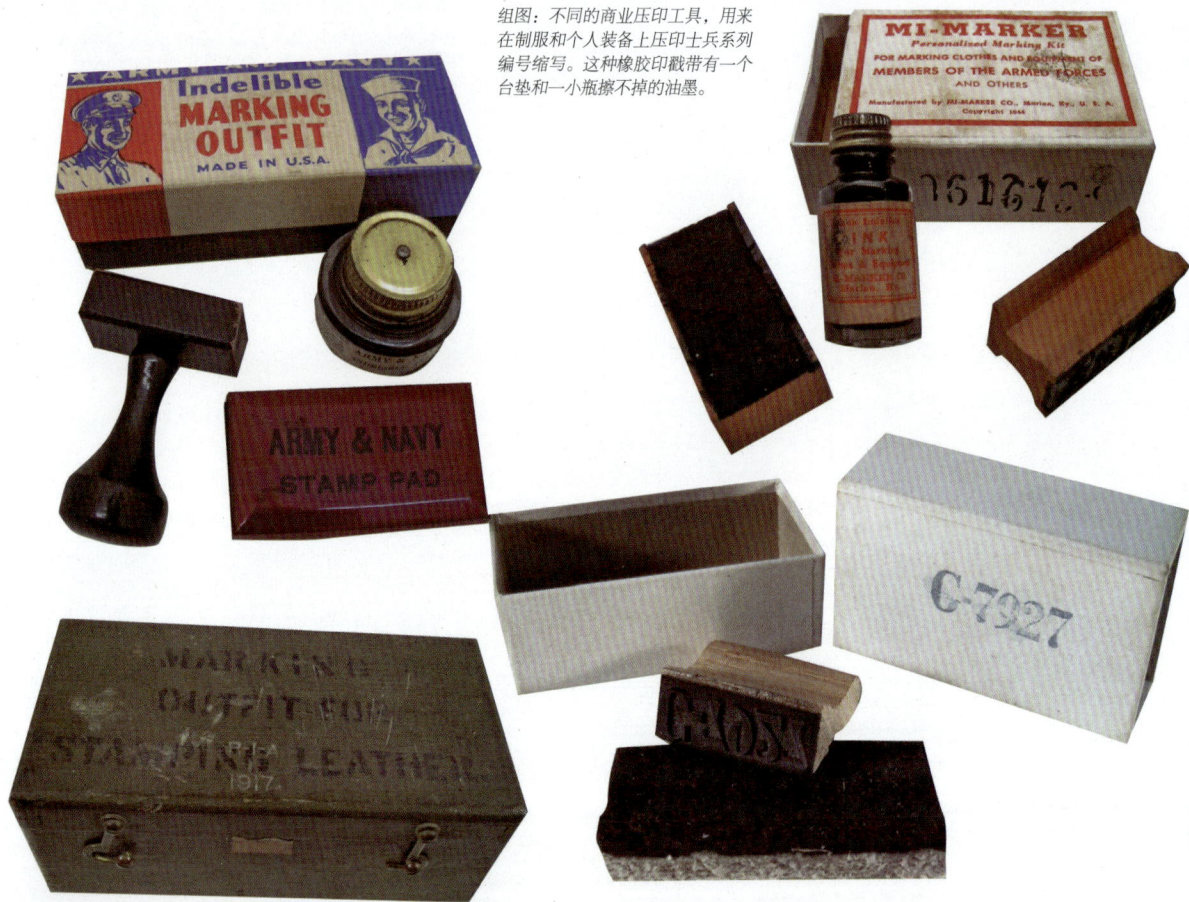

◀ M1910冲压皮革打印工具

这种工具在皮革装备上压印单位标记，在1944年1月的QM-6军需补给目录中仍然提到了这种设备。

个人卫生

士兵们使用的梳洗用品，通常包括塑料皂盒、制式肥皂、塑料牙刷、刮胡皂、刮胡刷、"战壕"镜、剃刀及刀片盒。

▶ 金属皂盒。

SOAP
U.S. ARMY—TYPE 1
two ounces
This soap can be used in soft, hard or sea water at any reason-able temperature for toilet use, shaving, laundering of clothes and cleaning of mess kits and similar equipment.
YOUCO INC.
Phila., Pa.

▲ 2盎司的I型肥皂块也由军需部队进行了分发。

▶ 橄榄褐色毛巾。

▲ 一件私人购买的防水布梳洗品袋，可以像围裙一样用细绳捆在腰部，其所有的内容物品都伸手可及。

▼ 制式橄榄褐色粗麻毛巾。

UNITED STATES ARMY

▲ 商业型金属肥皂盒。

▲ 配发的肥皂和一个私人购买的黑色塑料皂盒。

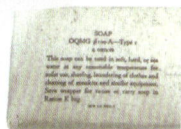

SOAP

▲ 一件配发的帆布洗盆。

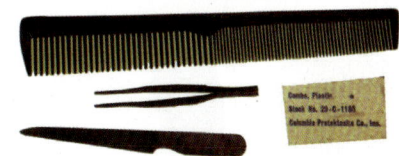

For Best Results Use CLIX BLADES

NEW! CLIX E-Z-FLO RAZOR DOUBLE-EDGE

HERTEL'S

1336-14

▲ 塑料头梳、镊子和指甲锉，这其中只有头梳是政府配发的。

Combs, Plastic

1. 黑色塑料安全剃刀由PX——军中福利社制造。
2. 常规和大尺寸的剃须镜，带有色塑料边框。

2

UNITED STATES ARMY

▶ 这套梳洗用品袋上带有美国陆军徽章（也有其他装饰着海军或海军陆战队图案的），可以作为围裙使用，上面带有的账单表明这件装备在1943年花了一名军人1.13美元。

SOAP
U. S. ARMY—TYPE II
ALLEN B. WRISLEY CO.

SOAP

▲ 配发的 II 型和 II A型肥皂。

TO THE ARMED FORCES
PRIMROSE HOUSE

PRIM deodorant

▲ 整洁的罐装除臭剂以一种低廉的价格出售给军人。

◀ 1945年的本宁堡，一名军人正在单兵壕内刮胡子。

▲ 私人购买的单纯牌（Simplex）剃刀。

▼ 鹰牌（Styptic）止血笔带有透明的塑料包装管。

▶ 奥米加牌（Omega）剃须膏，不用刷子也可以使用。

▶ 另一种围裙风格的梳洗用品，采用HBT面料制造，样式更加的简洁，由美国红十字会捐赠，里面通常装有剃刀、刀片、牙刷等。

▲ 军中福利社用于柜台陈列的莫勒（Molle）无刷刮胡膏盒。

▶ 二种不同类型的刮胡刷。

▲ 用于在刮胡子时受了伤而使用的止血笔。

▲ 组图：不同商业品牌的刮胡膏，可以使用或不使用刮胡刷。一些包装上带有"专供军用"的标识。

▶▼ 缅甸牌（Burma Shave）剃须膏软管和在收音机播放的著名品牌广告歌曲传单。

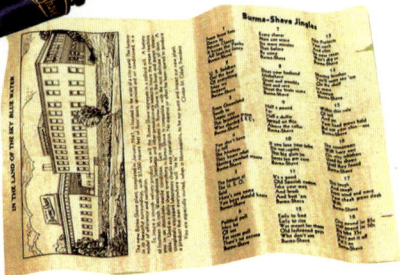

▶ 官方配发的星牌安全剃刀和刀片。

▶ 号牌和带号码的贵重物品帆布袋
这种袋子是在士兵去移动淋浴和洗衣房时使用的。在淋浴前，送脏衣服清洗或试穿新服装时，士兵可以将贵重物品放在里面，然后交给店员保管。号牌则挂在脖子上，凭此取回自己的物品。

▲ 吉列品牌剃刀和PAL牌刀片。

◀ 20片装的GEM牌剃刀片卡包装纸盒。

▶ 另一种配发的剃刀，商业品牌剃刀盒装在军需包装内。

▲ 不同品牌的牙粉和牙膏。

▼ 牙刷和塑料牙刷盒。

▼ 施贵宝（Squibb）牙粉。百时美施贵宝的前身是1887年由威廉姆·布里斯托尔（William Bristol）和约翰·迈耶斯（John Myers）在纽约州克林顿创办的克林顿制药公司。1898年更名为布里斯托尔·迈耶斯公司（Bristol Myers Company），1900年公司注册为股份公司，并将业务重点转向药品的批发与零售，公司从此得到了迅速发展。1924年，该公司总利润第一次达到100万美元，其产品销往26个国家。良好的业绩带来了一系列的变化，在二战期间该公司为盟军部队大量生产盘尼西林及抗生素类药品。二战后，该公司继续发展，同时展开了大规模的兼并。施贵宝公司是由爱德华·施贵宝（Edward Squibb）医生于1856年在纽约的布鲁克林（Brooklyn，New York）创立的，以生产纯净乙醚为主。1905年，施贵宝的儿子将公司卖给默克公司创始人西奥多·威克。1909—1929年，公司的年销售额从41.4万美元猛增到1.3亿美元。二战期间，该公司成为吗啡和盘尼西林的主要供应商。二战后该公司向拉美、欧洲等地扩张，1971年该公司更名为施贵宝股份有限公司，到1975年该公司年销售额达10亿美元。1989年，布里斯托尔·迈耶斯公司和施贵宝股份有限公司合并，组成今天的百时美施贵宝，当时合并价值高达127亿美元。现在的百时美施贵宝是一家全球性的从事医药保健及个人护理产品的多元化企业。

◀ Pro-Phy-lac-Tic牙刷公司生产的尼龙毛牙刷，该公司成立于1866年，在二战期间该公司还曾为美国海军Mk1训练步枪生产过仿真塑料训练刺刀。

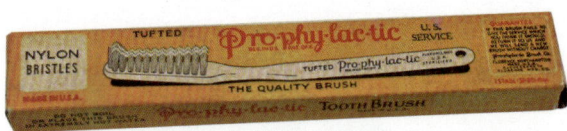

▲ 金属牙刷盒和展示在第169页的肥皂盒带有同样的面漆。

▲ 里昂牌(Lyons)牙膏。

◀ 带有帆布罩的金属剃须镜。

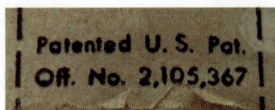

◀ ▶ 由斯科特造纸公司为陆军生产的一卷卫生纸。

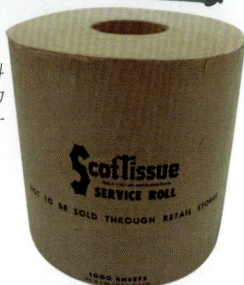

◀ ▶ 制造和销售的这种杰瑞斯牌（Jeris）洗发液仅提供应给军队。

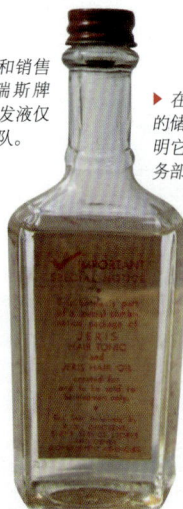

▶ 在足粉罐上的储存编码表明它是通过医务部队发放。

▼ 一小罐Hush 牌除臭霜。

▲ 塑料肥皂盒。

◀ 柯克牌（Kirk）肥皂采用椰子油制造。

▶ 这种梳洗用具可以挂在帐篷杆或树枝上，带有一个实用的搁板可供一名士兵在野外梳洗。

▼ 根据公共卫生法规已经消过毒的商业剃须刷。

◀ 由陆军配发的小吉姆牌
（Gem Junior）剃刀。

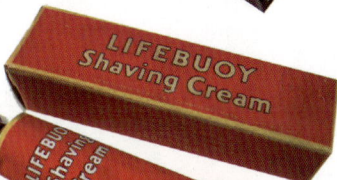

▲ 救生圈牌（Lifebuoy）肥皂和剃须膏。

▲ ▼ Pro-Phy-lac-Tic牙刷装在一个带有一个弹簧盖的多孔容器中。

◀ 由美国红十字会捐赠
的一面金属镜。

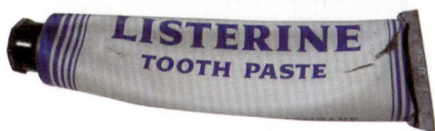

◀ 李施德林牌（Listerine）牙膏，李
施德林以消毒之父约瑟夫·李斯特
（Joseph Lister）命名。李施德林牌漱
口水自从1914年正式投放零售市场以
来，已发展成为一款成熟产品，是第
一个被美国牙医学会认可的非处方品
牌漱口水。现在李施德林漱口水这个
知名品牌属于美国强生公司。

▲ ▼ 指甲钳。

▼ 西点发蜡。

▲ 为了节约马口铁，固龄玉（kolynos）公司生
产的牙粉采用玻璃或纸制容器来包装，该公司于
1908年由詹金斯（N.S. Jenkins）创立，1995年被
高露洁－棕榄公司（Colgate-Palmolive）收购。

▶ 如同展示在第169
页的除臭剂，美男
（mennen）滑石粉
也以低廉的价格出售
给武装部队成员。

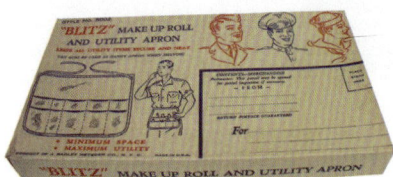

▲▼ 由斜纹布面料制造的梳洗用品袋也是"闪电"系列的一部分。

▲ 塑料肥皂盒。

▼ 俄亥俄州辛辛那提宝洁公司（Procter & Gamble）用于市场销售的象牙牌（Ivory）肥皂条。

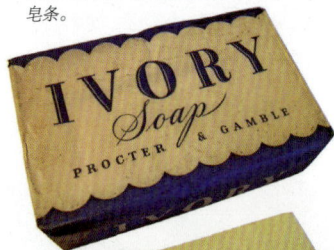

◀▲ 吉列剃须刀和剃须膏。

▲▲ 一系列棕榄卫生和美容产品覆盖了肥皂、洗发水和滑石粉等产品。

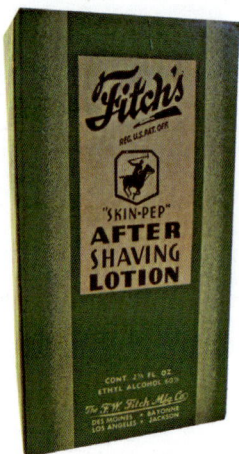

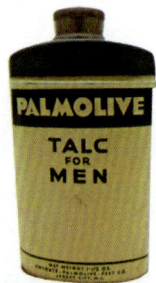

▲ DR.LYON 牌牙粉。

▼▼ 由菲奇（Fitch）生产的剃须与洗发液。

▶ 达曼牌（Daymon）的牙膏。

◀▼ 这种富于创造性的牙刷由施贵宝于1944年设计。

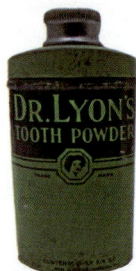

▼ 培贝科（Pebeco）牙膏，1914年就已成为美国销量最大的牙膏品牌之一。

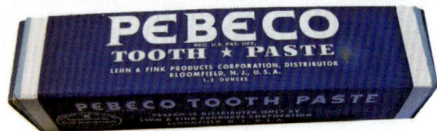

◀ 美男防腐粉（硼酸粉）的撒粉罐。

▶ 由军需部门购买和配发的单纯牌（Simplex）剃须刀。

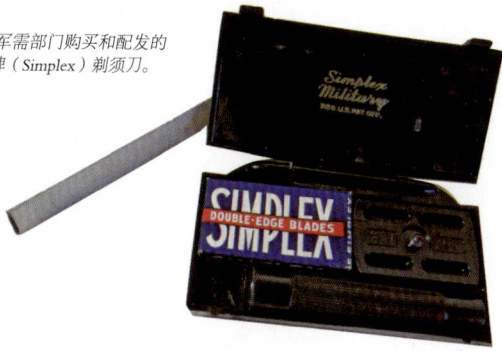

◀ ▶ 可在军人福利社出售的Made-rite剃须刷和GEM安全剃刀。

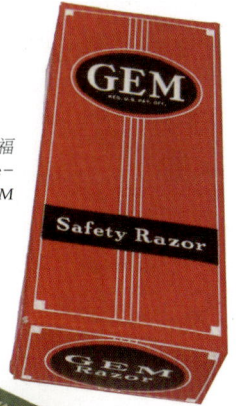

▲ 各种牌子的剃刀片包装盒。

▼ 剃须皂瓷杯。

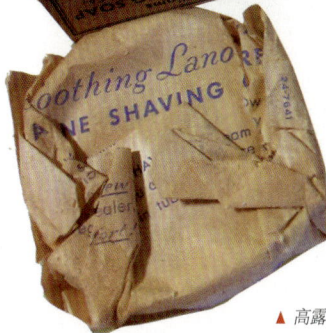

▲ 高露洁和威廉姆斯（Williams）剃须皂。

组图：这套完整的梳洗用品可以满足日常需要，其中包括Pro-Phy-lac-Tic牙粉产品和高露洁剃须皂片。

◀ 由美国红十字会捐赠的便利袋，这种造型简洁的袋子采用拉绳封闭。

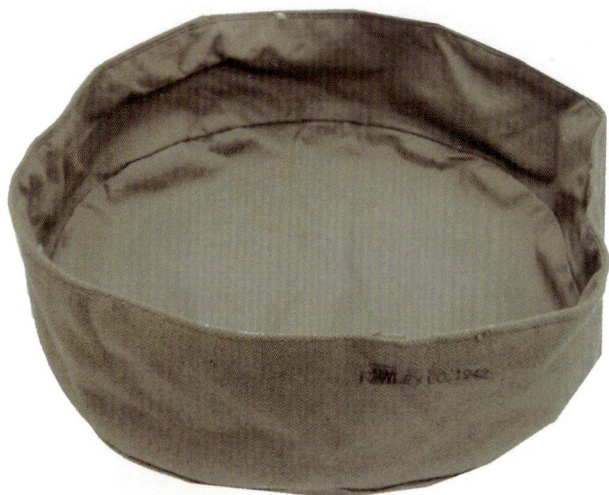

▲ 大型可折叠帆布盆。

◀ 采用纸盒和金属罐包装的足粉，由军医部门分发。

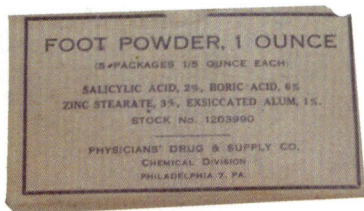

▼ 配发的防晒霜。

FOOT POWDER, 1 OUNCE
(5 PACKAGES 1/5 OUNCE EACH)

SALICYLIC ACID, 2%, BORIC ACID, 6%
ZINC STEARATE, 3%, EXSICCATED ALUM, 1%.
STOCK No. 1263990

PHYSICIANS' DRUG & SUPPLY CO.
CHEMICAL DIVISION
PHILADELPHIA 7, PA.

▲ 2种民用滑石粉。

◀ 橄榄褐色棉手帕，有四种规格，每名新兵配发一条。

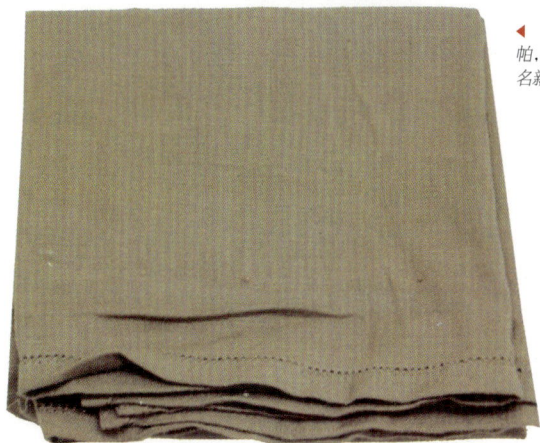

▲ 防潮纸包装的卫生纸，包括在其他配给当中。

MADE FOR THE U.S. ARMY BY THE MAKER OF
The Waldorf

▲ 装在口粮配给盒当中的小包卫生纸。

行政文书装备

I 型档案文件柜
保管所有非当期文件的文件柜。

▲ 连队野外写字台
这种野外写字台与一个文件柜一起配发给每个部队，用于单位的记录档案。这个写字台包括文具和办公用品、各种手册和规定、服役履历、早晨报告和病患报告，还有职务花名册。

◄ 这个野外写字台涂有军需运输标记、色带和单位编码，这是为了在包括海上运输的军事行动中，保持对单位行李的跟踪。这个标记出自1944−1945年的法国陆军军械维修加强营。

II 型档案文件柜
一种类似 I 型档案文件柜的柜子，带有同样的储存编码，但内部构造有所不同。

◄ 指挥部野外写字台
用于团指挥部的更大一些的野外写字台，装有所辖3个营的人事档案副本。

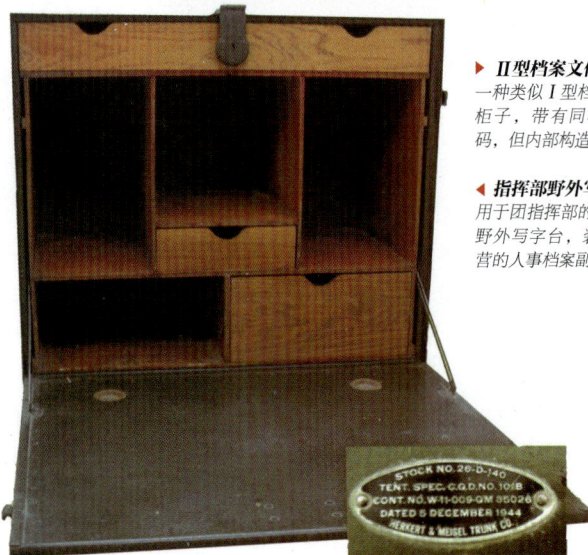

▲ 金属折叠营地椅。

▲ 1944年的木质折叠营地桌。

▲ 用于消遣的55D2型收音机，制造时间是1943年，它取代了H100/URR型收音机，可以收听军事和民用广播节目。

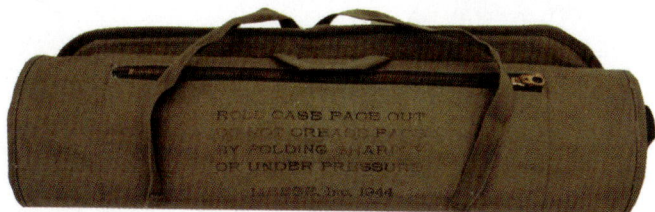

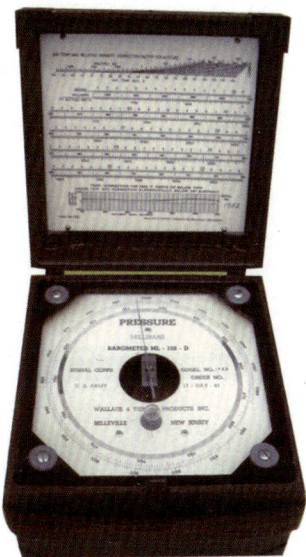

◀ 1944年的ML120D型气压计及其包装盒。

▶ **卷包型帆布地图包**
这种设计独特的帆布地图包无须全部打开就可以读取，地图上带有透明塑料保护层。

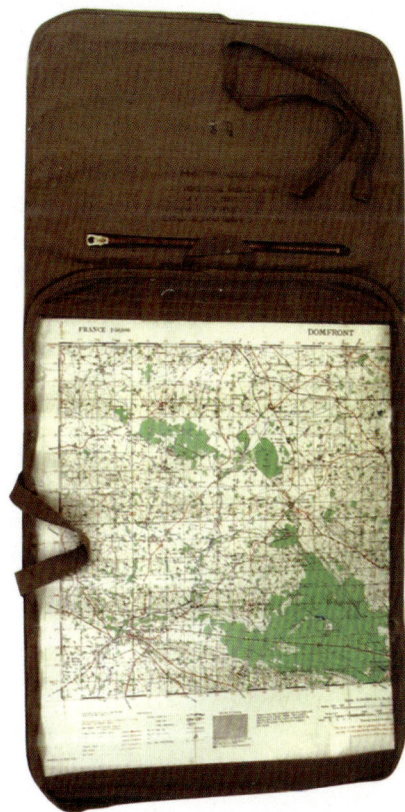

▲ 备用打印机色带。

▲ 带便携包的便携式打字机
便携式打字机，这种配发的型号由王冠打字机公司（Corona）制造。

▼ 1945年1月27日，指挥官为英国少将肯尼思·斯特朗（Kenneth Strong 1900–1982）的盟国远征军最高司令部情况部门G–2发行的机密情报通报，它的内容主要涉及德军部队组织、武器装备和战术的方面。

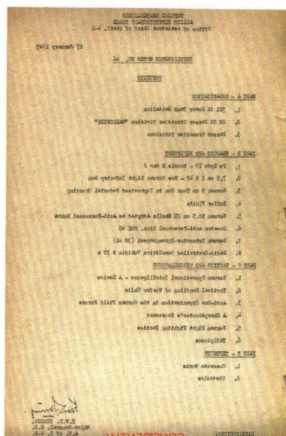

▼ 用于地图作业的彩色铅笔和橡皮擦，有狄克逊(Dixon)、珂罗娜(Corona)、迪托(Ditto)等品牌的铅笔。

▲ 陆军部公务信件的正式信封。

▲ 一件小的活页文件夹。

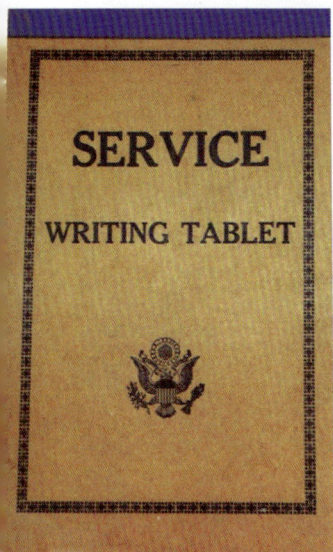

▲ 书写用的便笺、铅笔和橡皮。

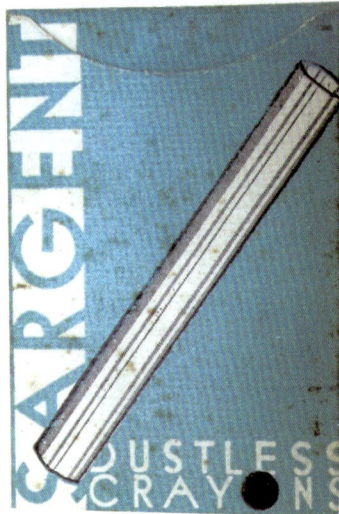

▶ 白色胶棒。

▲ 这种木相框，用于在桌面上陈设照片，允许一名士兵陈列亲人的相片。

▼ 桌面名牌和身份牌，它们属于中士威廉·尚茨（William Schantz）。

▲ 简报手提包

这种棕色公文包由约翰·里奇公司(John.Rich Co.)于1942年制造，用于携带各种公文，带有2个隔仓，其中缝在内隔板上的皮环用来装铅笔。

▲ 一件用使用过的.30和.50口径弹壳制成的教鞭。

▼ 美国印章能够在木教鞭的皮套柄头上看到，这种教鞭主要用于情况简要介绍。

▼ 埃斯特布鲁克牌（Esterbrook）钢笔和鹅毛笔盒，埃斯特布鲁克在美国新泽西州卡姆登（Camden）拥有一家钢笔厂，如同其他很多钢笔厂一样，后来在圆珠笔潮的冲击下倒闭了。由于埃斯特布鲁克的钢笔材结实耐用，工艺精良，笔尖有很多选择，在钢笔收藏爱好者当中其钢笔有古典钢尖笔之王的美誉，收藏行情也是一路走高。

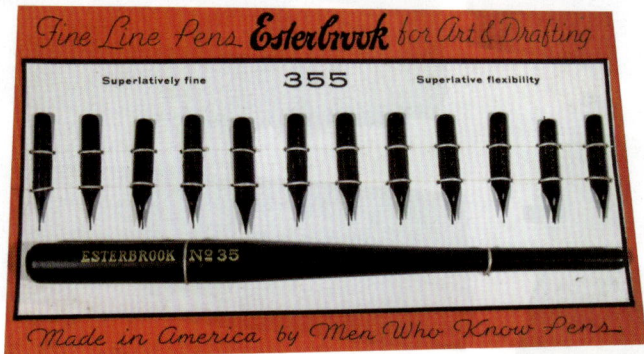

▶ 莫里森（Morrison）铅笔的使用说明书。

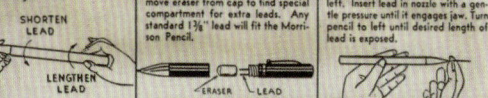

◀ 世界知名的派克钢笔公司以"昆克"（Qunik）品牌出售的快干瓶装墨水。

▶ 喷水钢笔使用说明。

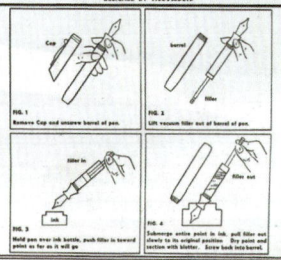

▶ 保修凭证。

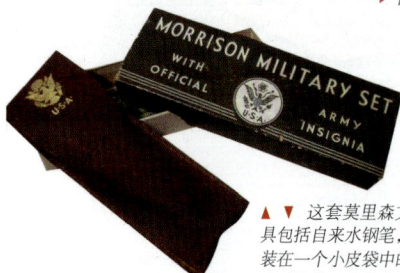

邮件

▲▼ 这套莫里森文具包括自来水钢笔，装在一个小皮袋中的自动铅笔。皮袋上面雕有陆军徽章，在陆军军人福利社出售。

▲ 斯坦利·维瑟尔和芝加哥公司（Stanley Wessel& Co. Chicago）出售的48页胜利邮件空白页。

▼ 2个12张胜利邮件空白页也由维瑟尔公司印制。

▼ 家书抵万金。属于德国第1步兵师155毫米野战炮营的一名下士正在战斗间隙休息并阅读刚收到的来信。

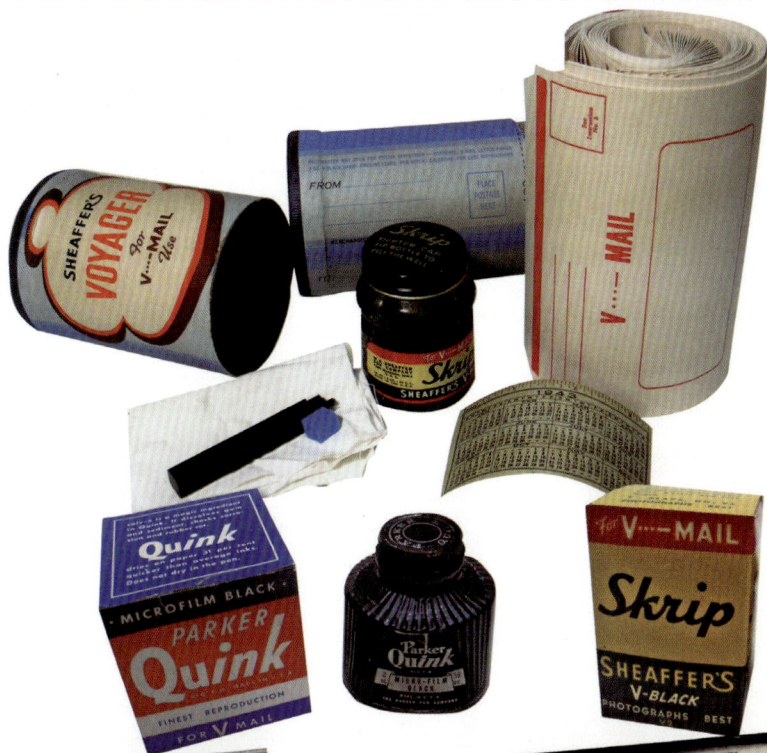

◀ 组图：由谢弗（Shaeffer）出售的包装在一个硬纸板邮件筒中用于通信的用品，包括45张胜利邮件空白页，1瓶墨水，1盒铅笔和1张日历。

▲ ▲ 一套12张的快信信笺用品，每张信笺可用来折叠成一个信封。

▲ 2瓶被推荐用来书写胜利邮件的墨水。

◀ ▶ 这些幽默的胜利邮件是一名军人寄给他的亲人的。

▲ 快信（Quik-Letter）信笺使用说明。

▶突击队（Commando）牌文具用品，制造于1943年，由纽约通用制图公司（Universal Graphics Inc.）制造。

▲ 一套幽默信片。

▶ 这件手工制作的邮箱由约瑟夫·特罗斯（joseph Trots）下士通过船运邮寄了3个烟灰缸给他妹妹，邮箱上带有2个邮检戳记。

▼ 在邮寄回家一件战利品时必须包括这份证书。运输枪支、枪支零部件和炸药是被严格禁止的。

◀ ▼ 这种小型邮包和军营生活明信片在阿伯丁军械场、训练中心出售，并且带有一个在邮寄前填写收信人信息的标签。

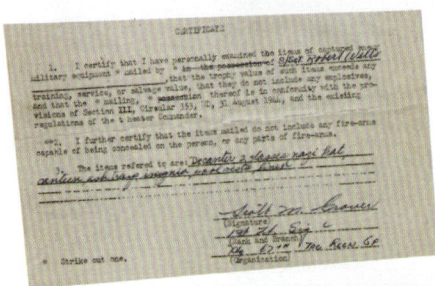

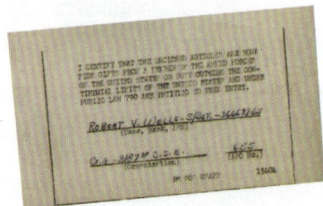

▶ 这张民间的幽默明信片是由一名美国军人从比利时布鲁塞尔寄出的。

▶ 这本明信片册，特意邮给一名士兵的家人，以一种轻松的方式告知一名新兵的生活。

▲ 这种胜利明信片像士兵的其他任何一种邮件一样，邮寄是免费的。

▶ 寄件人还必须填写一份宣誓书，以证明邮件内装的物品是送给一名海外服役军人的礼物。

▲ 带锁帆布邮袋

1944年生产的厚帆布邮袋，可以上锁。这种邮袋不同于早期邮袋，在顶部和底部并没有皮革加强带。

▼ 墨水、笔架和钢笔。

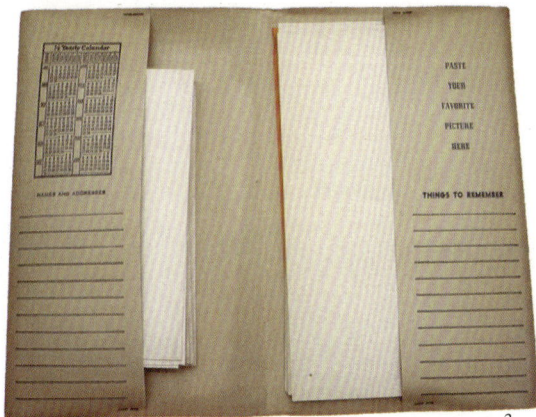

1~2. 一套包括纸和纸袋的便宜文具，纸袋上面有"可以贴上你最喜欢的照片"的字样和1944年的日历。

3. 用于航空邮件的簿信纸和信封。

◀ 这个邮袋采用耶鲁（Yale）挂锁封闭。

▲ 帆布邮袋

这种带有皮革加强顶部与底部且带锁的邮袋，是在上面的邮袋出现之前使用的。

▲ 在美国售卖的幽默明信片。

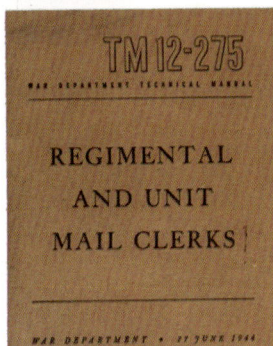

胜利邮件

为了节省船只运输空间并加快军队邮件的速度，美国陆军于1942年引入了"胜利邮件"（V-Mial）。这属于航空缩微邮政的一种。海外士兵在一种规格为11×8.5英寸的信纸上书写信件，然后由战区邮件处理中心拍成16毫米的缩微胶片，这种胶片每卷可缩拍约1800封信件，经海运或空运到本土后再将信件翻拍为5×4英寸的照片打印寄给士兵的家人或朋友。

1. 12套一组的胜利邮件。
2. 一封胜利邮件的原稿，带有长方形的军检邮戳，表明这封信件来自比利时某处。
3. 胜利邮件的背面带有使用说明和收件人地址填写栏。
4. 一封收件人已经收到的5×4英寸胜利邮件，为黑白打印照片。
5. 士兵寄出的正规邮件，通过了单位审查并已获得军人自由邮寄权。
6. 可以用于士兵个人信件的蓝色信封实例，已通过非本单位军官的主审查官的审查。
7. 由第9步兵师第15工兵营的一名士兵寄出的一张贺卡，这张贺卡于1943年11月2日在这个单位离开意大利前往英格兰之前被寄出。

第九章

装甲兵

虽然在一战中美军就创建了装甲部队，但主要仍依靠其步兵和骑兵力量。美军真正的第一批装甲单位根据陆军部的命令创建于1940年7月10日，组建了装甲试验部队和总司令部预备坦克单位。机械化的第77骑兵旅和一些零散的步兵坦克单位是美军最初的装甲力量。将分散在步兵师和骑兵师的独立装甲部队重组后，美军装甲力量由第1装甲军（1st Armored Corps）军部，第1、第2装甲师，以及总司令部后备第70独立坦克营和装甲兵委员会（Armored Force Board）共同组成。第1装甲军、第1装甲师和装甲兵委员会驻肯塔基州的诺克斯堡（Fort Knox），第2装甲师驻本宁堡，第70坦克营驻马里兰州米德堡（Fort Meade）。1940年11月，装甲兵学校在肯塔基州诺克斯堡成立，由182名军官和1847名士兵组成，这所学校可以容纳6000名学生，每年可使26000名学员毕业。在1940年11月至1941年1月，又组建了4个国民警卫队预备坦克营，并开始服役，第191营在米德堡，第192营在诺克斯堡，第193营在本宁堡，第194营在华盛顿州刘易斯堡（Fort Lewis）。1941年2月，第1总部后备坦克群司令部（1st GHQ Reserve Tank Group Headquarters）在诺克斯堡成立，所有的总司令部后备坦克营由其节制。1941年3月初，装甲兵补充中心（the Armored Force Replacement Center）成立，由240名军官和1241名士兵组成，该中心可容纳9000人，并在3月就招满了新兵，这些新兵经训练后用来组建新的装甲部队。1941年4月15日，第3装甲师在路易斯安纳的博勒加德兵营（Camp Beauregard）成立，第4装甲师在纽约派因兵营（Pine Camp）组建。1941年5月，装甲兵司令部（The Armored Force Headquarters）和司令部直属连成立，驻肯塔基州诺克斯堡。6月初，5个轻型和5个中型总司令部后备坦克营成立。1940年7月至1943年3月，在被派往欧洲前线之前，美军最终得以组建16个装甲师，但这些装甲师也仅是陆军装甲力量的一部分。其中第2和第3装甲师属于重型装甲师，实力为14620人，拥有2个装甲团，1个装甲步兵团和其他支援单位。其他装甲师为轻型装甲师，拥有3个装甲营和3个装甲步兵营，实力为10937人，这种轻型装甲师的编制更加灵活，更易于进行战术调配。在16个装甲师之外，美军同时也组建了众

▲ 1944年8月1日，隶属于第5集团军的第1装甲师第1坦克营的三名坦克兵正在意大利福利亚（Fauglia）享用意大利葡萄。

多的独立坦克营，到1944年冬季，共有65个坦克营，另有29个营在组建当中；同时还组建了17个两栖战车营。情况正好相反的是，在装甲师中仅有54个坦克营。独立坦克营与轻型装甲师的坦克营一致。一个坦克营包括营部和营部直属连，3个中型坦克连和1个轻型坦克连。每个连拥有17辆坦克，包括3个坦克排各拥有的5辆坦克，连部拥有的2辆坦克。坦克营总兵力为729人，共装备68辆坦克，大部分作为某一步兵师的附属单位。起初这些坦克营用于近距离支援步兵作战，但在法国的战斗中，它们被赋予了更加灵活的角色，常常合编成坦克营战斗群（编5个坦克营，后来改为编3个营），当这些坦克营战斗群与装甲步兵单位合成后，也就组成了"装甲战斗群"。根据巴顿将军的提议，骑兵部队由轻型装甲单位和机动单位组成，担负侦察任务。后来反坦克营也组建了起来，装备牵引式或自行式火炮，以应对敌人的装甲威胁，前后共建了78个反坦克营。反坦克营通常作为集团军的预备队，但有些自行式火炮单位也配属给步兵师以提供近距炮火支援。

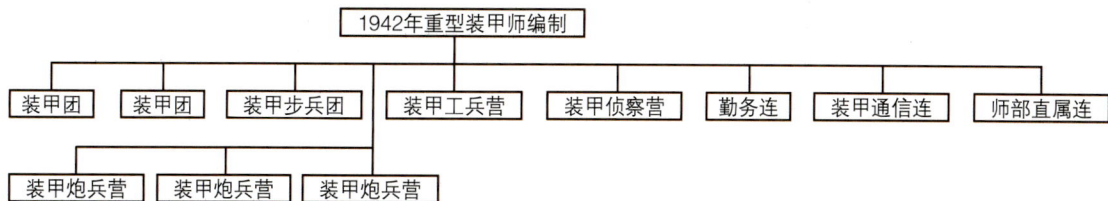

1942年重型装甲师编制

```
                    ┌───────────────────────┐
                    │   1942年重型装甲师编制   │
                    └───────────────────────┘
```

| 装甲团 | 装甲团 | 装甲步兵团 | 装甲工兵营 | 装甲侦察营 | 勤务连 | 装甲通信连 | 师部直属连 |

| 装甲炮兵营 | 装甲炮兵营 | 装甲炮兵营 |

▲ 实力为14620人，拥有27门81毫米迫击炮、57门60毫米迫击炮、126辆自行式反坦克炮、68门牵引式反坦克炮、54门105毫米榴弹炮、42辆自行式突击炮、158辆轻型坦克、232辆中型坦克、79辆装甲车、691辆M2半履带装甲车、42辆M3半履带装甲车、40辆侦察车和2146辆其他轮式车辆。

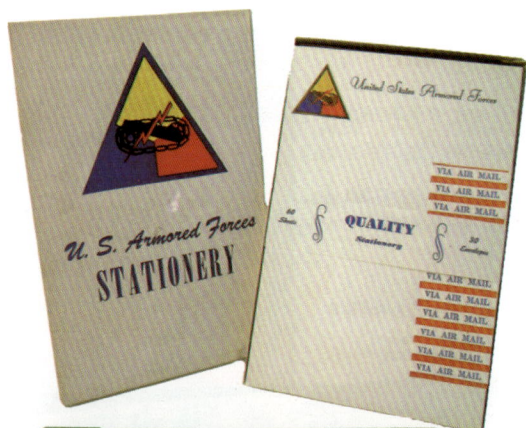

▶ 装甲部队士兵的信笺用品。

▶ 这是一盒不太知名的爱国品牌香烟，由肯塔基州路易斯维尔阿克斯顿–费舍尔烟草公司（Axton-Fisher Tobacco Co.）制造。

◀ 在德州(Hood)兵营出售的火柴盒，在该兵营于1942年成立了反坦克技术与射击中心。

◀ 52张为一副的纸牌，纸牌背面装饰有第6装甲师的师徽图案。

◀▲▼ 与许多其他部队一样，第8装甲师也拥有印着师徽以庆祝重要事件的卡片。

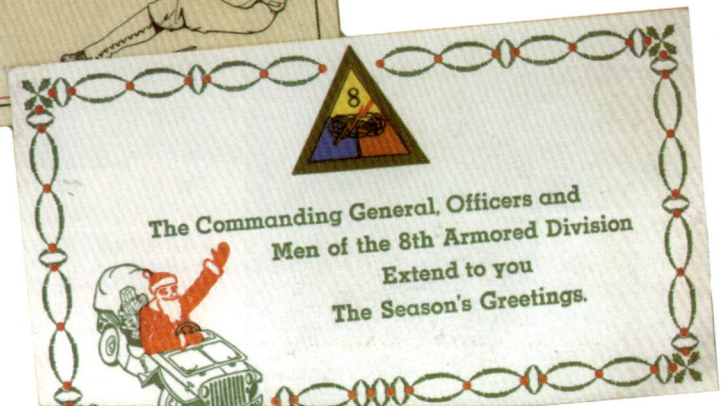

服装与装备

战争早期制服

这里展示的是战争早期由骑兵、山地部队、摩托车手和装甲单位穿着的制服。

▲ 这种毛华达呢裤子，为流行的"粉红色"，并且在大腿内里带有皮衬，在战争早期由骑兵部队和骑马部队军官穿用。

▲ **卡其色棉料马裤**
M1926型马裤，战争早期制造，带有锌质纽扣，配套的衬衫展示在第67页。

▲ **橄榄褐色细毛大衣呢毛料马裤**
M1926型细毛大衣呢（注：一种有凸斜纹的织物）毛料马裤，1937年美国陆军选择这种长裤作为通用服装，马裤仍由山地部队使用直至1944年，当时马匹正分阶段退役。第68页展示了其配套的毛料衬衫。

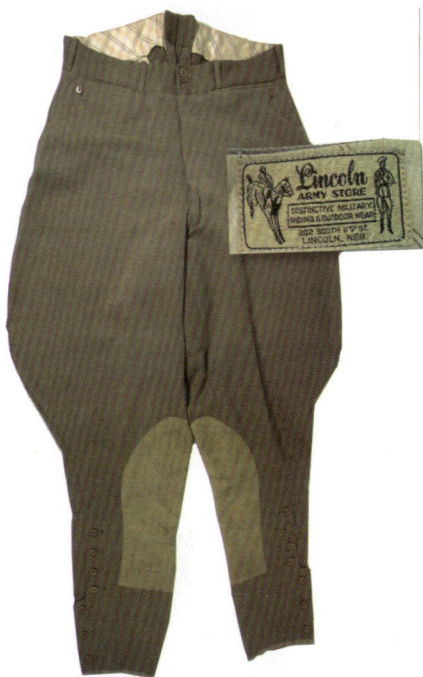

▼ **裹腿系带皮靴**
1940年引入了新型的骑兵靴，高级军官在战争中长时间穿着这种裹腿皮靴，例如巴顿将军。

▲ **士兵系带皮靴**
1931年批准采用的骑兵靴，在参战初期由包括摩托车手在内的人员穿用。这种皮靴采用红褐色皮革制造，带有鞋尖，皮革底橡胶鞋跟，系带用的扣眼和鞋钩一直延至鞋口。小插图为近距离观看靴筒内的油墨印记。

人字形斜纹布连体服

一件式的工作服和工作帽引入作为工作服装，用于所有的车辆技工，也作为装甲部队的战斗服使用。

◀ **人字形斜纹布帽**
(储存编码：NO 73-C-25605/73-C-25639)
1941年采用的工作帽，这件1943年制造的帽子保持了它最初的浅绿色调。

▲ **7号橄榄褐色人字形斜纹布帽**
(储存编码：NO 73-C-25725/73-C-25759)
制造于1945年战争后期的工作帽，仅有的区别是绿色（7号橄榄褐色）更深了。

▲ **特殊一件式7号橄榄褐色人字斜纹连体服**
（储存编码：No 55-S-45525至55-S-45580）
这种连体服与右侧展示的连体服遵循相同的规格制造，唯一不同的地方是用缝制的塑料纽扣取代了黑色的金属钉状纽扣。这种塑料纽扣优点是不导电发热，也不容易生锈。同时也存在一种变型，因此我们能遇到的一些HBT的衬衫和裤子。尽管有时认为这种服装制造配发用于热带地区，但也有一批通过船运送至欧洲战区以供使用。

▲ **橄榄褐色人字形斜纹布连体式工作服**
(储存编码：NO 55-S-49846-30/55-S-49888)
浅绿色的HBT面料，依据1938年12月的规范（1942年4月改变了）制造，带有2个胸口袋(右边的胸口袋有一个局部缝上的袋盖)，2个倾斜边口袋采用纽扣闭合，1个表袋和2个臀袋。所有的纽扣都是平头钉形，黑色带有通常的星形图案（见第73页）。

▲ **特殊7号橄榄褐色人字形斜纹布连体式工作服**
(储存编码：NO 55-S-45525/55-S-45580)
第二种样式的HBT工作服，按照1943年9月的规范制造，面料色调的绿色更深了，在前面增加了防毒气衬布，右手边的胸袋、表袋，斜口袋和左边的臀袋都被取消了，在腿上的2个大型口袋和臀袋上配有宽斜袋盖。与早期型号类似，这种工作服右腿有一个垂直口袋用来携带螺丝刀、扳手或其他工具，服装上所有纽扣都是通常的黑色平头钉。

冬季战斗服装

1941年军需部门为装甲部队开发出一种特殊的寒区战斗制服，这种寒区战斗制服由一顶布头盔，围兜式长裤和拉链式夹克组成。所有这些装备都采用3号橄榄褐色制服斜纹布制造，内衬采用克瑟粗呢面料。这些装备经过1941-1942年的冬季野外测试，改进后于1942年批准定型。

◀ 冬季战斗夹克

于1941年引入，这种夹克带有棉斜纹外层和毛克瑟粗呢衬里，有限配发给了第一批装甲部队，通过其口袋可以与右侧的第二种样式区分出来。这种服装是由巴顿将军引入的，其单位标识——第2装甲师胸章，佩戴在胸部，虽然这种做法是违反部队条例的，但在装甲部队的士兵中这种做法却很流行。

▶ 冬季战斗夹克

(储存编码：NO 55-J-100-55-55-J-130)

这种夹克也称之为"坦克手"夹克，之所以称为"坦克手"夹克是因为这种夹克只配发给装甲部队。坦克手们最初配发的是M1941野战夹克，由于这种夹克对装甲人员来说不耐磨而容易破损，因此只要部队能够获得"坦克手"夹克就立即进行替换。坦克手夹克带有全长拉链，编织衣领，比起纽扣或M1941夹克的拉链来说更易于使用。这种夹克实际是基于防风衣设计的，制造有2种样式，第一种于1941年出现，在前面带有2个开口袋；第二种是1942年进行了修改的样式（1942年3月26日26A规范），有2个标准内里的倾斜式开口袋。这种冬季战斗夹克本来规定配发给装甲乘员，但仍有其他部队的战斗人员穿着，特别是军官。

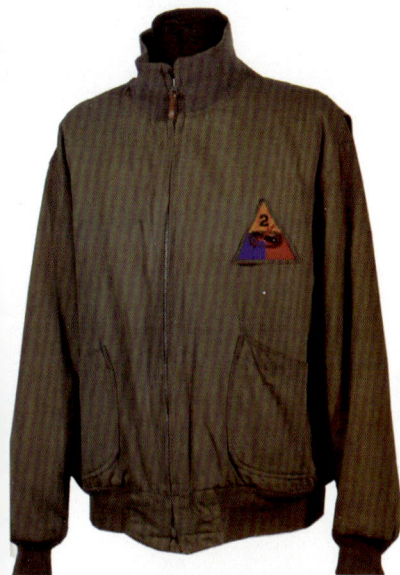

▲ 冬季战斗头盔

(储存编码：NO 73-H-64405/73-H-64425)

第一种型号战斗头盔衬里为毛边角料并带有外边（1941年2月10日第25号规范）；第二种型号（1942年3月27日第25A号规范）则为外露的毛毡衬里，这种温暖的头套可以戴在防撞头盔里面（见第196页）。

◀ 冬季战斗长裤

(储存编码：NO 55-T-600/55-T-680)

第一种类型用毛料斜纹布来制作内衬，带有可调但不可拆卸的背带，裤腿口采用束带收紧，侧开口采用拉链闭合，通过这个侧开口可以将长裤穿在里面。

▶ 第二种类型冬季战斗长裤，1942年被批准，拉链前开口并没有在中线位置，裤背带采用特殊的带扣和平头钉型纽扣连接，裤腿口采用带有按扣的带子收拢。

坦克手头盔

M1938坦克头盔

这种装甲部队的防撞头盔是1938年由步兵设计的，用于附属步兵部队、骑兵部队的坦克和装甲车乘员的装备计划而得以发展。当时装甲部队并不是独立兵种，也没有能提升自己战术水平的特殊装备，直到1938年采用了这种单一样式的头盔用于装甲部队。硫化纤维外壳带有10个通气孔，后部带有宽带以保护后脑，活动式的侧边带有R-14型圆耳机。由于这种头盔并没有提供防弹性能，因此M1钢盔可以戴在这种头盔的外面。

◀ 无线电耳机，通过侧边的插孔插入，并由一个按扣固定的皮片遮盖。

◀ 绑在衬里内的标签，罗林斯（Rawlings）是该型头盔的唯一生产商。

▶ **冬季战斗头盔**
（储存编码：No 73-H-64405/73-H-64425）
第一种样式的战斗头盔，戴在装甲部队防撞头盔下面，头盔内填充有羊毛剩料，根据1941年2月10日第25号规范制造。下巴带扣用一个按扣固定，而后期规范则是缝合式的而没有这个扣。

▶ 1942年3月27日的第25A号规范要求内衬使用一种毛制品面料，采用缝制方法固定带扣。

◀ CD-307通信电缆，带有JK-26型插孔和PL-55型插头，作为R-14或HS-30耳机连接器。

▲ HS-18型头戴式耳机，安有2个R-14型耳机。坦克手的防撞头盔内都设计有内衬，类似于飞行员头盔那样的样式。

▲ T-30型喉头送话器，在声音嘈杂的装甲车辆内得到了广泛的使用，可以通过松紧带挂在脖子上。

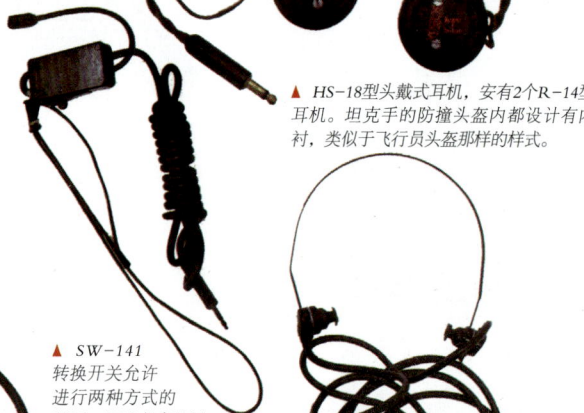

▲ SW-141
转换开关允许进行两种方式的通话，通过喉头送话器可进行装甲车辆间无线通信和车辆内部通信，这种转换开关通过长细线或长皮带挂在脖子上。

▲ T-17手持送话器可用于军用电台，也可由装甲乘员使用。

▶ HS-30头戴式耳机由HB-30头带、R-30接收器、CD-620通信电缆组成，这种简单的普遍配发耳机可以戴在防撞头盔和M1钢盔内。

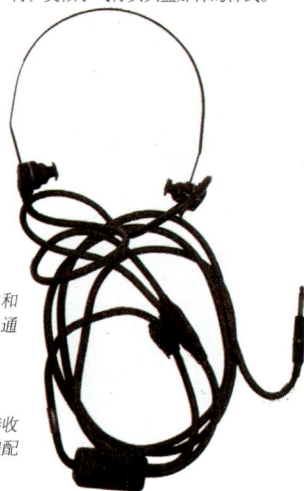

装甲部队装备

▲ M1938护目镜

在战争初期为装甲部队配发了这种护目镜，这种护目镜是纽约市布鲁克林区的哈瑞·比格莱森公司（Harry Buegeleisen Co.）注册的专利样式，上面的印记"Resistal HB NY"凸印在金属镜框上。与此相对的是还有另一种简单样式提供给了航空部队，这些护目镜在面片内并没有带有羚羊皮的内衬，同时给装甲乘员也配发了晚期型护目镜。

▲ M7手枪套和M1911A1手枪

M7手枪套是M1911A1手枪的肩挎式手枪套，由坦克乘员使用，和M3手枪套相比，M7手枪套增加了固定用的胸带。

▲ M1防尘口罩

1941年4月引入了一种特殊面罩，模制塑胶制造，在脸颊上带一个毡制过滤器，还包括一个通气阀和松紧头带。

◀▶ M1938急件包

这是用于骑兵部队的地图包，1942年由博伊特制造，增加有一个带子以使其紧贴身体或战马。

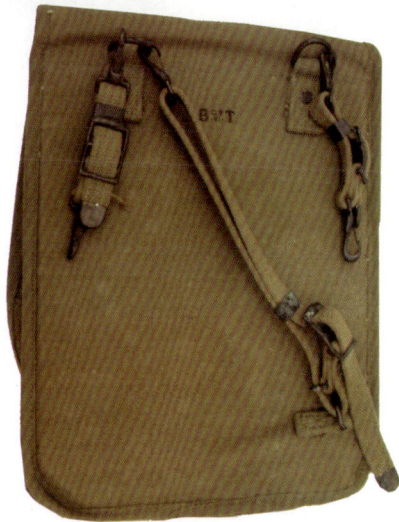

车辆工具装备
急救箱

在二战前，标准的车辆急救箱称为D型急救箱，可以辨别出最少有两种不同的子型号，可以配备10辆或20辆交通车辆。这种急救箱采用钢板冲压制造，带有折叶，实际上这是一种商业急救箱，用于工业产业，经改造就成了美国军用急救箱。

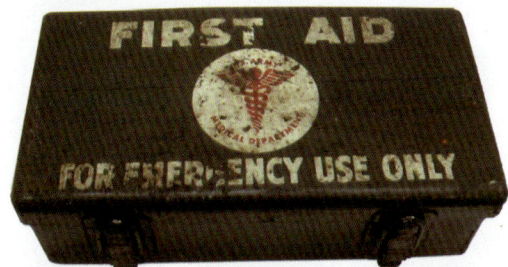

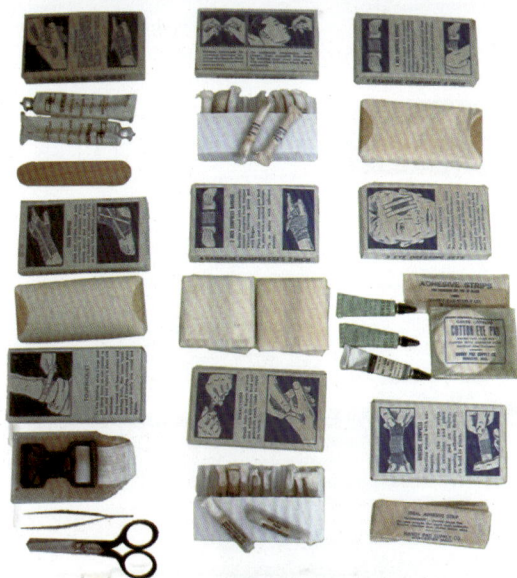

◀ 车辆急救箱（12件套）

在1942－1945年期间，匹兹堡矿山安全设备公司（Mine Safety Appliances Co.）和其他一些公司生产这种12件套的急救箱。最初这种急救箱上带有5位数的医疗部门物资储存编号97773，后期产品编码变成了9777300，然后又变成了9-221-200。这种急救箱被涂成了橄榄褐色，上面带有标记，箱子上带有折叶、铁丝挂扣和把手。配发的这种12件套急救箱都是一种规格，根据陆军部1943年4月7日FM 21-11"士兵急救"基本野战手册的规定，每4辆配备一个，包括吉普车，放在仪表盘和手套盒之间的托架上或驾驶室内其他合适位置。相同的急救箱也配发给了海军陆战队，只是箱盖上的标记有所不同。

▲ 车辆急救箱内所装急救用品的细节。

▲ 粘在急救盒内盖的说明书和内装物品清单。

▲ 车辆急救箱（24件套）

这种急救箱与12件套的急救箱非常相似，但箱子更大，也就可以在内部装更多的物品。这种大规格的急救箱用于更大一些的装甲车辆，包括坦克、半履带车辆和其他装甲车辆。根据1943年4月7日野战手册的规定，每辆配备一个。24件套急救箱的最初物资储存编号是97771；然后是9777100，并带有陆军医疗部队红色双蛇杖标志；后来又变成了9-221-100。

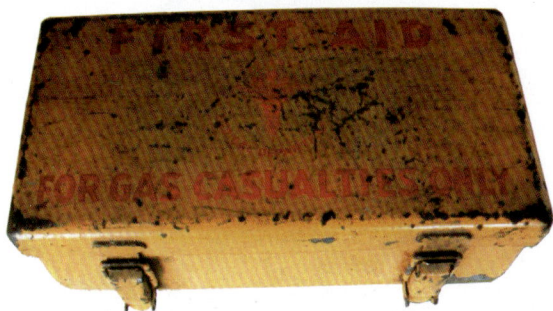

▲ 毒气伤害急救箱

配备在单位车辆上的一个特殊的急救箱，也是车辆上的一种典型装备，用于治疗毒气引起的伤害。这种急救箱也是一种金属箱，比12件套摩托车辆急救箱要小一点。早期的这种急救箱是黄色涂装、红色标记，如图所示。"First Aid""FOR GAS CASUALTIES ONLY"和陆军医疗部队红色双蛇杖标志都是红色的，后来改变为橄榄褐色涂装和同样内容的黑色标记，并增加了物资储存编号。最初物资编码是97764，后来是9776400。这样的急救箱根据1943年4月7日FM 21-11野战手册的规定，每25名士兵配发一个。

装甲部队通信装备

▶ SCR610电台

SCR610电台是美军在二战及战后使用的一种短距通信电台，于1941年9月29日定型，最初用于野战炮兵内的通信军官、前进观测员，炮兵连内部以及炮兵营内部通信。电台包括1部BC-659A发信机和收信机，1部EP120A电源，1个FT250K车辆固定器，1个AN29C地面天线，1个供车辆使用的鞭状天线：MP-48天线杆和4节天线（M-450、M-451、M-452、M-453），1个TS-13手持收发话筒。通信距离5英里，用于吉普车、卡车、半履带车、侦察车和轮式装甲车。

◀ SCR-528坦克电台

完整的系统包括BC-604型发信机，BC-603型收信机，BC-605对讲机放大器，FT-37型车辆固定器，1个天线（MP-37天线杆座和3节天线，MS-51、MS-52、MS-53）旗。通信距离5~18英里，用于装甲部队进行中短距离战术通信。

◀ 信号旗硬纸板箱上的标签，表明这是一种通信装备。

◀ M238信号旗

有3种颜色（红色、橙色、绿色）的信号旗，用于坦克单位视力可及范围内通信，通过坦克指挥官站在坦克指挥塔内摇动来传达信息。信号旗系在MC-270型旗杆上，采用CS-90型帆布套携带，通过帆布套背面的带子和D形环绑在车辆内。

▶ BG-31工具卷包

这套扳手是提供给通信部队使用的，"BG"是通信部队装备袋的专名。

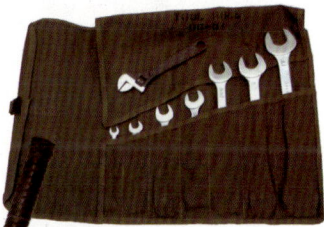

车辆装备和无线电维修

▶ 5加仑汽油桶

"G"标记在桶侧，制造商与生产年份（1943年）标记在桶底。这种汽油桶是在二战早期引入的，仿自德国30年代制造的汽油桶，在北非战役中，德国汽油桶得到了英军和美军的认可，于是立即进行了仿制，并取代了早期英国那种像"薄纸"而容易渗漏的油桶。虽然美国已经开始生产标准的汽油桶，但英国式和缴获自德国的油桶仍然继续在美军中使用，从北非一直到意大利。汽油桶也有"德国兵桶"（Jerry Can）的绰号，这个绰号来自于一战时称呼德国兵的俚语，这同时也是对德国高级工程技术的一种无言的敬意。这种油桶官方称呼是"Can, Gasoline, Military; Steel; 5-Gallon"，油桶独特的设计使其在战场上得以成功使用，这种5加仑（约20升）油桶装满后重量又不会太重，一名士兵足以提运或背板运输。油桶带有3个提手，因此也很容易用手提运，也可由2人分别握住一个提手协力运送。这种油桶是长方形的，因此可以堆砌得很高以节省空间，也可以规矩的堆放在卡车货箱里而不浪费空间。在油桶两边带有X形的加强凹槽，其桶口是倾斜式的，因此不可能完全将这种油桶装满，其内部就有了膨胀的空间和空气空间，可以使油桶漂浮在水面上。

▶ M70型瞄准镜

这种光学瞄准镜用于M3轻型坦克和M4中型坦克，安装在主炮旁边，注意其橡胶护目罩。

◀ 软嘴管

管嘴带有螺丝扣可以拧在油桶口上，这样给车辆加油时燃油就不会溢出。

◀ 蓄电池检验器。

车辆相关文件

▼ 组图：标准的美国陆军驾驶执照。这是1943年9月一名士兵获得的驾驶执照，他有资格驾驶小汽车（吉普车）、武器运载车和2.5吨卡车。

▲ ▼ 机动车驾驶执照（军需表格228），于1941年12月被展示在上面的驾驶执照取代了，但这种老式的驾驶执照仍继续供应直到1943年4月。

第十章

空降兵

1940年6月，对纵横欧洲的德军空降部队印象深刻的陆军部，在一批热心军官的推动下，以及参谋长马歇尔和航空兵副参谋长哈普·阿诺德将军（Hap Arnold）的大力支持下，批准建立空降试验排。经挑选共有29名步兵作为这个试验排的基干，其指挥官是被称为"美国空降部队之父"的少校威廉·李（William Lee）。这个试验排斗志旺盛，在几次演习中证明它可以迅速机动。1940年10月陆军部决定建立第501伞步营（PIB），同时陆军也试验了滑翔机突袭部队。随后空降部队迅速壮大，1941年建立了第502、503、504伞兵营以及第505空降步兵营（实际是空运步兵营）。1942年2月这4个营扩编成团，3月成立了空降司令部，以对这些空降部队的训练进行监督和日常管理。1942年8月改编成立第82和第101空降师，1943年4月15日成立第17空降师，同年8月组建第13空降师。截止到1944年年初，美国共训练和装备了5个空降师，第82和第101空降师在英国为登陆日做准备，第11空降师在远东，第13和第17空降师仍在美国进行训练。为了支援强大的空降师，可以运送大批部队的C-47运输机由陆军航空队在欧洲和远东进行了部署。1944年空降兵编制是3个伞兵团，1个机降团，以及一些支援单位，如炮兵、通信兵、工兵等。1942年11月美国空降兵在火炬行动中第一次投入战斗，第503团第2营在奥兰附近进行了空降。此后美军空降部队参加了西西里、意大利、诺曼底、法国南部、荷兰的战斗，以及突出部战役，美国空降部队的战士们证明他们是二战中最具韧性与最骁勇善战的部队之一。

▶ 第101空降师炮兵指挥官安东尼·麦考利夫准将，正在向准备出发的第327机降团士兵和第53运输机部队飞行员们训话，时间是荷兰"市场花园"行动的D+1日(1944年9月18日)。

▲ 这是一张非常著名的二战照片，摄于1944年6月5日的英格兰。艾森豪威尔将军向准备参加登陆日首批空降的101空降师伞兵们下达命令：完全的胜利，没有其他。

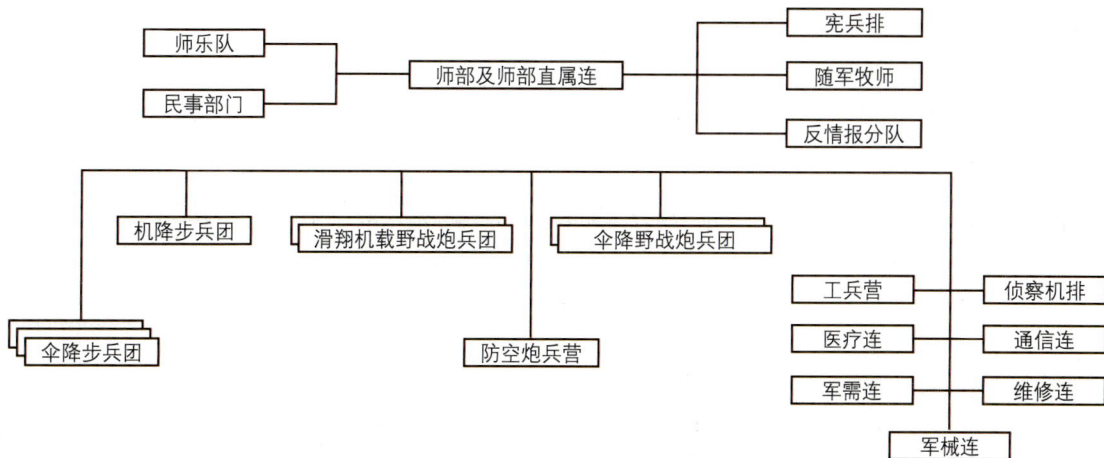

臂章

1. 第82空降师
2. 第101空降师
3. 第501伞步团
4. 第508伞步团
5. 第509伞步团
6. 第13空降师
7. 第17空降师
8. 空降司令部
9. 探路者（低袖）

船形帽徽

10. 空降步兵，这是1941年早期出现的非标准徽章，戴在士兵船形帽的左边。
11. 滑翔机载野战炮兵，1942年4月军官样式，戴在船形帽右边。
12. 用于所有空降人员的标准的船形帽徽，1943年春季批准（士兵帽徽）。

资格章

这些资格章采用别针佩戴在左胸部，服役勋略的上方。

13. 空降兵章，1941年设立，由空降部队总部军官授予完成空降测试或参加至少一次战斗的伞降人员。
14. 滑翔机章，1944年6月设立，用于滑翔机部队，授予圆满完成有关训练科目或参加至少一次战斗滑翔机空降行动的人员。

椭圆形翼章托

刺绣制品或切边原料制造。颜色是营或团部队色，翼章别在上面，这种椭圆形翼章托仅在常服上佩戴。

15. 第504团翼章托。
16. 第82空降师部翼章托。

▲ 这种伞兵资格章授予完成5次训练跳伞的士兵，在这枚英国制造的资格章上，缀星表示完成一次战斗跳伞。

▲ 滑翔机资格章在完成一次实际空中突击后授予，缀星表明第二次在敌占区着陆。

▲ 这件新颖的手链带有一枚由英国伦敦冈特父子公司（Gaunt&Son）制作的伞兵徽章。

▲ 空降部队的一份征兵传单。

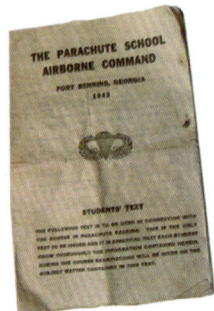

▲ 在本宁堡跳伞学校完成课程后交给学生的备忘录。

伞兵制服

第一批美国伞兵在战争早期使用一件式HBT制服（见第194页）用于训练，由于这种制服并不适宜用于战斗，1940年军方开始发展伞兵服，并拒绝了几个不成功的设计。第501伞步营在本宁堡参加了大部分服装测试，为新型伞兵服的采用做出了巨大的贡献。1941年早期军方得以最终采用一种新型制服，这种制服采用3号橄榄褐色斜纹棉料制造，由束带长衣和长裤组成，其上衣也称为M1941伞兵夹克，其特征是上衣在胸部和下摆带有4个大型口袋，由一直到颈部的拉链闭合，袖口带有按扣，并带有肩绊。长裤也带有2个口袋，由按扣闭合，裤腿逐渐变细并带有松紧裤口。虽然新制服让人喜欢，但训练中伞兵还是穿着一件式HBT连体工作服。第二种样式的伞兵服

于1942年出现，这就是M1942伞兵服，这种制服主要进行了细小的改进，增加了口袋的容积，在口袋上带有两个按扣而不是一个。滑翔机部队并没有配发这种伞兵服，当时他们穿着是标准的野战服。

在早期地中海空降行动之后，军方认为M1942伞兵服除了耐用性外总体令人满意。为了确保1944年6月的诺曼底登陆行动，在上衣肘部和底口袋采用内缝帆布衬布进行了加强，在膝盖和裤口袋也进行了加强，2条衬带缝在长裤内缝上以提升裤腿口袋性能便于容纳更多物品。这些加强布料通常采用绿色防水织物剪裁制造，在洗涤熨烫后就变成了灰白色，超过90%的跳伞兵在D日之前进行了这样的加强。1944年夏末，这种特别设计的伞兵服被普遍配发的M1943野战制服取代。

▲ M2伞兵折刀在衣领下的一种专门的口袋内携带，由两边短拉链闭合。

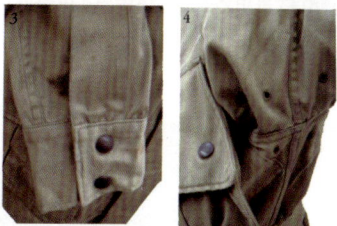

1. 胸贴袋在袋盖顶部有一个小开口，可以用来插铅笔，挂一枚手榴弹或者是手电筒。
2. 后面部位的小布环用来支撑腰带。
3. 袖口采用耐用型金属按扣闭合（这种按扣也用于领口、肩绊和口袋）。
4. 在手臂底下的4个通气孔。

▲ **M1942伞兵夹克**
(储存编码：NO 55-C-35808/55-C-35862)
1941年12月采用了这种防风防水的伞兵制服，前襟从领口一直到底腰位置由拉链闭合，整体腰带配有方形带扣，胸部带有2个倾斜胸口袋。M1942伞兵夹克仅有这一种制造样式。

▶ **M1941伞兵长裤**
（储存编码：NO 55-T-40499/55-T-40563）
1942年2月规定的样式，带有2个边口袋，1个表袋，2个臀口袋以及2个大腿边侧的可扩展型大口袋。

各种装备

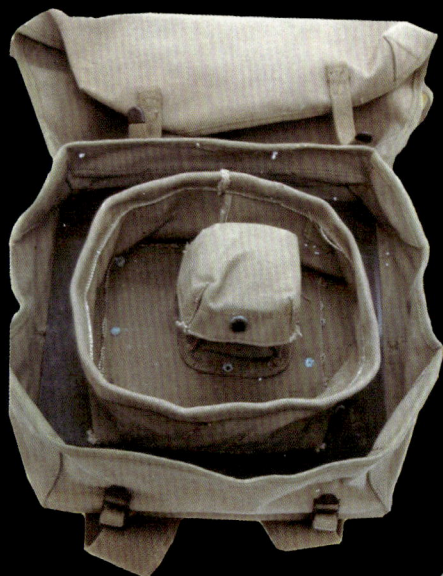

▲ ▶ 用于伞兵的第一种样式炸药包，由博伊特公司于1942年制造。这种炸药包也可像背包一样用2条可调整的长编织带携行。

▲ 伞兵使用的后期样式炸药包，采用更绿些的橄榄褐色防水面料制造，炸药包通常采用自带的宽大可调整背带背在身上。为便于战斗空降，背带上的活动搭钩可以连接在降落伞的胸带扣上，缝在包底部的捆扎带可将其固定。

▼ **伞兵医疗包（下和右下）**
一个大型用于伞兵医疗救治的深绿色（7号橄榄褐色）帆布急救包，带有可将急救包绑在胸部位置携行的带子，由约翰森(Johansen)制造于1945年。

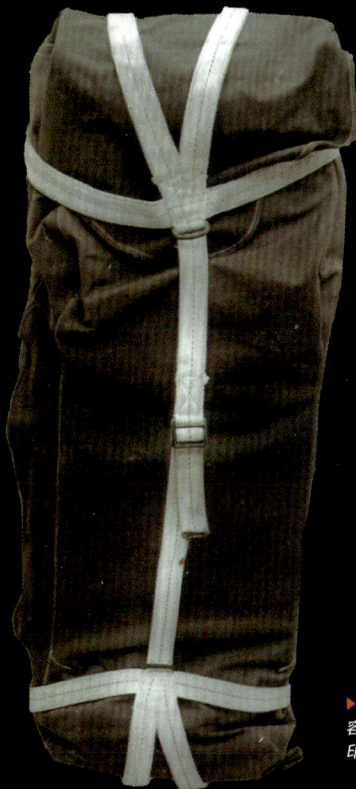

▼ **M1空投容器**

一种结实的帆布容器，附在特殊的支架上以挂在C47运输机的机翼下，带有件式拆分的75毫米组装榴弹炮。这个空投容器制造于1944年，由密尔沃基鞍具有限公司（Milwaukee Saddlery Co.）生产。

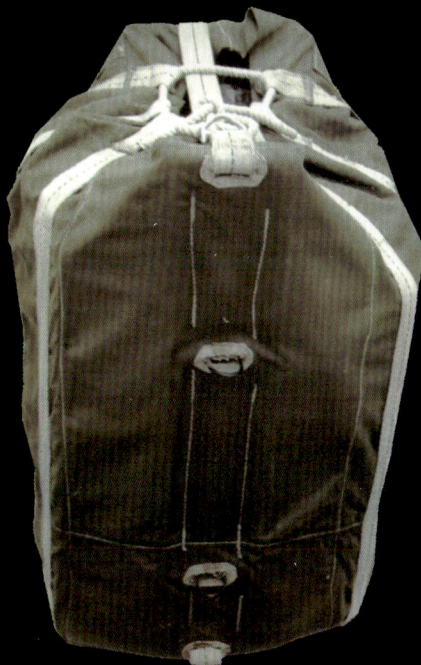

▶ **A4空投容器**

采用耐磨的绿色帆布制造的空投容器，用于空投口粮配给和医疗物资。

▶ 一个A5弹药容器上右下端的印记。

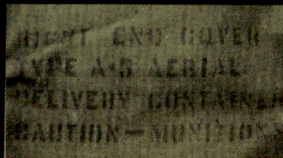

MENT END COVER
TYPE A-5 AERIAL
DELIVERY CONTAINER
CAUTION — MUNITION

▼ **A1空投容器指示灯**

用于在夜间标明空投包时使用，给伞兵提供帮助以快速发现和识别地面上的空投袋。红光为弹药空投袋，琥珀色光为非弹药，浅绿色光则为配给的口粮和饮用水。

▶ **A5空投容器**

这个空投容器实际上包括2个加垫袋和1个两片式袋盖，采用几个伞兵步枪套缝在一起组成。一个货运伞连接在容器的顶部，缓冲垫则缝在底部。

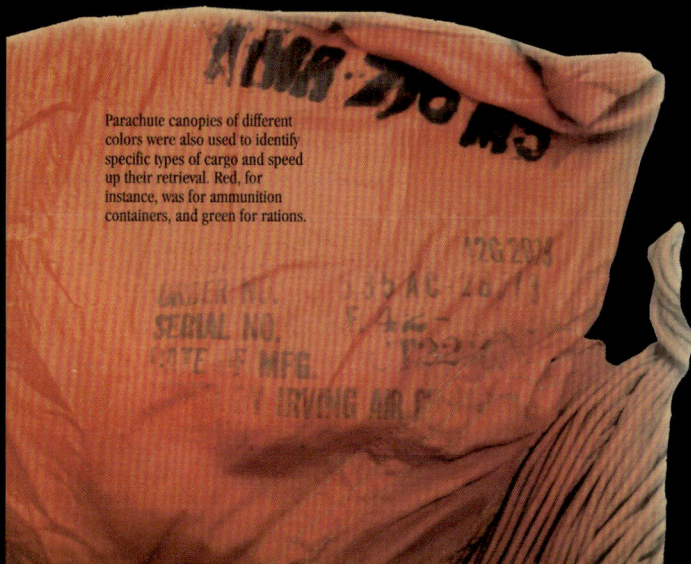

Parachute canopies of different colors were also used to identify specific types of cargo and speed up their retrieval. Red, for instance, was for ammunition containers, and green for rations.

▲ M4A3手推车也可以安装防滑轮胎。

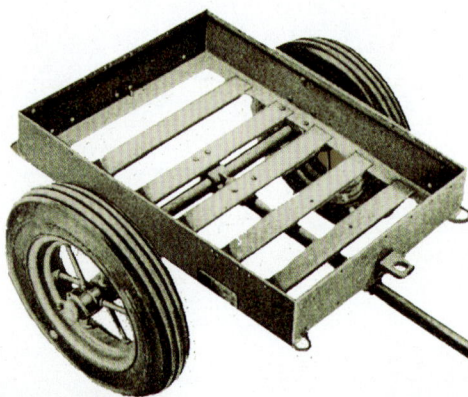

多功能手推车

◀ **M4A3手推车**
M4A3手推车是步兵部队使用的一种小型手推车，通常可以由1人、2人或4人使用，这种手推车也可以挂在车辆后面。M4A3手推车被配发给空降部队和其他步兵单位，用来短距搬运重型武器、弹药或其他设备，手推车上安装有不同的支架。

◀ M4A3手推车带有帆布罩和2条拖曳绳。

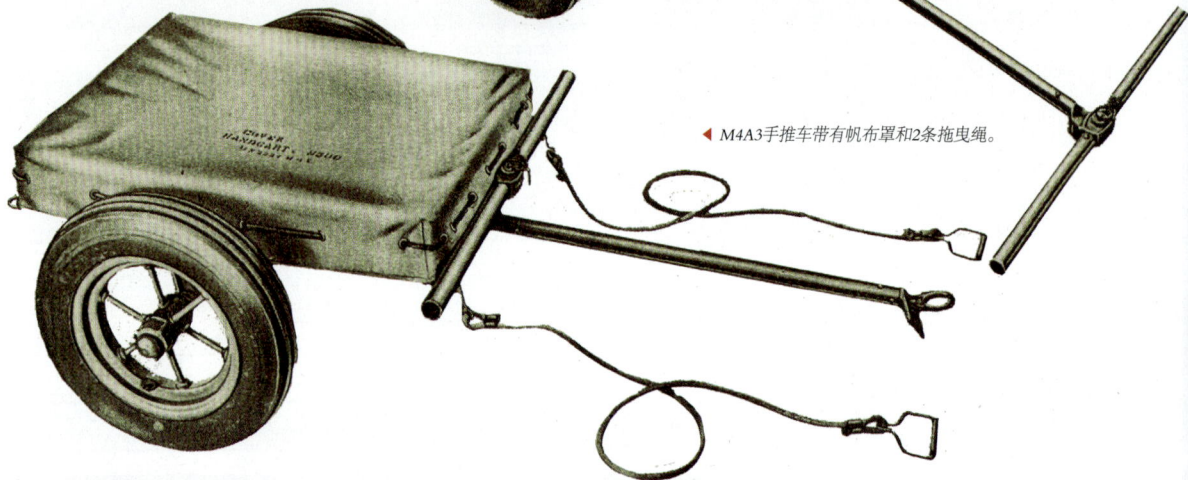

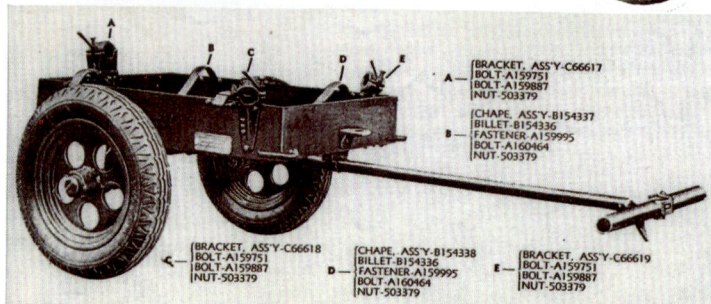

◀ **M4A1手推车**
用来运输M1917A1水冷式重机枪、三脚架和一些弹药箱的特殊手推车。M1917A1水冷式重机枪可以安装在高射枪架上用于防空。

▶ **M6A1手推车**
用于重型迫击炮单位的手推车，带有固定81毫米迫击炮管的快脱支架，以及固定炮弹箱的皮带。

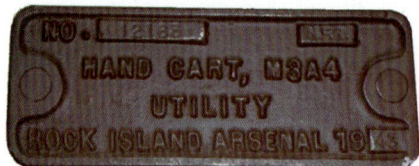

▲ M4A3手推车铭牌，位置在车身前部。

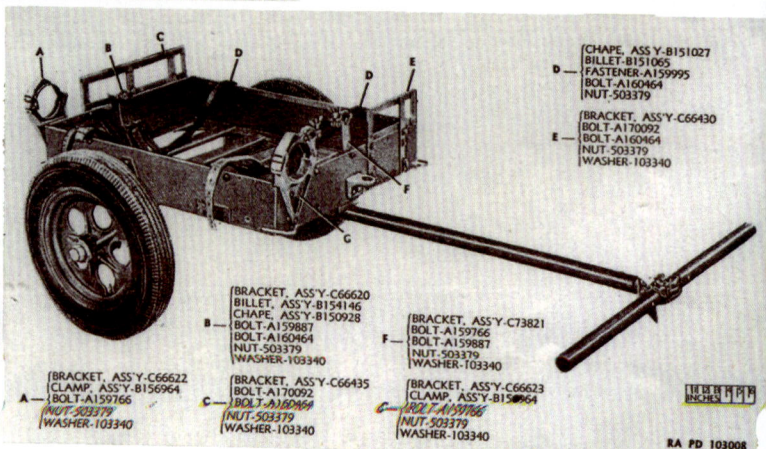

T-5降落伞

　　T-5降落伞于1941年6月被批准采用，有一个主伞和一个备用伞。该型降落伞曾在诺曼底空降行动中使用过，后来对该型降落伞进行了改进，增加了一个用于伞带的快速释放系统，最终出现了新型T-7降落伞。

◀ ▶ 伞具采用白色、绿色或浅橄榄褐色重型背带，有一个附加的带扣缝在右边，在胸部位置可以连接武器袋（见第209页）或炸药包（见第210页）。

▼ 制造于1943年的主伞伪装伞衣上的油墨印记。

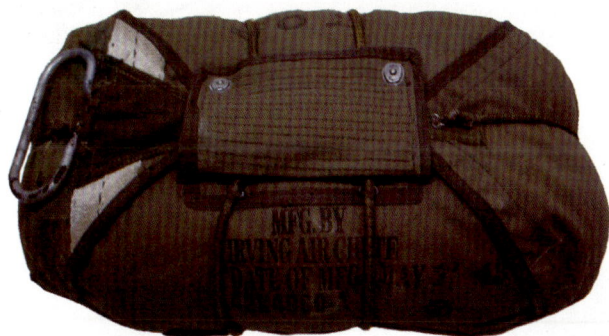

▼ 备用伞包后部视角，有2个加强搭钩可以连接在伞具背部，位置在伞包腹部。

▲ 备用伞由24块伞衣组成，采用白色丝绸或尼龙制造，打包后放入T-5型胸包或AN-6513-1A型胸包。

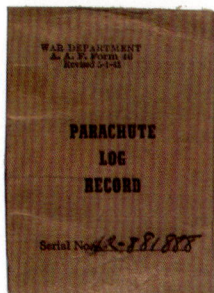

◀ **跳伞记录卡**
通常装在缝在主伞上的特殊卡袋中，记录每一次跳伞、修补或大修情况，直到降落伞除役。

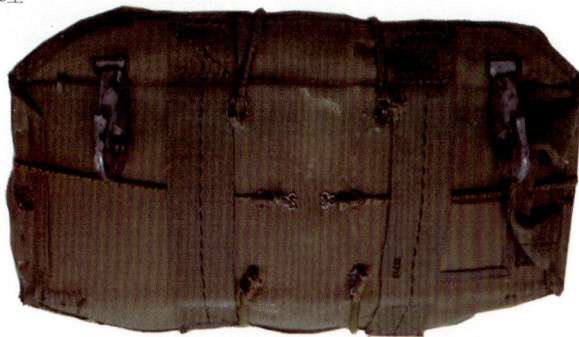

空降兵通信装备

对于空降行动，先行的探路者小队需要及时发送着陆地区情况以引导后继运输机大部队，为此配备了地面无线电信标，这是一种由英国设计，美国制造的产品。飞机仪表盘上有一个称为"雷别卡"（Rebecca）的仪器，即飞机询问应答器，可以发送询问电波，地面无线电信标工作时可以发送信号，进行飞机导航。每枚信标在使用前都要进行前期设置，以确定使用某种频率，来针对某个航空运输机单位。在近距离内，无线电信标可进行短声或莫尔斯信号的交换。由于这种秘密设备在任何情况下都不能被缴获，因此这种设备带有自毁装置。PPN-1型无线电信标曾用于诺曼底登陆行动，后来被PPN-2型取代了。

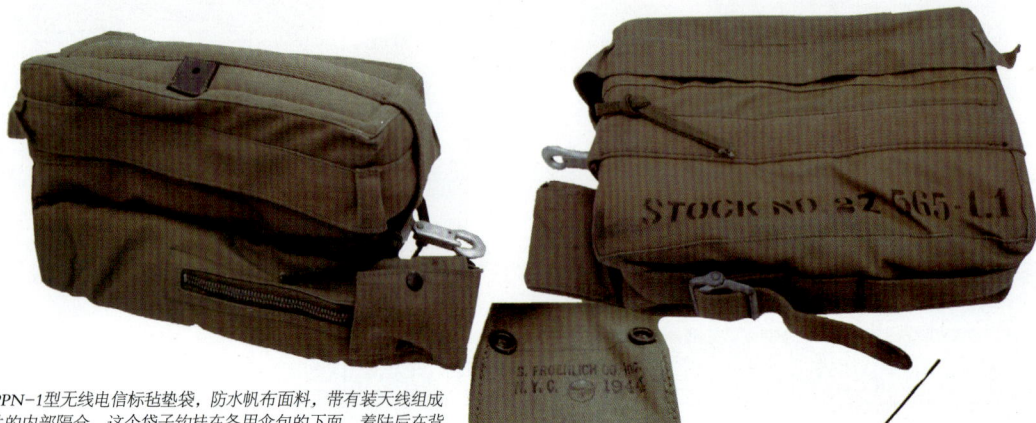

▲ PPN-1型无线电信标毡垫袋，防水帆布面料，带有装天线组成部件的内部隔仓。这个袋子钩挂在备用伞包的下面，着陆后在背部携行。

▶ PPN-2型地面无线电信标使用的AS-73伞状天线，约9.5英寸高，带有3个垂直组件取代了PPN-1型的2个垂直组件，这个天线垂直插在无线电信标的顶部。

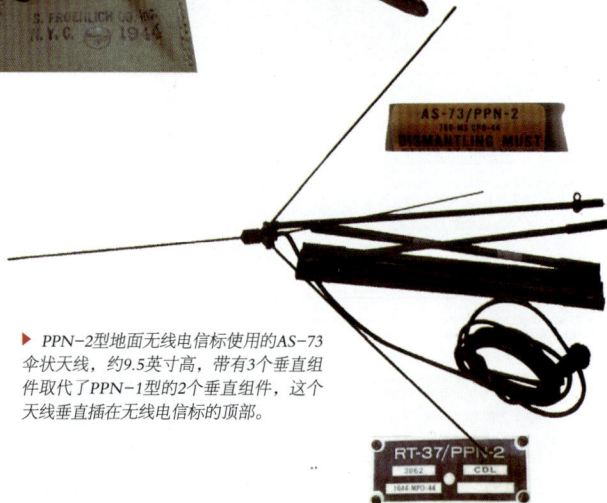

▼ AN/PP-2型无线电信标袋，内部带有毡制衬垫，采用防水帆布制造。

▲ 1944年制造的PPN-2型无线电信标铭牌。

▼ PPN-2型无线电信标参数：5预置甚高频波段。
电源：1块BB-212型2伏电池。
有效距离：15～48英里。
在2个大的频率调节旋钮中间，能够看到红色的自毁按钮，上面还带有一个HS-30耳机插孔和一个启用莫尔斯电码传输的按钮。

▲ 第二种样式PPN-1型无线电信标袋，由涂胶帆布制造。

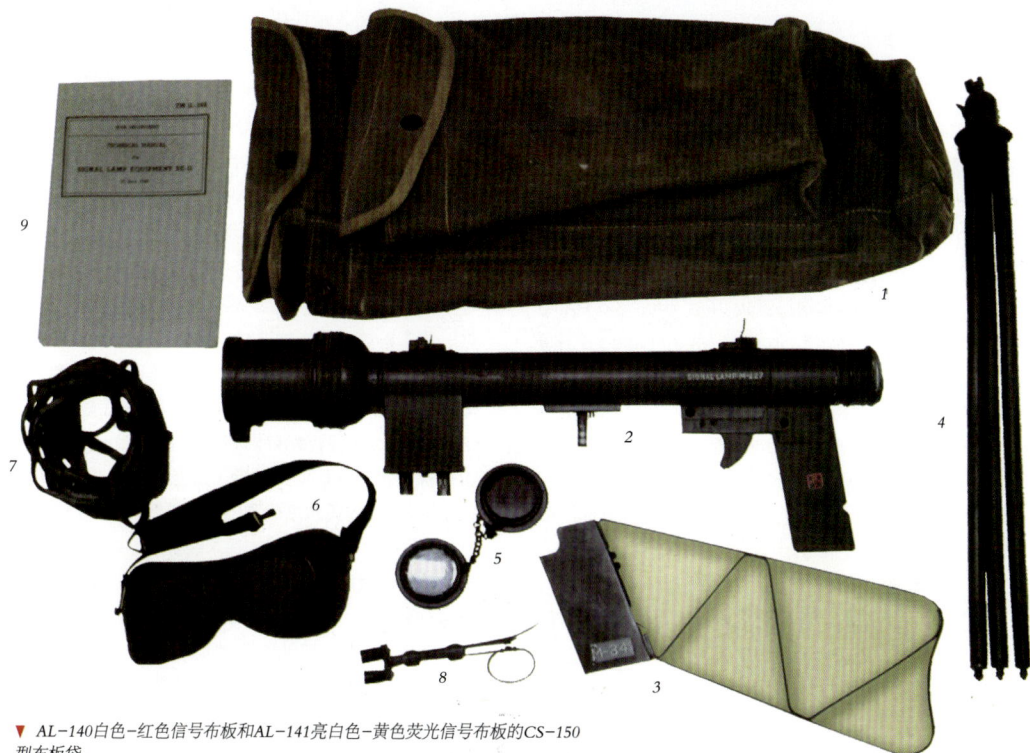

▼ AL-140白色-红色信号布板和AL-141亮白色-黄色荧光信号布板的CS-150型布板袋。

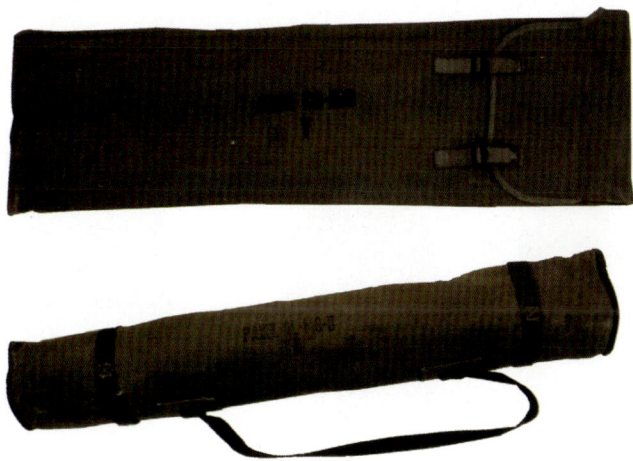

▲ SE-11信号灯设备

便携式闪光灯型信号灯，可以在白天或夜晚发送莫尔斯电码灯光信号，当配上M341型肩托时可以像枪支一样进行瞄准，当把这个信号灯装在三脚架上时，也可通过J-51型触发按键实现远程遥控。在夜晚，闪光灯可依靠添加过滤片发出红色或白色信号。

不配过滤片：日光下使用范围是2000码，夜晚则是800码。

配有过滤片：日光下使用范围是1000码，夜晚是440码。

完整的SE-11信号灯设备包括：

1. 1个BG-131携行包。
2. 1个M-227灯。
3. 1个M-341 可拆卸肩托。
4. 1个LG-21三脚架。
5. 1个MC-430过滤器。
6. 1个M-172夜视镜。
7. 1条CD-701电缆。
8. 1个J-51触发按键，11个LM-61灯泡（10个作为备件），10个BA-30电池（5个作为备件）。
9. 1本TM-392技术手册。

▶ AL-140信号布板，双边，为白色和红色。几个拼凑的布板可以发送讯号进行地空联系。布板可以铺在地面，也可以用胶带粘在车辆上。

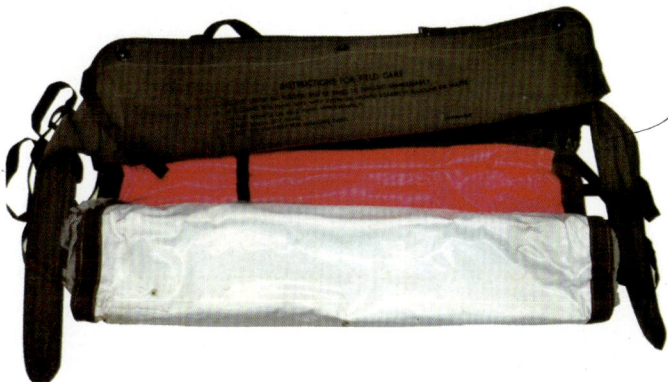

第十一章

山地兵

山地部队简史
第10山地师

1939年苏军开始进攻芬兰，在对交战双方来说都极为困难的冬季战场，芬兰滑雪部队击败了苏军2个摩托化步兵师。这次战事引起了美国国家滑雪巡逻队（National Ski Patrol）主席查尔斯·迈诺特·多尔（Charles Minot Dole）的注意，多尔积极推动组建美国自己的山地和滑雪部队，并于1940年11月向总参谋长马歇尔将军汇报了这个建议，马歇尔将军认为这个建议很有价值，随后命陆军部组建山地部队。1941年12月8日，在华盛顿州刘易斯堡组建了第一支山地部队——第87（山地）步兵营，随后分别在1942年5月和6月组建了2个营，这3个营共同组建了新的第87步兵团，国家滑雪巡逻队担负起了为第87步兵团及后来的第10步兵师招募新兵的任务。

1943年7月15日，以第87山地步兵团为核心，在科罗拉多州黑尔兵营（Camp Hale）正式组建第10轻型步兵师，首任师长为劳埃德·琼斯（Lloyd Jones）。陆军建立的山地训练中心（Mountain Training Center 缩写为MTC）最初在科罗拉多的卡森兵营（Camp Carson），但在寻找到一个更好的冬季和山地训练地点后，最终在靠近科罗拉多州莱德维尔的科罗拉多落基山（Colorado Rocky Mountains）建立了黑尔兵营，1942年11月黑尔兵营被确立为山地训练中心。黑尔兵营海拔高达2800米，这里的训练以磨炼部队在最艰苦的山地条件下作战和掌握生存技能为目的，经过训练全师官兵掌握了越野、滑雪、登山等作战技能。第10轻型步兵师下辖第85、第86、第87步兵团，并在1944年11月6日更名为第10山地师，佩戴蓝白相间的山地师臂章。这个师为三三建制，3个团每团下辖3个营，每营还配有1个重武器连。1945年1月8日，第10山地师经船运抵达意大利后进抵亚平宁山脉北段投入作战。在长达8公里的贝尔韦代雷山—托勒西亚山山脊上，德军防御阵地坚固，其他师3次攻击都未能奏效，后改由第10山地师攻击。该师86团采取夜间沿1500米陡峭悬崖实施攻击，攻敌无备，一举成功，至此在欧洲战场上初战告捷。从此，第10山地师作战势如破竹，接着攻下德军的又一防御要地——贝尔韦代雷山，并在意大利战场的最后决战阶段，作为尖兵部队首先突破德军防线，参加了加尔达湖畔攻坚战。第10山地师在共计114天的战斗中，歼灭5个精锐德军师，但也为此付出了阵亡992人，负伤4154人的代价。经历战争从欧洲返国后，第10山地师再一次驻扎在黑尔兵营，1945年11月30日退出现役。

▲ 一队第10山地师的士兵。

▼ 船形帽内部的标签。

▲ 第10山地师肩章和小尺寸的珐琅徽章。第10山地师肩章于1944年1月7日被采用，肩章蓝色的背衬上交叉的刺刀表明其为步兵，交叉的刺刀也组成了罗马数字X（10）代表其部队番号；臂章火药桶的外形表明该师具有爆炸性的力量。红色、白色和蓝色象征着国家色，臂章上面绣有蓝底白字的"MOUNTAIN"。

▲ 属于第10山地师的船形帽，右边为小型的师徽；左边帽标识为银色交叉的滑雪板上带有青铜的"US"。

▶ 这件胸针，是送给母亲或女朋友的礼物，同时展示在右侧的还有从黑尔兵营寄出的信件。

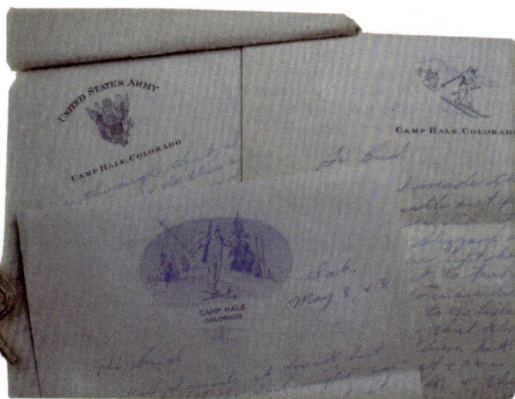

▶ 第10轻型步兵师于1943年7月15日在黑尔兵营组建，随后在1944年6月22日迁移到了德克萨斯的斯威夫特兵营，并于11月6日在这所兵营更名为第10山地师。该师在弗吉尼亚州帕特里克拉·亨利兵营简短停留后，于1945年1月6日在汉普顿路登船前往意大利。

▲ 第10山地师珐琅徽章。

▲ 毡制品刺绣而成的第10山地师的臂章，带有薄纱背衬。

▲ 缝在橄榄褐色衬衫上的第10山地师臂章是标准的美国制造。上面的"山地"布条在一块德国面料底衬上制作，由意大利生产。

山地和滑雪服装

◀ ▶ **山地夹克**

(储存编码：NO 55-J-544-25/55-J-545-90)
3号橄榄褐色府绸面料的防雨防风夹克，属于派克型夹克，发展于1942年，其同样的设计最终演变成M1943野战夹克。山地夹克带有2个胸袋，由近乎全长拉链和带有3个纽扣的前襟闭合，领口下还带有一枚纽扣，2个内藏式下摆口袋配有带纽扣的袋盖。通过与配发的裤腰带一样的一条长腰带穿过腰部的带环来进行收束，但在这个图上这些带环缺失了。山地夹克与一种暖和的衬衫一起穿用，如果需要的话也可以穿用标准的法兰绒衬衫和几件毛衣。
山地夹克独一无二的特征是有一个大容量越过背部的物品袋，左边采用拉链闭合。这个口袋不能在使用背包的情况下用来携带衣物和食物。整体式风帽可能巧妙的折叠进两肩之间的暗袋中。

◀ **编织衬衫**

(储存编码：NO 55-S-7300/55-S-7320)
一种轻便的编织衬衫，带有纽扣闭合的高领，配发给丛林和山地部队，这种衬衫可以穿在标准的羊毛衫外，厚毛衣（见第90页）的下面。

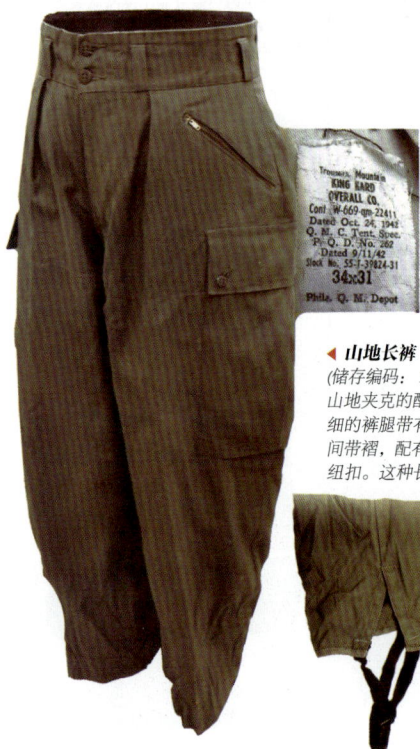

◀ **山地长裤**

(储存编码：NO 55-T-39820-29/55-T-39832-30)
山地夹克的配套长裤，棉缎面料，也是1942年发展的，逐渐变细的裤腿带有2个倾斜式边口袋，由拉链闭合。2个大型腿袋中间带褶，配有纽扣袋盖。长裤带有拉链式门襟，裤腰带带有2个纽扣。这种长裤除配合山地夹克穿用外，也可以配合风雪大衣或后来在欧洲出现的M1943夹克（见第71页）使用，山地长裤需要使用的一种特殊的裤背带，展示在第92页。

▼ 内背带系统可以支撑物品袋装满时的重量。

◀ 裤腿口带有松紧带，可以将裤腿系紧掖在皮靴中。

◀ 可反穿滑雪派克大衣

这件服装根据1941年5月21日第70A规范制造，这是第一种样式滑雪派克大衣，一面为橄榄褐色，一面为白色。大衣采用2块防水府绸面料制造，由直到喉咙处的拉链封闭。

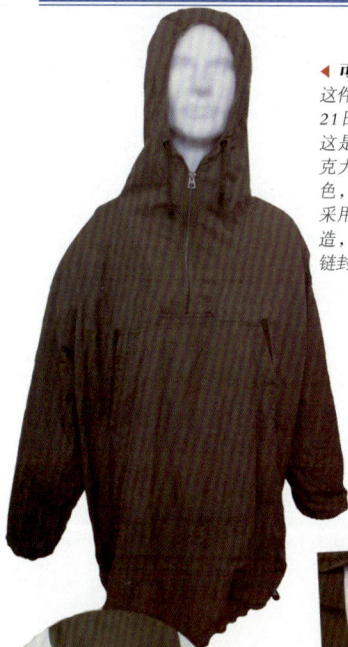

▲ 由拉链闭合的2个大胸口袋。

▶ 大衣下摆带有拉绳。

▲ 袖口由一条松紧带收拢。

▶ 袖口处镶有毛皮，也采用一条细绳收紧。

▶ 鞋舌通常带有军需检查员的戳记。
▶ 鞋的尺码标记印在靴筒内。

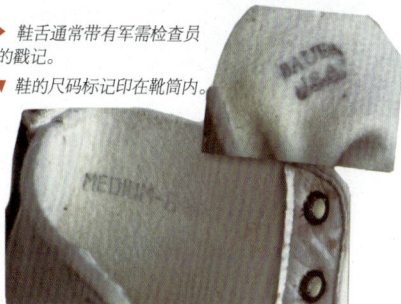

▼ 山地滑雪靴

（储存编码：NO 72-B-2800-32／72-B-2811-66）
由商业运动鞋样式仿制而来，第一种陆军滑雪靴于1941年5月被采用。滑雪靴带有光滑的皮革外底，仅能在使用滑雪板时穿着。在制造了几批滑雪靴后，增加意大利样式生产出的三头钉滑雪靴用于徒步或登山，后来从1943年6月开始，滑雪和山地靴的鞋底采用硬橡胶制造。

◀ 毛皮饰边可反穿滑雪派克大衣

为能寒冷地区使用而采用的棉府绸派克大衣，于1942年7月被这种毛皮饰边派克大衣所取代。新大衣比滑雪派克大衣更长，在前襟也没有向下的开口，风帽和袖口都带有毛皮饰边，胸部的2个倾斜口袋配有带纽扣的袋盖。

▲ 毡制寒区鞋

经过1941年至1942年冬季的测试，证明这些毡制鞋干得比较慢，而且容易发霉，波士顿军需仓库在购买了几千双后，就被雪地长筒靴（见第227页）取代了。

◀ 1943年12月发行的《美国步枪手》杂志封面上的滑雪士兵，将可反穿派克大衣的白色面穿在外面。

▼ 安全滑雪带

滑雪的时候脚踝周围因要绑上滑雪板固定装置而容易受伤，这2条皮带用来在向上坡行进时防止打滑。

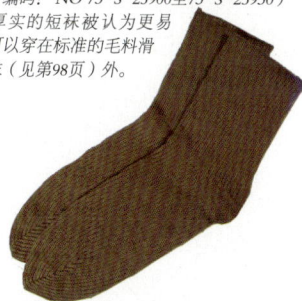

▼ 粗麻布或黄麻短袜

（储存编码：NO 73-S-25900至73-S-25930）
这种厚实的短袜被认为更易干，可以穿在标准的毛料滑雪短袜（见第98页）外。

◀ ▼ 滑雪帽

（储存编码：NO73-C-40000/73-C-40025）3号橄榄褐色的府绸棉帽，依据1942年6月16日78号规范制造，带有可以放下的宽帽襟和可调整的下巴带。第二种类型的滑雪帽并没有下巴带，但带2个金属通风孔，基于新型M1943野战帽发展而来（见第101页）。

▲ 滑雪帽

（储存编码：NO 73-C-4000/73-C-40025）采用橄榄褐色府绸面料剪裁的帽子，取代了左侧的帽子。这种新型滑雪帽保留了耳模，但将下巴带去除了，2个通气孔添加到了帽冠两边。

▼ 带镜盒的10件第二种样式的山地滑雪护目镜（见第227页）包装盒，福斯特·格兰特公司也生产这种护目镜和镜盒。

▲ ▶ 第二种样式的护目镜备用镜片。

▼ 宝丽来商业样式的护目镜，这种商业护目镜更宽，醋酸纤维镜片和镜框与M1943护目镜（见第106页）更相似。宝丽来（Polaroid，台湾称为拍立得）公司于1937年由艾德温·兰德（Edwin Land）和乔治·威尔怀特创立。兰德是个发明天才，1926年兰德中断了自己在哈佛大学的学业，开始光学研究。1928年兰德发明了最初的合成薄片偏光镜，1929年兰德获得了第一个合成偏光镜专利。初创时期，兰德偏光镜的产品包括摄影滤镜、太阳镜、防眩光飞机窗户，也成为1937年宝丽来公司的第一批产品。宝丽来早期以生产太阳镜和发明其他光学技术为主。1940年，宝丽来发布矢量3-D图片，展现了公司对原有技术的新应用，扩大了偏光镜在摄影领域的应用。在其他领域，矢量图还被应用于航空侦察测量。1941年宝丽来成功研制出机枪训练器材。1942年宝丽来为军队生产装备，宝丽来全功能防尘眼镜投入军用。伴随着对瓜达卡纳尔岛的入侵，航空宝丽来矢量图在军事侦察中大量使用。偏光镜和非偏光滤镜应用于海军装备，宝丽来并被要求建立玻璃光学部，民用太阳镜因为原材料的限制暂停生产。1943年宝丽来研制出一种方位角测量仪，能够测量出航空器的飞行高度。1944年，兰德研制出一次成像（One-Step）摄影系统。1945年随着战争的结束，宝丽来开始将重点转向民用产品研究和生产。

▼ 山地滑雪护目镜

这些带有三角形彩色镜片的护目镜与展示在第227页的护目镜完全不同，镜盒上盖刻有制造商标记——马萨诸塞州莱姆斯特（Leominster）的福斯特·格兰特公司（the Foster Grant Co.）。

Replacement Acetate Lens
For Ski-Goggle

COLUMBIA PROTECTOSITE CO., inc.
CARLSTADT, N. J.

To insert this replacement lens, unscrew the endpiece. Remove glass lens. Insert replacement lens. Hold lens in outside groove of retaining rim, keeping eyecup rim in inside groove. Screw endpiece together.

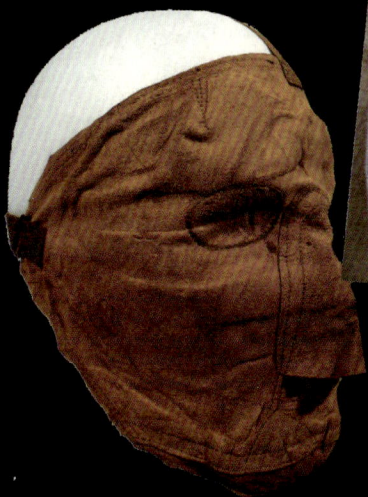

羚羊皮野外面罩

这种采用厚羚羊皮制造的面罩主要用来保护面部，防止狂风和冷空气，由使用者割开眼部开缝。

▶ 为了与周围环境相融合，在积雪覆盖地区战斗的部队将橄榄褐色毡制面罩反面向外穿着。

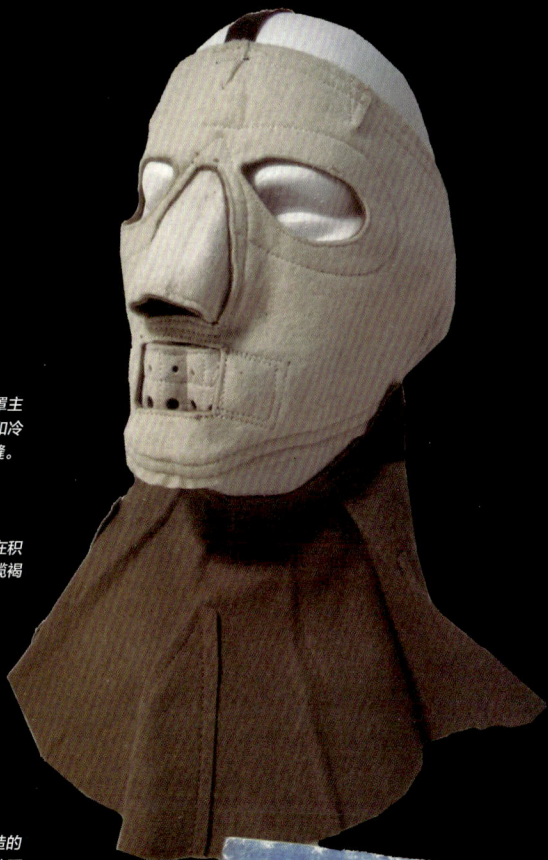

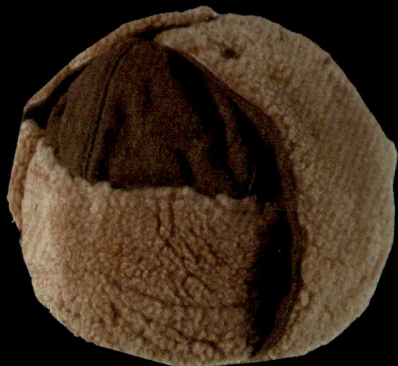

羊皮衬里冬帽

用橄榄褐色毛哔叽和羊皮制造的冬帽，其特征是带有可以盖住耳朵和大部分面部的大帽襟。这种帽子也作为阿拉斯加配发装备的一部分，但当1941年确定完整的山地装备时并没有被保留下来，主要原因是因为这种帽子并不能防水，然而在部分地区仍然有军人戴着这种帽子。

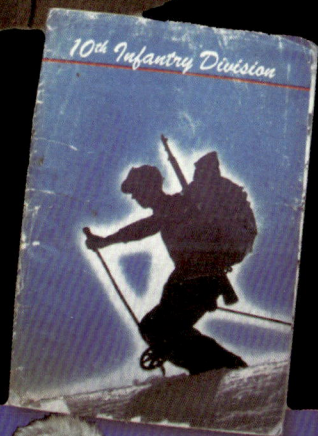

▶ 1944年9月，一本由第10山地师发行的小册子的书页照片，这名滑雪士兵戴着羚羊皮野外面罩。

▶ **毛皮双面滑雪风雪大衣（以及左下图）**
(储存编码：NO 55-P-4903/55-P-4909)
最终样式的双面(绿色-白色)风雪大衣（1942年7月14日第201号规范），由2层防水府绸面料制造，风帽带有修剪的狼毛。袖口和倾斜内口袋采用塑料纽扣扣紧，大衣底部的细绳可将大衣在腿部进行收紧。

这种样式的风雪大衣取代了以前的不带修剪毛皮的滑雪双面风雪大衣（1941年5月22日第70A号规范）和带有修剪毛皮的双面风雪大衣（1941年5月21日第66号规范），后面这种大衣是更长一些的款式，用于寒冷地区，袖口和风帽带有修剪过的毛皮。

▲ 这名士兵穿着他的双面大衣，他将白色面穿在外面，风帽包住了他的钢盔。

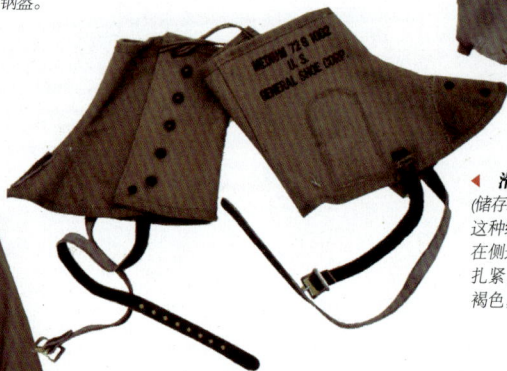

◀ **滑雪绑腿**
(储存编码：NO 72-G-1000/72-G-1004)
这种绑腿和山地靴一起被使用，它可以在侧边系紧并可用下皮带将皮靴从上面扎紧，早期的式样如图所示为3号橄榄褐色，1943年变为了一种深绿色。

▼ **橡胶防滑鞋底滑雪靴**
(储存编码：NO 72-B-2845-50/72-B-2851-16)
采用皮革制造的厚靴，带有橡胶防滑鞋底，鞋底边侧带有用螺钉固定的金属片，以防鞋底被滑雪板固定装置损坏。1943年橡胶鞋底皮靴被可以绑上三齿钉型防滑鞋钉的皮质鞋底皮靴取代了。

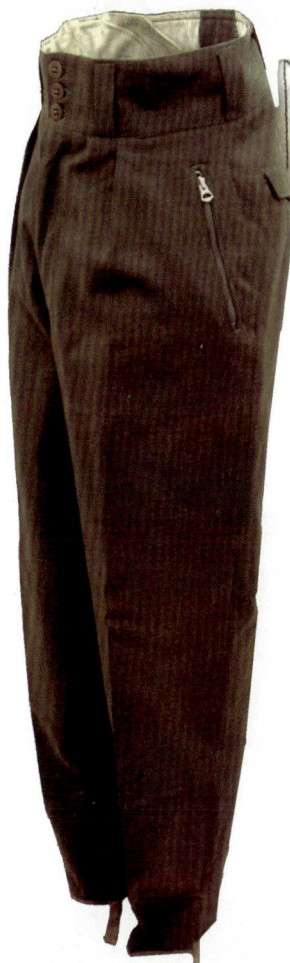

◀ 滑雪毛料长裤

(储存编码：NO 55-T-41210/55-T-41339)
锥形长裤于1941年被批准（1941年6月23日第75号规范），采用褐色哔叽面料制造，带有2个由拉链闭合的边口袋，2个臀袋带有纽扣袋盖，门襟由拉链闭合，在裤腰上还带有3个纽扣，裤腿口带有松紧带。

▲ 山地滑雪护目镜

(储存编码：NO 74-G-79)
配发给山地部队的绿色玻璃护目镜，用来防止雪盲，护目镜带有一个人造皮镜盒，并配有2个备用镜片。这种样式的护目镜取代了其他样式的山地护目镜，老护目镜采用的是三角形镜片，并且带有一个由2个按扣闭合更大一些的镜盒。

◀ 白色滑雪长裤

((储存编码：NO 55-T-41005/55-T-41070)
长裤的裤腰和裤腿口采用细绳扎紧，可以套在滑雪裤、山地裤或者是其他长裤的外面。

▼ 雪地长筒靴

(储存编码：NO 72-B-1130 / 72-B-1132)
这种靴子顶部采用白色帆布制作，底部则为鹿皮或山羊皮，模仿爱斯基摩人的长靴样式。帆布的鞋带可以调整，在靴筒顶还带有系绳，之所以采用帆布靴筒是因为这种面料更有利于汗气的渗透蒸发，这样就可以减少冻伤的危险。这种长筒靴可以用于极其寒冷地区，穿着这种靴子也可以像海豹皮靴一样在雪地中行走，当然需要穿上一双厚袜子再垫上毡制鞋垫。

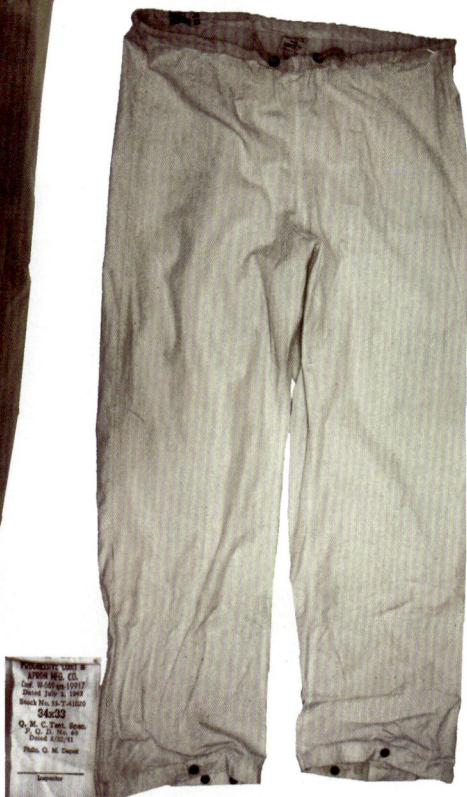

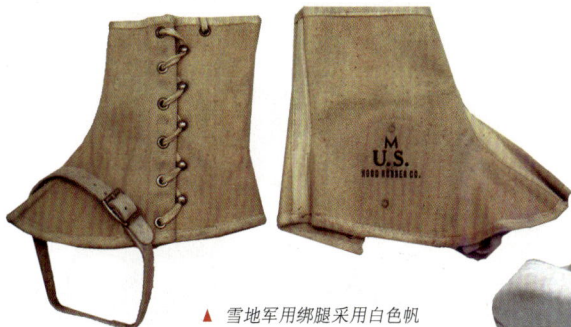

▲ 雪地军用绑腿采用白色帆布制造以便于雪地伪装。

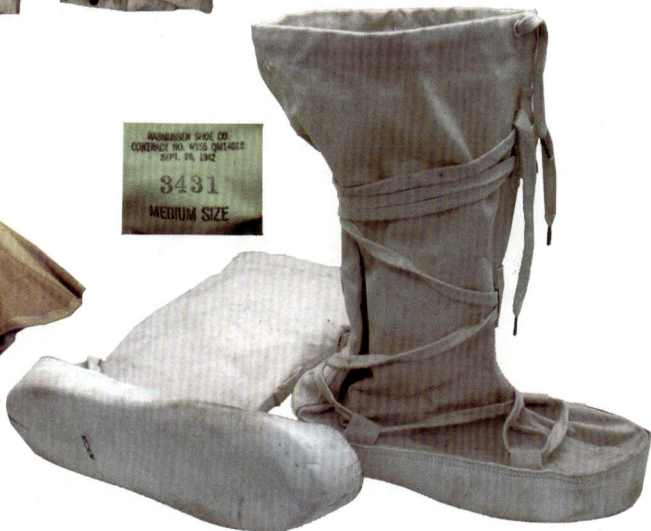

山地部队装备

▶ **山地冰镐**
冰镐是最重要、用途最广的登山装备之一。1942年陆军批准了这种山地部队装备，用来凿冰攀登和探查冰隙。冰镐上面只带有制造商的名称标记——埃姆斯（Ames）。

◀ 近距离观看滑雪板的绑定装置，带有一圈金属丝，后面的钢绳可以卡在鞋跟后边的凹槽上。

▲ **山地雪掸**
用来在进入帐篷前将衣服或装备上的积雪掸去。

◀ 采用山核桃木制造的滑雪板是1942年批准的装备，共用3种长度：70英寸、73英寸和76英寸。固定装置为坎大哈型（Kandahar），带有钢绳绑紧装置。雪杖也采用同样的木质材料和钢制造，也有4种长度：51英寸、53英寸、57英寸和60英寸。

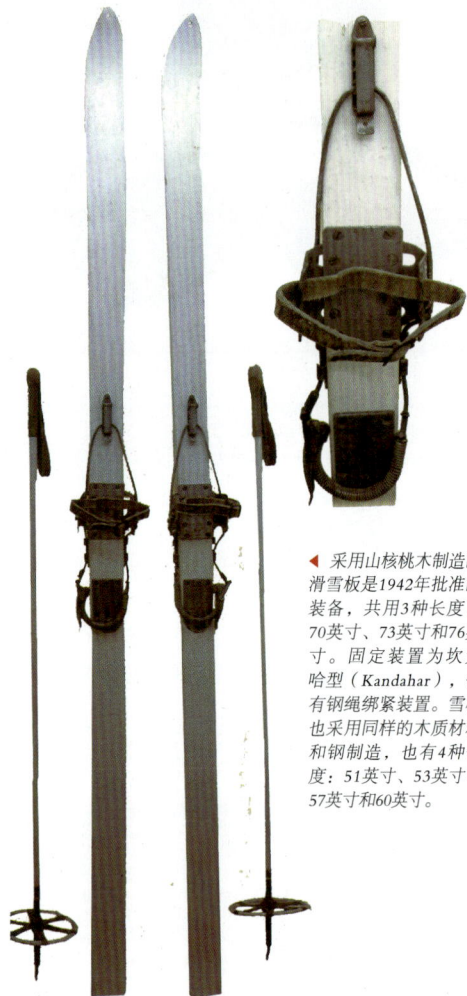

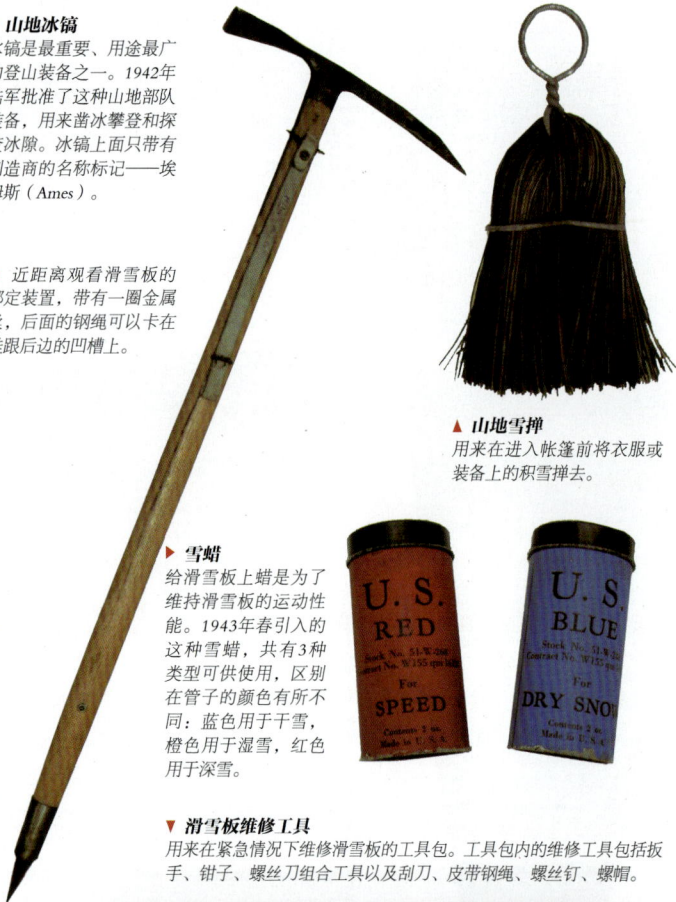

▶ **雪蜡**
给滑雪板上蜡是为了维持滑雪板的运动性能。1943年春引入的这种雪蜡，共有3种类型可供使用，区别在管子的颜色有所不同：蓝色用于干雪，橙色用于湿雪，红色用于深雪。

U.S. RED For SPEED Contains 2 oz. Made in U.S.A. Stock No. 51-W-264 Contract No. W155 qm

U.S. BLUE For DRY SNOW Contains 2 oz. Made in U.S.A. Stock No. 51-W-263 Contract No. W155 qm

▼ **滑雪板维修工具**
用来在紧急情况下维修滑雪板的工具包。工具包内的维修工具包括扳手、钳子、螺丝刀组合工具以及刮刀、皮带钢绳、螺丝钉、螺帽。

U.S.

▲ **防滑冰爪**
通常用于在冰上行走，上面带有短鞋钉，有许多可以调整大小的接头，采用编织带和带扣绑在鞋上。

▶ **山地冰爪**
冰爪是冬季登山或者高海拔登山的必备器械，用来在很滑的冰面或者雪地上站稳脚跟。这种坚固的冰爪带有1.5英寸的抓齿，可以用皮带采用系带方式将其绑在鞋上。

◀ **藤蔓雪鞋（10×58英寸）**
雪鞋是通过将人体的重量分散在更大的区域，来避免脚部完全陷入雪中。这种大尺寸的雪鞋更适用于没有阻碍的地形，展示在这里的雪鞋并没有固定装置，这种雪鞋可适用于寒区鞋（见第99页）、山地靴（见第226页）和雪地长筒靴（见第227页）。

▶ **带掌雪鞋（13×28英寸）**
这种规格的雪鞋用于灌木丛地带或树林地区，用宽皮带和一个可以活动的金属件固定，长皮带绑在鞋后跟上。

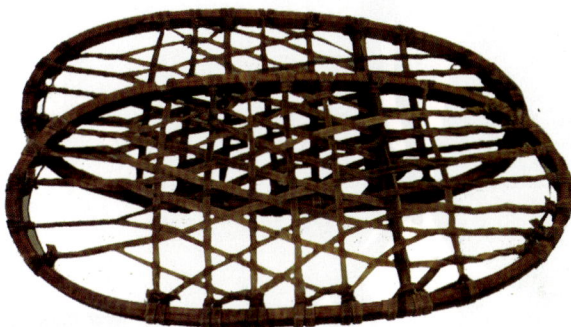

▲ **备用雪鞋（10.5×20英寸）**
这种更小一些的雪鞋用于滑雪板不能使用的场合，在背包内携带，捆绑用的生皮绑绳有55英寸长。

▶ **山地雪鞋垫**
用于使用雪鞋时垫在钢防滑钉山地靴下面的生皮垫。

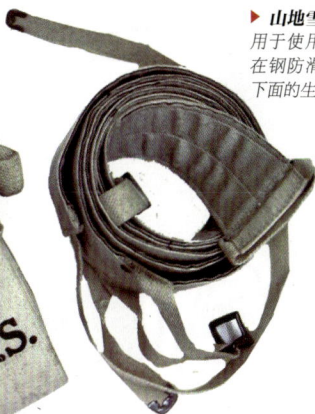

▲ **登山和攀岩用的岩钉、锤子**
特殊的山地部队用锤子，用于攀登时将岩钉打进岩缝中，展示在这里的软钢岩钉为 I 型、II 型和V型（从下到上）。

▲ **马海毛滑雪板脚扣带**
根据滑雪板的长度，具有三种尺寸。

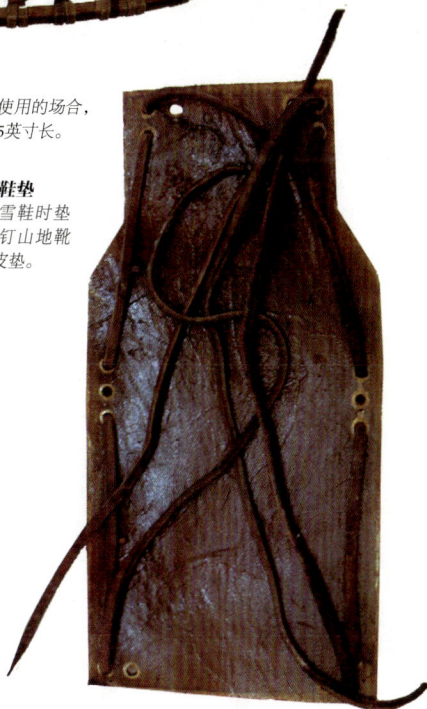

第十二章
工兵

工兵简史

工兵是陆军中任务最为繁杂的兵种之一，它的起源可追溯到1775年6月16日大陆会议决定在"大陆军"中设立1名总工程师和2名总工程师助理。1775年7月3日，华盛顿将军任命理查德·格里德利为总工程师，他上任后首先做的工作之一就是在布里德高地布防，后来又指挥修建防御工事，迫使英军于1776年3月撤离波士顿。2年后，大陆会议批准成立3个工兵和布雷兵连，1779年正式任命第一个工兵司令，1802年3月16日议会决定正式成立工兵，并在西点为其开设一所军事院校，此后64年，西点几乎完全成了一所工兵学校。在后来的墨西哥战争中，美国的胜利使得工兵获得了更多的荣誉，在南北战争中军事工程变得更为复杂，在架设浮桥、构筑防御阵地和铺设铁路供给线以及参与攻城等方面，工兵都取得了许多成就。第一次世界大战是工兵成就的辉煌时期，工兵部队由256名军官，约2220名士兵发展为11175名军官和约285000名士兵的庞大力量。在一战中工兵具备了许多职能，包括建设港口、船坞、公路、桥梁、运输设施、军营、医院和仓库；他们还负责绘制地图，伪装，埋设、清除地雷，设置障碍以及分析地形等任务，当时工兵成为陆军各类师的建制单位。在一战和二战之间，工兵的使命仍然没有变化，工兵时刻准备着为战争而努力。

有许多人试图用简单的词汇来描述和研究历史上最为复杂的战争——第二次世界大战，什么"空中战争""机械化战争""两栖战争""机动战争"。因为许多战役注重通过空中、海洋和陆地的机动能力，因此工兵的首要任务就是确保己方或阻碍敌方这种机动能力，因此二战也被称为"一场工兵的战争"。在第二次世界大战中，美国军队进行的远距离部署，以及二战的全球战争性质也导致了后勤距离更加的遥远，因此建设军事基地和交通道路成为工兵更加重要的使命。在第二次世界大战期间，工兵完成了许多任务，包括穿越缅甸、中国、印度的山川和丛林建造公路；在无数的太平洋岛屿和环礁上清除致命的海难障碍物；工兵人员驾驶登陆艇运送部队登陆；将岛屿转变为提供支援的基地。工兵的工作从澳大利亚一直持续到日本东京。在英国，工兵建设各类野战机场、兵营、仓库和医院，在意大利清理被德国人破坏的港口，在废墟中确保道路畅通，架设越过各种河流的桥梁，清理诺曼底海滩确保部队通过。工兵经常在敌人的炮火下工作，他们搭建了越过莱茵河的浮桥，确保部队和物资的运送。工兵成了陆军不可缺少的组成部分，为战争奠定了胜利的基础。工兵同时也发展了战术和装备，完善了组织，训练了平民士兵。

在1939年6月30日，陆军正规军中工兵部队拥有786名

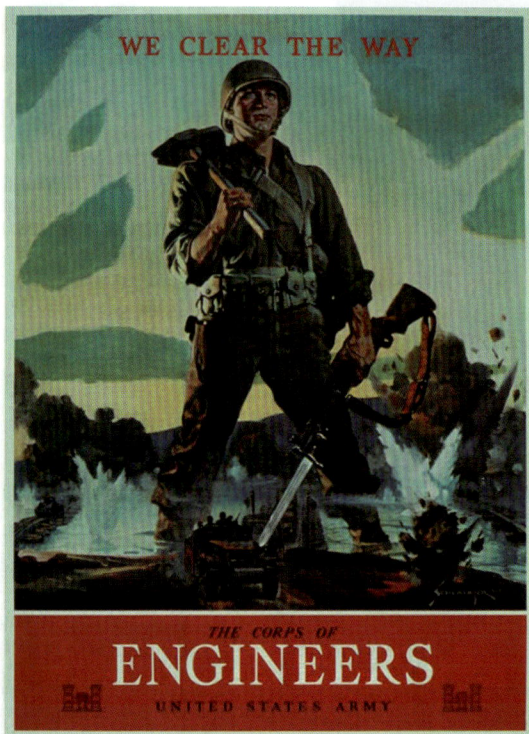

军官和5790名士兵。大部分军官被分配到了职业教育办公室（OCE）、民事行政区、后备军官训练团（ROTC）单位或是负责完成陆军部交办的各种工作。其中只有少数不超过四分之一的军官与野外部队一起履行他们的职责，虽然工兵军官主要是由美国军事学院委任的，但也有一些平民或预备役获得了正规部队的任务。工兵部队对于吸收新军官并不考虑其出身背景，仅经过一定的训练即可，当然对其也有一定的要求。工兵的5790名士兵当中，有许多是高级士官，已经在部队服役多年，其中有300多名工兵被分配到工兵学校、部队辖区和各部门总部负责相应的工作。1939年，新征召的士兵背景开始向好的方面变化，他们更年轻，受过更多的正规教育，但由于20世纪30年代经济大萧条失业率过高的结果，他们获得的技能比较少。这时候的正规工兵部具有双重职能即可履行职责和培训新人。大部分工兵部队投入了大量的时间来铺设道路，建设简单的建筑物或风景花园；还有一些帮助指导建立夏季营地，测试新型技术和装备；也有一些在海外基地和军事学校承担更具体的任务，这些工作阻碍了部队进行系统的训练。由于当时的工兵部队规模小、数量少（1939年时只有12个）、设备短缺，尤其

缺少现代化的装备。部队军官被迫只能临时进行和模拟一些训练，这导致其野外训练被扭曲且不切实际，因此达不到训练效果，这就是当时美军工兵部队的真实状况。

陆军试图通过强调个人教育来弥补不太完整的部队训练的不足，因此工兵部队举办了一些培训班，培训士兵成为爆破专家、电工、木匠；军官则进入军事学校扩展知识面，包括指挥和参谋学院、陆军工业学院；特殊训练则在陆军的各兵种学校进行。工兵军官的骨干训练主要还是在工兵学校进行为期九个月的培训，学习包括陆军组织，工兵部队，军事史，动员问题，培训管理，指挥和后勤原理，骑术，工兵战术以及关于武器、测绘、筑垒、建筑等方面的技术知识，所有军官都盼望能

参加这些课程。但由于教官队伍不稳，教学能力的不足，阻碍了这些培训计划的实行。这些在培训、人力和设备方面的典型缺陷，也是30年代美国陆军的一个缩影，陆军并不能提供强大的战斗力。在欧洲战争爆发后，陆军部开始努力提高军备水平，进行了有限的重组和扩充，对于工兵部队的成效是显而易见地带来的更多的军官和士兵。工兵部队在1939年6月30日拥有786名军官和5790名士兵，1940年6月士兵数量激增到9973名；但这仅仅是初始的细流，未来一年里新兵队伍将如汹涌而来的急流一样迅速壮大。1943年12月工兵部队实力达到了561066人，1945年5月工兵部队达到顶峰时期，拥有688182人，占陆军总数的8%。

▲ 工兵军官领徽。

▲ 1944年7月25日，属于第1集团军工兵单位的一台推土机正在填补一个在"眼镜蛇"行动中造成的航空炸弹坑。

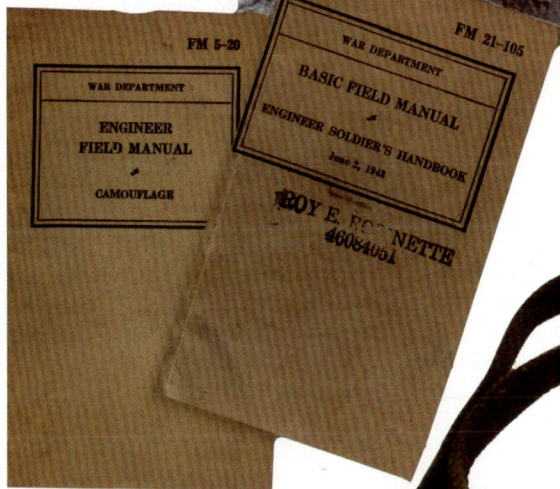

▼ US/F型红外线探测器
比对参照表，通过红外线测定金属合金成分和抗拉强度的手动装置。

测绘装备

▼ 用于地形测量的大型帆布和皮革测量工具箱，带有可拆支腿的画图板、尺子、圆规、铅笔、纸张等。

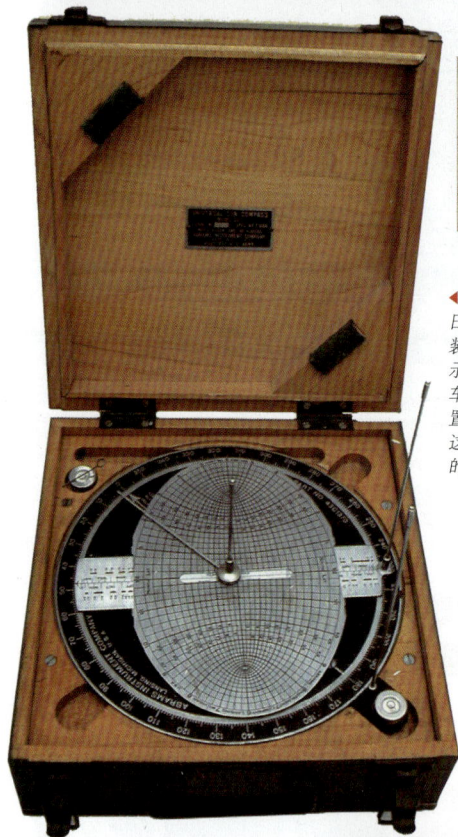

UNIVERSAL SUN COMPASS
MODEL SC-1
SERIAL NO ____ SPEC. NO T1698
MFR'S ASSEM. DWG. NO 43D1360
ABRAMS INSTRUMENT COMPANY
LANSING, MICH. U.S.A.
PROPERTY U.S. ARMY

◄ ► SC-1型通用日光罗盘
日光罗盘是一种机械和视觉装置，利用太阳方位图来指示方向。这种装备装在军用车辆太阳光可以照到的位置。与常规罗盘不同的是，这种罗盘不受电气设备产生的磁场影响。

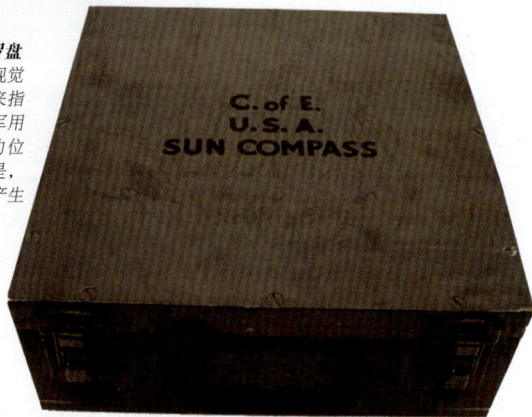

C. of E.
U.S.A.
SUN COMPASS

► 水平定位器
用于建筑工程进行水平定位的仪器。

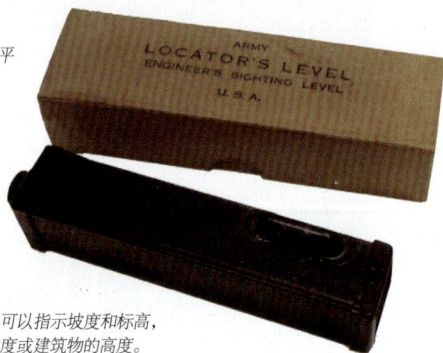

ARMY
LOCATOR'S LEVEL
ENGINEER'S SIGHTING LEVEL
U.S.A.

◄ ► 测斜仪
测量仪器，可以指示坡度和标高，以及地形坡度或建筑物的高度。

地图读取

工兵军官领徽，于1839年被采用，为三塔城堡图案。这些防御城堡和工事符号代表独立战争期间大西洋沿岸建设的各种要塞。

◀ FA-112型测高仪
由华莱士和蒂尔公司（Wallace and Tiernan Inc.）制造的这种仪器，用于计算坡度。

▲ 40号地形调查表。

构建与修理

▼ 由2个人使用的宽刃锯，用来切割木材或树干。

◀ ▶ 配发给工兵的搭建或修复通信线路的备忘录和技术手册。

▶ TE-33工具设备
由通信部队设计和配发的一种工具，由工兵拼接电线使用。皮革的CS-34工具腰包内装有TL-13钳子和TL-29电工刀，打开的电工刀有2种刀片，一种是常规刀片，另一种刀片带有螺丝刀功能。

航空照片解读

▼ 航空照片的判读是工兵的基本职责之一，通过侦察飞机拍摄的地面照片带有部分重叠，判读冲洗出的航空照片就需要使用图中展示的这种放在照片垂直上方的立体镜。

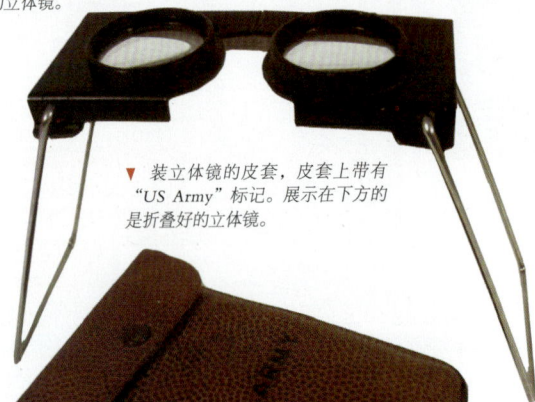

▼ 装立体镜的皮套，皮套上带有"US Army"标记。展示在下方的是折叠好的立体镜。

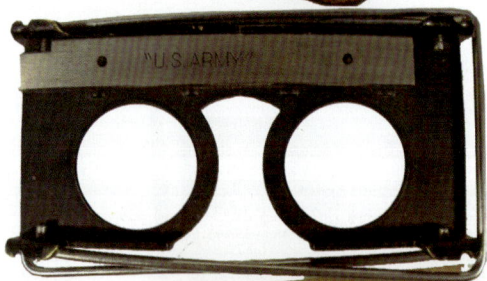

▲ 这张诺曼底阿弗朗什（Avranches）地区的航空照片摄于1944年7月25日，是发起"眼镜蛇"行动的日子。阿弗朗什于7月30日获得解放。

▲▼ F-71立体放大镜

纽约费尔柴尔德航空公司（Fairchild Aviation Corporation）设计的这种仪器，带有4个可折叠支脚和4倍可拆卸双目放大镜。

▼ 这件带有隔断的F71立体放大镜木质包装箱，在盖子上靠近皮革提手的位置带有工兵部队的标记。

排雷装备

SCR-625型地雷探测器

　　SCR是英文Set Complete Radio的缩写，作为美国军用无线电设备的型号前缀。SCR-625地雷探测器于1942年9月开始生产并供应部队，这种探测器以其独特的外形特征而为人所熟知，可用来探测埋深在6~12英尺地下的金属地雷，这种性能完全可以被接受，因为很少有地雷埋深超过12英尺。探测器带有6英尺长可以握持的探测杆，在探测杆的另一端带有圆形的探测线圈，在操作者背部的背包中带有干电池，谐振器附在操作者肩部，还配有一副耳机，整个探测器的重量是7.5磅。在同年11月摩洛哥登陆行动中SCR-625型探测器首次被使用，总体而言这种新探测器性能表现良好，成为在北非普及的一种陆军装备，但也有2个严重缺点：一是不能防水，另一个是相当的脆弱。

完整的地雷探测器由以下设备组成
1个BC-1141放大器装置
1个BG-151背包
1个BC-1140控制盒
1个M-350探测杆
2个M-356谐振器（1个备用）
1个C-446探测盘
1条ST-56背带
2个BA-30电池
1个BA-38电池
1个CH-156运载箱

▲ 摘自TM-11-1122技术手册的内页。

◀ 地雷标示装备，这种延长的袋子可装运黄色的反光标示旗。可以把标识旗插在一些木桩顶上以保证在高高的杂草中也能被看到。外面的口袋装有白色或黄色的工兵带，用来标识已经清理完毕的地雷区。

▶ 用来清除地雷的地雷探针，由金属长针和木质握柄组成，刺刀也可以用于同样的目的。

▼ 一个用来装运分解的SCR-625型地雷探测器的CH-156-F型箱子。

▼ SCR-625地雷探测器拆解后可以装进这种特制的箱子。

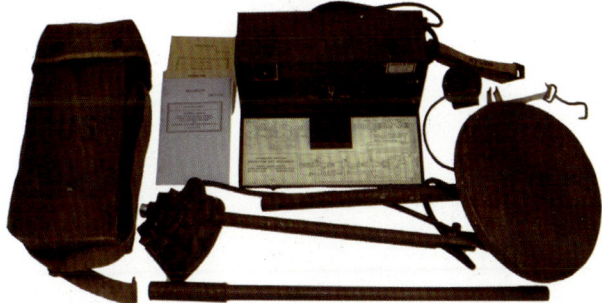

▲ SCR-625地雷探测器的主要部件。

▶ 这本发行于1943年6月的扫雷手册由位于阿尔及耳的盟军总部工兵处出版，罗列了所有的交战双方使用的土埋地雷和陷阱。白色或黄色的带卷用来标识已经排完雷的小路范围，这种带卷成对采用特制背包携带。

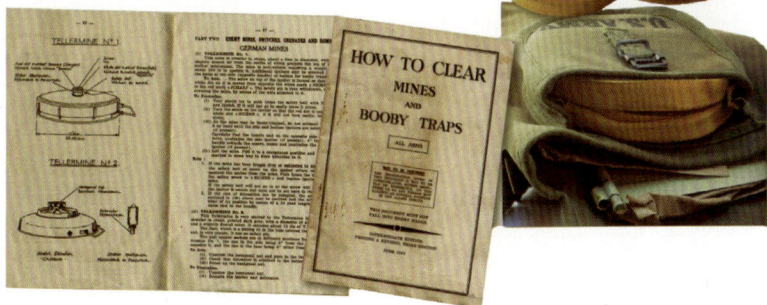

AN/PRS-1地雷探测器

　　AN代表陆军和海军（Army an Navy），表明它是这两个军种的联合命名。AN/PRS-1地雷探测器于1944年1月被采用，通过密度差异来探测地雷，因此能够探测到非金属的德国木质地雷和玻璃地雷。

完整的地雷探测器由以下设备组成
1个AM-32放大器装置
1个CY-90背包
1个DT-5探测头
1个MX-125可伸缩探测杆
1个M-256谐振器
1个HS-30耳机
1个CX-122电缆
1个CX-123电缆
天线护角
1个CY-91运载箱

▲ AN/PRS-1地雷探测器的CY-91运载箱。

▼ AN/PRS-1地雷探测器分解后可以装在这种专用箱中。

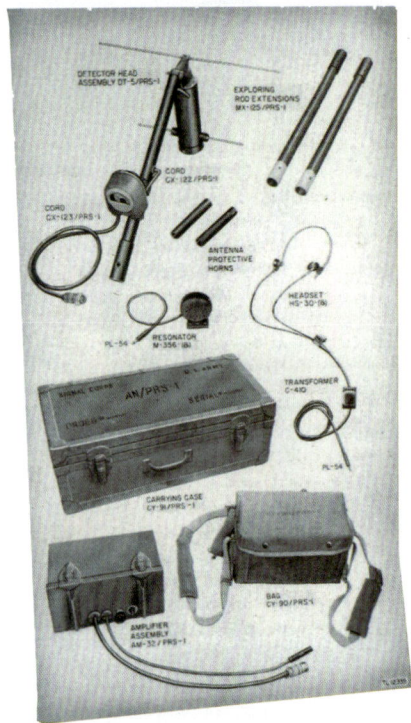

▲ TM 11-1151技术手册的摘录，展示了探测器的主要部件。

▼ 工兵树立的金属涂漆标志牌，表明正在进行局部地雷清理工作。

MINES IN VERGE

▼ TM 11-1151技术手册内的另一张插图，展示了这种地雷探测器该如何使用。

爆破装备

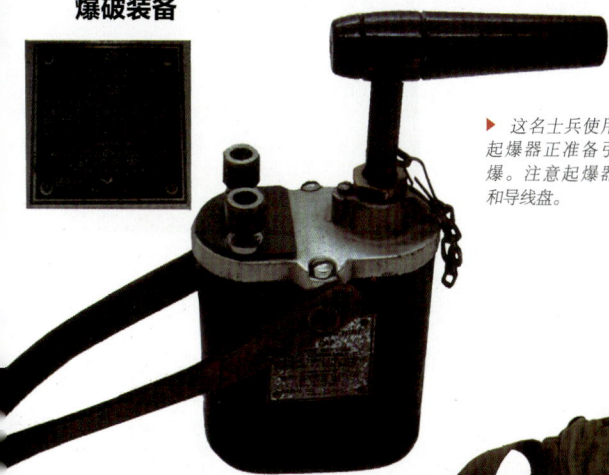

▶ 这名士兵使用起爆器正准备引爆。注意起爆器和导线盘。

▲ **起爆器**
机械起爆装置，通过导线连接起爆管，击发雷管后进而引爆主炸药。

▶ **炸药背包**
这种帆布背包可以装8块C2炸药，2个预先装好的炸药包装在一个特制的木箱中。

▶ **工兵导线盘**
红色塑料护套表明这种线缆作为信号导线，通过电发火引爆炸药。

◀ **爆炸电流计**
特殊工具用于测试连接电起爆管的电路。

▼ **特种绝缘胶带**
制作爆炸物时使用，依附其他物品或用于引信防水等。

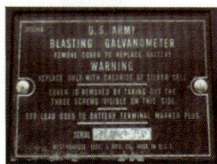

▼ 一个大型破坏装备背包，装有TNT炸药块，并带有一个装有工兵附件的小口袋，内装引信、拉发或松发引爆器、导爆索连接夹、绝缘胶带、折刀、M2雷管钳等物品。

▼ 1磅的TNT高爆炸药。

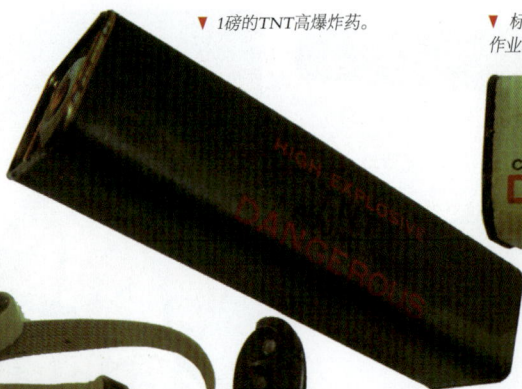

▼ 标准的半磅TNT炸药块，大多数在工兵爆破作业时使用。

HIGH EXPLOSIVE
TNT
½ POUND NET
CORPS OF ENGINEERS, U. S. A.
DANGEROUS

▼ 大尺寸的钢丝钳，带有绝缘橡胶手柄。

◄ M2型功能钳和雷管钳，一个手柄的尖端可以作为螺丝刀使用；另一个手柄尖端可以在TNT炸药块上钻一个小孔来插入引信。钳爪可以调整引信起爆管或导爆索的长度。

▼ 这种金属盒放在小型炸药包内，用来携带各种炸药必需品。

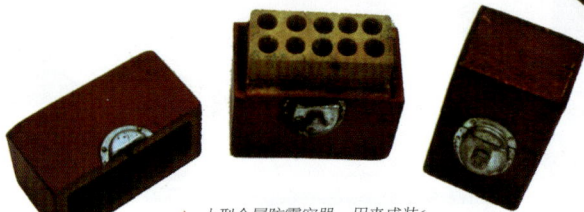

▼ 电起爆管和配套的12英尺长的电线。

▲ 小型金属防震容器，用来盛装6或10个非电引信。

▼ M1不干胶贴
特殊的胶贴，可以在任何表面的任意位置粘住15块TNT炸药块。

► M1发火引信
拉发式引信，保存在红色硬纸板筒中。

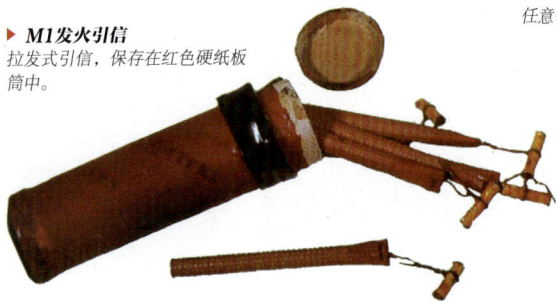

ELECTRIC BLASTING CAP
12-ft. WIRES
Ensign

INSTRUCTIONS
FOR USE

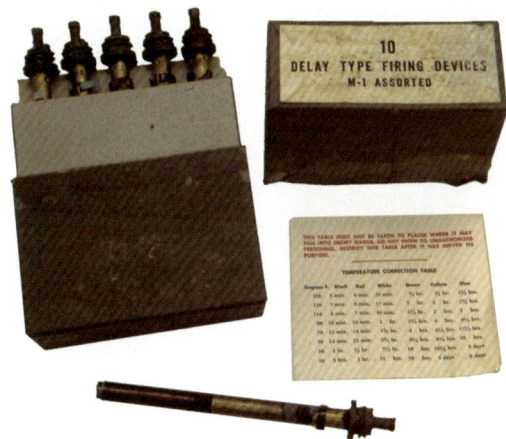

◀ 各种各样的M1延迟型引信

这是一种化学延迟引信，内部装有酸液玻璃瓶，靠酸液腐蚀金属丝来控制延迟。印制的表格给出了如何根据环境温度和安全销颜色去设置延迟时间，其延时的时间根据保险片材料及酸液的浓度不同而有所不同，最短延时为3分钟。

▼ 可装5枚美国造延迟引信的扁平铁盒。

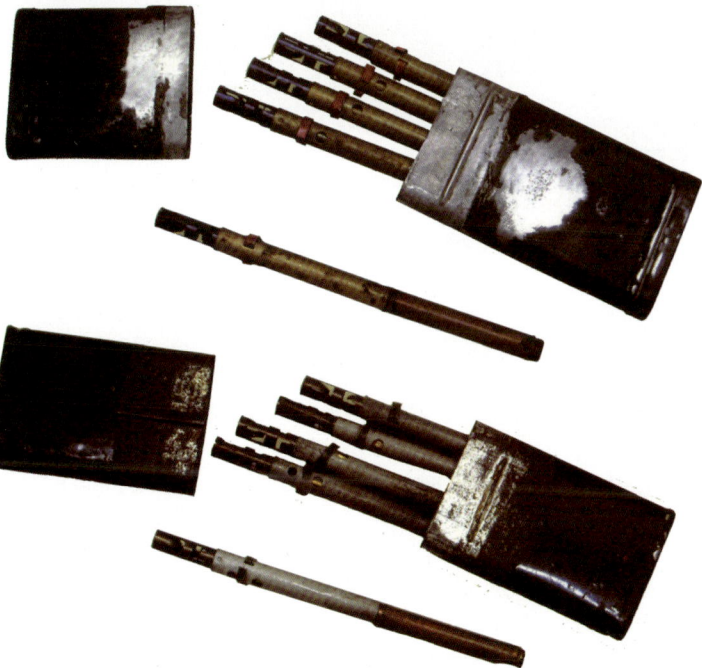

▲ 英国制造的延迟引信。

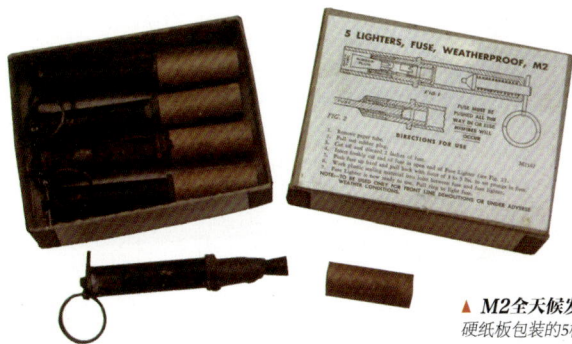

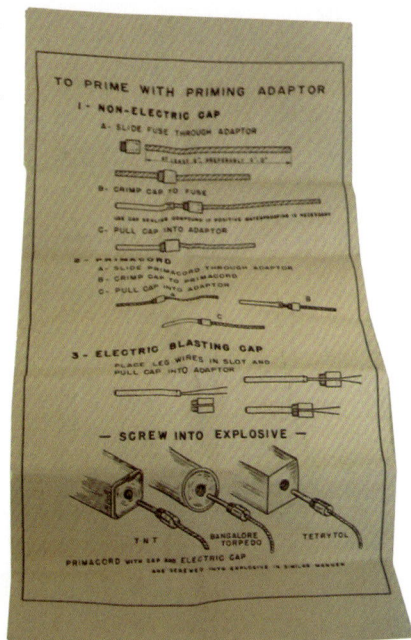

▲ ▼ M1A3起爆适配器

这种起爆适配器用于把起爆管或导火索拧紧插入一个TNT炸药块中。

▲ M2全天候发火引信

硬纸板包装的5枚全天候发火引信。

▲ M1起爆夹

这种夹子用于连接几种不同长度的导火索，使它们成为一套起爆导火索。

▶ **起爆器**
这件起爆器可以同时平行引爆50个电动雷管，其名称铭牌表明这台设备是由军械局规定制造的。

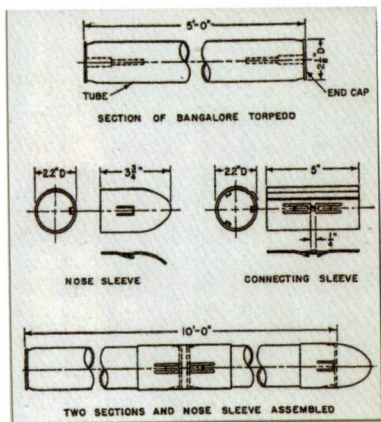

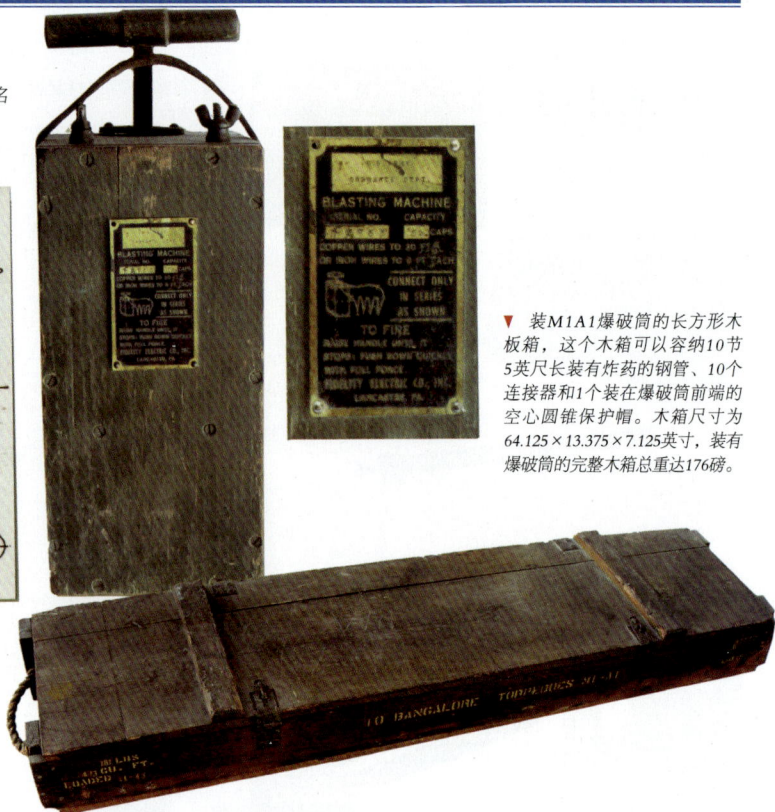

SECTION OF BANGALORE TORPEDO
TUBE
END CAP

NOSE SLEEVE
CONNECTING SLEEVE

TWO SECTIONS AND NOSE SLEEVE ASSEMBLED

▼ 装M1A1爆破筒的长方形木板箱，这个木箱可以容纳10节5英尺长装有炸药的钢管、10个连接器和1个装在爆破筒前端的空心圆锥保护帽。木箱尺寸为64.125×13.375×7.125英寸，装有爆破筒的完整木箱总重达176磅。

M1A1爆破筒

　　为了能够有效地清除难以逾越的铁丝网，1912年英国驻印军队的一名工程兵麦克林托克(McClintoc)上尉在印度班加罗尔驻地设计了一款可单兵携带的轻型爆破器材。由于这种爆破器材的外形很像鱼雷，所以取名为"班加罗尔鱼雷"(Bangalore torpedo)。它由钢管填充炸药制成，在筒体的头部安装有圆锥形保护帽，既可避免爆破筒在粗糙的地面发生碰损，同时也可使其更容易伸进铁丝网中。筒体的另一端则为安装引信的引信室。班加罗尔鱼雷通过导火索和雷管引爆后可以在铁丝网中开辟出长1.8米，宽3米左右的通路。当班加罗尔鱼雷传入中国后被称为"爆破筒"。

　　美国1940年装备部队的M1A1爆破筒是一节1.5米长装满炸药的金属管。一根完整的M1A1式爆破筒由2节各长1.5米的筒身(外壳由无缝钢管制成，直径为54毫米)、1个连接器和1个圆锥形保护帽组成。在筒身的两端均设有卷边，而连接器则为带有数个弹性片的开口钢筒。当筒身插入连接器时，弹性片就会卡住筒身的卷边，即可将2节爆破筒连接起来。然后在爆破筒的一端安装上圆锥形保护帽，再将引爆装置(可以使用简单的拉火管—导火索—雷管式引爆方式，也可以使用电雷管—导爆索—雷管的方式远距离遥控引爆)装入爆破筒的尾端，爆破筒即呈战斗状态。另外，还可以使用连接器将多节爆破筒串联起来，以对付更长的铁丝网、鹿砦或雷区，但也可以1节单独使用。连接完毕的2节爆破筒全长约3.27米，内部填充阿马托混合炸药(80%硝酸铵混合20%TNT炸药)或全都填充TNT炸药，装药量4公斤。2节串联成的M1A1爆破筒被引爆后可以在雷场中开辟出3~6米宽的通路，通过爆炸，会引爆雷区中所有的反人员地雷和大部分的反坦克地雷，但仅仅能在雷区中开辟一条小路。因为这个原因，爆破筒最好在紧急状态下使用，因为在雷区清理通道时的爆炸会使通道两侧的地雷变得更加敏感，对这些地雷进行排除时就要极其的小心。

▶ 装有100个烟火雷管的纸箱。

CORPS OF ENGINEERS
100
U.S. ARMY
SPECIAL BLASTING CAPS
NON-ELECTRIC
WILL DETONATE COMPOSITION C
DANGEROUS—HANDLE CAREFULLY
ATLAS POWDER COMPANY

◀ 这些装有50个烟火雷管的木箱，每一件带有不同的锁扣。

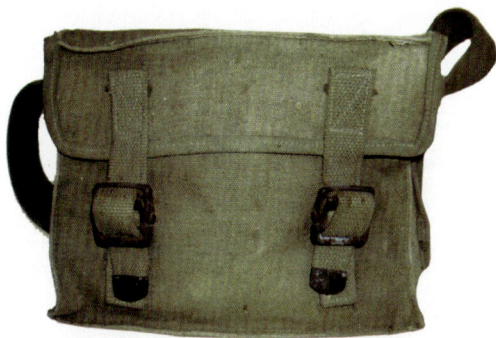

▲ 这个携带21块半磅TNT炸药块的挎包是展示在第239页单兵爆破装备的一部分。背包采用编织原料制造，通过可调整背带挎过身体背负。

▲ 装有10个烟火雷管的木箱。

▲ 装运50块1磅重的TNT炸药块（见第240页）的木板箱，包装上带有一个说明书。

▲ 一盒装有100个防水保护器，用于在炸药上安装雷管时使用。

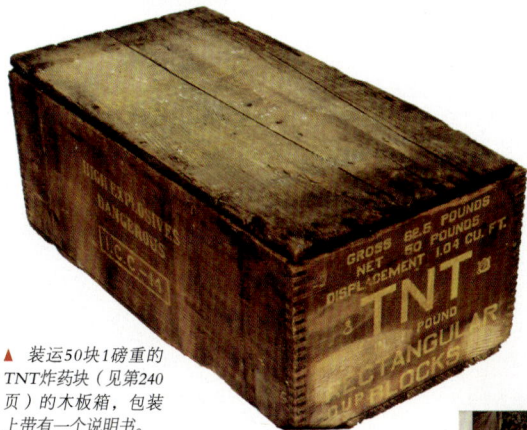

伪装

野战工兵中还有一些特殊部队，它们负责供应水与汽油，维修铁路或制造伪装。第84、602、603、604和606工程伪装营在欧洲服役，其中第602营于D日在诺曼底执行任务；第603营则加入了一个战术欺骗部队——第23特种部队司令部。第23特种部队司令部由形形色色的人员组成，包括艺术家、设计师、演员、气象学家、声响师，他们的任务并不是战斗，而是一支专门欺骗德国人的部队。他们通过充气坦克、火炮、假飞机以及巨型扩音器制造大量的人员声音和炮火的声音，模仿部队集结从而达到欺敌的目的。这支部队在田纳西州福雷斯特兵营（Camp Forest）仓促编成和训练，由第244通信连、第406战斗工兵连和第3132通信勤务连组成，而此时第603工程伪装营试验伪装设备已经有2年时间了。在军事史上，第23特种部队司令部无疑是极其独特的部队，在当时的历史条件下还没有哪支部队像它一样，为抵抗轴心国赢得战争胜利做出了独特的贡献。

▲ 这些速写画是艾伯特·加布斯（Albert Gabbs）下士于1942年绘制的，当时他正在第601工程伪装营进行为期7个月的训练。

▲ 附在汽艇船尾的袋子内包括一套皮囊修补工具。

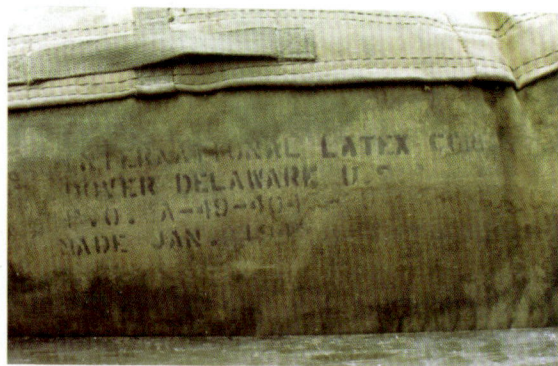

▲ 制造商的标记用模板印在隔仓的内面。

▼ 侦察艇使用的一把木质划桨。

▲ 5人侦察艇

由特拉华州多佛的国际乳胶公司（International Latex Co.）根据工兵规范制造的侦查艇，这种轻型充气汽艇已经涂上了绿色伪装油漆。

▼ 汽艇上的充气阀。

▼ 汽艇上的官方名称。

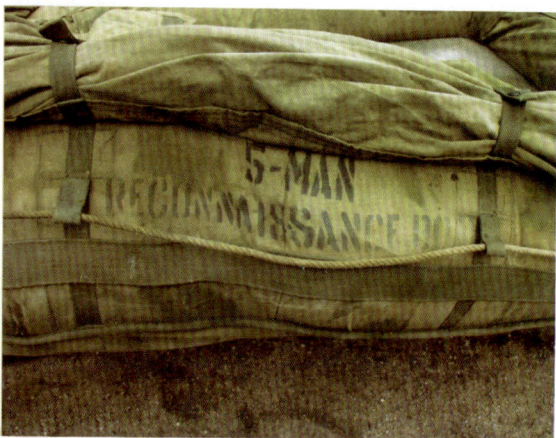

第十三章

通信兵

通信兵

按照战斗、战斗支援和战斗勤务支援来分类的话，通信兵属于战斗兵种，但也承担着战斗勤务支援的任务。1856年作为一名医疗军官在德克萨斯州服役的艾伯特·詹姆斯·迈尔（Albert James Myer）少校，他第一个提出建立独立的由训练有素的人员组成的专业军事通信力量。陆军采用了他设计的一套被称为"摆动器"（wig-wag）的通信系统，这是一种包括红色和白色旗帜的旗语信号。1860年6月21日，陆军采用了他设计的旗语，美国通信兵从此诞生了，迈尔成了美国通信兵的第一人而且是当时唯一的军官。1860-1861在纳瓦霍人远征新墨西哥时，迈尔少校第一次使用了他设计的旗语通信系统。1863年3月3日，在美国内战期间，国会批准建立正规的通信兵部队，迈尔少校不得不接纳各种成分复杂的人员。自此以后，通信兵便同美军的成长与发展密切相连，在美国内战中通信兵前后共有2900名官兵。在此后的美国的大开发中，通信兵发挥了重大作用。1898年美西战争爆发时，通信兵只有8名军官和52名士兵，但两项法案很快授权建立一支志愿通信兵队伍，编制为17个连；每连由4名军官，55名士兵组成。在这次战斗中，通信兵使用了电话。1885年放飞气球被列入了通信兵的职责范围，这最终导致在第一次世界大战中，由通信兵来负责发展和使用航空力量，到1918年，航空兵已经发展到拥有16000名军官和147000士兵的实力，同年陆军航空兵正式成立。早期无线电话由通信兵于1918年在欧洲战场引入，当时美国的新型有声通信系统技术得到了长足进步，在当时电话和电报仍然是一战时期的主要通信手段。在雷达技术方面，甚至在二战以前，美国就已经开始大量生产SCR-268和SCR-270两种型号的雷达，战术无线电台也在20世纪30年代开始发展。1942年3月9日，陆军部进行重大改组，通信兵作为供应勤务部队即后来的陆军后勤部队中的技术力量，是陆军地面部队和陆军航空部队的组成部分并为其提供服务。陆军通信主任（Chief Signal Officer，缩写为CSO）负责为军官和征召的士兵建立并维持通信后勤学校，不管是博士还是文盲都有资格成为其学员。在战前，通信兵的培训中心位于新泽西的蒙默思郡堡（Fort Monmouth），为了满足培训更多通信人员的需求，设立了更多的培训机构，包括：密苏里州西南的克罗德兵营（Camp Crowder）、加利福尼亚州的科勒兵营（Camp Kohler）、佛罗里达州墨菲兵营（Camp Murphy）。东部通信兵培训中心仍在蒙默思堡，由一个军官学校，一个候补军官学校，一个士兵学校和位于伍德兵营（Camp Wood）的一个基础训练中心组成。在1941-1946年蒙默思堡培训中心运行期间，共有21033名通信兵少尉从候补军官学校毕业。1941年

蒙默思堡实验室研制了SCR-300，它是第一种背包式无线电台。1942年12月，该实验室拥有14158名军人和平民雇员，到1943年8月，被裁减后仍拥有8879名军事和平民雇员。在第二次世界大战中，美国通信兵的规模日益扩大。在1939年夏季的时候，通信兵的实力不超过4000人，当美国介入战争后，通信兵实力增长到拥有3119名军官和48344名士兵。1943年7月，通信兵实力进一步增长到27004名军官和287000名士兵，1945年5月1日，通信兵总兵力达到了321862人，占陆军人数的3.9%，比1940年壮大了54倍！在战争中通信兵的作用也日显重要，他们负责协调空中、地面和海上单位进行迅速而准确的通信联络保障，开辟了雷达探测航空器技术，发展了无线电通信、密码破译等设备。在二战中美军通信兵的基本职能是确保各单位间的联系，通过各种手段完成这个任务，包括电话、电报、无线电和通信员。同时通信兵还担负着重要的给所有军种单位的拍照及摄影工作，例如给军人和平民拍摄培训教学影片，拍摄战场纪录片等。在二战期间，一些著名的好莱坞制片人、导演、摄影师都在通信兵部队任职，将他们的才能施展在记录战争影像，以及培训人员上。

"Where SKILL and COURAGE Count"

SIGNAL ◆ CORPS
UNITED STATES ARMY

▼ **LC-23C腰带**
1944年制造的棉质工人腰带，以前生产的腰带则为皮革材质。

▲ 通信兵技术人员正在维护电话线路，保持通信畅通是通信兵的重要职责之一。

◀ **TL-107通信兵钳**
及其编织携行袋。

◀ 这条腰带和安全绳由布鲁克林的白宫皮革制品制造公司（White House Leahter Products Co. Inc.）生产。

▶ 一个电话线路工具上的制造商纸制标签。

◀ **CE-11线轴设备**
用于人工短距离铺设W-130轻便电话线，这种设备用带子捆在胸前并由一人操作。CE-11设备包括：1卷带有2条ST-34&35支撑带的RL-39挂带，1个DR-8电话线卷盘（带有1个M-221接头和四分之一英里的突击电缆），1个配有ST-33带子的TS-10电话听筒。这种通信设备可以在没有电力供应时，也能保持3至5英里范围内的声音通话。

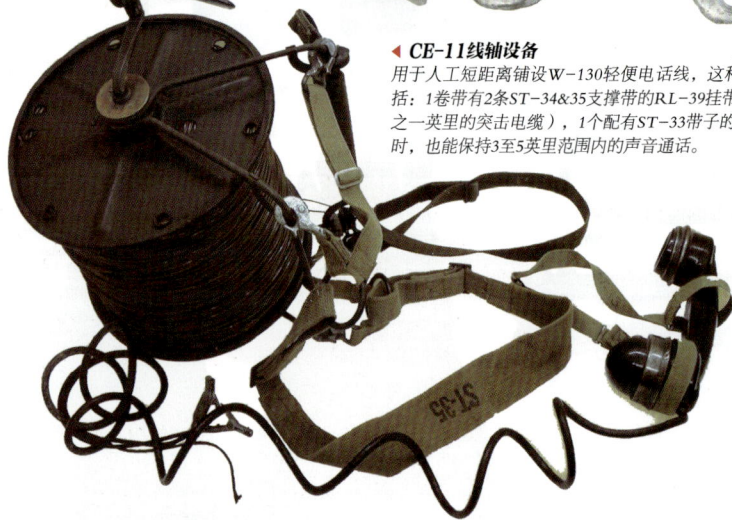

▶ **RL-31线轴部件**
大的线轴和托架，可用DR-5线轴和2个DR-4线轴铺设1800码的野战线路。这种RL-31线轴可以由2人利用ST-19挂带像抬担架那样合作使用，或者一个人像推独轮车那样使用，RL-31也通常装在吉普车或卡车后部铺设使用。RL-31包括：RL-311支架、RL-31轮轴、GC-4摇柄、GC-10制动器、ST-19A挂带（2条）和其他各种附件板。

◀ 在地形崎岖的地方，成卷的电话线可以使用背板进行运送。

▲ RL-31的制造商和设备名称铭牌。

▼ **ST-19A挂带**
可以手提的RL-31线轴部件，也可以用于其他用途。

电话交换机

TM 11-330
WAR DEPARTMENT TECHNICAL MANUAL

SWITCHBOARDS
BD-71,
BD-72,
BD-72-A,
AND BD-72-B

WAR DEPARTMENT · 20 OCTOBER 1943

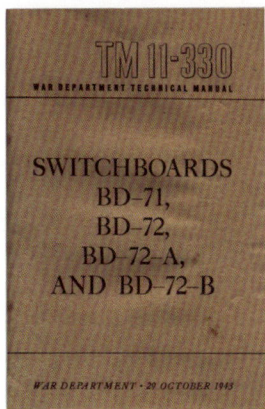

▲ 电话交换机的技术手册。

◀ **BD-71交换机**
6线路容量的便携式电话交换机，带有提供振铃信号的手摇发电机。交换机装在胶合板机盒中，两边带有把手，并且有4个可折叠金属支腿，这种电话交换机能在每个小型部队的指挥所通信中心看到。

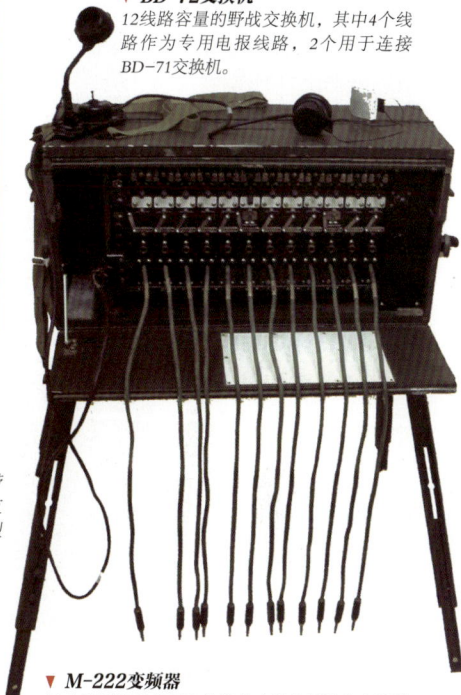

▼ **BD-72交换机**
12线路容量的野战交换机，其中4个线路作为专用电报线路，2个用于连接BD-71交换机。

SIGNAL CORPS   U.S. ARMY
SWITCHBOARD BD-71
DESIGNED AT SIGNAL CORPS LABORATORIES
FORT MONMOUTH NEW JERSEY
SERIAL NO. 388 ORDER NO. 4306-CHI-42
MADE BY
STROMBERG-CARLSON TEL. MFG. CO.
ROCHESTER   NEW YORK

SIGNAL CORPS   U.S. ARMY
SWITCHBOARD BD-72
DESIGNED AT SIGNAL CORPS LABORATORIES
FORT MONMOUTH   NEW JERSEY
SERIAL NO. 337 ORDER NO. 4631-CHI-42
MADE BY
LEICH ELECTRIC CO.
GENOA   ILLINOIS

▼ **M-222变频器**
这个装置能从低压电池吸收直流电转换为电话使用的高压电。

SIGNAL CORPS
SWITCHBOARD BD-91-B
CW 31578-PHILA-43

◀ **TC-12电话中心设备**
一个轻量级电话交换机，使用一个20线路容量的BD-91交换机。TC-12部件包括：BD-91交换机、M-222变频器、电话振铃频选器、HS-19胸部装置、CD-452电缆（或CO-258电缆）、BA-23电池（4节，其中2节备用）、BA-30电池（12节，其中6节备用）和ME-30维修仪器箱。技术手册编号为TM 11-336。

◀ **TC-29A电话中继器**
一个4线路通话便携式中继器，使用W-110、W-110B、W-143或W-548电话线。TC-29A组成部件包括：EE-99中继器、PE-204电源、EE-8野战电话、MX-148G接地杆、TM-106托架、电池夹（2个）和25英尺W-108A电线。

SIGNAL CORPS   U.S. ARMY
CONVERTER M-222
SERIAL NO.   ORDER NO. 30656-PHILA-43
SILMAN MANUFACTURING CORP.

▶ **PE-204电源**
与EE-99电话中继器一同使用，由PE-204继续器接通一个12伏电池或一对6伏电池组成。

SIGNAL CORPS   U.S. ARMY
PE-204-A POWER SUPPLY
SERIAL NO. 638 ORDER NO. 19263-PHILA-43
RADIART CORP.

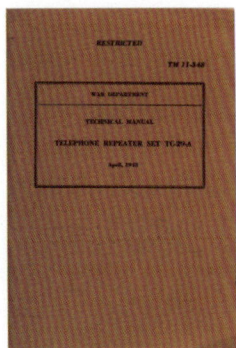

▲ TM11-348电话中继器
的技术手册。

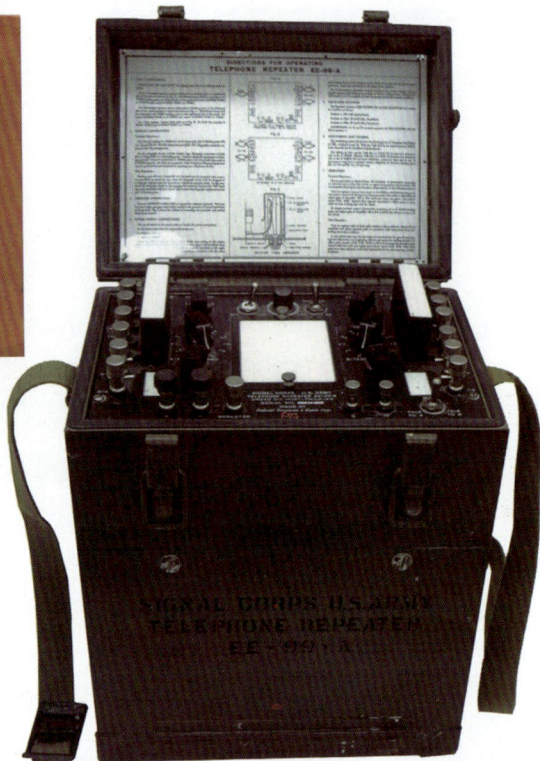

▲ J-38电键
莫尔斯电键，EE-81密码训练设备的一
部分。

▶ EE-99电话中继器
在W-110电话线路上，每
10英里结尾处就接入这个
中继器可以将讯号提高到
28英里，最大可以保持60
英里讯号不变。

▲ TD-3传输分配器
这种变型胸部设备是和防毒面具一
起使用的。送话器配有T-45送话器
（见第266页）或者T-30喉头送话器
（见第196页）。

◀ BD-57B9接线总机
这是EE-81密码训练设备的一
部分。在一名教员的指导下，
用于学员在20人的莫尔斯密码
课堂上实习使用。

▶ AN/GSC-T1密码训练
设备
一件莫尔斯密码训练设备。

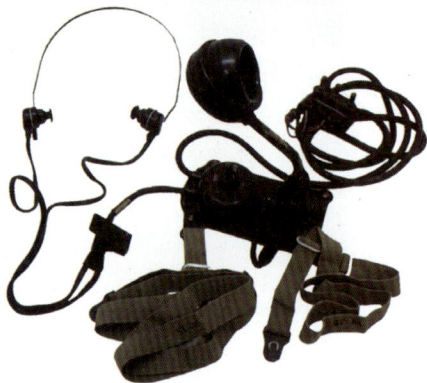

◀ TD-1传输分配器和
HS-30头戴式耳机
通过2条带子依附在操作员
胸部，上部带有按压通话开
关，用于带有JK-37插孔的
通信设备。

电话和电报设备

▼ EE-8野战电话

这种电话由通信兵从二战早期一直使用到越南战争，作为地方局部或总机使用的野战电话，采用皮革或帆布话机盒携行（二战后采用尼龙机盒），型号有EE-8、EE-8A和EE-8B。通话使用范围随使用电话线路变化而有所不同，当作为局部电话使用时，典型通话距离为11到17英里。电话装在话机盒中，尺寸为9.5×7.75×3.5英寸，包括电池总重为9.75磅。EE-8A和EE-8B比EE-8稍微大一点，EE-8与其他型号主要的不同是话机盒盖部分。在二战初期，EE-8野战电话盒标准配备为皮盒带皮质背带，但太平洋战场的使用经验表明皮盒不能很好容纳这个电话，皮盒由配有编织背带的橄榄褐色帆布盒取代了。EE-8和EE-8A为铝质机壳，EE-8B为簿钢机壳。配备的听筒为TS-9型，实际上也存在众多变型。EE-8的技术手册编号为TM11-333，图中展示的电话为EE-8A型。

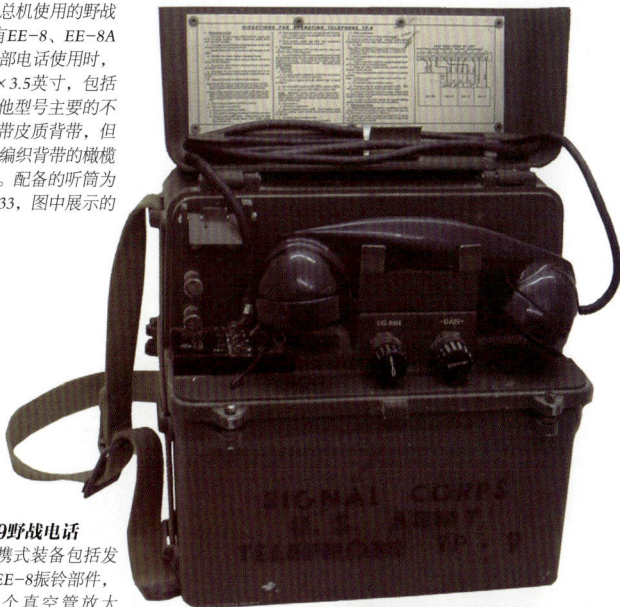

▶ TP-9野战电话

这套便携式装备包括发电机和EE-8振铃部件，加上一个真空管放大器，以延长电话线通话距离。它使用1节BA-27电池，1节BA-65电池和3节BA-2电池。技术手册编号为TM11-2059。

▲ TP-6电话

商业风格的台式电话机，总重6磅，上面配有一个拨号盘并连接一台自动交换机。这种电话共有5个不同的制造商，因此也就能遇到这种电话型号的变型，每10部电话装在一个CS-74木箱中。

◀ TG-5B电报机

由蒙默思郡堡实验室设计的一种便携式约6.5磅重的野战通信设备，HS20头戴式耳机只配有一个（R-3型），这种电报机可以在带调整背带的帆布或皮革的CS-49背包中携行。

▲ **TP-6电话**
由西部电气(Western Electric)制造的台式电话，是展示在255页电话的一种变型。

▲ **TP-6电话**
另一种TP-6电话，由自动电气(Automatic Electric)制造，斯特罗贝格-卡尔森（Stromberg-Carlson）和凯洛格（Kellogg）是这种设备的其他承包商。

▲ **C-114线圈**
继电保护线圈和W-110B双导线战斗电线一起使用，在线路中每隔一英里就放置一个这样的线圈，线圈装在铝合金外壳内，目的是提高其通信质量。

▶ **TG-7打印机**
TG-7是一种电传打字机，信息发送和接收都是通过自动翻译并在纸带上打印出来，其平均传送速度是每分钟60个单词，共360个字符。这种设备用于较大单位之间的通信。

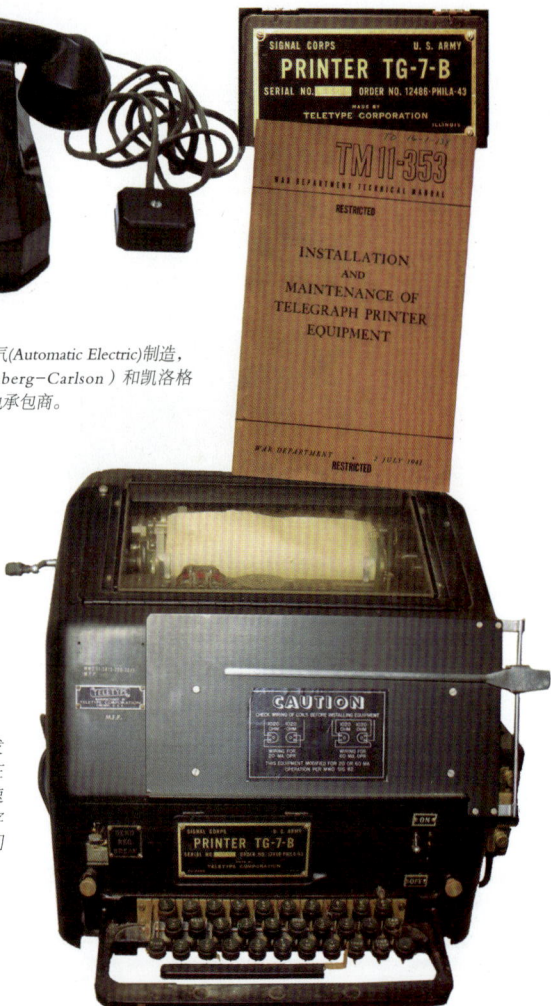

电话线及设备维护

▶ **TS-27/TSM测试设备**
便携式电话线路测试设备，用于定位破损地点，通过回路和测量绝缘电阻找出破损地点。

▲ **EE-65F测试设备**
在野战环境或固定设备地点使用的电话线测试装置，装在一个木质便携箱当中。这个设备可以进行通话，它通过回路和绝缘电阻测试的混合方式找出故障地点。

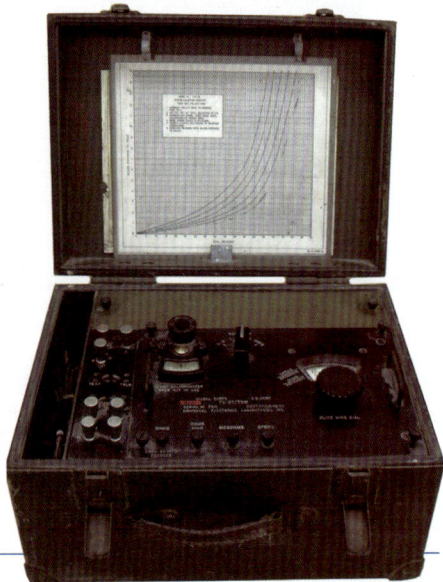

◀ I-51A测试设备
装在木箱中的大型测试设备，用来定位电缆断裂位置，右下侧为技术手册TM 11-379。

◀ ME-30维修工具箱
特殊的维修工具箱，可以提供各种工具、测量表和TC-12电话交换机备件。

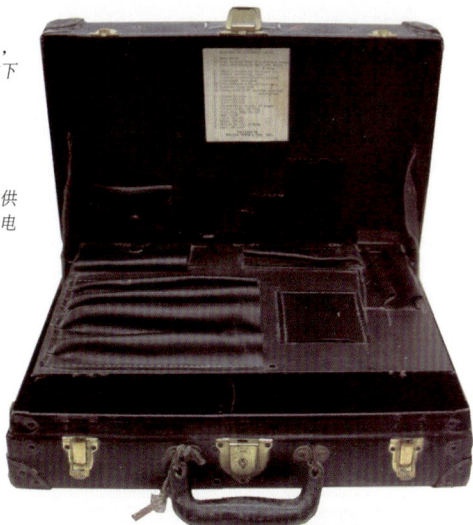

◀ 电话交换机的各种零配件。

◀ IN-15绝缘子
玻璃单槽绝缘子。

▼ TL-192胶带
橡皮胶带和TL-83绝缘胶带一起用于线路接头的绝缘。

▲ TS-67B测试设备
用于电话维修的小型电路测试仪。

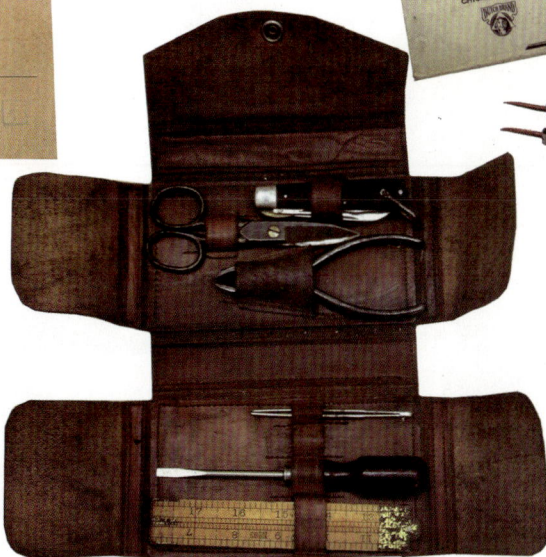

▲ IW-6型U形绝缘钉
这个纸盒装有100个用于电话线路铺设使用的U形绝缘钉。

◀ TE-5工具装备
线路检修员携带的皮革工具袋，内部装有各种工具装备，包括TL-29电工刀、剪刀、剪钳、镊子、锉刀、螺丝刀、折尺。

军用无线电
SCR-194无线电台和SCR-195无线电台

这2种无线电设备是新泽西蒙默思郡堡的美国陆军通信兵工程实验室（U.S. Army Signal Corps Engineering Laboratories）研制的，是第一批"步谈"便携式调幅无线电台，在1938-1939年期间由美军和盟军大范围使用，通常用于营和连级通信。SCR-194和SCR-195后来在步兵和空降部队被SCR-300或SCR-536取代，在炮兵部队则由SCR-609和SCR-610所取代，虽然在1944年中期宣布这两个型号的电台已经过时，但在当时有许多仍在继续服役。

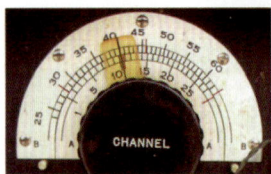

▲ SCR-194频率为27.7~52.2兆周双波段。

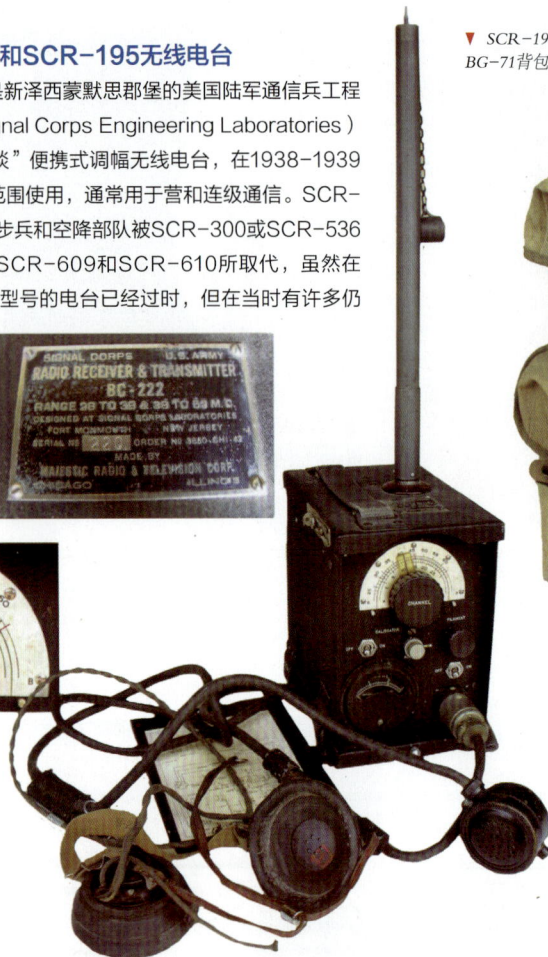

▼ SCR-194和SCR-195型无线电台可以装进帆布或皮革的BG-71背包中携带。

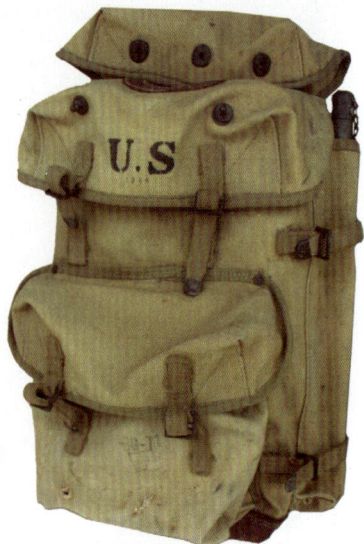

◀ **SCR-194无线电台**
1937年被采用，配发给野战炮兵的一种便携式双向无线电台，主要功能是用于语音通信，使用有效距离约为8公里。完整的一套SCR-194电台设备包括：1个BC-222收发信机，1个HS-22B耳机，1个T-24E话筒，1个BA-132电池，1套AN-29B可折叠天线，1个BX-13接线盒，1个BG-71背包，1个CH-33胸部备件。

▼ *BG-71背包带与地面部队的M1928背包相同。*

◀ **SCR-195无线电台**
SCR-195无线电台是SCR-194版的变型，于1939年引入，其组成包括：1个BC-322收发信机，2个TS-11耳机，1个BA-132电池，1个AN-30B可折叠天线，1个BX-13接线盒，1个BG-71背包，1个CH-33胸部备件。SCR-195无线电台可由一名士兵背负携行或者配给MP-22基座装在车辆上携带并安装长程鞭状天线（MS-50或MS-51天线）。RM-14远程遥控设备也可以连接在SCR-194和SCR-195上。

▲ *SCR-194与SCR-195无线电台几乎一样，不同之处是它们的频率范围不同，SCR-195为52.8~65.8兆周单波段，耳机和送话器也为满足步兵和炮兵各自需求而有所不同。*

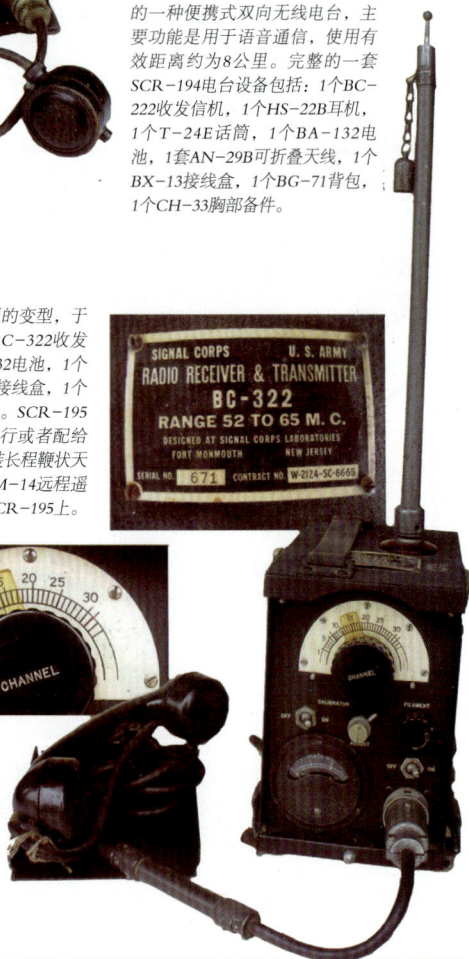

SCR-245无线电台

SCR-245无线电台是一种中程车载指挥电台，安装在无线电指挥车、侦察车、半履带车、轻型或中型坦克上。其组件包括：1个BC-223A发信机，2个调谐单元（TU-17和TU-18型，或者TU-18和TU-25型），1台PE-55发电机，1个BC-312收信机，1部BC-321调谐单元，1个MP-37天线座，1套5节鞭状天线（MS-49到MS-53），1整套附件（键控器、耳机、话筒）。

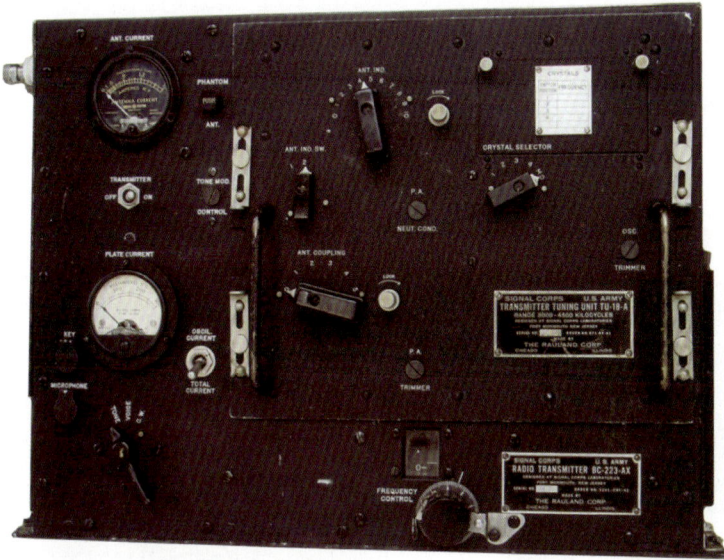

◀ BC-223A无线电发信机
3个插座的调谐单元发信机可以覆盖2000至5250千周频带宽度，发射莫尔斯电码传输有效距离为100公里，语音传输是25公里。展示在这里的设备安装了一个TU-18A调谐单元(可以覆盖3000到4500千周频带宽度)。

▶ TU-17A调谐单元
这里展示的这个设备可以在金属运输箱中存储。

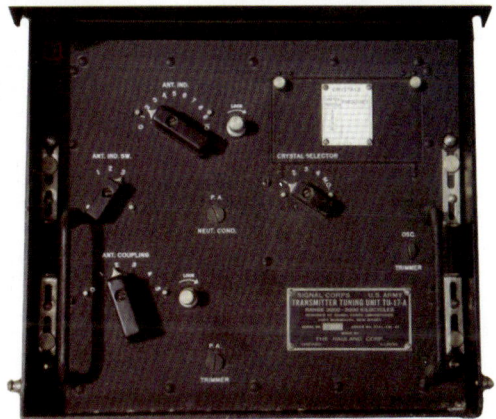

◀ TU-17A校准图表。

▶ BC-312无线电收信机
BC-312可以覆盖1500到18000千赫的6波段带宽。

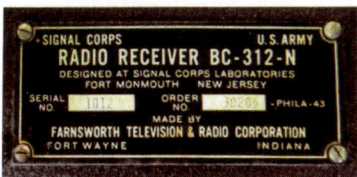

SCR-511 无线电台

只用于语音通信的低功率便携式战术无线电台，也称为"足杖"（pogo-stick）无线电台，可以用干电池或蓄电池供电。这种为骑兵研发的无线电台于1942年2月定型，也经常用于战争初期的步兵（连对连，连对营通信），受自然障碍物的影响5英里内信号会发生衰减，这种无线电设备被1943年晚期的SCR-300型取代。SCR-511无线电台的设备包括： 1部BC-745收信机和发信机，1个T-39胸部装置，2部BC-746调谐装置，1个BA-49电池，1个PE-157电源供应装置，1个CD-3电缆，1个CS-131备件木盒。

▶ **T-39电台胸挎装置**
胸部装置着带有双重用途的喇叭（听筒和话筒），也包括BZ-49电池和备用调谐装置（BC-746）。

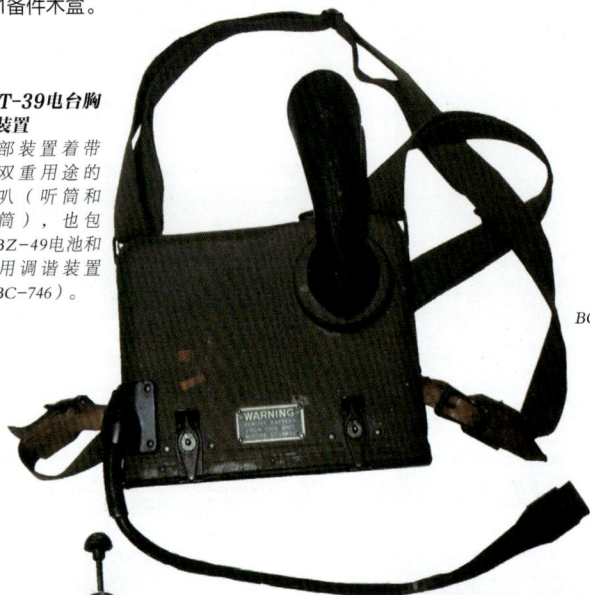

T-39电台胸挎装置
CD-571电缆
按压通话开关
BC-745收信机和发信机
CD-571电缆
CD-3电缆
CS-131备件盒
PE-157电源供应装置

▲ 这张摘自TM11-245技术手册的图片展示了SCR-511无线电台如何与T-39电台胸挎装置和PE-157电源装置一起装配使用。

◀ BC-745收信机和发信机。

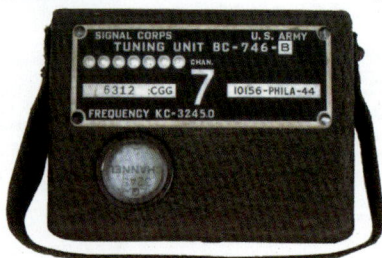

▲ **BC-746调谐装置**
预置调谐装置插入BC-745，有13种不同的调谐装置，在制造商铭牌上用白色数字标识了出来，还有相同数量的圆凸点，用来在黑暗中可以靠触摸识别出来。

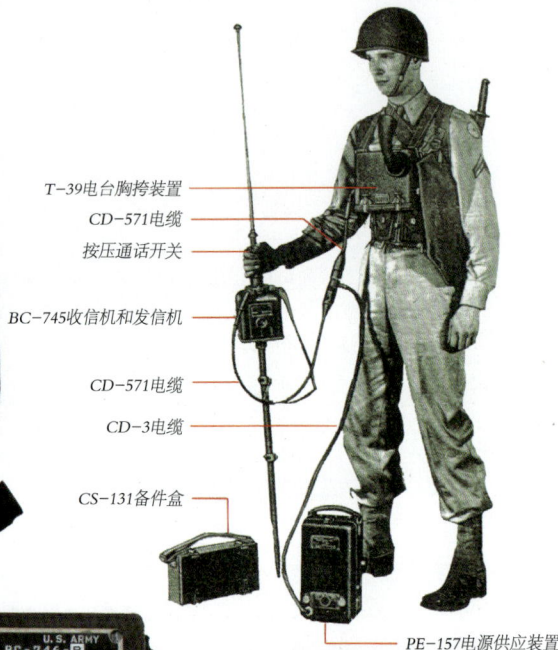

▲ PE-157电源供应装置。

SCR-536手持式无线电台

二战中，遍布世界各地的美军作战部队需要轻便且可靠的无线电设备，美国用创新的精神制造出了SCR-536手持式无线电台（步谈机），这是世界上第一种针对地面部队而研制的手持式无线电台。这种手持式无线电台也被称为步话机（实际上SCR-536最初被称为手持式步谈机，后来才改为步话，像SCR-300那种单兵携带背负式设备才归类为步话机），以单手操作，与配备步兵的SCR-511同时研发。这种小设备由5个真空管构成，设计为调幅双向，低功率（对当时而言）由电池供电的收发信机无线电，可提供短距（1.2英里）语音通信能力。这种装备的突击特点是杰出的便携性（当然就当今而言仍然相当庞大了），其设计出发点是使徒步的战斗士兵能与他们的指挥官或支援单位保持联系。SCR-536工作频率是3.5兆周到6.0兆周范围内的50个频道中的任何一个；天线为40英寸伸缩天线，不用时可以收起；由一个1.5伏的BA-37干电池和一个103.5伏的BA-38电池供电。不带电池的设备重量是3.85磅，技术手册为TM11-235。陆军通信兵于1940年开始生产首批SCR-536，由高尔文（Galvin）公司制造，该公司于1943年才更名为我们熟知的摩托罗拉。1940-1945年摩托罗拉总共生产了130000这种设备，共有6种不同的型号，通过后缀字母来进行识别，即"536"数字后面跟着字母"A"到"F"，这些

改进型的功能都是一样的，同时还有一种用于滑翔机的SCR-536特别型号——双重功能的SCR-585无线电台。

摩托罗拉公司原名高尔文制造公司，创立于1928年，以创始人之一的保罗·高尔文的名字命名。1930年，美国高尔文公司生产出第一个既实用又便宜的汽车收音机，因为当时美国的汽车制造商不提供汽车收音机，所以高尔文公司开始向车主销售并且负责安装在他们生产的收音机。摩托罗拉的创始人高尔文为新产品起名为摩托罗拉——"Motorola"有移动之声之意。1936年高尔文公司生产出一种被称为警察巡逻车（Police Cruiser）的调幅汽车收音机。该收音机预先调到一个频率，可以接收警察的广播，这一系统在美国军方和警察系统中得到了应用。虽然这是摩托罗拉公司第一次进入无线通信这个新领域，但是通过汽车收音机的开发过程，摩托罗拉开始寻找到了更多更新的无线通信技术。1940年调频无线通信及半导体技术先驱者丹尼尔·诺布尔（1902-1980）加入摩托罗拉，开始主持研发工作，由他组织开发的SCR-536手持式无线电台是美军二战时期的最重要通信工具，而背负着步话机的美军成了第二次世界大战经典军人形象。1983年摩托罗拉推出世界上第一部移动电话，并在随后的十几年里成为全球最大的移动电话厂商。

◀ BX49备件箱
装有BC-611备用电子管、晶体管、线圈的贮存箱。

◀ CS-156携行袋
手持式无线电台的拉链帆布携行袋。

▶ MC-619信号复位修正装置
简单的角度测试装置，用于小型无线电的复位。其组件包括AN-190框形天线、BC-1378耦合装置、CS-15手提箱、HS-30听筒、CD-650电缆、改进型基板。

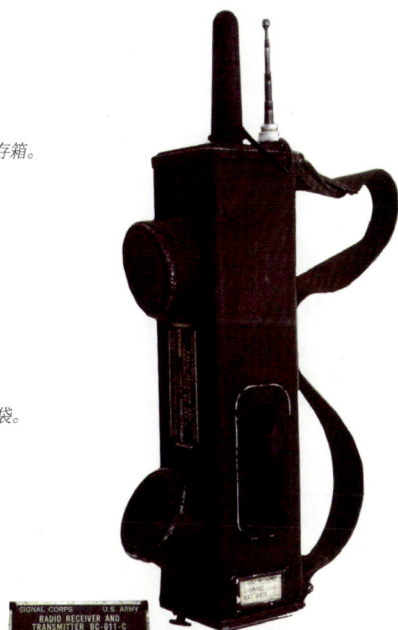

▶ 改进型基板的细节，带有复位时使用的HS-30听筒插座。

SCR-300步话机

1940年，摩托罗拉收到了一份来自陆军部的合同，要求研发一种便携式的、由电池供电的有声通信机，计划供应步兵部队野战时使用。当时合同规定其重量不超过35磅，可以在单兵背包内携行，可靠通信距离为3英里，同时必须防水，能够经受热带气候。这份合同的结果，就是在性能上达到了规定要求并有所超越的SCR-300无线电台被创造了出来。二战期间，摩托罗拉总共生产了超过5万台SCR-300步话机，虽然有时其他设备也被称为步话机，但步话机（walkie-talkies）这个称呼首次出现还是用于SCR-300，实际上它也是第一种步话机，有时也将其简称为"the 300"，后来步话机才发展为指一种小型手提式无线电设备。这种设备允许在41个通信通道进行声通信，配AN-131长天线，有效距离为3~5英里，配AN-130短的鞭状天线时距离则为2.5英里。由于其性能可靠，于1943年3月开始取代SCR-511、SCR-194和SCR-195无线电台。在1943年7月登陆西西里岛的行动中，陆军航空队使用首批生产配发的这种无线电设备，海军陆战队首批配发并大规模使用是在1944年夏季，此后这种新型无线电设备成了标准设备直到对日战争胜利日（VJ-Day）。在战斗中，SCR-300步话机证明了自己紧固耐用、使用方便而且性能可靠，这种无线电设备的最大优点是兼容坦克装备的FM无线电AN/VRC-3，步兵单位装备的SCR-300步话机可以在同样的频率上与坦克手交谈，这种关键能力有助于步坦协同战术的使用。SCR-300是一种背负式的无线电设备，允许连、营指挥官与下属保持联系，这种无线电设备经常用于传达命令，常由各单位总部训练有素的无线电操作人员，或由炮兵前进观测员使用，但也可以由经过最低培训的任何人员使用。

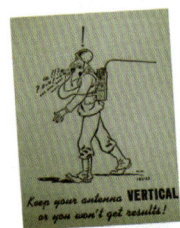

◀ ▶ BC-1000A和CS-128电池盒安装在一起，装有BA70电池（可供使用20~25小时）或BA-80电池（12~14小时）。

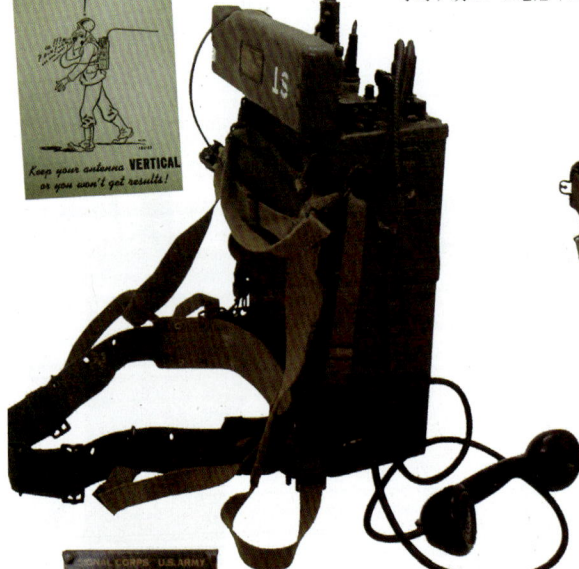

▼ SCR-300步话机技术手册TM11-242手册的内页，展示了其主要组成部分。

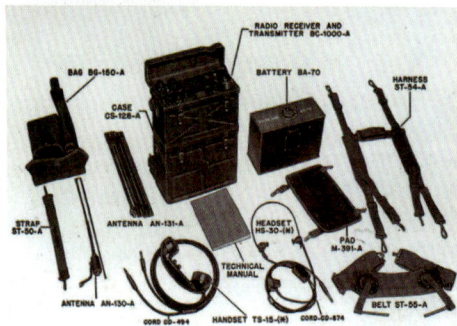

▲ BC-1000发信机和接信机的顶部，铰链盖已经打开，露出了控制钮。

▼ BG-150配件袋带有2个腰带环，可以内装TS-15听筒、AN-131可拆卸天线、AN-130鞭状天线和HS-30耳机。

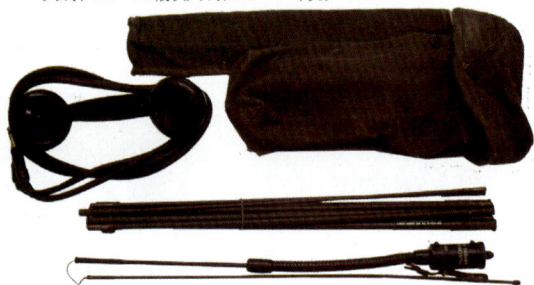

SCR-609无线电台

低功率的炮兵地面无线电台，可对一个固定站点进行短距通信，在120频率进行纯语音通信，有效距离约5英里，共有2个预设频道(A和B)，由干电池供电。SCR-609无线电台包括：BC-659收发机、CS-79电池盒、AN-29C天线、TS-13听筒、BA-39电池、BA-40电池、BA-41电池。

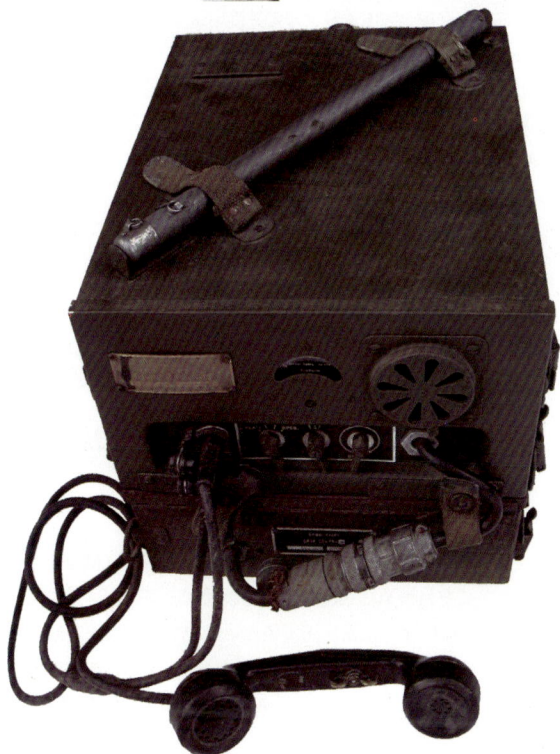

SCR-593接收机

SCR-593无线接收机可便携也可车载，用来接收警告或警戒信息。收信机覆盖波段2~6兆周，带有4个可调整频率的按钮（A、B、C和D）。这种炮兵装备通常靠近火炮，用于传达炮兵连的命令（使用SCR-543无线电），或者收听炮兵轻型观测飞机的情报。SCR-593无线接收机组件包括：BC-728收信机、AN-75天线、FT-338底座、CD-618型12伏电缆、BB-54电池。

▶ 无线电台技术手册
TM 11-615。

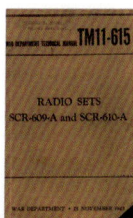

◀ **CS-137无线电晶体箱**
这种军用晶体箱用来存放各种各样的供SCR-509、SCR-510、SCR-609、SCR-610无线电设备使用的预设频率晶体管。

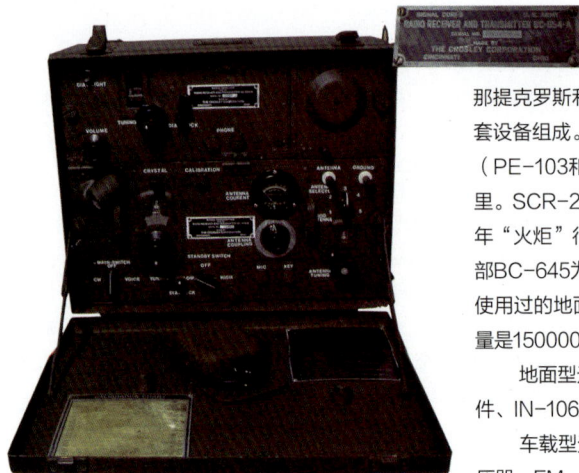

SCR-284无线电台

这是一种地面型、车载型无线电台，由俄亥俄州辛辛那提克罗斯利公司制造的无线电通信设备，由BC-654A收发信机和相关配套设备组成。电力由GN-45手摇发电机提供，或由车辆电源通过2个变压器（PE-103和PE-104A）提供。根据不同的天线，有效使用范围为15~18英里。SCR-284是团到营通信网的一部分，后来由SCR-649取代了。在1942年"火炬"行动中这种无线电设备第一次在战斗中出现，总共有超过50000部BC-645为"霸王"行动提供支援。后来在朝鲜战争中，除了上面在二战中使用过的地面型、车载型外，还使用过一种指挥型，该型无线电设备的总产量是150000部，现在仍有许多无线电爱好者修复并使用这种无线电设备。

地面型无线电设备组成包括：BC-645A收发信机、GN-45发电机及配件、IN-106A天线绝缘子和8节天线（MS-49到MS-56）。

车载型无线电设备包括：BC-645A收发信机、PE-103、PE-104A变压器、FM-41A减震座和5节鞭状天线（MS-49到MS-53）。

▶ **GN-45A手摇发电机**
这种手摇发电机用于给SCR-284在地面操作时提供电力，其组成包括：2个LG-3支腿，1个带座的LG-2支腿，1条CD-50电缆，2个GC-7摇柄。

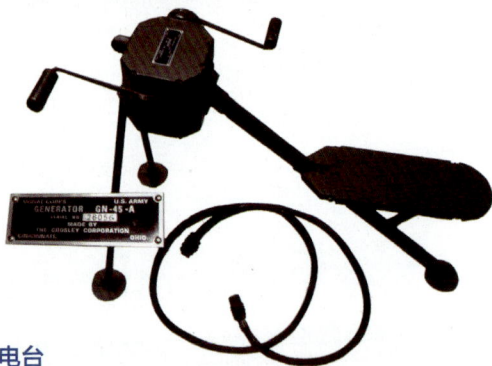

SCR-694无线电台

这种无线电台被设计作为地面型、车载型野战通信装置，最初打算用于山地部队和空降部队，但不久变为整个陆军的营级通信装备。SCR-694无线电台是一种轻型的、低功率的前线指挥设备，可提供电话和电报两种通信方式，比SCR-284更加便于移动，后来也就取代了SCR-284无线电台。地面型由GN-58手摇发电机提供电力，车载型由PE-237断继器提供电力，采用一种特制的帆布包携行。

地面型无线电设备包括：BC-1306收发信机、BG-173机箱、GN-58手摇发电机、BG-75背包、附件设备（天线、莫尔斯电键、耳机、话筒）。

车载型无线电设备包括：BC-1306收发信机、BG-173机箱、FT-482机座、PE-237断续器、附件设备（天线、莫尔斯电键、耳机、话筒）。

▶ 一个海边的火力控制组正在操作无线电台，最左边的士兵正在操作一台SCR284无线电台，左侧起第二名士兵在使用手摇发电机提供电力，而最右边的士兵则正在使用SCR536手持式步话机通话。

无线电远程控制设备

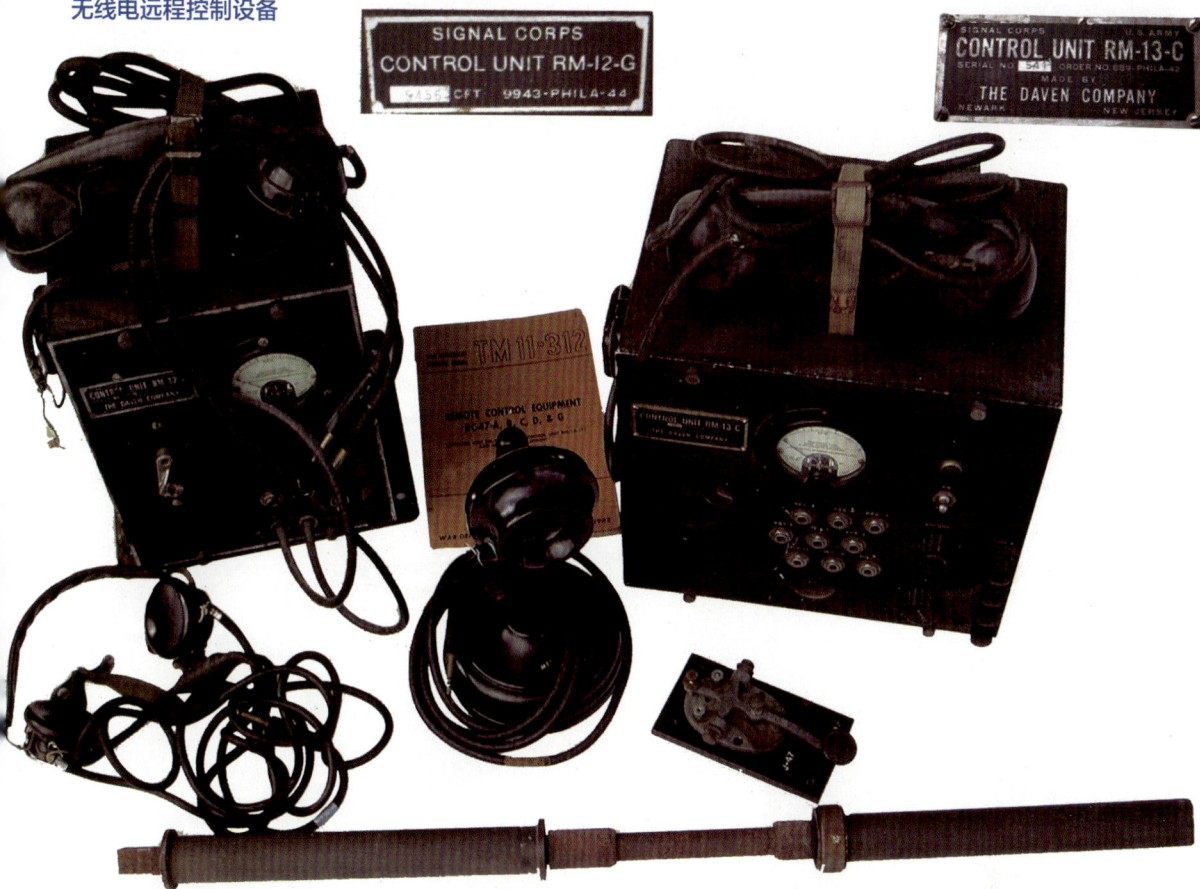

SIGNAL CORPS
CONTROL UNIT RM-12-G
CFT 9943-PHILA-44

SIGNAL CORPS   U.S. ARMY
CONTROL UNIT RM-13-C
SERIAL NO. 541   ORDER NO. 089-PHILA-42
MADE BY
THE DAVEN COMPANY
NEWARK   NEW JERSEY

▲ **RC-47远程遥控设备**

与SCR-187、SCR-188、SCR-287系列地对空长程无线电台一起使用，RM-12可以联系靠近由W-110B电话线输送信号的BC-191发信机附近的RM-13，最大有效距离为10英里。RC-47组件包括：RM-12和RM-13远程遥控装置、CH-54和CH-55机箱、RL-27线轴、附件（电缆、电报键、头戴式耳机和话筒）。

TM 11-308

WAR DEPARTMENT
TECHNICAL MANUAL

Remote Control Unit RM-29-(*)

15 JANUARY, 1944

▶ **RM-29远程遥控设备**

这种远程控制装置将一台无线电台与一个电话网连接起来，可以从安全距离报告观测的数据，电台本身可以藏在观测点几百码外，以避免观测点被敌人用角度测定法定位。RM-29可以放在无线电台附近并与EE-8野战电话相沟通。RM-29可以与SCR-284、SCR-608、SCR-610、SCR-628无线电台配合使用，其组件包括：RM-29远程遥控设备和CS-76C背包。

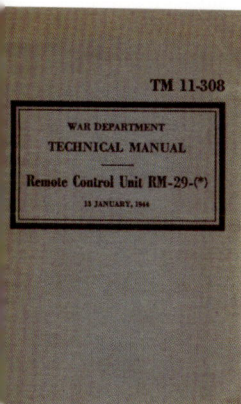

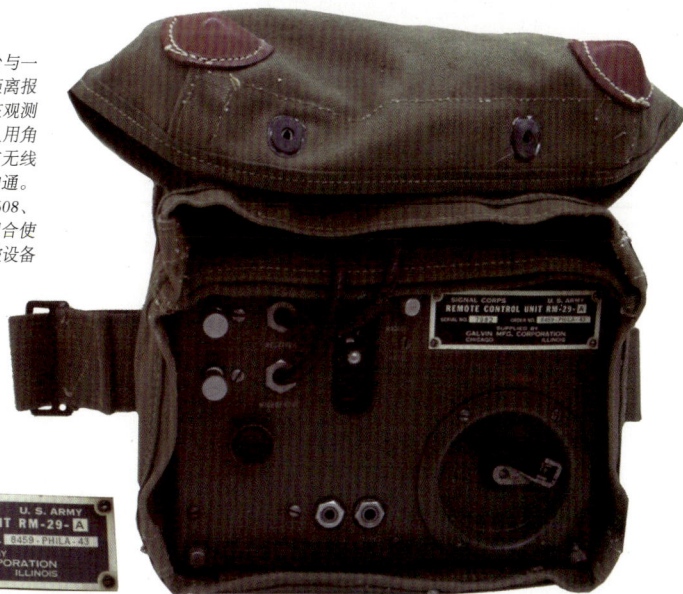

▲ RM-29远程遥控设备
的技术手册TM11-308。

SIGNAL CORPS   U.S. ARMY
REMOTE CONTROL UNIT RM-29-A
SERIAL NO. 7982   ORDER NO. 8459-PHILA-43
SUPPLIED BY
GALVIN MFG. CORPORATION
CHICAGO   ILLINOIS

无线电设备配件

▶ A-27幻影天线

这种天线是用于调谐中程SCR-506电台，同时避免被敌人监听。

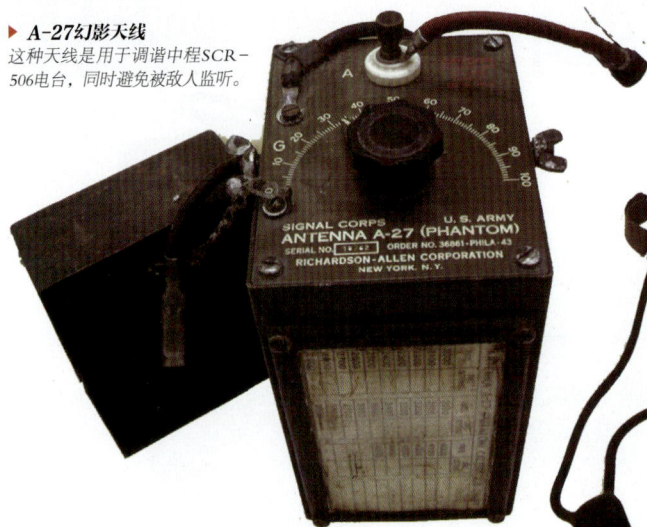

▼ LS-3扬声器

带有金属保护壳的电动扬声器，主要用于BC-312、BC-314、BC-342和BC-344收信机。

▼ P-18耳机

这个耳机包括HB-4头带、R-2A听筒（2个）、ST-20母线和带有PL-55插头的电缆。与RC-47远程遥控设备和其他无线电设备一起配发。

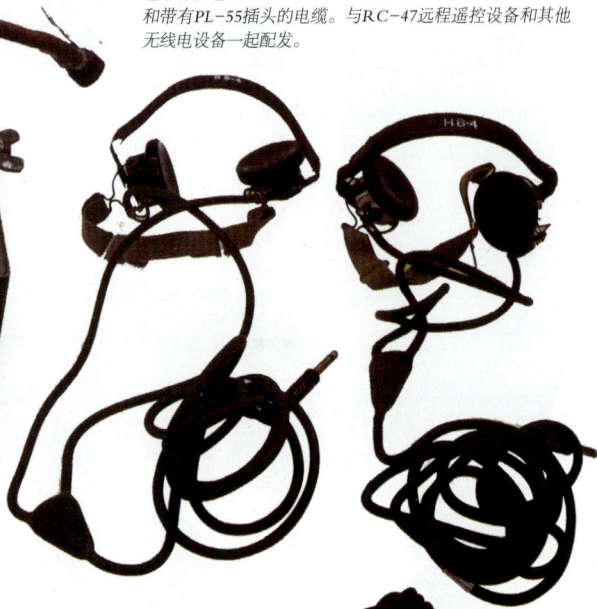

▶ T-17送话器

T-17送话器外壳为塑料或轻质金属合金，是一种最为常见的手持式送话器。

◀ LS-7扬声器

这是用于SCR-284和其他无线电台连接的一种设备。

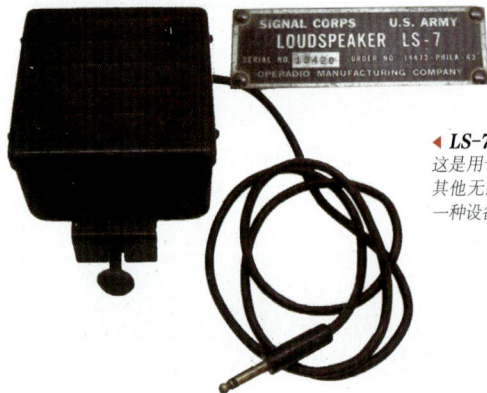

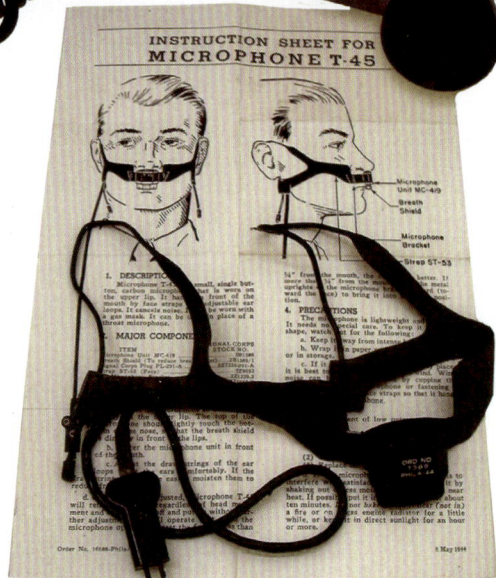

▲ T-45话筒

T-45送话器，或称为"唇音"送话器，是为了降低周围环境噪音而使用的专用设备，比如配给坦克乘员使用。T-45送话器是把SCR-300装在坦克或摩托车辆上后被称为AN-VRC-3无线电台的一部分。

通信中心装备

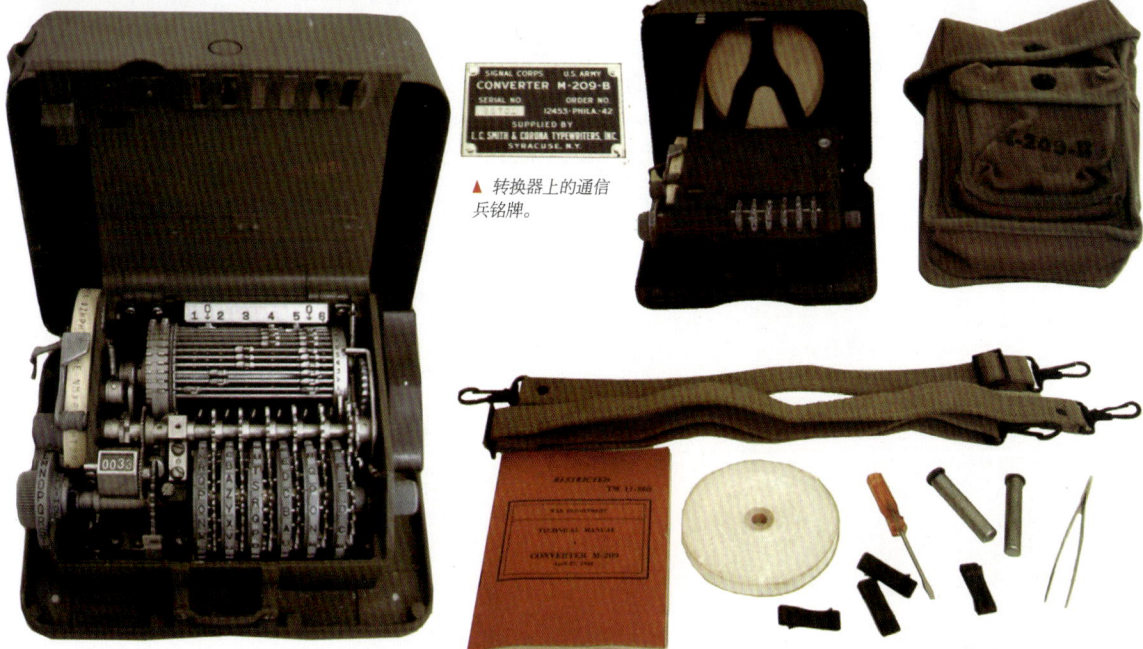

▲ 转换器上的通信兵铭牌。

▲ M209转换器

这是一种小型便携式手工操作带打印的机械装置，被设计用于战术信息的加密与解密，可以将字母根据对应的密钥转换成另一个字母，可通过设定不同的转子每一天选择不同的密码。输入信息的旋钮在左边，还带有可以慢慢打印的孔带。转换为密码的信息通过无线电台发送给接收人，接收人通过当天设置的密钥去破译这份信息。这种装置最初由瑞典鲍里斯·哈格林（Boris Hagelin）于20世纪30年代晚期研制。1940年美军通信部队购买了几台机器，在对其原始设计进行简化后，美国开始大批量生产这种机器，因此制造的产品就更加粗糙，其在作战中首次被普遍使用是在1942年11月的北非登陆运动中。这种设备在陆军中非常受欢迎，因为它小巧、重量轻，而且操作员经过短短几个小时的培训就可以使用，对这种机器自身并不需要特殊的保密措施，但由于并没有加密安全性，因此只供低级别单位使用，在战术通信级别也只能延迟敌人几小时的解读时间。美国陆军和海军都使用相同的密钥和操作程序，陆军型号为M-209，海军型号为CSP-1500，其性能数据为：重量6磅，平均速度为每分钟30个字符。

▲ M209转换器的附件有附件袋、背带、技术手册、纸带卷、螺丝刀、镊子、电报夹子、润滑油和墨水瓶。

▶ M167A报夹

1. 由电台操作员使用的特殊垫板，用于书写或记录电报讯息，在步兵营通信站也使用这种特殊垫板。
2. M167A金属变型报夹，带有一个部队总部采用模版印制的标记。
3. 这个报夹上面整齐地印有所有人的编号（D-7731），以及第34与36步兵师电台操作程序的简明提示。

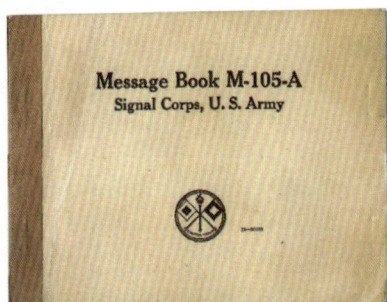

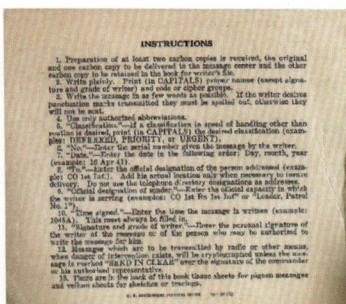

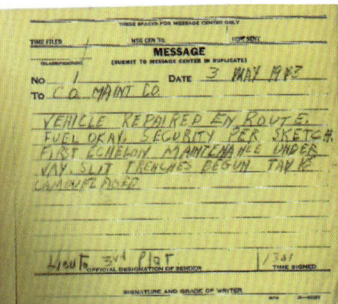

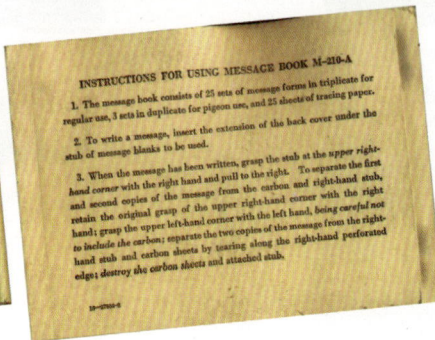

▲ **M105A信息簿**
一册35件一式两份的信息簿，3
张用来传递信鸽讯息表格和2张
复写纸。

▲ **M210A信息簿**
一册25件一式三份的信息簿，3
张一式两份传递信鸽讯息表格
和25张复写纸。

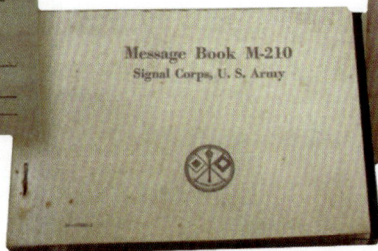

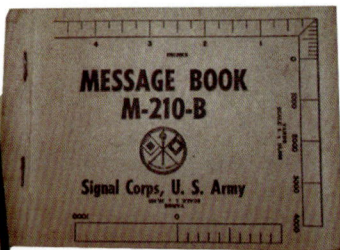

▲ **M40讯息信封**
M210和M210B信息簿，由25套一式三份
的便签组成，其中3套用于信鸽，并带
有22张复写纸。

▲ **M1信息中心时钟**
通常放在大交换机上，这种时钟用来记录收
到信息的精确时间，时钟采用黄铜制造，木
质外壳。

▲ **M2信息中心时钟**
M2时钟拥有更大（6英寸）的表盘。

▲ **战争后期制造的M1时钟**
带有4英寸的表盘，从13点到00点增加了一系列
时间数字以便更加容易读取出符合官方一天24小
时的军方时间，红色的手动指针用来指明信息发
送起点时间。

EE-94D电码训练设备

这件设备用于给20名学生进行莫尔斯电码培训，同样用于40名学生培训的设备是EE-95D型。完整一套设备包括：1个电子时钟，1个VO-3F振荡器，1台BD-57B总机，1台BC-1016信息印码电报机，6台TG-34自动键控器，21个HS-16耳机，22个J-44莫尔斯电键，1套附件设备（办公必需品、信息簿、导线、电缆等）。

◀ BC-1016印码电报机
这件印码电报机可以记录下所有学生发出的莫尔斯信号。

▼ TG-34键控器
键控器将学生的莫尔斯信息发送到耳机并由BC-1016印码电报机记录在纸带上。

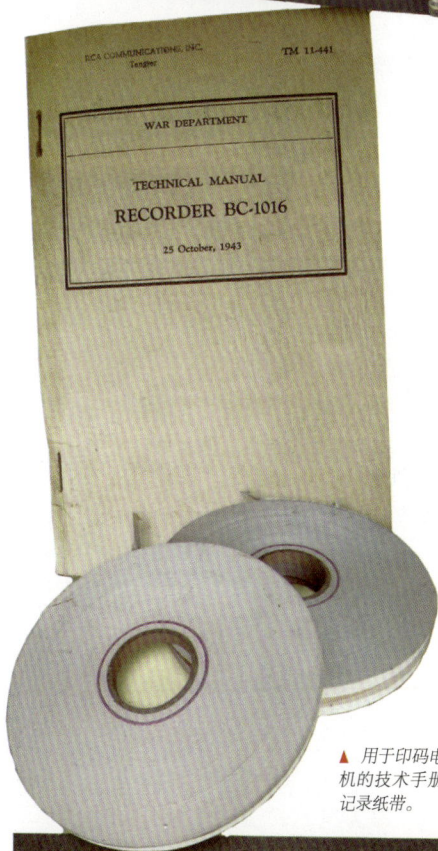

▲ 用于印码电报机的技术手册和记录纸带。

▼ CH-77工具箱

通用工具箱，用于携带维修、保养
无线电台和电话设备的各种工具。

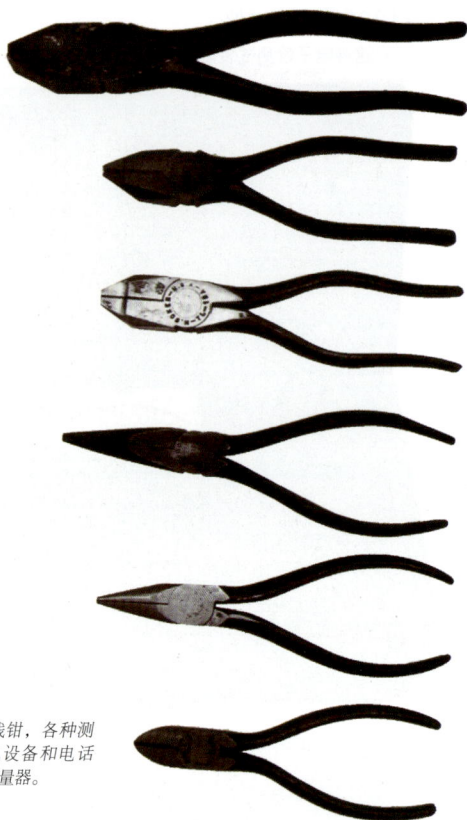

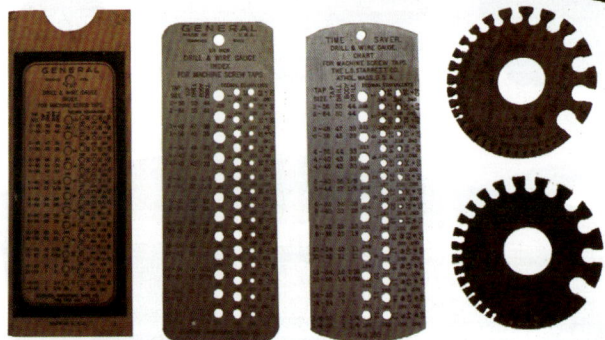

◄ 剥线钳，各种测
量用电设备和电话
线的计量器。

▲ 各种长嘴钳和钢丝钳。

▼ 平头和十字头螺丝刀。

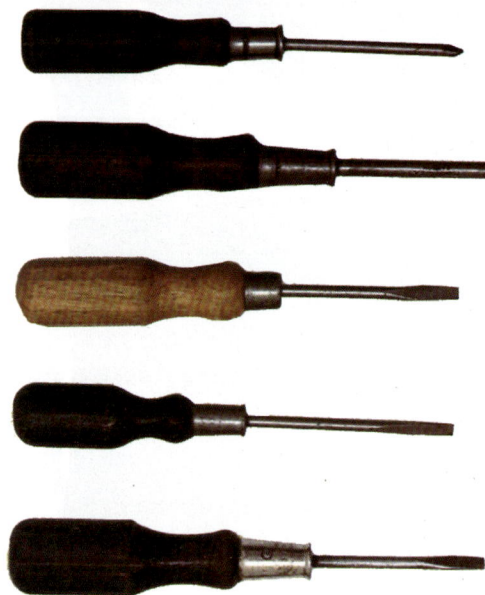

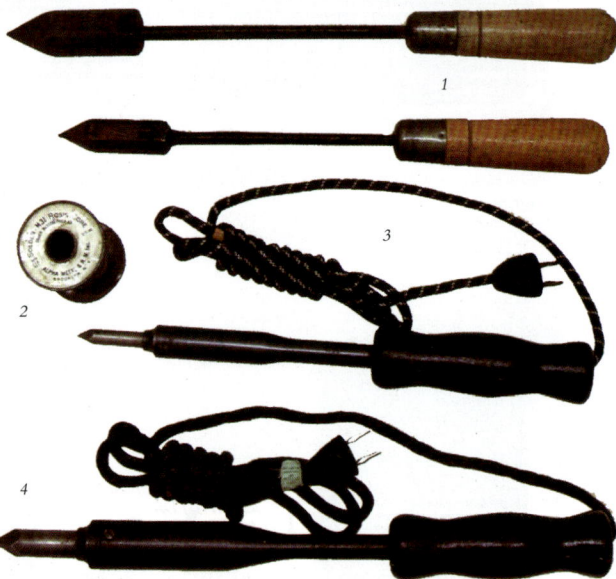

1

2

3

4

1. TL-46烙铁
2. M-31焊锡
3. TL-117电烙铁（100瓦）
4. TL-120电烙铁（200瓦）

▲ BG-77木箱，用于携带TE-6技师工具设备。

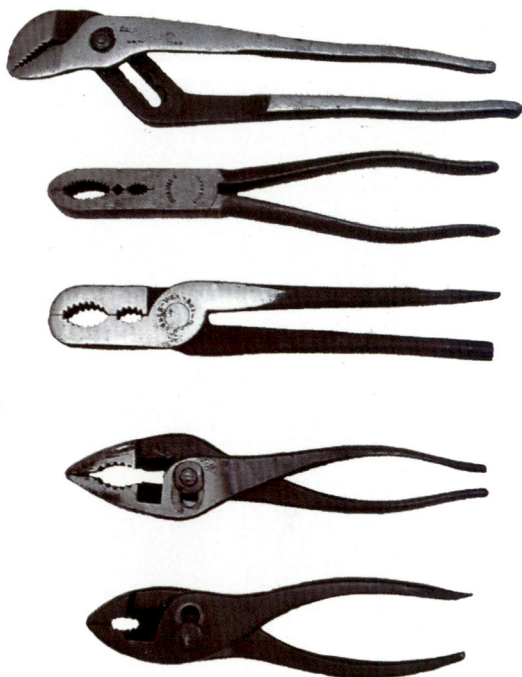

▲ 各式各样的滑动接头钳和鲤鱼钳。

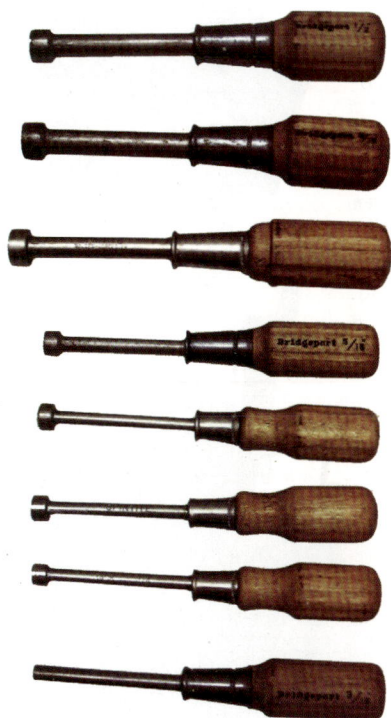

▲ 手摇钻和木工螺旋钻头。

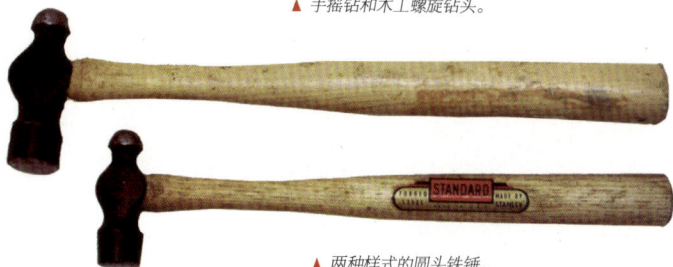

▲ 各种箱子螺丝扳手。

▲ 两种样式的圆头铁锤。

WAR DEPARTMENT

BASIC
FIELD MANUAL

Volume 1

FIELD SERVICE POCKETBOOK

CHAPTER 2
DEFENSE AGAINST CHEMICAL ATTACK

RESTRICTED

TM 3-220

WAR DEPARTMENT TECHNICAL MANUAL

DECONTAMINATION

RESTRICTED

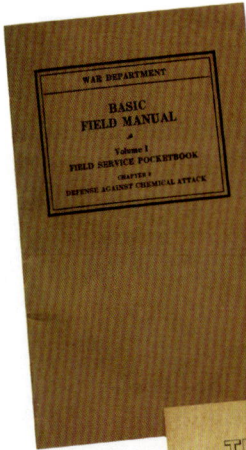

▶ TM3-220手册描述了消毒所需要的技术和净化设备。

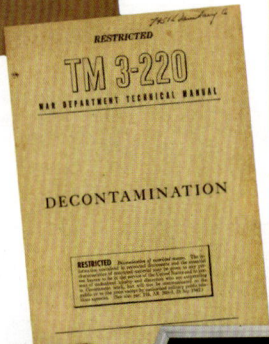

▼ TM3-250手册涉及化学战剂的储存与运输，它曾属于在欧洲战区服役的第91化学迫击炮营的一名士兵。

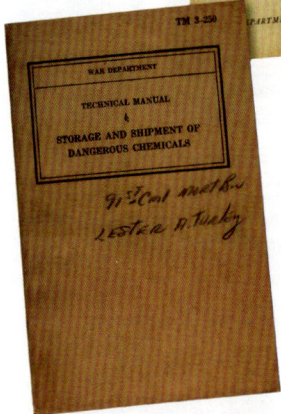

TM 3-250

WAR DEPARTMENT

TECHNICAL MANUAL
4
STORAGE AND SHIPMENT OF
DANGEROUS CHEMICALS

456-Q
LAUNDRY CO.

▲ 这件荣誉牌匾描绘了第456需洗衣连在欧洲的历程，其中一个排曾配属给第67后送医院。

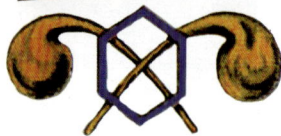

◀ 化学兵军官领徽。

▼ 1945年3月19日的德国罗兰塞克（Rollandseck），在莱茵河的一座车辙桥上一个M2发烟器正在制造人工烟雾。

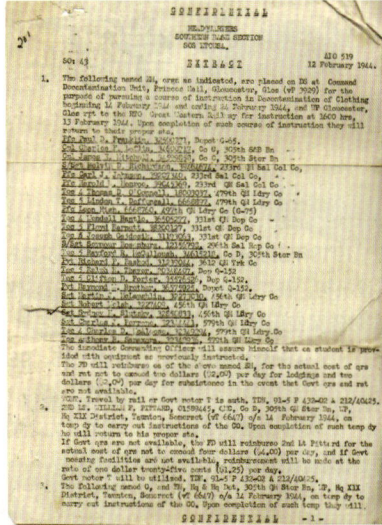

CONFIDENTIAL

▲ 这份毕业证书证明史拉斯中士已经参加了消毒培训课程。

▲ 正在作战的第2化学迫击炮营的4.2英寸化学迫击炮。

◀ 发给第456军需洗衣连中士悉尼·史拉斯（Sydeny Slutsky）的通知，通知他去参加一个有关服装和装备消毒为期10天的培训课程。在战场上，军需流动洗衣部队的工作就是清洗前线士兵的衣物，但他们也承担着浸泡战斗制服抵御糜烂性毒气的防化任务。在欧洲战区，特殊的清毒课程由基本在英格兰格洛斯特的消毒部队司令部教授给流动洗衣人员。

▶ 第93化学迫击炮营臂章。

84TH CML.MORTAR BN.

91ST CML.MORTAR BN.

▲ 非标准的第84、91营臂章。

▶ 第96化学迫击炮营臂章。

◀ 史拉斯中士（在左侧穿着人字斜纹连体工作服）于1944年7月在诺曼底的留影。

WAR DEPARTMENT

TECHNICAL MANUAL

MILITARY CHEMISTRY AND
CHEMICAL AGENTS

WAR DEPARTMENT

TECHNICAL MANUAL

THE GAS MASK

WAR DEPARTMENT

BASIC FIELD MANUAL
FM 21-40
DEFENSE AGAINST CHEMICAL
ATTACK

▶ 各种化学兵野战和技术手册。

防毒面具

1941年，配发给士兵的防毒面具是带有橡胶包织物的M1A2型面罩，1941年7月引入了M2型防毒面具，其面罩为完全成型橡胶制造。基于M1A2的使用经验，M2型防毒面具有三种规格：小型、通用型、大型。M2A1型防毒面具带有塑料和橡胶制的M5型排气活门，M1XA1滤毒罐采用一个长的橡胶波纹导气软管连接在面罩上。还有一种变型防毒面具是1942年引入的M2A2型，带有一个塑料的M8圆形排气活门，1944年又引入了M2A3型。M2A2于1943年夏季被M3轻量型防毒面具取代了。

◀ MIA2-IXA1-IV防毒面具
陆军防毒面具可以通过系列字母和编号来识别，例如图中的M1A2-IXA1-IV防毒面具：MIA2是面罩部分，MIXA1是滤毒罐，IV则是携行袋。在1940年9月后批准的这种装备放弃使用罗马数字。MIA2于1941年成为陆军标准防毒面具，目镜用螺丝固定在通用尺寸的面罩上，面罩为弹力织物覆层橡胶，排气口由一个冲压金属护罩保护。

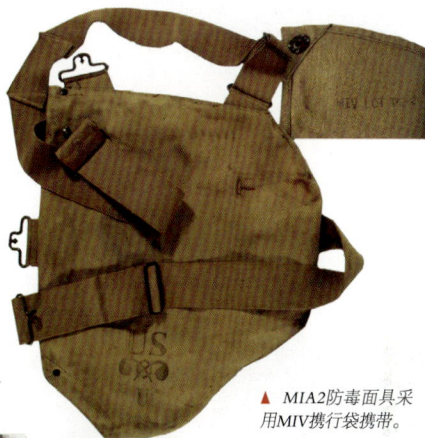

▲ MIA2防毒面具采用MIV携行袋携带。

◀ 连队防毒面具修理用品
这套工具是连队编制装备的一部分，允许用来对防毒面具的面罩和导气软管进行微小的修理。修理用品存贮在一个带有使用说明的硬纸管内，包括一卷胶带和1管胶接剂。

◀ MIA2-IXA1-IV防毒面具
MIA2防毒面具的变型，带有外露灰色面罩和鼻部。面部的字母"U"表示其为通用尺寸。橡胶软管外带有金属护套防止防毒面具存储时排气口表面磨损。MIA2后来被一体模塑成型橡胶面罩的M2取代。

▼ M2A1-IXA1-IVA1防毒面具
1939年美军陆军开发出轻型M1训练防毒面具，它带有一个完全模塑成型的橡胶面罩。第一批面具通过改善橡胶质量去除了弹力织物覆层，M1训练防毒面具于1941年作为M2A1防毒面具定型。训练防毒面具使用了柱形的滤毒罐直接连接在面罩进气活门，向下伸出到佩戴者胸部。M1训练防毒面具采用一种顶部开口带有搭扣的深型肩包来携带，腰带上附有一个D形环。M2A1防毒面具使用训练防毒面具的面罩，但替代了滤毒罐连接的通气软管，配备M1A2防毒面具的M1XA1滤毒罐。根据M1A2面具的经验，M2防毒面具生产有三个规格：小型、通用型和大型。改进了出气活门的结果导致1942年M2A2型出现，M2A3型则在1944年出现。M2系列防毒面具为士兵提供了非常成功的保护，但重约5磅显得太笨重了，而且不方便使用。后继设计的M3轻型防毒面具，就是在M2基础上做了一系列重大改进。M2系列防毒面具因为内部缺少鼻罩容易起雾，而且由于滤毒罐太过沉重，导致了1942年M3和M4系列防毒面具的开发。在二战期间，总计生产了超过800万件M2系列防毒面具，等到1949年这种防毒面具就显得过时了。图中展示的是这种M2防毒面具的临时变型，它带有一个M5塑料和橡胶排气活门，最终被1942年引入的M2A1上的M8圆形塑料活门取代。

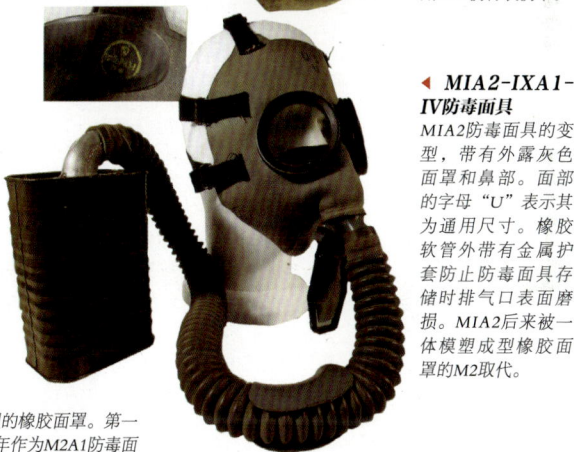

▼ MIVA1携行袋能通过在底部增加的两条加强编织带与早期的MIV携行袋区别出来，其加强的部位是滤毒罐存放的部位。 这种携行袋采用一条宽背带，由右肩背带挎过身体，在身体左侧携带防毒面具；一条腰带则保持携行袋贴近身体。使用防毒面具时，防毒罩需从携行袋中取出，而滤毒罐则仍保留在携行袋中，两者通过软管连接。

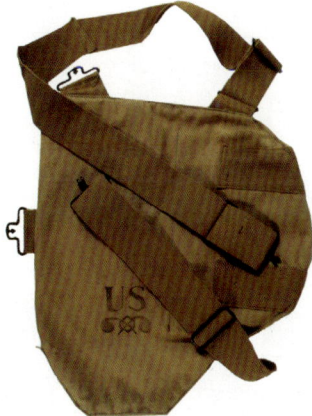

▶ M2A2防毒面具采用MIVA1面具袋携带，斜挎在左肩上，垂在右臂的下方。

▲ M2A2

陆军防毒面具的每个主要部件（面罩、滤毒罐、面具袋），可通过其系列字母和编号来识别。1940年9月后防毒面具采用了带有一位阿拉伯数字的型号名称。

▶ 训练防毒面具的M1面具袋可以挎在肩上，并带有一条长系带保持面具袋贴近身体。

◀ M1A1训练防毒面具

1939年陆军发展了轻量的M1型训练防毒面具，采用完全模塑胶面罩，在对排气活门改进后称为M1A1型，1941年重新命名为M2和M2A1型，M1A1于1942年停止生产，M1圆柱形滤毒罐用螺丝拧在橡胶面罩上。由于防毒面具的不足，训练防毒面具也进行了配发并用于在北非和意大利的行动，因为其更轻并且体积更小，特别配发给了空降部队。

▶ 用于M3A1隔膜防毒面具的面具袋带用模板印制的特殊标记。

▼ M3A1隔膜防毒面具

这种防毒面具最初是为装甲部队开发的，使用这种防毒面具可以进行语音传输（无线电台和电话通话），它是一种特殊设计的防毒面具，以应对军队中必须交谈的人员的需求。早期M3防毒面具在嘴前带有气密的醋酸酯薄膜，滤毒罐是常规样式。新型的M3A1带有M8塑料通气活门，包括一个薄膜特征。这种薄膜防毒面具也配发给军官，1943年6月M3A1隔膜防毒面具被宣布成为限制标准装备。

▲ M3轻量型防毒面具

由于对M2系列防毒面具的重量和体积不满意，从而去研发一种改进型防毒面具。1943年M3轻量型防毒面具成了标准装备，其重量仅为3.5磅，与此对应的M2却是5磅。该型防毒面具使用来自M2A2面具的模塑橡胶面罩，在内部增加了一个消雾鼻罩和一种改良的轻量型M10A1滤毒罐，这种改进和发展保持了与M2系列防毒面具同样的防护水平，改短了在面罩和滤毒罐之间的波纹导管以节约原料。M3防毒面具于1943年1月开始生产，采用灰色橡胶和黑色氯丁橡胶（这是由于橡胶短缺，于1943年晚期采用这种原料）制造，后来发现在寒冷天气里氯丁橡胶会变硬而变得无法使用，而天然橡胶在寒冷天气里依然灵活保持其柔韧性，这种防毒面具可在使用无线电或电话时传输语音，一个醋酸纤维隔膜在面罩上的一个圆形金属罩内，位于嘴部前方。这种防毒面具仅制造有一种通用尺寸，M3防毒面具于1943年被M3A1隔膜防毒面具取代。1944年1月M3型防毒面具停产，其M4变型于1944年早期开始生产，这是基于M2A2面罩基础上的改进型。1944年改进了通气活门的M3A1开始配发，在二战期间，共生产了1300万件M3系列防毒面具，该系列一直使用直到1949年被废弃。

▲ M3-IXA1-IVA1轻型防毒面具。

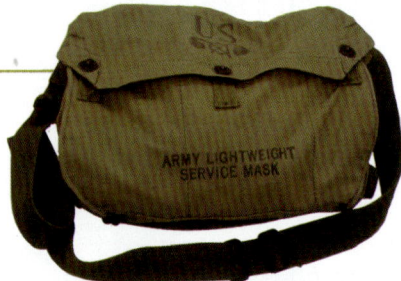

▲ M6防毒面具袋

M3和M4系列轻量型防毒面具相对改短了的通气管，需要一种新型的面具袋，M6型面具袋可以用于M3和M4防毒面具（或者其他型号）。早期的M6面具袋采用5号橄榄褐色面料制造，后来的面具袋采用深绿色面料。这种面具袋除装防毒面具外，也可以容纳附件，包括抗朦装备，2个保护罩和1管护理膏。

▼ M6防毒袋是M3和M4防毒面具的通用携行袋。

▲ MIVAI背包带用隔膜防毒面具的特殊标记。

▲ M4-10A1-6轻型防毒面具

从1944年早期开始生产，M4防毒面具具有许多M3系列防毒面具的特征，它重新使用M2A2面罩配合一个M3防毒面具的M10A1过滤罐和软管。M4系列防毒面具采用橄榄褐色天然橡胶制造，陆军总共订购了25万件M4防毒面具，改进了出气活门的M4A1型于1945年出现。图中面罩上部模塑的"SS"缩写表明这是一件极小尺码的防毒面具。

▲ M7型面具袋

M5突击防毒面具的M7防水面具袋，采用氯丁橡胶帆布制造，顶部通过卷起的套管和金属揿扣闭合，可以用带子固定在臀部(大部分空降部队就这样做)、胸前(海滩突击部队大部分这样携带)或腿部。在D日，这种M7型面具袋被配发给了空降和突击部队。

▲ M5-11-7突击防毒面具

这种轻便型防毒面具属于M3轻量型防毒面具的修改版，其型号M5-11-7表明了防毒面具的组成部分：M5型面罩、M11滤毒罐、M7型面具袋。氯丁橡胶的M5突击防毒面具由带有脸颊式滤毒罐和修改版M3防毒面罩组成，M11滤毒罐用螺丝固定在左脸颊上，去掉了通气软管。该型防毒面具在1944年2月至8月制造，生产之所以很快停止，问题出在氯丁橡胶于寒冷天气下的使用问题，以及在生产过程中这种橡胶难以成型，另外就是其制造故障率过大。

▼ 防毒面具嵌入物

1943年批准，对于佩戴眼镜的士兵来说这些矫正镜片永久安装在防毒面具面罩内，每枚镜片与容易弯曲的镜腿弹性连接在三角形护目镜框内。

▲ 过时样式的防毒面具，仅用于训练，采用一个腰带被截掉的MIV背包携带。

▲ M1A1-10-6光学防毒面具

这种特殊的防毒面具用于观察瞄准或火力引导设备人员，也是专门设计，以用于使用测距仪和望远镜等光学仪器人员，于1939年开发并一直生产到1941年。早期的M1光学防毒面具带有适用于光学玻璃圆眼窗、一件用于声音传输薄膜和M1滤毒罐一起用头带绑在脑后。

▲ 由博士伦制造的这种嵌入物于1944年12月指定给分配给在麦克莱伦堡的少尉刘易斯·盖特（Lewis Gate）。

▲ 用于M1A1光学防毒面具的M6防毒面具袋。

▼ M4马用防毒面具

这种特殊的防毒面具由模塑的橡胶面罩通过一条橡胶通气软管连接两个滤毒罐组成，通过一个由3枚LDT按扣闭合的大型帆布携行具穿过马匹胸脯携行。

▼ 一匹戴着M5型马用防毒面具的马匹，在这种型号上，滤毒罐放在一个单独皮革携行具的右手边。

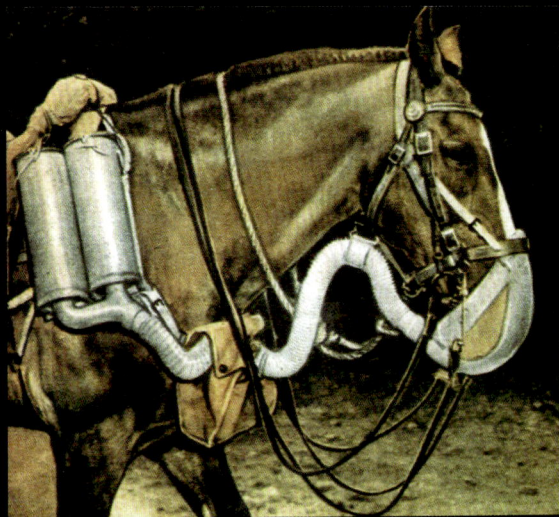

► 这2个金属滤毒罐放在特制的皮套中，挂在脖子的两边。

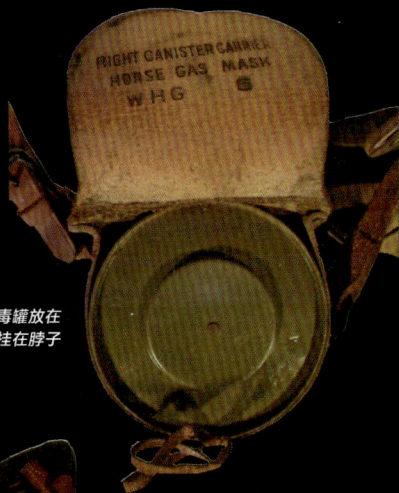

◄ 这个橡胶面罩带有适合马匹形态的2个活门（吸气活门和排

维护及保养装备

▼ 抗朦软膏（注：也有资料将其称为保明膏）是一种护理用品，将少许抗朦软膏涂于眼镜片上，再用细布擦拭，使玻璃面上形成一种透明的薄层，即可协助防止镜片模糊。抗朦软膏在防毒面具袋底部携带，这种早期的抗朦软膏是一种特殊的肥皂棒和法兰绒布，用来擦拭护目镜内部。

▼ 另一种抗朦软膏，是一种特殊的化合物。

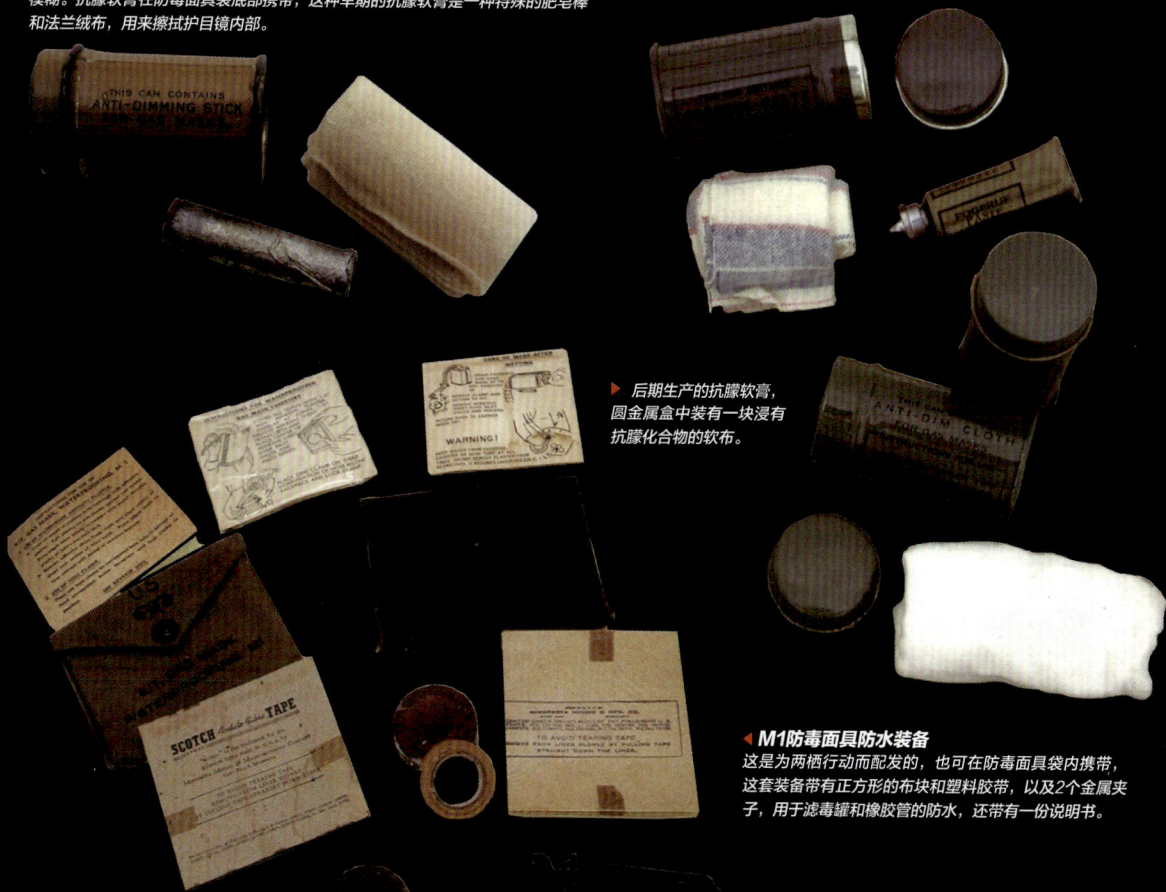

▶ 后期生产的抗朦软膏，圆金属盒中装有一块浸有抗朦化合物的软布。

◀ **M1防毒面具防水装备**
这是为两栖行动而配发的，也可在防毒面具袋内携带，这套装备带有正方形的布块和塑料胶带，以及2个金属夹子，用于滤毒罐和橡胶管的防水，还带有一份说明书。

◀▶ **M8防毒面具维修通用工具卷**
一个1943年的帆布工具卷，用来携带一些进行防毒面具简单维修作业的工具。

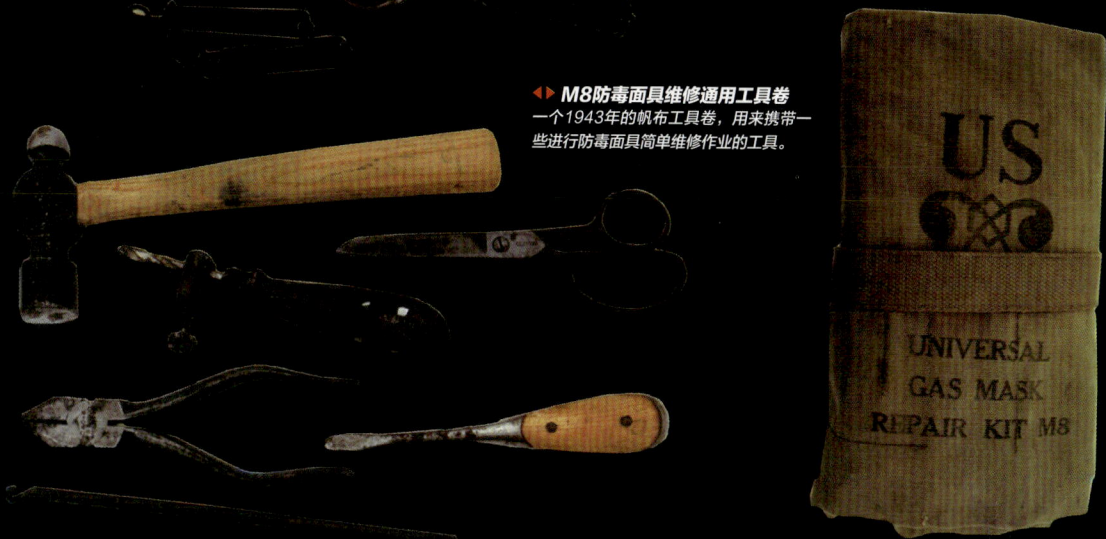

化学战剂检测

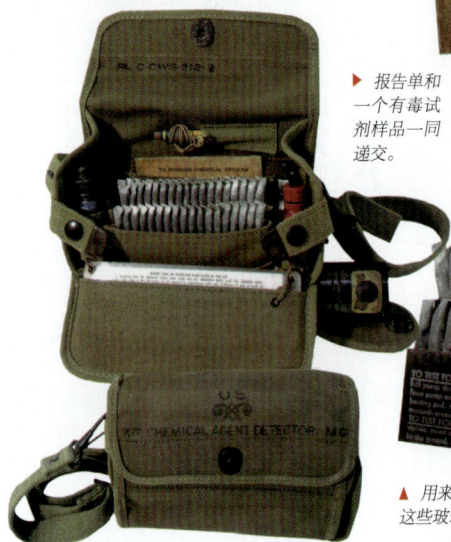

▶ 报告单和一个有毒试剂样品一同递交。

▼ **M1服装测试盒**

用来测试服装防化化学溶液的试剂，如果测试不合格，服装就将容易被毒气渗透，这种服装将再一次使用化学溶液浸泡。所有这些测试需要的用品都采用一个小口袋携行，背部都有2个腰带环。这套设备包括：1瓶溶剂（A），1件滴管（B），1瓶带有顶部滴管的测试溶剂（B），1瓶中和溶剂（C）顶部也带有滴管，1册试纸，1支铅笔和1张说明书。

▲ 用来测试空气中芥子气使用的玻璃管，这些玻璃管受到铝套的保护。

▲ **M9侦毒器**

1943年7月被批准定型，这种设备配发用于侦测空气样品。其组成包括：1个手动唧筒暨手电筒，几种化学战剂的侦毒溶液（芥子气、光气、砷化氢），4瓶反应溶液，1张说明，1份报告单和1支铅笔。这套设备采用一个带有织带的结实帆布背包携带，为了防止污染，M9侦毒器在使用后采用一个防水袋包装。

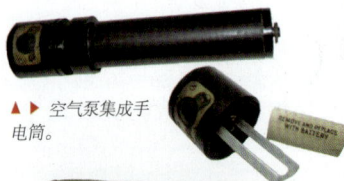

▲▶ 空气泵集成手电筒。

▲ 化学试剂数据卡。

▼ 毒气警报器携行背带。

▼ **M5（2型）液体糜烂性毒剂检测油漆**

这种用于机动车辆特别用引擎盖上的油漆，用来喷涂地对空识别的五角星，其褐色或绿色的油漆在遇到糜烂性毒剂时会发生反应变为红色。

◀ **M9化学战剂检测工具包**

一种特殊的装备，可用于进行气体取样并检测空气环境中的毒气。一个手动泵可以将空气样品注入几个带有反应溶液试管中，然后就可以精确检测出空气中是否有化学战剂。

▶ **M1毒气警报器**

于1942年被采用，仅在一种化学毒气被确认后才能发出声音警报。M1毒气警报器实际上是弯曲的中空金属圆管，采用一个木柄击锤敲响。当敲响后，这种警报器会发出一种特别的声音，每一名士兵都曾学习怎样识别这种警报声音。在欧洲战区，英国配发的毒气发声器和用过的75毫米或105毫米炮弹壳也可以达到同样的警报目的。

▼ 水质检测盒

这种检测盒，用来检测饮用水中的毒剂，尽管严格来说它是一种确保饮水供应的工兵装备，同时也是由化学兵引入并使用的。

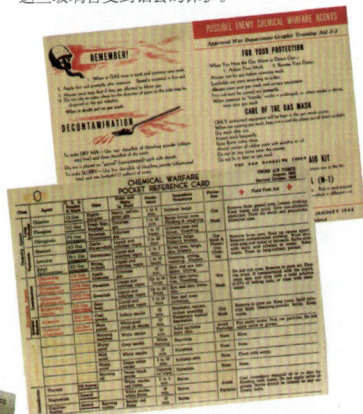

◀ 毒气检测袖套

英国制造的毒气检测臂套，美国陆军购买了几百万件。这种检测装备采用浅褐色纸制造，上面覆有化学反应涂层，当与糜烂性毒剂接触时，其涂层会产生化学反应发出粉红色的斑点，以此来发出毒气警报。袖套上面的布环可以将其系在夹克的肩袢上，当时大多数的照片表明，如果出现这种检测袖套，那么一定是佩戴在右臂上的。

防护装备

▶ 橄榄褐色防护手套
浸泡了CC-2抗糜烂性毒剂化合物的手套。

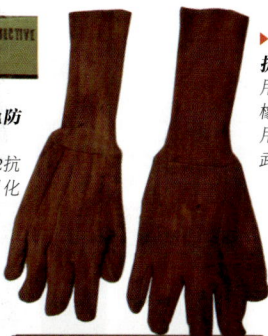

◀ M1不透水防护围裙
用于消毒队的橡胶围裙，也由墓穴登记人员使用。

▶ 不透水防护手套
用于消毒队的橡胶手套，或用于处理化学武器。

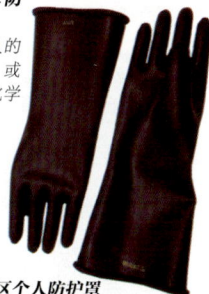

▶ M1皮鞋护油
一种用于皮鞋可防糜烂性毒剂的特制皮革保护油。

▶ 寒区个人防护罩
低温会导致塑料护罩破裂，1944年引入了这种更加结实的型号。

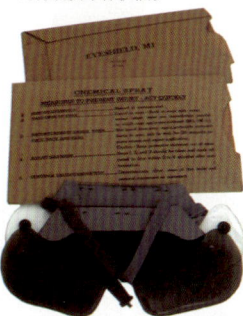

▲ 个人防护罩
采用透明或绿色塑料制造的防糜烂性毒剂防护罩，在展开后可以完整地保护士兵，包括他的武器和装备。

◀ M4防护药膏
纸板盒内装的一大管特制的药膏和棉布，用来清洗皮肤上的糜烂性毒剂，这种药膏在防毒面具袋内携行。

◀ 战争后期的金属盒，内有新型M5药膏和1管英国反路易氏毒剂（British Anti-Lewisite缩写为BAL）眼药膏。

▶ M1化学飞沫护目罩
可消耗的醋酸纤维护目罩，用来佩戴防护眼睛受到糜烂性毒剂飞沫的伤害。卡纸信封内装有4个展开的护罩，其中2个透明，2个深色。护目罩采用可调整的松紧带戴在面部。

1943年5月，在欧洲战区人字形斜纹工作夹克和长裤被选定为标准防毒制服，在使用防毒浸渍后，和HBT套服一起还包括浸渍后的毛料风帽、绑腿、手套一起可以防备毒气的入侵。在英国，一个单独的军需浸渍工厂来保证服装的处理，在野外穿用每14天后就要返回工厂重新进行处理。

▶ 从TM3-290手册插图中展示了M1野外浸渍设备，如果军需配发的浸渍服装不能满足需要，这套设备可以浸渍20到30套包括夹克、长裤、风帽、绑腿和手套的完整保护装备。

▲ 橄榄褐色毛料防护风帽
用于防糜烂性毒剂的毛料防护风帽，配合防毒面具一起使用。后面带有2个纽孔的短带可以将风帽扣在衬衫、HBT夹克或工作服上。这种防护风帽也作为寒区装备在1944-1945年冬季进行了配发。

▼ 浸泡了防糜烂毒气药物的HBT夹克。

▶ 这件浸渍HBT长裤带有浸渍工艺残留的白色残留物。

▲ 浸渍鞋时，M1设备也配有一个大桶。图中展示的是一种特殊的皮革软化剂，使皮鞋不能被液体的糜烂性毒剂浸透，配发同时带有一个纸板盒和外覆用的抹布。

直至1944年8月，大部分医疗单位装备和补给都带有5位数的装备编码（例如No92040）。在此之后引入了新的7位数命名法(例如No9204000)，美国海军的医疗装备则可以通过储存编码，用连接号连接两个连续序列编号（如储存编码No2-1304）来识别。1947年后，军方统一了陆军和海军的补给程序，所有的医疗装备都带有7位数的3个连续储存编码（如储存编码No9-597-500）。

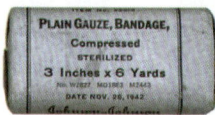

▲ 各种型号的绷带（上3图）。

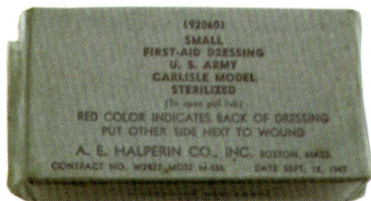

▼ 10件装卡莱尔急救包的纸盒，外表漆成亮红色意味着每个急救包内部装有磺胺粉。

▲▼ 装有大块急救敷料的硬纸板盒，底部在蜡中浸泡过以防止水分和毒气透入。

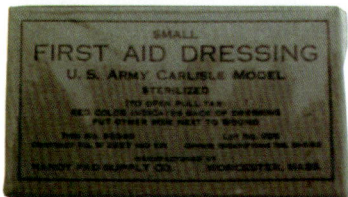

▲▼ 装在硬纸板盒中的标准的卡莱尔急救敷料，也包括各种医疗用品，如伞兵急救用品。

◀ 医疗部队人员正在给一名士兵处理手腕上的伤口。当受伤人员进入距离战场几百码的营急救站后，会立即进行甄别和分类，可能会使用吗啡或其他需要的麻醉药品。在初步处理后会允许这些负伤人员撤离到后方，当伤情严重而不能承受过远距离的转移时，就先行输血然后再撤离到更远的后方。

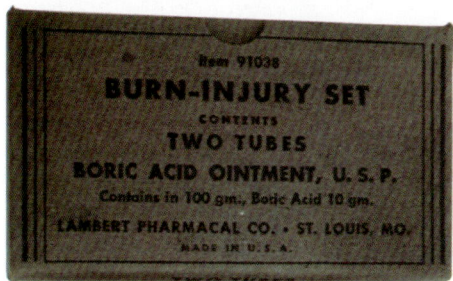

各种包扎伤口用的棉垫,脱脂棉垫盒已经用蜡进行了处理。

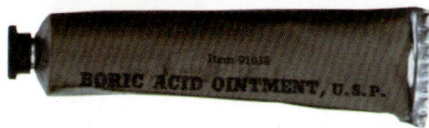

左4图:棕色纸盒内装有用于烧伤救治的药膏:2管硼酸软膏和1把小木抹刀。

安全别针,这种大型别针用来固定在担架上伤者身上盖着的毛毯。

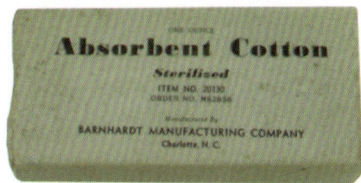

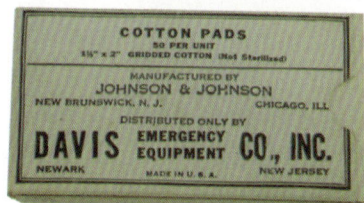

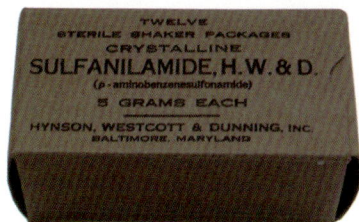

2罐医疗使用的氧化锌橡皮膏。

早期和晚期急救包内的磺胺药粉

磺胺晶体药粉是第一种被广泛使用的磺胺类药物。这种药物用于重度开放型伤口,在使用无菌敷料包扎前撒在上面,以防止伤口感染。考虑到5克剂量足以用于开放型伤口,所有供应部队的磺胺晶体药粉都不超过5克。这种药物于1941年年底左右引入。

供急救站使用的12片装磺胺片。

战斗医务人员装备

◀ 可重复使用的玻璃注射器。

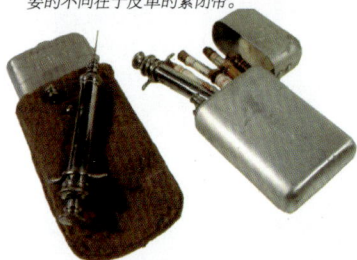

◀ 最后版本的战地急救员背包采用1枚摁扣闭合，取代了以前使用的系带和孔眼背包。

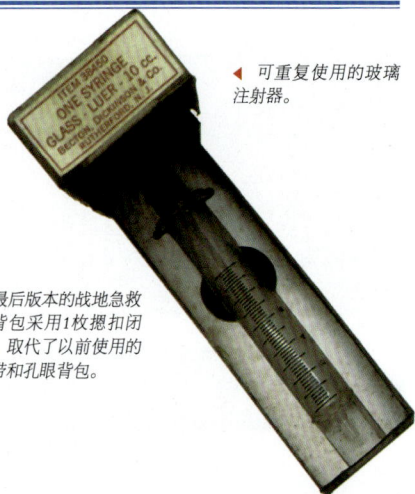

▲ 早期生产的橄榄褐色帆布战地急救人员背包，和后期样式（见第296页）主要的不同在于皮革的紧闭带。

◀ 这个带有滑盖的马口铁盒可以装两板磺胺嘧啶片，由埃德尔药厂生产（Lederle Laboratories），是这种口服抗感染药品的第一种包装式样。磺胺药片由战场上的每一位士兵在急救包中携带。

▼ 装有20片硫酸吗啡片的玻璃管，存储在皮下注射盒当中。

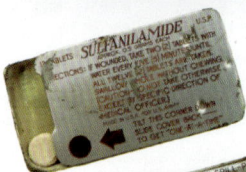

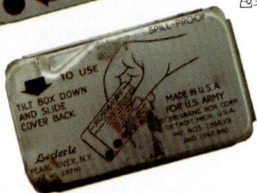

▼ 装12支注射针头的金属盒。

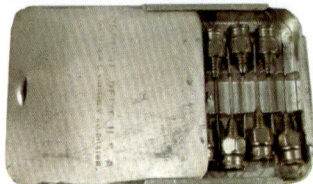

▲ 储存5只装有0.5格令吗啡酒石酸盐的一次性注射液盒。一个皮下注射针管也在急救包（见第207页）内携带，并且采用一个软金属管来盛装已经消毒的针头。

▲ 磺胺嘧啶片的最后包装是这种透明塑料包装，封装在防水铝箔牛皮纸中。

◀ 一瓶柠檬酸钠，作为新鲜血液的抗凝血剂。

▼ **军官医疗器械包**
这种器械包用于在急救站对负伤人员进行初步处理，包括：金属器械盒、柳叶刀、外科手术刀、动脉夹、止血钳、缝合针线。

◀ 带有橡胶瓶塞的玻璃瓶，用于输血。

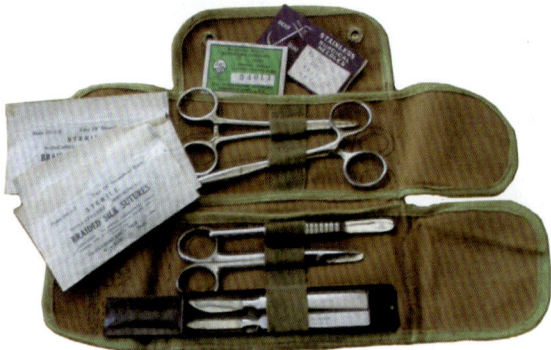

▼ 一次性的血液输液器，在使用前存储在一个密封无菌铝管内。

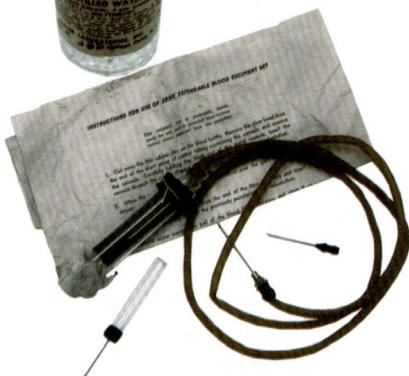

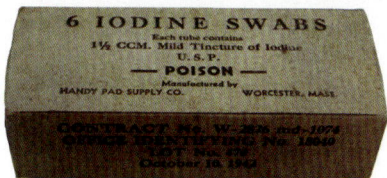

◀ 6支装的碘棉签包装盒，用于伤口消毒。

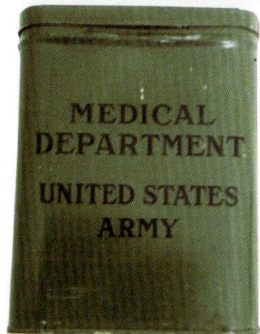

◀ 可装12支碘棉签的金属盒。

▲ 另一种消毒器械，双炉膛燃烧甲基化酒精。

◀ 科尔曼523型火炉的扳手和备件。

▶ **双燃烧室汽油炉**
（装备标号：99555）
用于医疗部门的科尔曼523型火炉，配发时带有一个防风板和可以作为消毒盘的携行箱。

▼ **注射器吕尔（LUER）**
（装备编号：38490）
23规格0.5英寸针头。

▼ **国际通用标准**
（装备编号：38520）
注射器吕尔17规格3英寸针头，一盒有12支注射器针头。

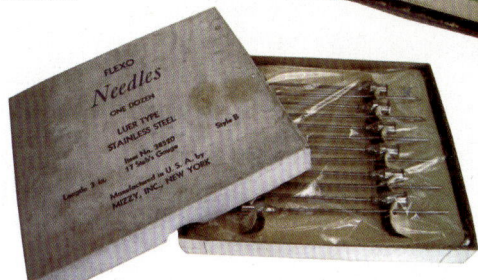

▶ **皮下注射针头消毒器**
（装备编号：99515）
这个小的燃烧器是军官和军士医疗包装备中的一部分，当注射器被放弃使用后，这种设备被装在医疗袋中的一次性注射器取代。

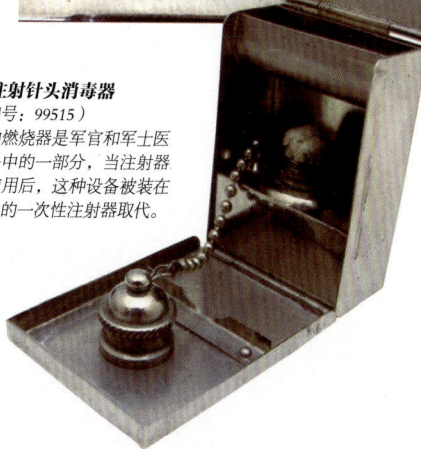

▼ 直钢管担架

无须怀疑，第一梯队的医疗单位在涉及后送伤员时，最为有用的设备之一就是担架。在运送病人或伤员时，一副担架通常要由2人或4人运送。所有无法行走的患者，不论其有无援助，都要由担架运送。通过担架撤离都附有一个不同形式的表格，以便于将其运送到医疗站点后可以得到尽可能迅速的治疗。在二战期间，美军医疗部队使用不同类型担架，这里介绍的只是其中的两种样式。图中这种装备编码为9937600的标准担架带有钢管支柱和木把手，箍筋和可折叠的支架为镀锌钢，这种型号担架是于1943年引入的战时经济型，以节省更加昂贵而且更加重要的铝材，原来的铝管由这种钢管所取代，其他担架可折叠支架为铝支柱或木支柱。

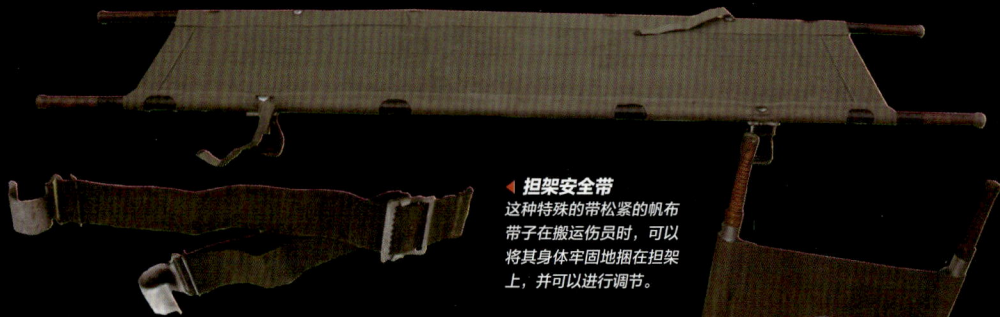

◀ 担架安全带

这种特殊的带松紧的帆布带子在搬运伤员时，可以将其身体牢固地捆在担架上，并可以进行调节。

▼ 可折叠野外运输托架

这个手推车带有两个自行车轮，用于在平坦地面长距离运送的担架，但显然很少使用。其特征是有两大的辐条自行车轮，带有充气轮胎，另一个特征是单页悬挂系统。这种手推车由俄亥俄州伊利里亚的科尔森公司（The Colson Corp）、纽约长岛市最佳金属制品公司（Best Metal Products Inc.）、滑铁卢（Waterloo）的杰拉尔德二轮马车公司（Jerald Sulky Co.）生产。尽管有照片显示在不同战场靠近前线的地方使用，这种可折叠的野外运输托架更多的能在野战医院设备中看到。这个托架重59磅，宽32.5英寸，高31英寸，长28英寸。托架打开后，可以通过铰链管状倒V形车梯保持直立，在不用时可以折叠，这种运输托架取代了老式带有木质幅条实心橡胶轮的轻便马车型（这种老式的重达72磅）运输托架。

◀ 铝折叠担架

（装备编号：9938000）1941年引入，这种更轻便的双向可折叠担架用于空降部队，有时尽管不常见，也配发给了山地部队。

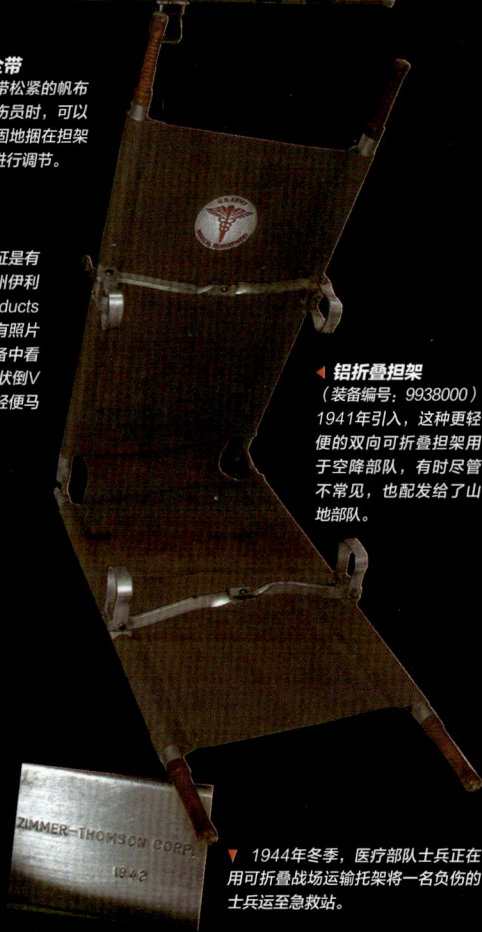

▼ 1944年冬季，医疗部队士兵正在用可折叠战场运输托架将一名负伤的士兵运至急救站。

▼ 一套小型毛毯

这种耐用的帆布袋通常能在急救站看到，可以容纳10条配发的毛毯，每付担架都配备2条这样的毛毯。

▼ 一件下肢夹板，通过金属架和延展部分连接到担架上。

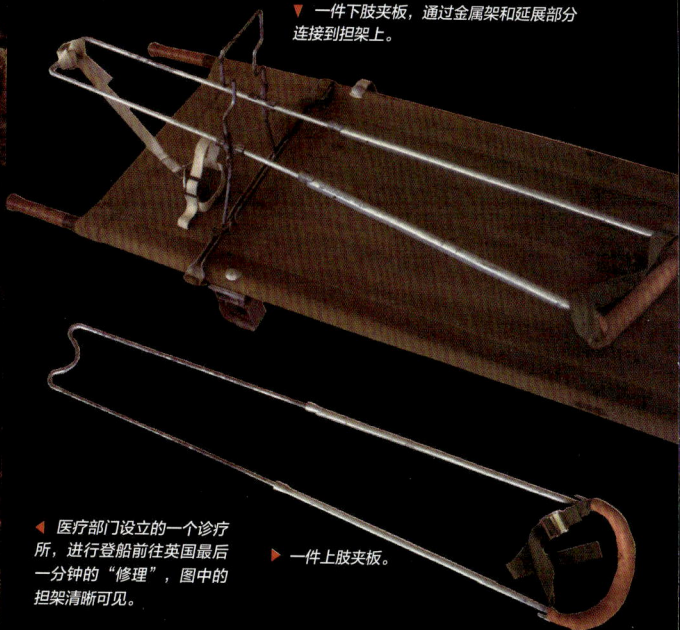

◀ 医疗部门设立的一个诊疗所，进行登船前往英国最后一分钟的"修理"，图中的担架清晰可见。

▶ 一件上肢夹板。

▼ 当车辆无法通过山间小径时，就只能采用担架运送的方式疏散伤员。

◀ 连接手腕或脚踝夹板可以调节的捆扎带。

◀ 担架底部带有黑色印刷双蛇杖图案，1943年晚期，这种柔和的标记取代了医疗部队老式红白标志。

▼ **半刚性帆布担架（装备编号：99360）**
这种特别的担架于1944年被采用，用于山地部队，担架实际是一件宽帆布并由木板加强。担架边上的一排带子可将伤员固定在担架上，同时担架还带有保护面部的兜帽。担架运输方法类似我们东方抬轿子，一棍结实的木杆套在担架两头长带子连接的金属环中，两棍木杆就组成了完整的运送结构。

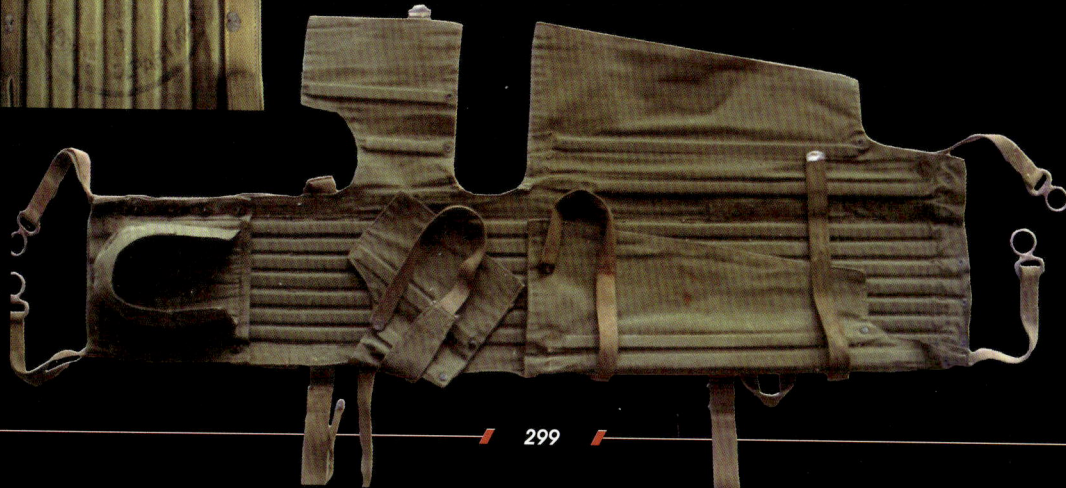

康复期

通常为两件式的宽松服装，重量轻而有利于病人的睡眠，专门分发给在医院住院的病人。其制造原料有棉料（用于夏季）、法兰绒和毛料（用于冬季），穿着这种服装保暖而且舒适，是医院住院病人的基本服装。这种服装实际在一战时期就由美军医疗部门使用了，在二战得以沿用。颜色方面，浅灰米色用于夏季，浅灰色用于冬季。康复期的服装使用深蓝色和褐红色棉料制造，浴袍则采用或重或轻的褐红色、蓝色灯芯绒制造。

▲ 搪瓷的医院病房小便器。

▲ 灰色牛津面料的夏季上衣，是1936年规定的装备。

▲ **医院冬季宽松长裤**
联邦政府规范，并指出这种长裤为军民通用装备，其时间可以追溯到1936年。

▲ 正在沃尔特·里德综合医院（Walter Reed General Hospital）康复的一位病人正在照料医院菜园里的西红柿，这项工作也是康复计划的一部分。

▶ 一副可调的木拐杖。

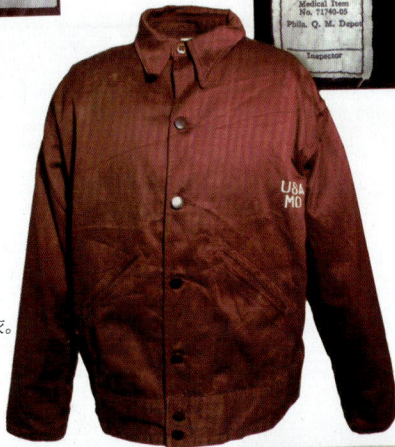

◀ **康复套装上衣**
（装备编号：71740）
栗色的上衣由步行的患者穿用，与展示在上页的长裤一起配套使用。上衣带有2个倾斜的暖手口袋，前襟采用7个纽扣闭合。

▲ **医院冬季宽松上衣**
发给住院病人和伤员的法兰绒宽松上衣。

▼ 在这条毛毯上医疗部门标记采用了手工刺绣的方式。

▼ 带有条纹枕套并且内部填充羽毛的一只医院枕头。

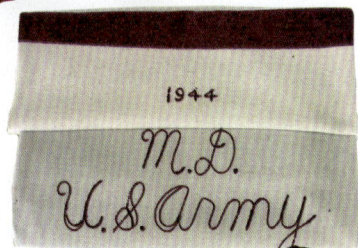

1944
M.D.
U.S. Army

▶ 这个玻璃床尿壶由美国红十字捐赠。

各种医疗设备

▶ 听诊器
（装备编号：37730）
这种福特式听诊器由亨利·贝茨公司（Henry Betz Co.）制造，用于病人的诊断。

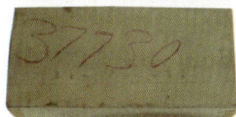

▶ 医学滴管
（装备编号：77950）
由格拉斯科产品公司(Glasco Products Co.)制造的装有12支滴管的贮存盒。

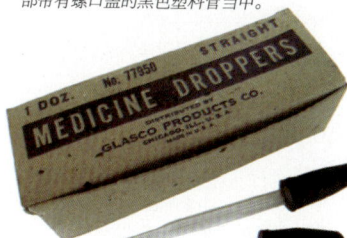

◀ 临床体温计
（装备编号：79320）
由费赫尼仪器公司（Faichney Instrument Corporation）制造的医疗体温计，存放在顶部带有螺口盖的黑色塑料管当中。

▶ 胃管
（装备编号：38750）
用于抽胃液的橡胶软管，由达沃尔橡胶公司（Davol Rubber Company）于1942年6月制造。

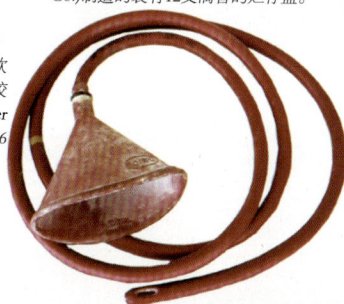

▲ 木质涂药棒
（装备编号：36610）
一盒864支涂药棒，一头缠有棉毛纤维，用于从咽喉提取检验样品。

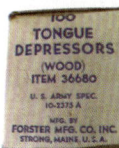

▲ 由密歇根州卡拉马祖市（Kalamazoo）普强公司（Upjohn Co.）生产的一盒12袋磺胺，这些抗菌的晶体用来撒在开放的伤口上。

▲ 木质压舌板
（装备编号：36680）
压舌板是医生使用的两端圆形薄木片，主要做咽部视诊用，是医生必备的检查器具，这里是100件一盒的压舌板。

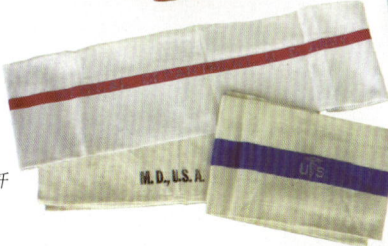

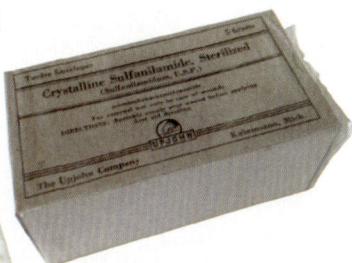

▲ 医疗部门的粗麻毛巾。

▲ 硫黄软膏
（装备编号：91215）
这种涂抹用的软膏用于治疗疥疮。

◀ 脓盆
（装备编号：77130）
收集脏敷料的搪瓷钢盆。

▼ 晕船、晕机预防药
6小袋预防晕船、晕机的药丸，这种抗晕药就曾在1944年6月6日的诺曼底登陆行动中发放过。

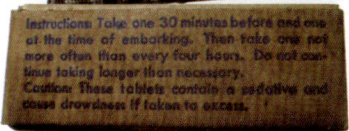

▶ 一卷医用黏性纱布，窄尺码（1×180英寸）。

▼ 一卷医用黏性纱布，宽尺码（3×180英寸）。

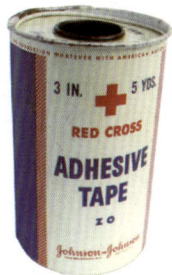

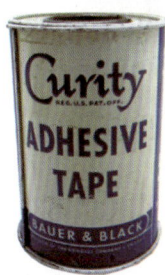

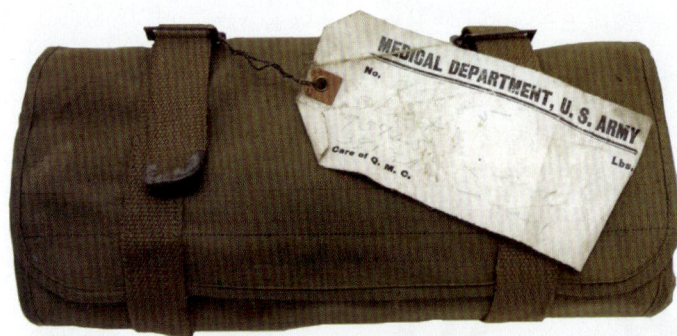

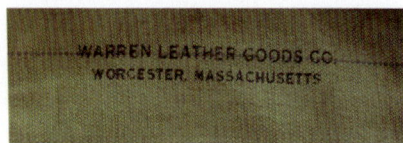

▲ 近距离观看制造商标记。

完整改良手术袋
（装备编号：93085）
迈纳（Minor）外科手术器械袋。

▼ 每个急救站配套装备的一部分。这套设备用于耳朵和咽喉的检查，缝合伤口和更换绷带。

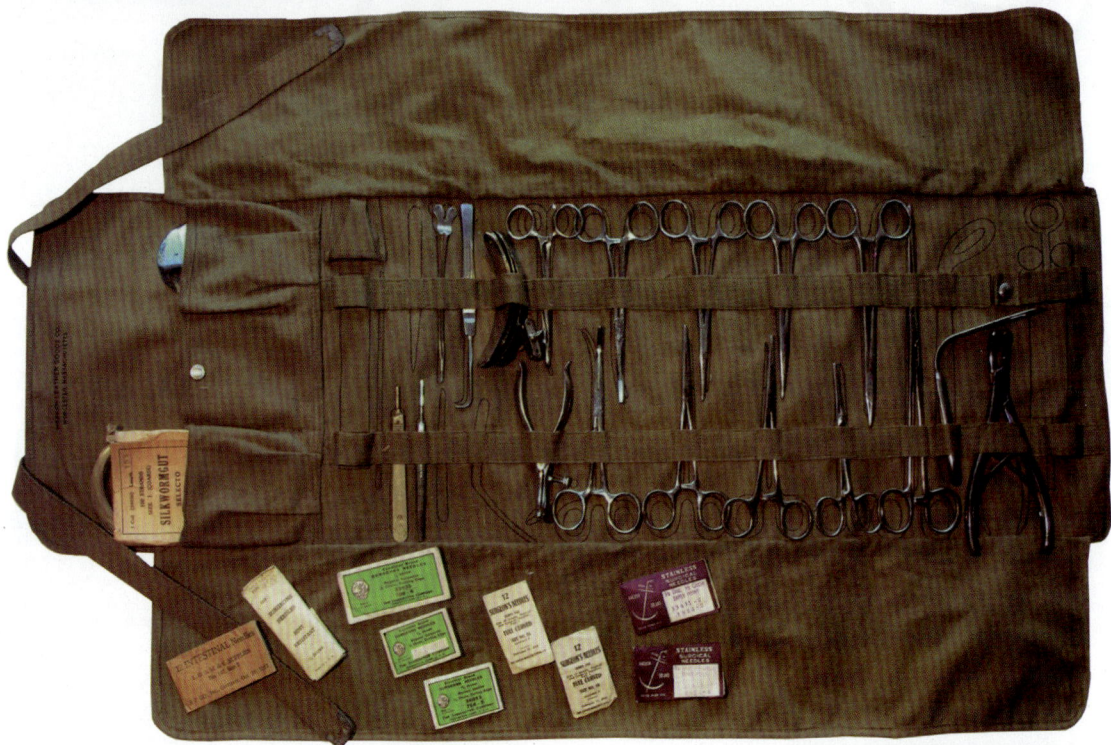

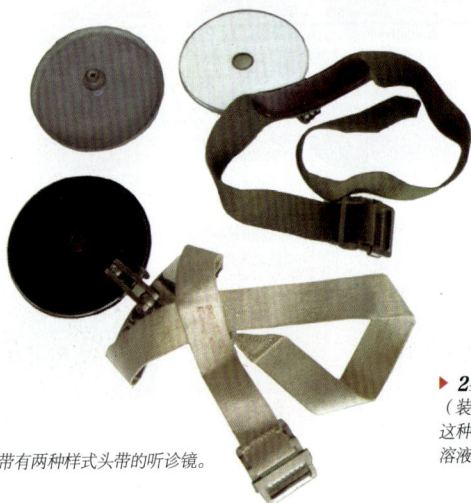

◀ 这面镜子可以装在可折叠金属头带上。

2盎司耳朵注射器
（装备编号：38130）
这种带凸缘注射器可以用来在清洗耳道时防止溶液流出耳道并弄脏医生。

▲ 带有两种样式头带的听诊镜。

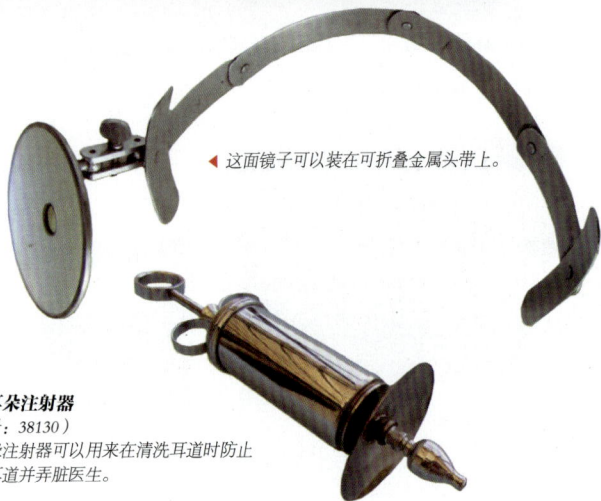

外科器械

▲ **整套基本器械设备**
（装备编号：93210）
在野战医院初级外科手
术使用的基本器械，分
别存放在10个器械卷中
再装在一个带有携行提
手的大提包中。

▶ 4号器械卷中包括野
外操作使用的12枚别针
和6件弯钳。

▼ 装有18件止血钳的3号器械卷。

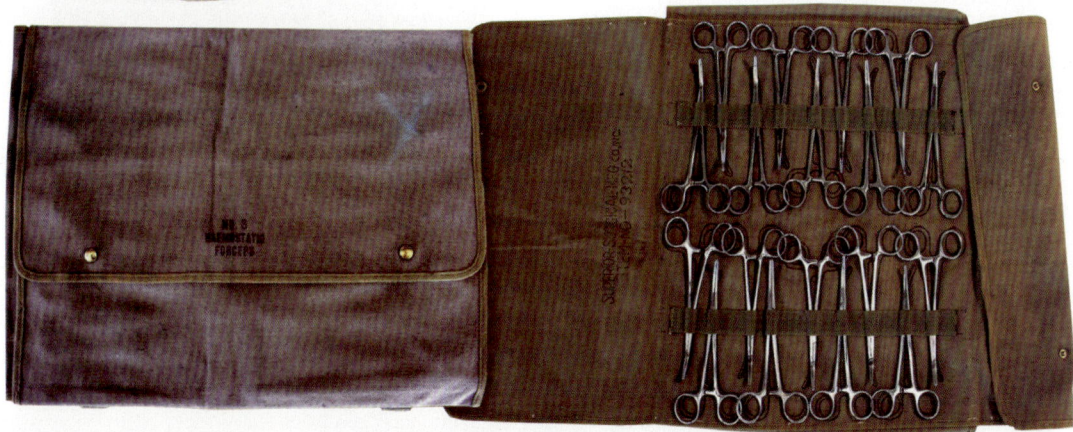

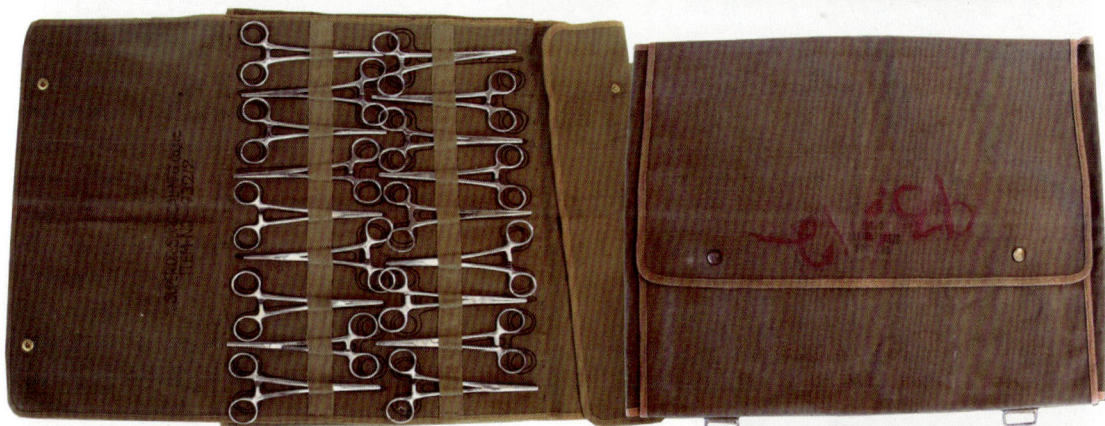

▲ 18件直止血钳存储在2号器械卷内。

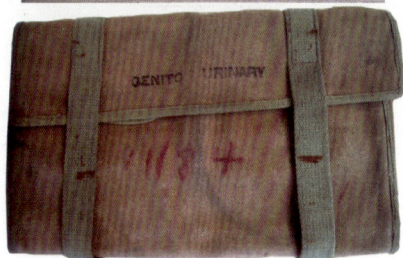

▶ 提包上用模板印刷的标记包括制
造商名字和空提包的名称（装备编
号：93325）。

◀ **整形外科骨折和截肢辅助器械**
（装备编号：933103）
用于上肢或下肢骨折的手术器械，
也可以用于截肢。

▲ **颌面部损伤辅助器械**
（装备编号：93330）
用于下颌骨、上颌骨或面部骨骼
手术的器械。

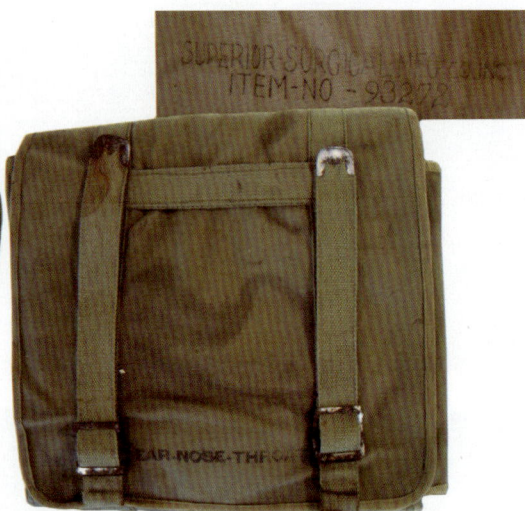

▶ **耳鼻喉损伤辅助器械**
（装备编号：93270）
这套器械用来进行复杂的鼻部骨折、
穿针、口部撤裂、气管切开等手术。

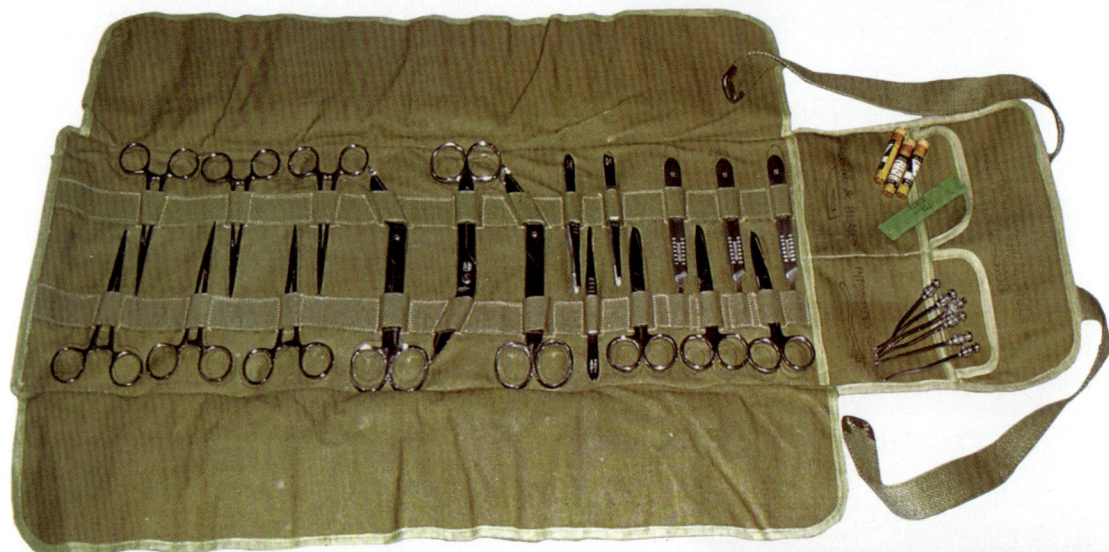

▲ 这件器械卷是"冲击组"
（装备编号：93707）的一部
分，由战场医疗人员使用在伤
员撤离前。

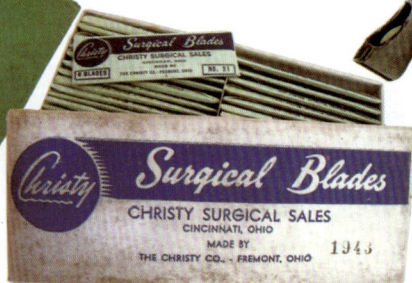

▲▶ 一盒144片一次性手术刀片。

▲ **大型呼吸管**
（装备：35510）
这种插管可以用舌头夹住，在麻醉下可以
更容易呼吸。

▶ **三角形薄纱织物绷带**
（装备编号：20120）
一包12块三角形绷带。

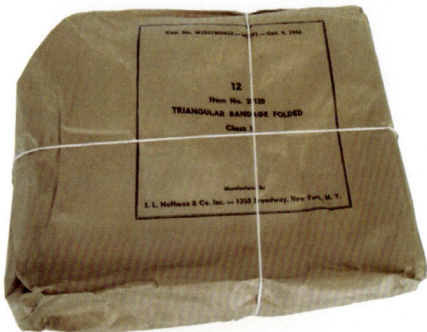

▼ **腿部湿敷料袋**
(装备编号：36165)
这些塑料袋用于包装湿
绷带，特别是敷于那些
严重烧伤的腿部或胳膊
的绷带。

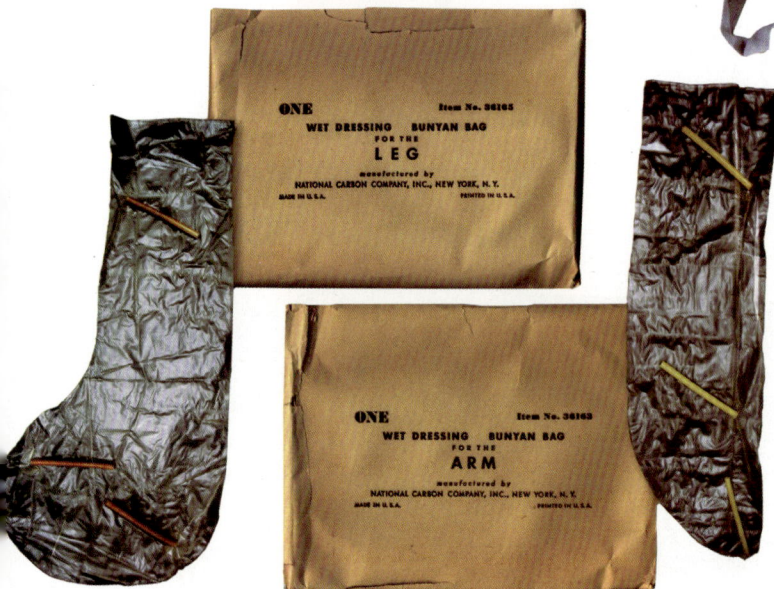

▲ 由鲍尔&布莱克(Bauer&Black)制造的48件一箱
的手术口罩。

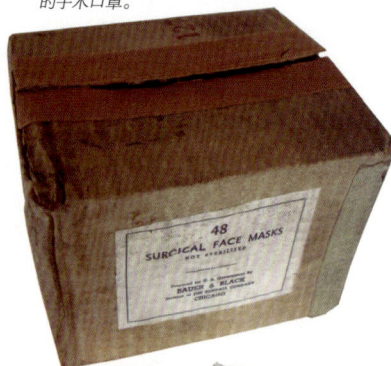

▲ 胳膊湿敷料袋（装备编号：36163）。

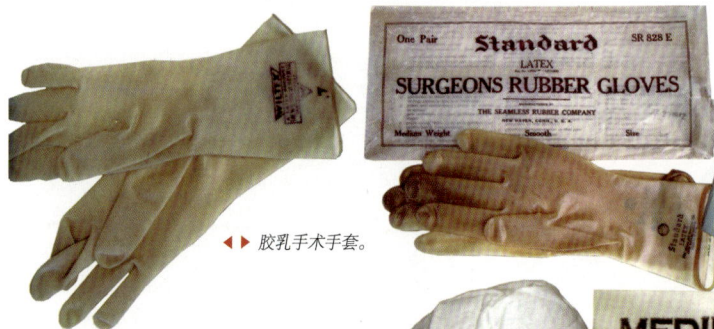

◀◀ 胶乳手术手套。

▶ 白色外科医生帽。

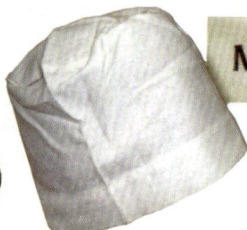

▼ 用于麻醉的乙醚。

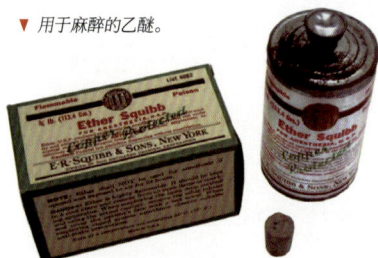

▶ **中型手术罩衣**
(装备编号：71600-10)
这件白色的棉质外科医生罩衣在背部
采用2条系带闭合。

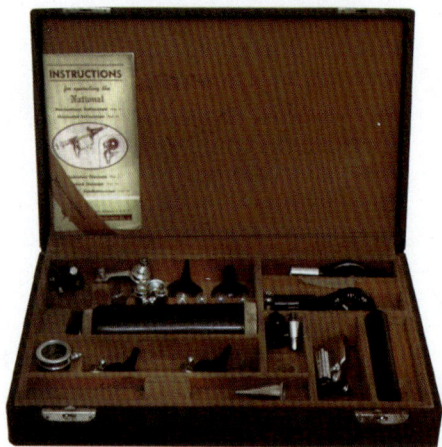

▲ 用于外科手术的野外消毒设备，包括：1个科尔曼汽油燃烧炉，1个折叠底座和采用镀锌钢制造的消毒托盘。

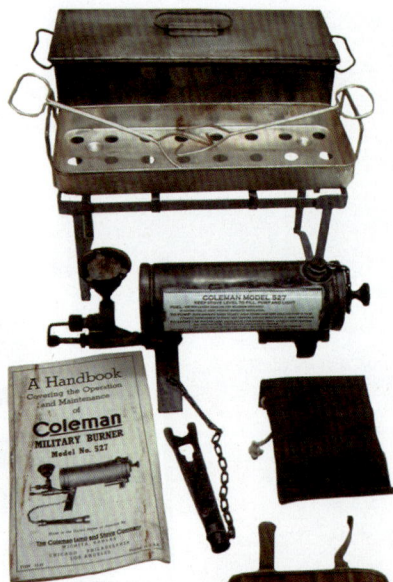

▲ 一套完整的麻醉设备（装备编号：93510）。

▼ 医疗器械包
一套完整的医疗器械，用于在手术室处理伤口。

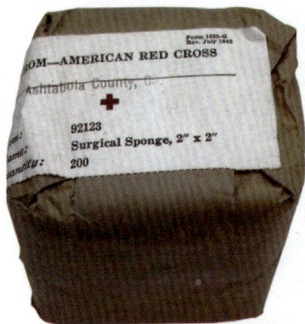

▲ 由美国红十字会制造和捐赠的一包200块外科手术用海绵。

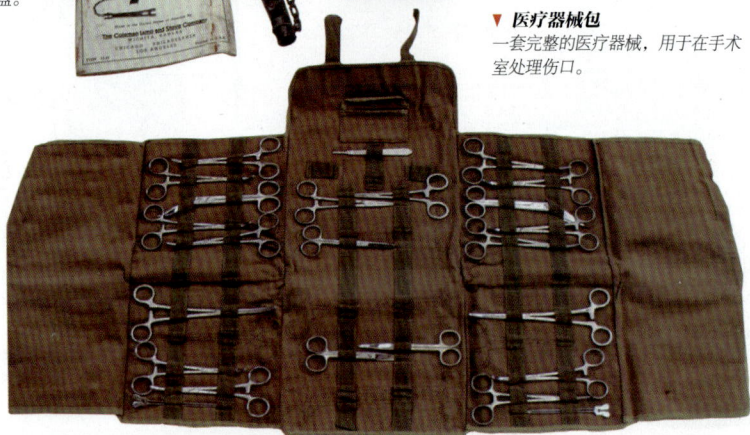

▼ 帆布卷
内部装满了用于基本牙齿护理的各种器械，是众多的"MD NO 60"牙科检验箱的一部分。

野外牙科器械

1. 麻醉注射器
2. 镜子
3. 提取镊子
4. 起子
5. 研钵和药杵
6. 调药刀
7. 粘固粉
8. 汞瓶
9. 棉夹
10. 棉钳

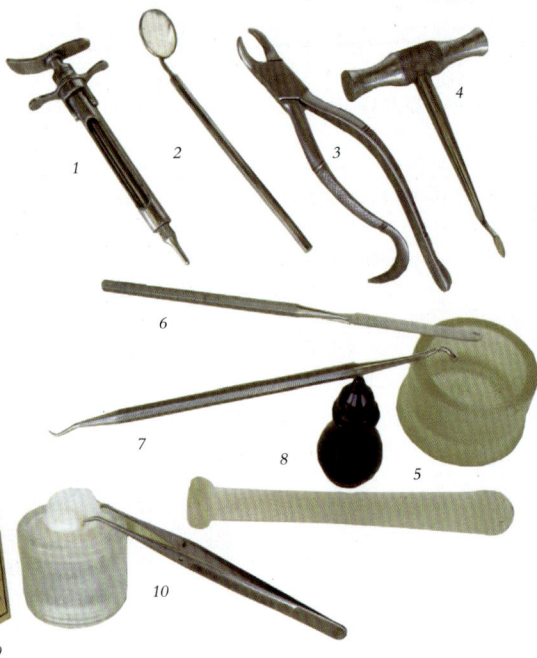

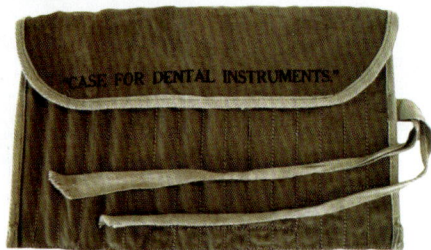

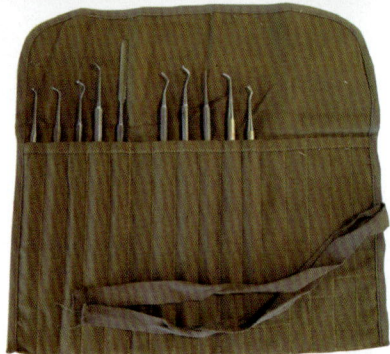

11. 圆头锉盒
12. 磨片
13. 根管清洁器

▶ 珍珠类牙用粘固粉适用于补牙充填前。

光学修理分队

自1942年12月开始，每位视力不及格的士兵都会领到两副配发的眼镜（GI型眼镜）。标准的白色金属电镀镜框带有和皮肤颜色接近的鼻垫，弹性镜腿可以挂在耳朵上。对于这些眼镜的保养，任何总医院的眼科可以说都负有最直接的职责，但在战区并没有相应的修理计划，因此医疗部门建立了光学分队，在医疗补给站或配备有车载修理间的流动修理队内负责修理。

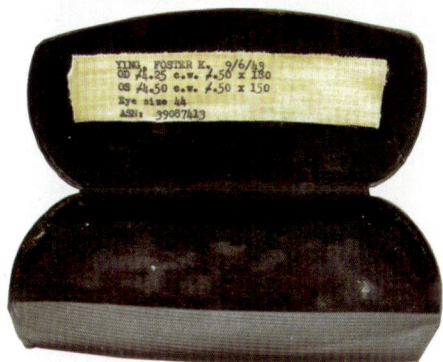

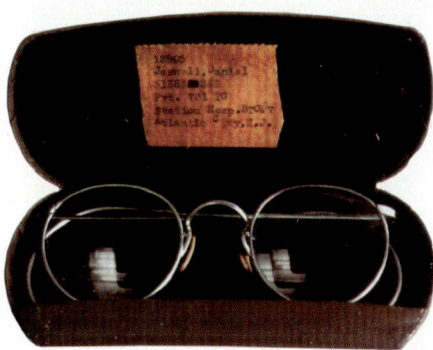

▶ 这些配发的眼镜，放在标准的外包橄榄褐色人造皮革的金属镜盒里，配发给列兵丹尼尔·杰斯维尔（Daniel Jaswell）。

▶ 配发给列兵福斯特·邢（Foster Ying）的眼镜，由美国光学制造，带有"AO"标记和截印在镜桥上的"Ful-Vue"商标。

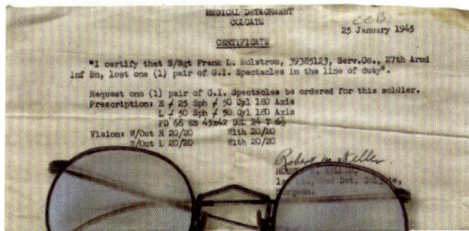

▶ 在丢失了最初配发的那副眼镜后，可以请求再配发一副替换眼镜，新的眼镜装在一个黑色的眼镜盒里，在盒盖上带有这名士兵的姓名和所在单位。

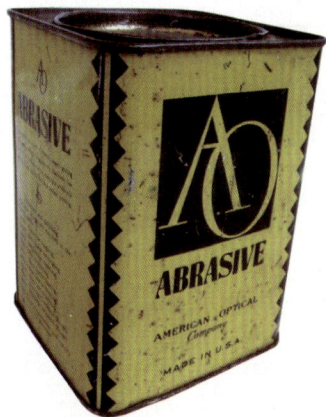

▶ 一盒研磨粉，由美国光学制造，用于眼镜片或光学镜头磨光。

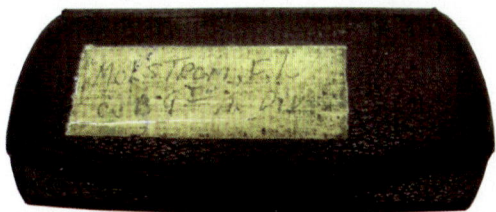

性病预防治疗

在人类早期军事行动中，性病预防成了世界各国军队普遍要面对的一个问题，二战自然也不例外。在二战中派往海外的美国士兵非常孤独，闲暇时，士兵可以想念家乡，也可以去看望他的女性伴侣。同时枯燥的战地生活也诱使士兵嫖娼，是滋生性病的温床。因为性病（VD），在第一次世界大战中，陆军每天不能供调用的军人为18000名。到了1944年，这个数量有所降低，每天因为性病而不能供调用的军人为606名。这个数量之所以会降低，部分原因是因为军方认识到了不洁性卫生对于军人的危险性，同时在性病治疗方面也发展了一批医疗装备。在1943年晚期，当时淋病需要住院治疗30天的时间，梅毒则要6个月；等到了1944年中期，淋病治愈的平均时间减少为5天，但许多依然存在的性病仍然需要密切关注。在二战中，医疗部队知道最为严重的性病为淋病和梅毒，因此大多数的治疗和预防主要针对这两种性病。在二战中，首批部署在北岛和不列颠岛的美军部队受到了医疗部队特别关注，这些单位直接与地方当局进行合作，建立了第一个军事基地外的预防站，查找军人接触感染的源头。美军单位也接到了委婉的警告，例如美国陆军急救站或预防站（Pro）采用笼统的措辞。尽管有了这些措施，甚至采取迅速而有效的治疗方法，包括采用磺胺类药物和青霉素，但性病在部队中仍有传播，造成了军队花费大量时间和成本去承担这种责任，并牵制了医疗资源，同时也是造成美国武装力量和英国东道国之间政治和社会紧张的一个根源。这种情况在解放巴黎后的法国也产生了；尽管德国已经在军事上被击败并且被盟国占领了，但在德国也一定程度上存在这样的问题。

军方任命了性病防治军官，性教育由一线军官、外科医生和随军牧师宣讲并进行了强调。为了提高军队的性卫生水平，美国陆军也生产了一些带有性病和性卫生信息的文件和装备，例如火柴和K口粮上经常带有防止性病的警告短语，同时还有类似的电影和海报。同时政府还制作了一些小册子，宣传性卫生的重要性。在美国陆军，治疗是免费的，但并不总是保密的。可能在一线战斗的士兵并不害怕性病造成的影响，但宪兵和厨师就不同了，宪兵可能要降低一级军衔，厨师则被禁止处理食物直到所有症状消失。

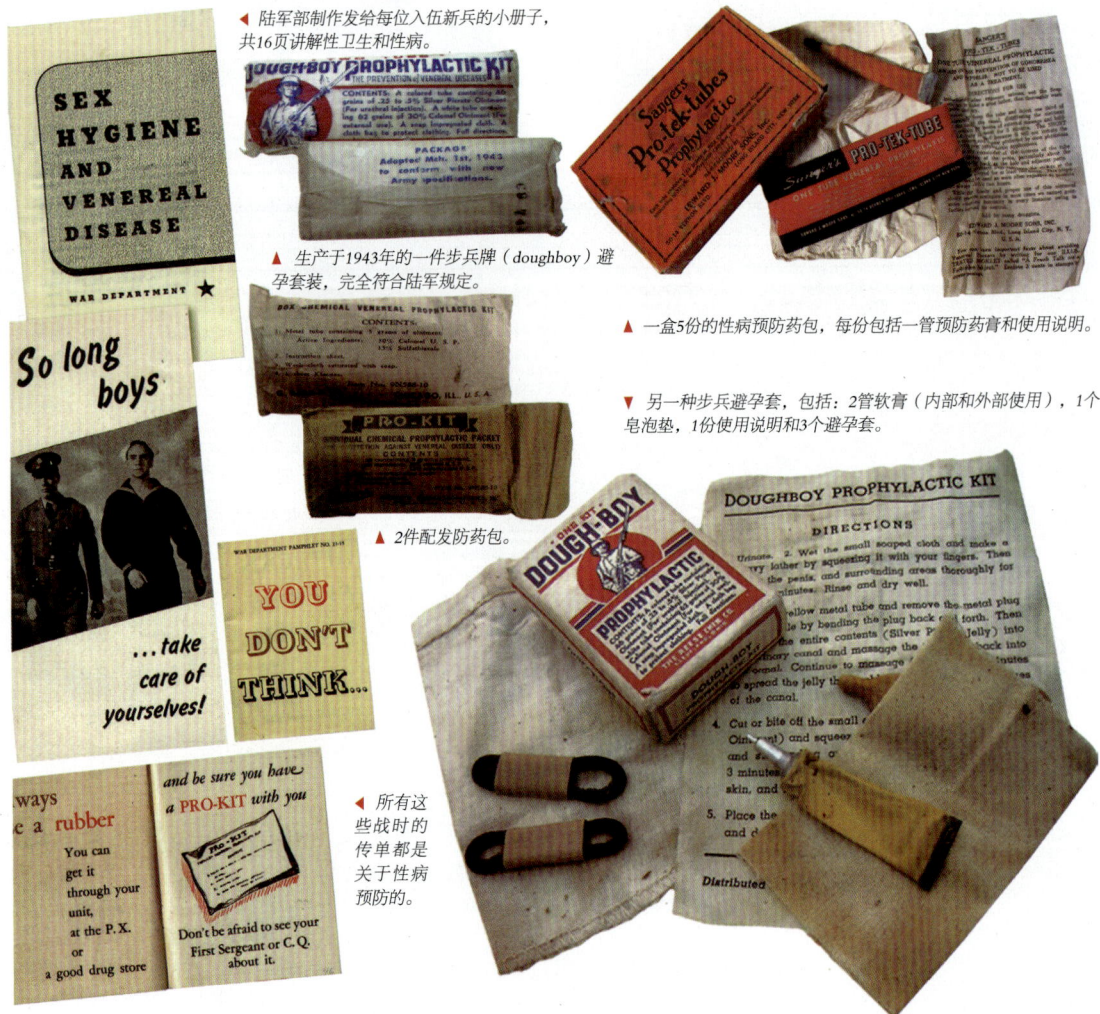

▲ 陆军部制作发给每位入伍新兵的小册子，共16页讲解性卫生和性病。

▲ 生产于1943年的一件步兵牌（doughboy）避孕套装，完全符合陆军规定。

▲ 2件配发防药包。

▲ 一盒5份的性病预防药包，每份包括一管预防药膏和使用说明。

▼ 另一种步兵避孕套，包括：2管软膏（内部和外部使用），1个皂泡垫，1份使用说明和3个避孕套。

◀ 所有这些战时的传单都是关于性病预防的。

SILVER-TEX
TRADE MARK
PROPHYLACTICS

¼ DOZEN

cello's
prophylactics
latex
a product of

Thins
TRADE MARK REG. U.S. PAT. OFF.
SERVICE PACKET
3 RUBBER PROPHYLACTICS

组图：战时各种品牌的避孕用品。

Le
Transparent
TROJAN
TRADE MARK REG. U.S. PAT. OFF.

Texide
WATER CURED
CONTENTS ONE FOURTH DOZEN
MFD. BY L. F. SHUNK LATEX PROD. INC. AKRON. O. U.S.A.

▼ 组图：如果怀疑一名士兵已经感染性病，预防站会发放个人化学预防药包。

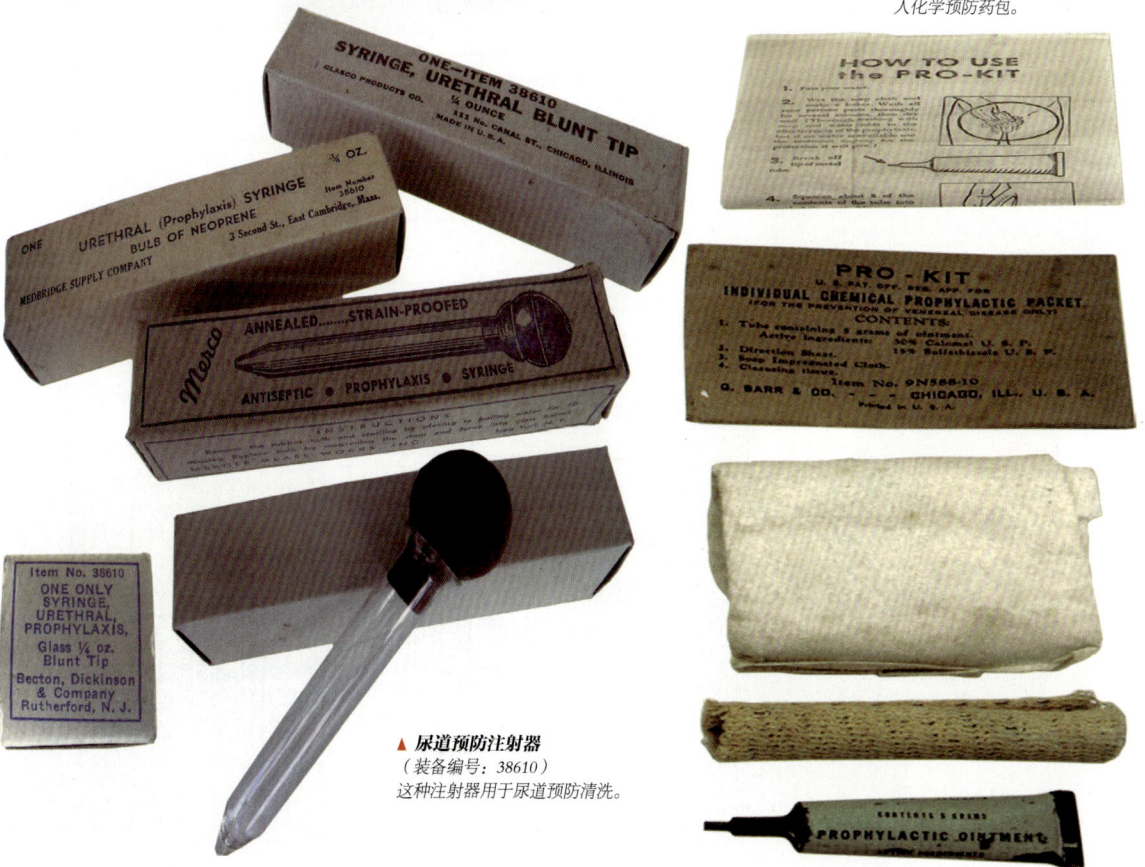

ONE-ITEM 38610
SYRINGE, URETHRAL BLUNT TIP
¼ OUNCE
GLASCO PRODUCTS CO.
131 No. CANAL ST., CHICAGO, ILLINOIS
MADE IN U.S.A.

ONE URETHRAL (Prophylaxis) SYRINGE
⅛ OZ.
Item Number 38610
BULB OF NEOPRENE
MEDBRIDGE SUPPLY COMPANY
3 Second St., East Cambridge, Mass.

Marco ANNEALED.......STRAIN-PROOFED
ANTISEPTIC • PROPHYLAXIS • SYRINGE
INSTRUCTIONS

HOW TO USE the PRO-KIT

PRO-KIT
U.S. PAT. OFF. DES. APP. FOR
INDIVIDUAL CHEMICAL PROPHYLACTIC PACKET
(FOR THE PREVENTION OF VENEREAL DISEASE ONLY)
CONTENTS:
1. Tube containing 5 grams of element.   30% Calomel U.S.P.
   Active Ingredients: 15% Sulfathiazole U.S.P.
2. Direction Sheet.
3. Soap Impregnated Cloth.
4. Cleansing Tissue.
   Item No: 9N588-10.
G. BARR & CO. - - CHICAGO, ILL., U.S.A.
Printed in U.S.A.

Item No. 38610
ONE ONLY
SYRINGE,
URETHRAL,
PROPHYLAXIS,
Glass ¼ oz.
Blunt Tip
Becton, Dickinson
& Company
Rutherford, N.J.

▲ 尿道预防注射器
（装备编号：38610）
这种注射器用于尿道预防清洗。

CONTENTS 5 GRAMS
PROPHYLACTIC OINTMENT

第十七章

陆军口粮

　　军需部队的主要任务之一就是给部队提供食品，不论其身处何方。在二战期间，因为包装技术的进步和现代化的运输手段，美军的这项后勤补给工作不仅顺利地完成了，而且还使得美军成了二战中吃得最好的军队。1939年，军需部队引入了一种新的分类方法，开始将单兵口粮细分为4种：A、B、C、D。战争中还增加了9种其他野战口粮，特别是K口粮和10合1口粮。

▶ 在训练期间，一位美国士兵正用小火炉加热口粮，他身后的伙伴早已准备好开饭了。

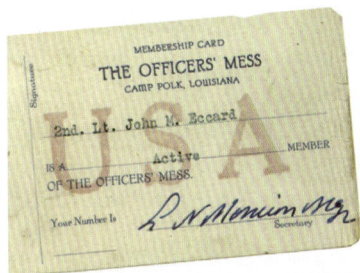

◀ ▼ 属于中尉约翰·埃卡德（John. Eccard）的伙食卡，他当时先后被分配到驻扎在路易斯安那州波尔克兵营（Camp Polk）和德克萨斯州巴克利兵营(Camp Barkeley)的医疗转换训练中心。

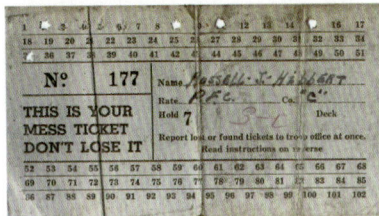

▲ 在美国部队的"托马斯·巴里"号 (Thmas Barry)运输船上，拉塞尔·希伯特(Russel Hibbert)必须出示此票才能用餐。1945年12月该船运送他所在的部队返回国内，后来希伯特被分配至亚特兰大战俘营成为一名看守。

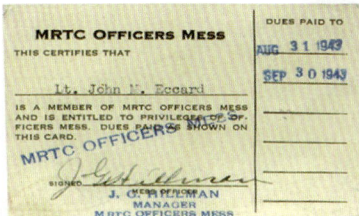

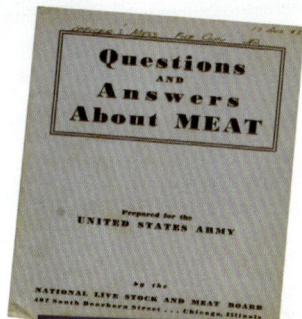

▶ 由国民生活储备和肉类委员会（National Live Stock and Meat Board）为美国陆军出版的手册。这些手册提供肉类准备和储存的专业意见，也包括卫生和安全规定。

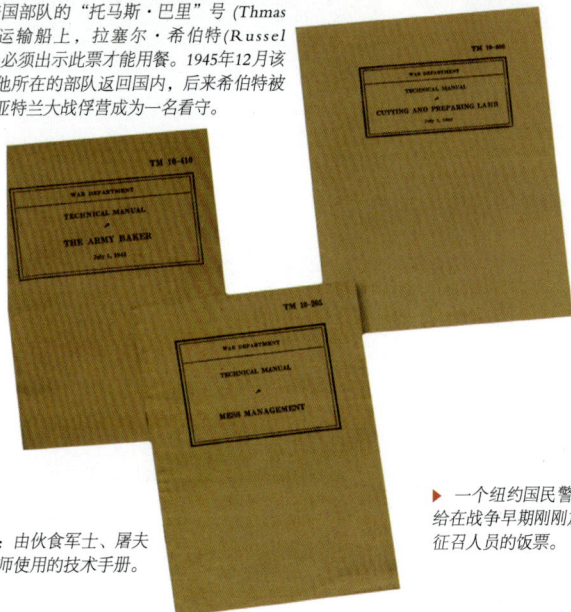

▶ 一个纽约国民警卫队供应商，发给在战争早期刚刚加入259野战炮团征召人员的饭票。

▶ 组图：由伙食军士、屠夫和面包师使用的技术手册。

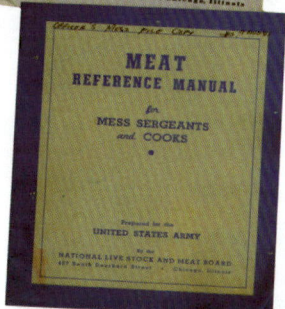

A口粮和B口粮

野战口粮与军营口粮类似，这就意味着野战口粮可以发放给野战部队和驻军部队，海外部队也可以使用送达的鲜活或冷冻食品。B野战口粮既可用于海外行动，也可用于在美国国内的训练，其主要是罐装半成品，取代了新鲜易腐食品，B野战口粮通常需要在战线后方的野战厨房准备。

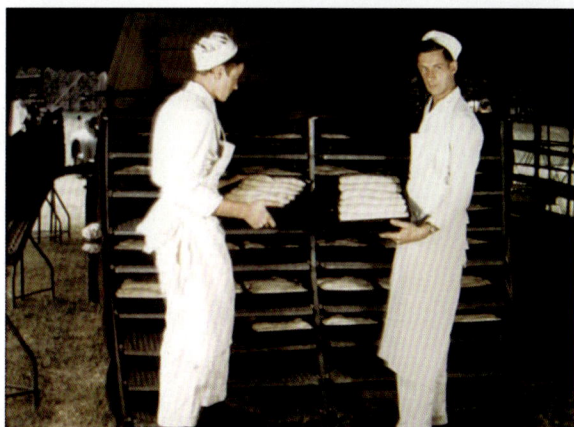

▶ 两位士兵正在一个流动面包房制作面包。

▼ 厨房用品卷包
在做饭前称量和准备食物和原料的刀具和炊具卷包。

▲M1937野外炉灶
这个汽油炉和它的辅件共同组成了M1937野外炉灶，这种基本设备可以在野外给50名士兵准备膳食。

▲ 白色厨师和面包师帽
一种传统的采用白色棉料制造的帽子，通常和采用同样面料制造的专门工作服装(夹克、长裤围裙)一起使用。

◀ 骑兵厨房用品卷包
一些简单的厨房用品，用骡子驮运，与M1937野外炉灶一起使用。

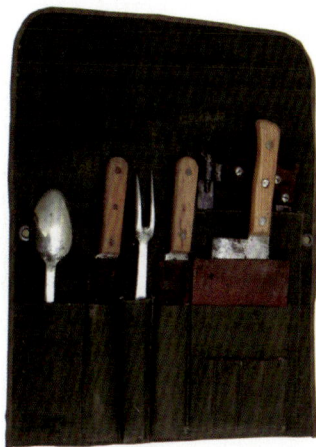

▼▶ 20人厨房装备
战争后期的一套厨房用具，和这套厨房用品一起配发的还有双燃烧器M1942型汽油炉和4套厨房用具。

▶ 带有弹簧盖的铝制牛奶罐。

◀▼ M1941军官用餐装备
一个木质或布制箱子，内装有可供8名军官用餐的一套餐具和瓷盘。

▲ 可口可乐浅绿色饮料瓶，可口可乐随着二战美军走向全世界，成了著名的饮料品牌。

▲ 2个空啤酒玻璃瓶。

▶ 皮特堡啤酒罐。

▲▶ M1941隔热圆罐
这种圆罐容器用来运送或保存热食，带有3个可装在圆罐内的可以选用的铝制密闭容器。

COOKING
DEHYDRATED
FOODS

TM 10-406
WAR DEPARTMENT TECHNICAL MANUAL

WAR DEPARTMENT · 22 NOVEMBER 1943

▼ 大罐装的本胡尔牌咖啡。

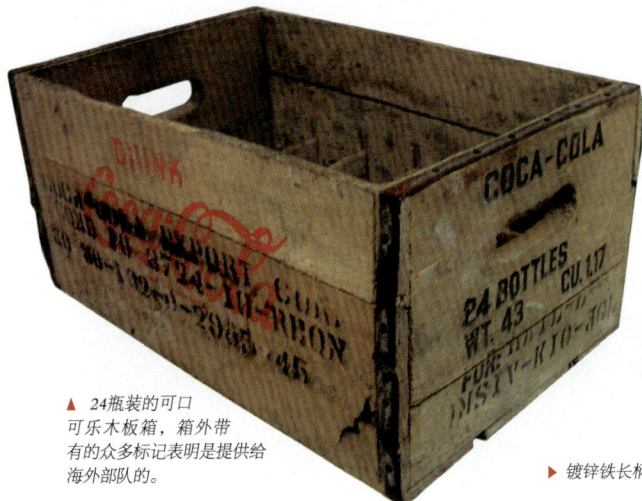

BEN-HUR
COFFEE

COCA-COLA
24 BOTTLES
WT. 43   CU. 1.17

▲ 24瓶装的可口可乐木板箱，箱外带有的众多标记表明是提供给海外部队的。

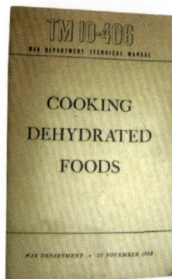

▶ 镀锌铁长柄量勺。

C战斗口粮

1938年6月陆军开始了新型C口粮的研发，打算由3罐肉类和3罐食粮组成，并将作为替代储备口粮的6罐装新型口粮提供给了军需技术委员会。历史学家和其他消息来源指出，当时只给了进行这种新型口粮研发的实验室300美元进行后续研发。1939年该实验室为这种口粮提出了10种肉类组合的设想，同时建议停止使用12英两长方形包装罐，采用16盎司圆形包装罐，这样在容量增加后，6罐装的口粮热量达到了4437卡路里，其总重量为5磅10盎司。1939年9月，这个实验室认识到10种肉类组合过于空想，因为制造业尚未准备好去生产这么多组合食品，因此就有必要减少其食品种类，在经过改进满足军方要求后，1939年陆军发布采用这种战斗口粮的新部队条例。新型口粮同时于1940年配发给参加陆军演习的部队并进行严格的野外测试，经过这次测试，对这种野战口粮出现了一些批评，包括这种食品罐过于庞大臃肿，肉的种类太过单一，而且太油腻了，包含的豆类过多。但同时一致认为这种C口粮营养充足，是"曾经配发给部队的一种最好的口粮"。

在这个建议下，16盎司包装罐被淘汰了，转而采用12盎司的标准尺寸圆形包装罐，并且减少了B单元饼干，增加了速熔咖啡和巧克力，生产经验的取得使口粮中肉类质量也有所提高。后来的变化，包括在1941年年底之前，引入了独立包装的硬糖和巧克力焦糖。首批大规模订购C口粮的订单于1941年8月签发，采购150万份作为未来战争的储备，以作为"主要的军用口粮——用于战术环境并且不需要使用野战厨房"。

C口粮是可以即食的罐装食品，6个罐头组成一天的口粮，包括3罐B单元和3罐M单元，总重量约12盎司，同时还有一个附件包，附件包里面有香烟、卫生纸、口香糖等。这6个罐头可以在M1928背包内携带，其一个B单元包括硬饼干、糖果、糖和速溶咖啡。其他成分在战争后期才被添加进去，例如谷类和果酱，其内部包装物品也多种多样，共有6种不同的B单元配方组合可以使用。

M单元也有多种配方，主要是肉类与蔬菜，最初配发的有三种配方：

▲ 在科罗拉多州黑尔兵营训练期间，两名士兵正在他们雪地的帐篷外面吃C口粮。这些美国高山战士证明，他们可以在任何气候下生活、工作和战斗。

M1号（肉类和豆类）：40%牛肉、10%猪肉、20%豆类、30%西红柿酱。

M2号（肉类和蔬菜）：40%牛肉、10%猪肉、48%土豆、2%葱。

M3号（肉类和炖菜）：50%牛肉（或者40%牛肉和10%猪肉）、15%土豆、15%红萝卜、8%豆类和12%西红柿。

等到1945年，总共有10种不同的肉类和蔬菜配方组合可供食用。

▲ 1941年9月的一个B单元罐头。

◀ 一份完整的由6个罐头组成的C口粮，其中一个罐头已经打开，展示了其内容物。

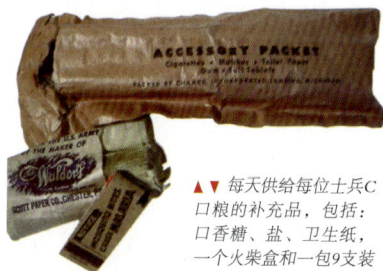

◀ 8份C口粮的木质包装箱（共48罐）。

▲▼ 每天供给每位士兵C口粮的补充品，包括：口香糖、盐、卫生纸，一个火柴盒和一包9支装的香烟盒。

LUCKY STRIKE CIGARETTES

LUCKY STRIKE MEANS FINE TOBACCO

D战斗口粮

1932年骑兵部队提出需要一种紧急口粮，现在普遍认为正是这种要求才直接导致了D口粮的出现。1934年军需部队打算取代一战老式口粮，也被称为"装甲粮"的1922年储备口粮，这种新型口粮由上校保罗·洛根（Paul Logan）研制，然后由芝加哥生存学校(The Subsistence School)领导，于1937年研制成功。D口粮是经过上百个试验的结果，是基本成分巧克力和不同谷物混合的产品，新型口粮将提供比老式口粮更多的热量。1937年夏季，对这种新型口粮进行了野外测试，同时也进行了储存测试，这两个测试都得以顺利完成。顺利通过早期测试的这种口粮被通俗地称为"洛根棒"，于1938年秋季提议将其标准化。D口粮主要成分为巧克力，包括奶粉、可可脂、燕麦粉和一种调味料，一份重量4盎司的D口粮可以提供600卡路里的热量。由于原材料不足，在D口粮发展史上仅在外包装上有过少许变化，而口粮本身没有任何改变。1939年D口粮变成了战斗口粮，这种口粮被证明实用而且灵活，可以称为第一种现代紧急口粮。但由于这种口粮并不能给士兵提供一天均衡的营养，也就需要给士兵提供另外一种口粮。D口粮一开始就被大规模采购，1941年采购了60万份，紧接着1942年采购了11780万份，由于这次采购使得库存量十分庞大，同时在海外也进行了存贮，因此1943年就没有再行采购，最后在1944年又采购了5200万份D口粮。作为一种战斗口粮，D口粮仅在没有其他口粮可用时才能食用，但由于D口粮被美国大兵们滥用，使其变得不受欢迎，因此在战争结束前就被C口粮和K口粮取代了，1945年D口粮被划分为"限制类标准"装备。

◀ 12份装D口粮硬纸箱。一种更大的木箱可以装12个这种硬纸箱（共144份D口粮）。

▶ 1944年2月的D口粮棒包装上带有"RATION TYPE D"标记，其成分印在包装盒的另一面。

▶ 图中为1942年D口粮包装盒，3个巧克力棒每个单独装在玻璃纸内，再一起装在蜡纸板箱中。其食品成分印在包装盒的正面，表皮带有维生素B2是作为驱虫防止疟疾的一种措施。

◀ 1941年装有12份D口粮棒的包装盒，从1942年开始，其名称由"4 ounces cakes"变为了"4 ounces bars"。

▶ 1944年夏初开始，一个预防疟疾的提醒信息印在D口粮包装盒的背面。

K战斗口粮

K口粮是一种美军在二战期间引入的一种个人战斗口粮，最初这种重量轻、易于携带的口粮是为战斗行动的突击作战设计的，实际上K口粮的原型——口袋口粮是在战争早期根据陆军航空部队给伞兵提供一种易于携带食品的要求，由生存研究实验室（Subsistence Research Laboratory，缩写为SRL)研发的。K口粮包括三个组成部分：早餐、午餐和晚餐。三餐的通用成分是饼干和口香糖，此外早餐提供麦芽奶片、罐装牛肉面包、速溶咖啡和糖；午餐有D棒巧克力、香肠、柠檬饮料粉、糖块。首批K口粮由陆军空降部队使用，让其开发者惊讶的是，K口粮一夜成名并且受到热烈欢迎。陆军迅速注意到了这种伞兵口粮的成功，1942年采用K口粮作为所有正规部队的野战口粮。1942年5月，军需部队首批购买了100万件K口粮。在采购最高峰的1944年，当时购买了超过10500万件K口粮。有一个长期存在的虚假谣言，认为字母"K"有什么特殊的含义，其中有人认为它代表凯斯(Keys)博士。博士是明尼苏达大学的营养学家，全名为安塞尔·本杰明·凯斯（Ancel Benjamin Keys，1904-2004），他曾于1941年根据陆军部的指派设计一种不容易腐烂可以即食的罐装食品。他跑到一家超市挑了些便宜热量又高的食品，包括硬饼干、腊肠和巧克力棒，全重28盎司，可提供3200卡路里的热量。经过附近军事基地6名士兵的测试，但这几名士兵的评价并不高，仅仅得到了"味道不错""比没有强"的评价。然而意想不到的是缓解饥饿和提供能量方面取得了成功，这种口粮最初仅作为短期个人口粮研发的，不久因为伞兵首先配发了在这次试验基础上研制的口粮而被称之为"伞兵口粮"，但这并不是真正的K口粮的来源。还有人认为"K"代表首批接收到这种口粮的是精锐的特种部队突击队

(Kommando)，但实际上之所以采用"K"，只是为了在发音上区别C口粮和D口粮。

K口粮取得的成功并没有阻止其继续发展的脚步，后来又发展出许多版本，在二战结束前K口粮共发布了7种修订版本。在此期间，饼干的种类增加了，引入了新型更易于被人们接受的肉制品、麦芽奶片和D棒让给了各种糖果，提供了改进包装的饮料，而香烟、火柴、盐片、卫生纸、汤匙则最终被列为附件。

根据最后规定，K口粮早餐包括罐装肉制品、饼干、压缩麦片条、可溶解咖啡、水果条、口香糖、糖片、卷烟（4支）、净水药片、开罐器（1个）、卫生纸和木质汤匙。午餐包装罐装干酪制品、饼干、糖果、口香糖、各种饮料粉、砂糖、盐片、香烟、火柴、开罐器和汤匙。晚餐则包括罐装肉制品、饼干、肉汤粉、糖果和口香糖、速溶咖啡、砂糖、香烟、开罐器、汤匙。K口粮每天可以给士兵提供2830~3000卡路里的热量。

最开始出现的K口粮装在未漂白的褐色硬纸板盒中，上面带有醒目的黑色字体。包装盒外面印刷有大写的无衬线字体"US ARMY FIELD RATION K"，下面印有内装食品的类型：表明早餐的"BREAKFAST UNIT"，表明午餐的"DINNER UNIT"，或者是表明晚餐的"SUPPER UNIT"。包装盒两侧则印有食品早餐、午餐、晚餐类型的缩写印记"B""D"或"S"。虽然这样做的目的，是对应不同的用餐时间食用对应的食品，但并不总是以这种方式消耗。在内盒的顶部也印有食

品的类型，在内盒两侧面也印有食品类型缩写印记"B""D"或"S"。

后来的K口粮的"士气系列"包装采用了独特的包装设计，带有色码和字母码，可以迅速识别出口粮的种类。早餐口粮为褐色图案印刷，两侧带有褐色缩写字母"B"；午餐则为蓝色印刷，带有蓝色字母"D"；晚餐为橄榄褐色，带有橄榄褐色字母"S"。外包装硬纸板盒进行了化学处理，防水的蜡纸板内包装盒保护食品以防被污染和损坏。士兵发现，可以点燃蜡纸板盒用小火煮咖啡和可可粉，这是因为这种包装盒外部涂有一层蜡涂层，实际是一种商业产品，在135度以下不会融化，在零下20摄氏度也不会断裂成碎片或者从硬纸盒表面剥离。其他的包装也进行过测试，然而最终符合需要的蜡浸渍材料占了上风，这也算是K口粮内包装盒的一物多用了。K口粮的主要食品采用绿色圆金属罐包装，上面印有黑色字体，带有一个金属开罐器。K口粮中的饼干、饮料、糖、水果条、糖果、口香糖包装在薄玻璃纸袋中，和罐装的肉制品和干酪制品一起装在内纸板盒中，然后再装在外硬纸板盒中。12份完整的K口粮包装在纸板箱中，再装在木质或纤维外包装箱中用于向海外运送。K口粮的木质包装箱也至少有两种不同类型，木箱带有"KS"字母标记的是战争早期型号，另一种带有标记"K"的则来得要晚一些。一般带有"KS"标记木箱内装的是早期褐色口粮包装盒，带"K"标记木箱则装的是后期"士气系列"口粮包装盒。

◀ 12份（36盒）K口粮的硬纸板包装箱，用于向海外运输作为木包装箱的内箱。

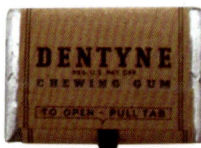

▲ K口粮中的口香糖。

▲▼ 1942年的K口粮早餐和午餐包装。

▼ 1943年的一份K口粮晚餐包装。

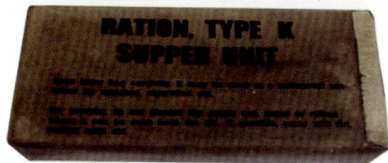

▼ K口粮早餐包装。

▼ K口粮午餐包装。

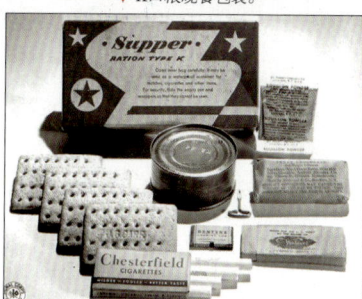

▼ K口粮晚餐包装。

▲ 组图：一件完整的K口粮，包装为1944年样式。

10合1口粮

虽然有将B口粮包装为10个单元提供给士兵的可能性，这种笨重的口粮于1943年6月被批准采用，这种口粮为1个主箱内部装有4个小箱子，其中2个是瓦楞纸板箱，另2个是结实的层压硬纸板箱。这种口粮设计源于1942年北非战役中英国的"混合口粮"（Compo Ration）或称为14合1口粮的成功，

可以为10人提供一天的口粮。10合1口粮可以由5种不同的菜单配方和主食一同配发，包括谷类、果酱、咖啡、罐装牛奶、饼干、各种肉与蔬菜、水果罐头、糖果等。这种口粮总计生产超过30000万份，每份成本约85美分。10合1口粮从1943年中期生产到战争结束，而同期并没有其他集群口粮，因此这是二战期间最后一种小集群口粮。

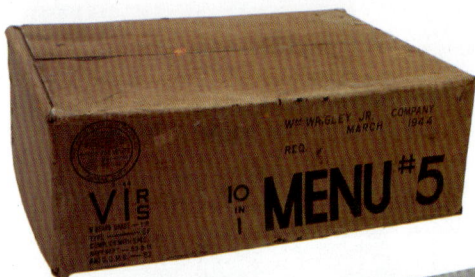

▲ 完整的10合1口粮硬纸板包装箱。

▼ 官方1943年10合1口粮照片。

▲ 瓦楞纸板箱，可供5人使用装有轻质成分（糖、盐、饼干、香烟、火柴、卫生纸）的2个箱子中的1个。

▲ 有多种不同的罐头包括4号菜单配方罐头装在结实的层压纸板箱中。

▼ 一个配发的开罐器和它的小包装纸袋，纸袋上面印有使用说明。

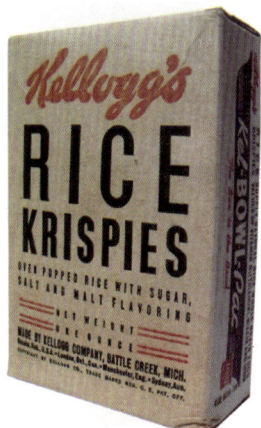

MENU No. 1

FOR 5 COMPLETE RATIONS USE CONTENTS OF THIS BOX TOGETHER WITH CANNED GOODS IN BOX MARKED "2ND HALF OF 5 RATIONS"

————BREAKFAST————
CEREAL   PORK SAUSAGE
BISCUITS AND JAM
COFFEE AND MILK

————DINNER————
1 K RATION UNIT PER MAN
1 CAN K RATION
CHEESE PRODUCT PER MAN

————SUPPER————
BAKED BEANS   TOMATOES
BISCUITS AND BUTTER
PINEAPPLE RICE
PUDDING   COFFEE

HALAZONE TABLETS ARE INCLUDED TO PURIFY WATER FOR DRINKING. (SEE DIRECTIONS ON THE BOTTLE.)

LOOK FOR A CAN OPENER IN A SMALL ENVELOPE IN THIS BOX

MENU No. 2

FOR 5 COMPLETE RATIONS USE CONTENTS OF THIS BOX TOGETHER WITH CANNED GOODS IN BOX MARKED "2ND HALF OF 5 RATIONS"

————BREAKFAST————
CEREAL   BACON
BISCUITS AND JAM
COFFEE AND MILK

————DINNER————
1 K RATION UNIT PER MAN
1 CAN K RATION
CHEESE PRODUCT PER MAN

————SUPPER————
ENGLISH STYLE MEAT AND VEGETABLE STEW
STRING BEANS
BISCUITS AND BUTTER
FRUIT BARS   COFFEE

HALAZONE TABLETS ARE INCLUDED TO PURIFY WATER FOR DRINKING. (SEE DIRECTIONS ON THE BOTTLE.)

LOOK FOR A CAN OPENER IN A SMALL ENVELOPE IN THIS BOX

◀ 10合1口粮可以选用5种不同的菜单，一张物品清单装在纸箱内。

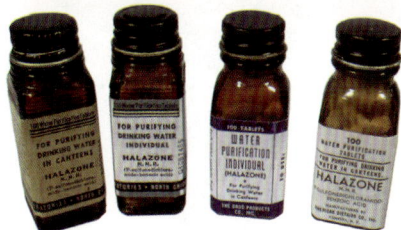

▼ ▶ 10合1口粮的早餐中，包括速溶咖啡、炼乳和谷物。

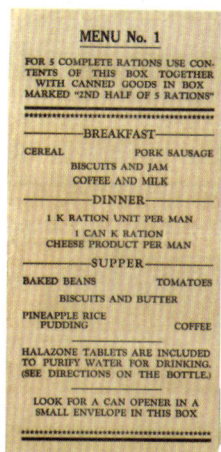

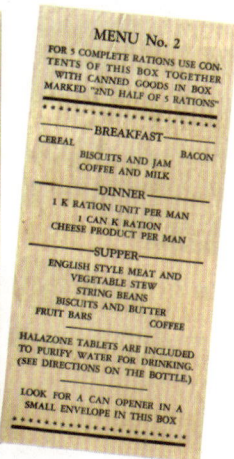

Kellogg's RICE KRISPIES

▲ 小瓶包装的50片装哈拉宗片（halazone 化学名称对羧基苯磺酰二氯胺，与水接触，放出次氯酸，继而游离出氯而呈杀菌作用，杀菌力强，作用持久，主要用于饮冰消毒)用于净化饮水，是10合1口粮许多附件中的一种。

▼ 10合1口粮的"正餐"部分可采用"正餐单元"或者一种K口粮制造。

◀ 部分K口粮也作为10合1口粮的"正餐"。

PARTIAL DINNER UNIT MENU NO. 2

U.S. ARMY FIELD RATION K (WITHOUT MEAT) DINNER MENU 1

THE CAN OF MEAT, EGG OR CHEESE COMPONENT WILL BE FOUND IN THE CARTON CONTAINING CANS.

PACKAGED BY CHAS. A. BREWER & SONS CHICAGO, ILLINOIS

PARTIAL DINNER UNIT MENU #1

PARTIAL DINNER UNIT MENU #2

PARTIAL DINNER UNIT MENU NO. 3

▲ ▶ "正餐单元"部分菜单品种，这些白铁罐头装在层压纸板箱中。

PARTIAL DINNER UNIT MENU #5

▼ 这件设备是在诺曼底发现的，M1942 汽油炉带有铝制外壳。

▼ 这种打火机在一侧有一个配套的击针，由芝加哥的火柴国王（Match King）制造。

◀ 与M1942汽油炉一起提供的扳手和备用零件。

▶ M1941汽油炉说明书。

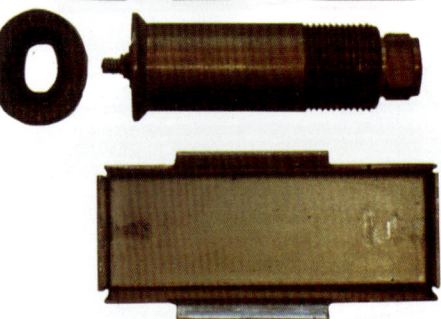

YOUR GASOLINE STOVE

▼ 这件铝制饭盒是由比利时UMAL公司在战争快结束时为美国陆军制造的。

▶ 这件组合工具和管子是 M1941汽油炉的备件，通过薄金属夹固定在侧框上。

U.S. ARMY
MADE IN BELGIUM

▼ 制式的M1926餐刀，由兰德斯·弗里&克拉克公司于1941年制造，这是一种配有褐色手柄（而不是黑色）的变型刀。

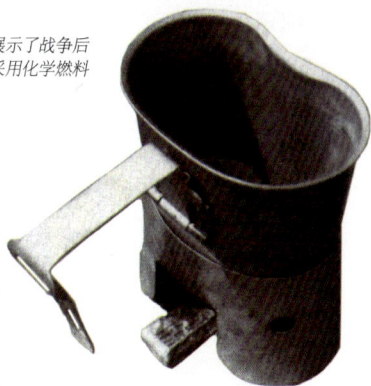

▶ 一张档案照片展示了战争后期在金属支架上采用化学燃料加热水壶的方式。

▼ 木制酒精罐和燃料片，可以用来给肉罐头或水壶水杯加热。

▼ 配发的蜡烛。

▲M1941汽油炉

燃烧汽油的汽化炉，最初被设计用于山地部队。该型火炉的缺点是太重了，而且制造占用的资源过多，1942年被采用不锈钢材质更为紧凑的设计取代了。M1941型、M1942型汽油炉可以在带有可调顶的直面铝罐中携带。

▼ M1942汽油炉

这是重新设定型为M1942山地火炉，这是一种17盎司重火炉，带有0.5品脱的燃料室。这种火炉设计时充分考虑到了寒冷天气，可以保证在低温下能够可靠点燃。火炉带有3个折叠腿，顶部也带有3个折叠支架用于支撑平底锅。这种火炉可以装在山地餐具内，在批准采用不久就大范围配发给步兵班和车辆乘员使用。

▼ 配发的火柴。

▲ 喷火牌（Spitfire）打火机，由私人购买。

▲ 防水火柴盒。

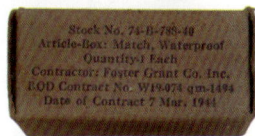

▲ 带指南针防水火柴盒

防水火柴盒从二战一直使用到20世纪晚期，尽管这种装备作为个人装备配发使用，但防水火柴盒也是军事人员生存装备中具有代表性的一种装备。火柴盒最为简单的功能是用于在紧急情况下提供干火柴，但同时也在底部装有一个整体式打火石，在没有配用的火柴时也可以用来打火。防水火柴盒源于二战前的火柴盒，一些早期型号采用塑料或金属生产。第一种样式的标准防水火柴盒包括一种纽扣指南针，安装在盖子顶部（储存编码：No 74-B-788-50）；第二种样式则去除了这个指南针，但外表与第一种样式一样（储存编码：No 74-B-788-40）。每一个配发的防水火柴盒都配有一个硬纸板盒，外面印刷着装备名称、合同信息和制造商名称。这里展示的是第一种样式防水火柴盒，配备的擦火层粘在螺旋盖上，还带有一个用于在丛林中识别方位的小指南针。

配给烟草

为了在战斗口粮包装中满足陆军对香烟的需求，烟草公司必须购买专用机器以制造出小包装的卷烟。在战争期间，有提供军用的2支、3支、4支、5支、9支或10支装的小包装香烟。

▼ 2支装老黄金牌香烟。

▲ 厚纸包装的10支装菲利普·莫里斯牌(Philip Morris)香烟。

▼ 3支装切尔西牌(Chelsea)香烟，类似的这种3支装香烟也可以添加到C口粮补充罐当中。

▲ 这种10支装小包装罗利牌（Raleigh）香烟背面带有战争债券广告，烟盒上缺少税收标签表明这盒香烟可能是由慈善机构提供的。

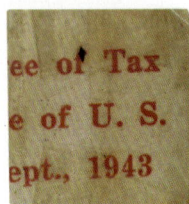

◄ 组图：一盒4支装香烟包含在每份K口粮清单内。

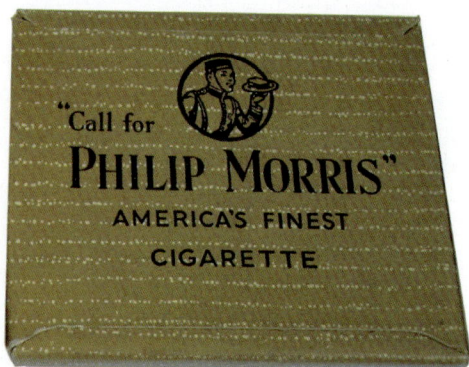

◄ 10支装切斯特菲尔德牌（Chesterfield）香烟，这包香烟也缺少税票表明来自非营利组织的礼物。

▼ 一小包9支装的切斯特菲尔德牌香烟，玻璃纸包装，作为C口粮的补充用品。

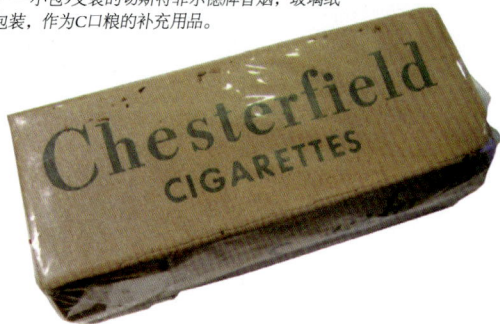

▲ ▲ 这页展示的所有香烟都带有一个德威特·克林顿（DeWitt Clinton）头像的蓝色税票，此人是美国的一名政治领袖。这盒由阿克斯顿·费希尔烟草公司生产的弗利特伍德牌（Fleetwoods）香烟税票上带有112的编号，时间是1942年。

▲ 类似前页的一盒10支装香烟，由布朗&威廉姆森烟草公司（Brown & Williamson Tobacco Corp）生产的这种20支装罗利牌香烟，也带有战争公债的广告。

▼ 布朗&威廉姆森烟草公司生产的总督牌（Viceroy）香烟。

◄ 这种皮烟盒可以装20支香烟。

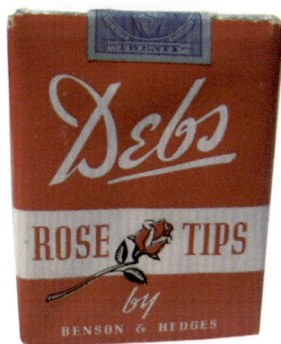

▲ 本森&赫奇斯烟草公司(Benson & Hedges Tobacco Co.)生产的德布斯牌（Debs）香烟。

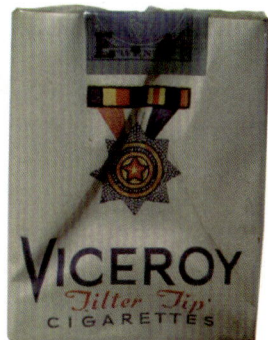

▶ 由美国烟草公司生产的奥马尔牌（Omar）香烟。

◄ 陆军消费合作社的烟盒上带有美国军种徽章。

▼ 可由美军士兵购买的几种塑料烟盒能保护香烟以免受潮。

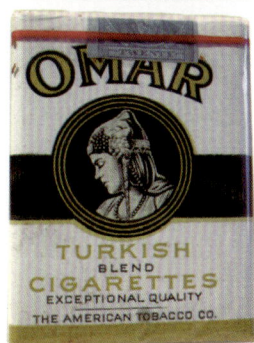

▶ 布朗&威廉姆森烟草公司生产的诱惑牌（Irresistible）香烟。

◀ 民用包装的Rum and Maple香烟。

▼ 清凉牌（Kool）香烟，由布朗&威廉姆森烟草公司生产。

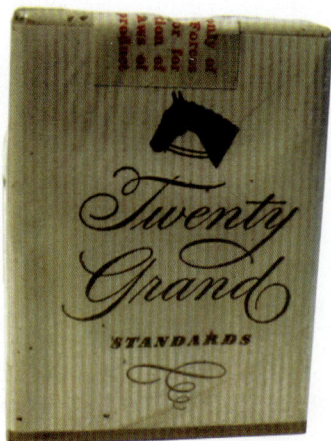

◀ 阿克斯顿·费希尔烟草公司（Axton Fisher Tobacco Co.）生产的这盒Twenty Grand牌香烟带有专供海外或在阿拉斯加、夏威夷服役的美国武装力量的黄色免税票。

▼ 由联盟香烟制造公司（Alliance Cigarette Mfg Co.）生产的总统牌（Presidential）香烟。

▼ 这包由拉鲁斯兄弟有限公司（Larus & brother Co. Inc.）生产的廉价切尔西牌香烟带有一种变型免税票设计图案

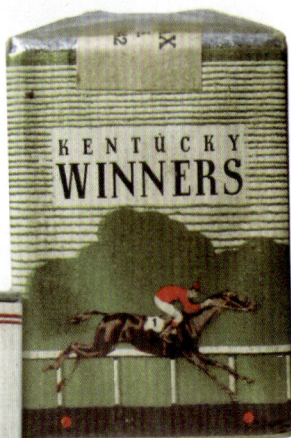

▲ "111"牌香烟，由美国烟草公司(American Tobacco Co.)生产。

▶ 在一些长孖宝（Marvels）烟盒的背面，斯蒂诺兄弟公司（Stephano Brothers）夸口说其卷烟纸采用的是防水纸制造，其香烟可以在雨中吸食。

▲ 这盒由罗瑞拉德烟草公司（Lorillard Tobacco Company）生产的老黄金牌香烟是来自慈善团体的另一种礼物，带有"海外美国武装力量"词语的免税标签。

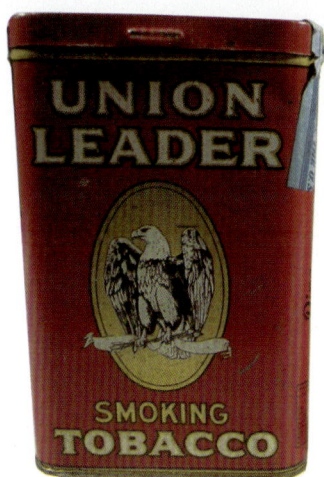

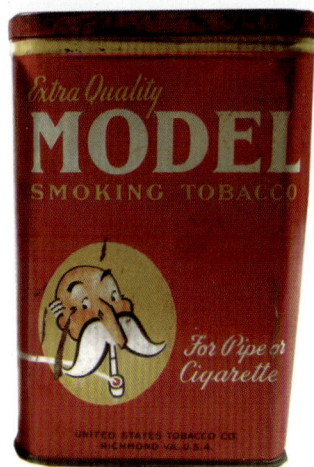

▲ 为了节约马口铁，在1942年至1945年间，丝网印刷的金属罐被类似的纸板罐取代了。

◀ 个性的卷烟烟草硬纸包装盒。

▼ ▶ 组图：各种品牌的卷烟纸。

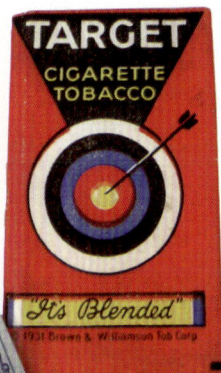

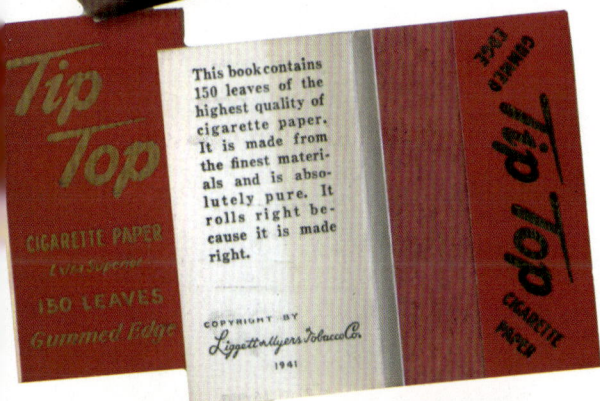

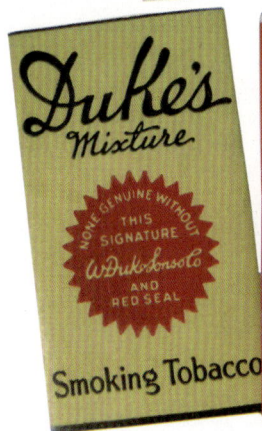

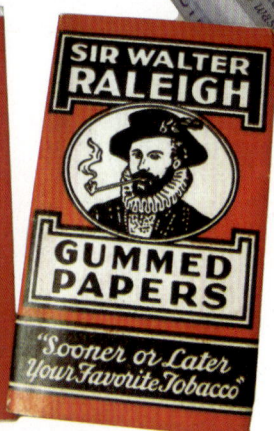

▶ 一卷便宜的卷烟纸，由陆军提供或在军中福利社出售。

▲ 伯克利牌（Berkeley）打火机，由私人购买。

芝宝打火机

　　美国人乔治·布莱斯代（1895-1978，他的绰号是"mr. zippo"）是芝宝牌（zippo）打火机的创始人，就是他创造了代表雄性美感的芝宝打火机。1932年，美国人乔治·布莱斯代，看到一个朋友笨拙地用一个廉价的奥地利产打火机点烟后，为了掩饰那令人尴尬的打火机，耸了耸肩，对他说："它很实用！"事后布莱斯代发明了一个设计简单且不受气压或低温影响的打火机。并将其定名为"zippo"，这是受当时的另一项伟大的发明——拉链（zipper）的启发，以"它管用"为宗旨来命名的。1936年，芝宝打火机成功获得美国的专利权，专利号2032695，并依照它的原始的结构重新设计了灵巧的长方形的外壳，盖面与机身间以铰链连接，并克服了设计上的困难，在火芯周围加上了专为防风设计的带孔防风墙。20世纪40年代初期，芝宝打火机成为美国军队的军需品，随着第二次世界大战的爆发，美国士兵很快便喜爱上了它，一打即着及优秀的防风性能在士兵中有口皆碑。由于战时黄铜的短缺，芝宝打火机使用钢制外壳，并转包给了一家拥有相关设备的土木公司，钢制式样的打火机成了二战时期的唯一样式。1943年，四管电石被三管电石所替代。为了防止生锈，他们涂上一层效果显著的黑色漆，这种暗色的黑漆使打火机在战场上具有不反光的特性。尽管芝宝打火机没有得到军队的正式采纳，布莱斯代将几千只打火机运到很多陆军军中福利社，训练营里成百上千的士兵当即把芝宝打火机抢购一空。军队到海外时，士兵们都随身携带着芝宝打火机，而那些没有芝宝打火机的士兵都在海外的补给站买到了。军队对芝宝打火机的需求量是如此之大，以至于芝宝打火机的全部产品都是为军人设计的，而不被普通家庭所接受。事实上，芝宝打火机也仅仅在海外的陆军军中福利社出售。考虑到需求之大，战争中出现假冒的芝宝打火机就不足为奇了。芝宝打火机的制造商强烈反对将冒牌货引入美国市场，强调只有真正的芝宝打火机在手中才有厚重感，并给出了识别方法。1942年，打火机的总销量自10年前被引入以来已达到一百万只了。从这时起销售猛增，二战结束前已售出几百万只。芝宝打火机随着那些美国大兵走遍了战场的每一个角落，大兵们还利用作战间隙，在芝宝打火机上刻画上他们的美好向往和祝福，美国大兵所到之处都留下了□□□□□□□□宝叮当的声音。

▶ 黑色铸造的芝宝打火机，带有包装盒和说明书。

▼ 由一名在法国服役的运输部队军官定制的另一种芝宝打火机，运输部队领徽和一法郎硬币粘在打火机的两侧。

▼ 银色涂装的登喜路打火机。

▲ 马萨诸塞州北阿特尔伯勒（North Attleboro）的埃文斯公司制造的打火机上带有粗糙不平的表面或是涂上一种颜色（橄榄褐色、黑色、灰色、蓝色等）。

▲ 明尼苏达州圣保罗的布朗&比奇洛公司（Brown & Bigelow）以Redilite品牌销售的打火机，这件打火机属于驻扎在路易斯安那州利文斯顿兵营（Camp Livingsto）的一名士兵。这所兵营于1940年开放，最初仅作为训练机构，随后成为一所轴心国战俘营直到1945年年底关闭。

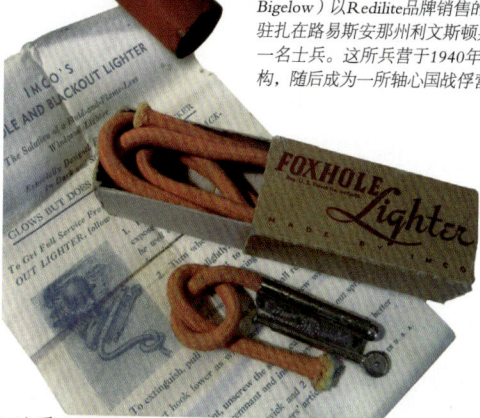

▲ 另一种埃文斯牌（Evans）打火机，橄榄褐色涂装，装饰有美军军种领徽。

◄ 这件爱酷牌（Imco）战壕打火机采用了可长久使用的打火灯芯。

▼ 这件旋风牌（Whirlwind）香烟打火机，表面带有黑色涂装，是一件朗生（Ronson）公司典型的战时产品。

▼ 安齐奥牌(Anzio)烟斗。

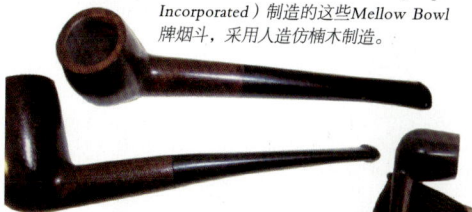

▼ 吸烟烟斗公司（The Smoking Pipe Incorporated）制造的这些Mellow Bowl牌烟斗，采用人造仿楠木制造。

▼ 这些棉质或天鹅绒护袋与马仕达（Mastercraft）烟斗一同出现。

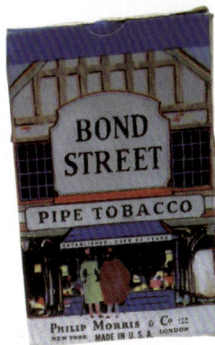

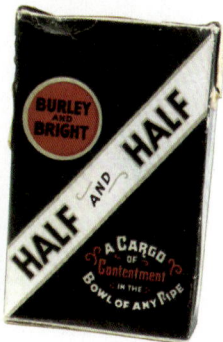

组图：展示在这里的是二战时期提供给军人和平民的众多种类硬纸板烟草包装盒的一部分。

▼ 斯巴达牌（Spartan）吸烟烟斗带有1932年和1937年获得的专利编号。

► 这盒Roi-Tan雪茄制造于1942年，带有蓝色的税票，是供应民用市场的烟草产品。

► 在战争期间位于新泽西州普林斯顿大学校园的陆军军人服务社管理学院（Army Exchange School），负责教育兼管理陆军军人服务社的军官。图中展示的这盒雪茄由陆军军人服务社管理学院出售。

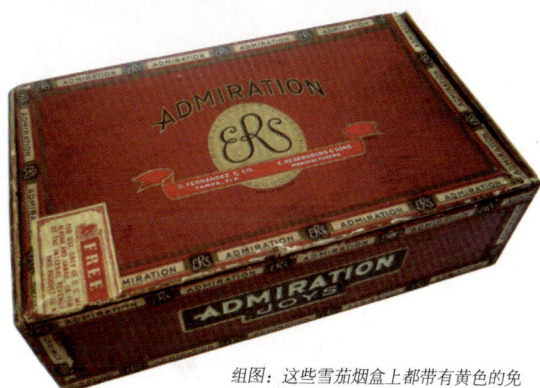

组图：这些雪茄烟盒上都带有黄色的免税标签，用于提供给驻海外或阿拉斯加、夏威夷的军人。

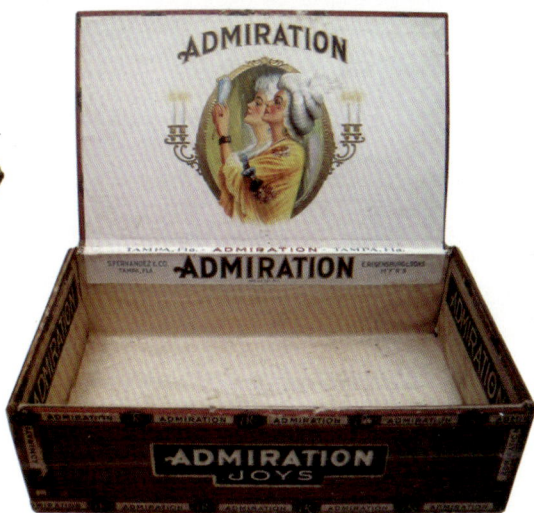

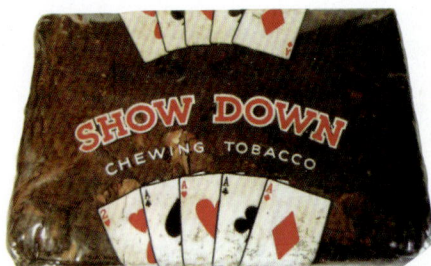

组图：这些嚼烟（注：用于咀嚼的烟，嚼烟在某些印第安人部落中曾被普遍使用，1815年以后，嚼烟在美国几乎取代了吸烟斗，成为美国独特的烟草使用方式。到20世纪初，香烟越来越受欢迎，嚼烟开始走下坡，第一次世界大战后，使用嚼烟的人群迅速减少）包装采用的是热封玻璃纸。

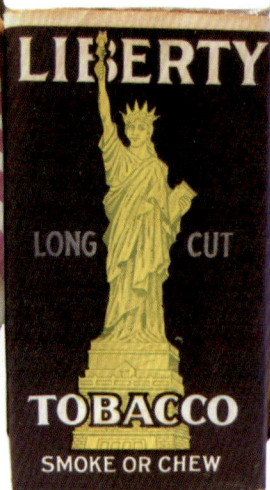

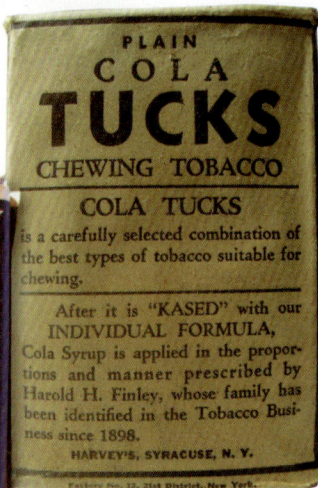

组图：普通包装纸的嚼烟，这是一种节约玻璃纸的措施，是典型的战时产品。

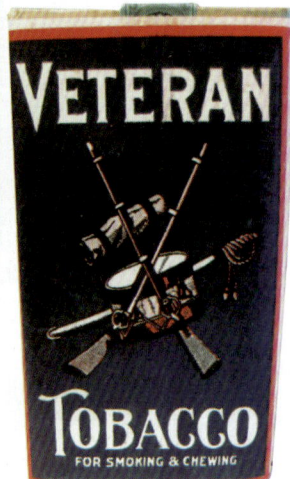

组图：仿楠木烟斗、烟草烟斗、火柴盒、烟草袋和烟斗清洁杆。

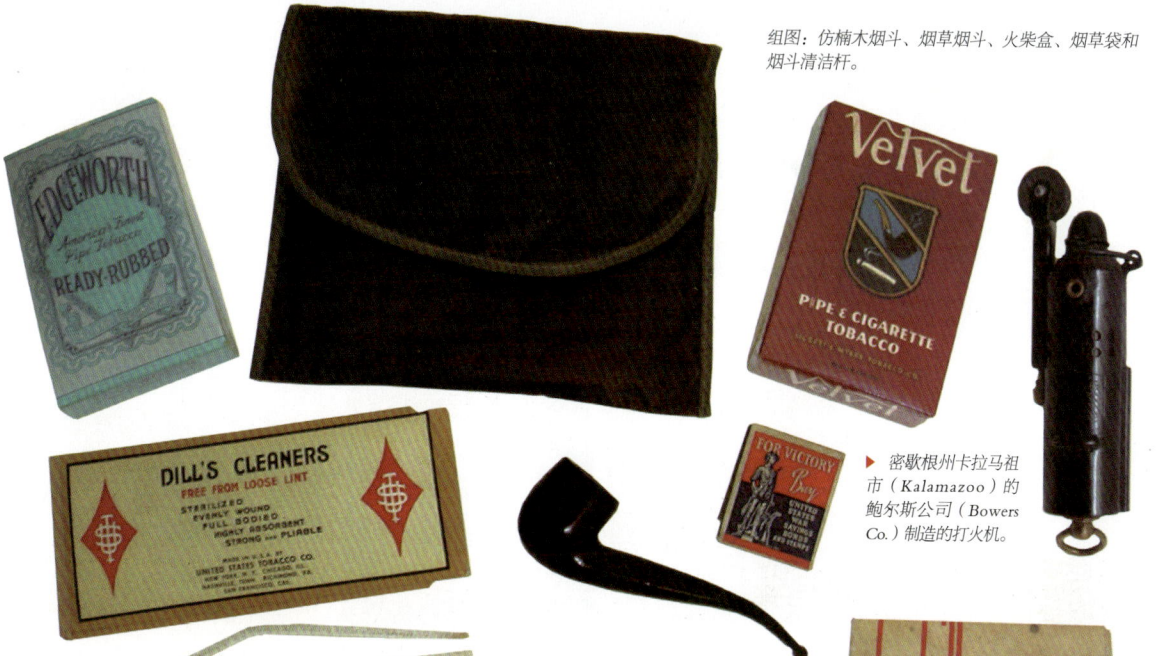

▶ 密歇根州卡拉马祖市（Kalamazoo）的鲍尔斯公司（Bowers Co.）制造的打火机。

▶ 私人购买的登喜路(Dunhill)打火机，现在的登喜路仍然是源自英国的世界著名品牌。

▼ 一个烟草袋，也可以作为防潮袋用来存放邮件和所有个人文件。

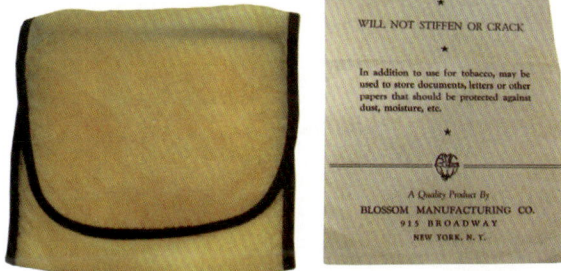

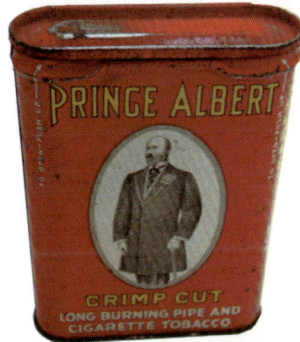

◀ 金属袖珍烟斗和香烟盒，战时烟盒采用纸制包装以减轻重量并节约金属。

▲ 几种卷烟纸。

▶ 在烟店或军中福利社柜台大量销售的大型金属烟草罐。

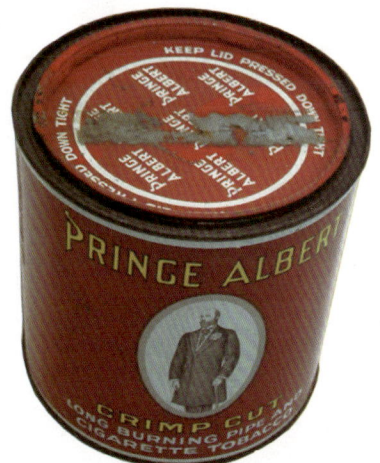

组图：这些火柴盒都带有一些购买战争债券或节约商品的爱国口号。

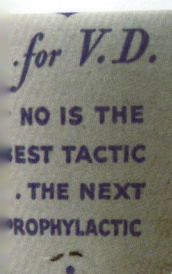

组图：另一条标语，专门针对军人，展示在这里的是关于性病的警示语。

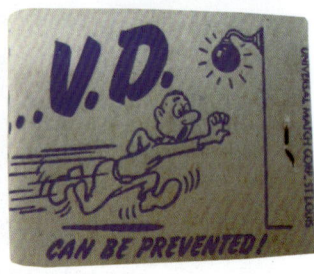

带有爱国设计图案的火柴盒。

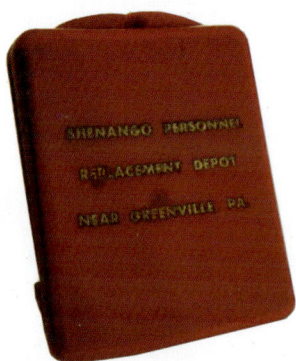

在希南戈人员补充站（Dhenango Personnel Replacement Depot）的军中福利社购买的塑料火柴盒。

展示在这里的是美国划燃火柴公司（American Pullmatch Co.）的火柴专利。火柴盒外面并没有擦火层，但当从火柴盒猛力拉出时，火柴会被引燃。

第十八章

身份牌

早在美国南北战争（1861-1865年）期间，一些士兵就在外套背面别上写有他们名字和家乡地址的纸制便条，另一些士兵则采用模板印在他们的背包上，还有士兵在陆军腰带扣的软铅背面刻上这些信息。徽章厂家认识到了这一市场，开始在期刊上刊登广告。他们制造的徽章形状通常可以识别出其所属兵种，并刻有士兵的姓名和单位番号。采用带孔的黄铜或铅用机械冲压制造而成的身份牌，通常一边带有一只雄鹰或盾牌，并且带有诸如"联邦战争"或"自由、联邦和平等"等词语；另一边则带有士兵姓名和单位，有时也列有这名士兵参加过的战役。1862年纽约的约翰·肯尼迪（JohnKennedy）写信给美国陆军，提议给所有联邦陆军中的军官和士兵配备一种圆片，并附有这个圆片的设计图，现在美国国家档案馆还保存着这封建议信及其答复。当时军方立即拒绝了这个建议，但没有说明原因。在1898年的美西战争中，士兵购买了一些粗糙的冲压身份标识牌，但有时携带的信息反而让人误解。在1870年的法普战争中，普鲁士军队开始给陆军士兵配发身份牌，这些身份牌在德国的绰号是"Hundemarken"，即"狗牌"，因为当时将其比照了普鲁士首都柏林为狗设计的一套简单的身份识别系统。在第一次世界大战中，英国陆军和英国在加拿大、澳大利亚、新西兰的武装力量开始配发身份牌，身份牌采用纤维布料制造，一面红色，一面绿色，用绳索挂在脖子上，英联邦军队在二战、朝鲜战争中也使用了相同样式的身份牌。美军陆军于1906年12月20日根据陆军部长第204号命令第一次被批准采用身份牌，基本上就是肯尼迪设计的身份牌，当时给士兵发放的是1枚身份牌。1916年7月6日，陆军改变了条例，给所有士兵每人配备2枚身份牌。1918年2月12日，陆军采用了编号制度，编号1被分配给了芝加哥第5个服役期的亚瑟·克兰（Arthur Crane），士兵的名字和编号被命令冲压在所有部队人员的身份牌上。

在一战后，每名进入美军服役的士兵不久都会得到这样的一对2枚身份牌，用项链挂在脖子下面。如果这名士兵在战争中死亡了，一枚会放在尸体上，进行死亡登记；另一枚由其指挥官出于管理需要而收集起来。二战时期发放的身份牌为1940年样式（注：有外国网站资料称之为M1940型，于1940年2月15日批准采用，储存编码：No 74-T-60），为长方形、圆角，2英寸长，1.125英寸宽，0.025英寸厚，带有一个可以穿过挂链的0.125英寸孔洞，左边缘处带有一个V形小缺口，用来固定在一个木块上以冲印士兵的详细信息。身份牌的挂链长40英寸，1942年第一块"狗牌"挂在脖子下方25英寸处，首批挂链采用了棉线、塑料、尼龙、人造纤维，官方采用金属材质带有钩抓的挂链仅在1943年才开始引入，1943年配发的挂链迅速被更受欢迎的珠子型挂链取代，这种珠子型不锈钢挂链由2段组成，长分别为28英寸和6英寸，比原来的挂链更加有简洁而易于使用。身

▲ 一枚士兵的早期式样"狗牌"，带有亲属的姓名和地址，上面装有配发的挂链。

▲ 在第二军防区（新泽西，特拉华，纽约）服役的应征入伍士兵的"狗牌"，其编号的第二位数字"2"表明了他所在的军防区。第二军防区入伍士兵超过一百万人后，采用"4"作为第一位数字的新陆军编号。挂链为不锈钢珠子型，在福利社出售，在战后变成了标准装备。

▲ 应征士兵在1943年7月至1944年3月得到的第三种类型"狗牌"，没有亲属信息，士兵的名仍然在姓之前。上面配有私人购买的挂链，链环比较细小。

二战部分著名将领陆军编号：
O-1 约翰·约瑟夫·潘兴（1860-1948）
O-57 道格拉斯·麦克阿瑟（1880-1964）
O-742 约翰·德威特（1880-1962）
O-1616 乔治·卡特利特·马歇尔（1880-1959）
O-2605 小乔治·史密斯·巴顿（1885-1945）
O-2686 考特尼·希克斯·霍奇斯（1887-1966）
O-3706 卡尔·安德鲁·斯巴茨（1891-1974）
O-3807 奥马尔·纳尔逊·布莱德雷（1893-1981）
O-3822 德怀特·戴维·艾森豪威尔（1890-1969）
O-5264 马修·邦克·李奇微（1895-1993）
O-8431 莫里斯·罗斯（1899-1945）
O-17676 詹姆斯·莫里斯·加文（1907-1990）

份牌首先采用蒙乃尔合金（注：蒙乃尔合金又称镍合金，是一种以金属镍为基体添加铜、铁、锰等其他元素而成的合金，蒙乃尔合金耐腐蚀性好，呈银白色）制造，然后是黄铜和不锈钢。

身份牌上信息变化

1940年12月至1941年11月为第一种类型。

1941年11月至1943年7月为第二种类型：

第一行：名、中间名首字母、姓。

第二行：陆军编号（前8位，第9为空位）破伤风疫苗接种年份（第10~12位，第13为空位）、破伤风类毒素（第14~15位，第16为空位）、血型。血型的选项为A、B、AB、O（第17或第17~18位）。

第十九章

回国与退役

香烟兵营

1944年9月，盟军占领法国勒阿弗尔港后，在这个城市附近为刚抵达欧洲战区的部队建立了几个转运营地。战时计划是：新抵达的部队首先通过这些集结待命区后到达集合区，然后再到前线，大部分集结待命营地在勒阿弗尔和鲁昂之间。作为一项安全措施，这些集结待命营地后来采用一些美国著名的香烟品牌来命名，如切斯特菲尔德、赫伯特·泰瑞登（Herbert Tareyton）、全垒打(Home Run)、好彩、老黄金、长红、菲利普·莫里斯和飞机师（Wings），而集合营区则采用了美国城市来命令。之所以采用香烟和城市来命令最主要是为了安全，这些营区并没有精确指明其地理位置，以确保敌人不会知道其确切位置，任何人窃听或收听广播会以为是在讨论香烟或营地在美国本土，特别是对那些以城市命名的营区来说。在欧洲胜利日后，这些"香烟兵营"继续运作为等待乘船回国的军人提供住宿，

并且在比利时靠近安特卫普又额外增加了一个顶帽兵营（Top-Hat）。在靠近兰斯也建立了重新部署的兵营，为将整个师调往太平洋做准备，这些兵营的名称为亚特兰大、巴尔的摩、波士顿、布鲁克林、芝加哥、克利夫兰、得梅因、底特律、迈阿密、新奥尔良、诺福克、俄克拉荷马城、费城、匹兹堡、圣安东尼奥、圣-路易斯和华盛顿特区。

▲ 这是基利于1946年1月站在飞机师兵营广摄的照片。

▶ 连队大街视图，士兵住在帐篷里。

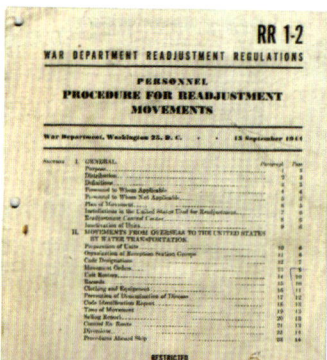

▶ 这种砖红带有黄色印记的袖套，由负责监督从火车或轮船上装载、卸载部队的运输部队人员佩戴在左臂上。

▶ 基利的这张照片记录的是第91综合医院预定登上"穆伦堡胜利号"（Muhlenberg Victory）轮船的日期是1946年1月19日。

▶ 士兵们正在勒阿弗尔码头排队登船。

▶ 克利福德·基利穿着庞大的救生衣在"穆伦堡胜利号"甲板上的留影。来自5级技术军士克利福德·基利（Clifford Keeley）的相册，他在欧洲的一所综合医院服役。

▼ 这份文件的背面带有希姆雷的名字和他战时家乡战友的姓名。

ARMY SERVICE FORCES
TRANSPORTATION CORPS
ARMY OF THE UNITED STATES
NEW YORK PORT OF EMBARKATION

OREN O. HIMLIE
PRIVATE FIRST CLASS
37593454
returned to the UNITED STATES on the
ship U.S.S. HERMITAGE
which sailed from LE HAVRE, FRANCE
on 25 JULY 1945

Sig. O.C. Gardner
Title O.J. GARDNER
CAPTAIN, PA

AUTOGRAPHS

▲ 纽约港发给登上"赫米蒂奇号"（USS Hermitage）号部队运输船返回美国的列兵奥伦·希姆雷（Oren Himlie）的纪念证书。

SAFETY RULES
FOR USE ON TRANSPORTS
this may save your life
KNOW THESE RULES AND INSTRUCTIONS!

U.S. ARMY
HAND
BAGGAGE

t No. 10146-A

Le Havre

Name of Owner _Weber, Frank_
Rank and A.S.N. _Pfc._ _35111645_
or
Civilian Identification ____
Last Address _APO 403_
Forwarding Address ____

Remarks ____

CUSTOMS DECLARATION

I declare that all items in this container consist of personal or household effects either taken abroad by me or acquired abroad for my personal use, except the following. (List here items, or write 'NO EXCEPTIONS' as appropriate)

NO EXCEPTIONS

Frank Weber _Pfc._ _35111645_ AUG 22 1945
Signature Rank and ASN Date

Name and Rank _Weber, Frank_ _Pfc._
of Owner
ASN _35111645_ Organization _10146-A_

CERTIFICATE OF INSPECTING OFFICER

I certify that I have inspected the contents of this container, property of the individual named above; that it does not contain unauthorized Government property or other prohibited items and that existing regulations with reference to disinfestation, weight, keys, tagging and certificates have been complied with.

_____
AUG 22 1945 Inspecting Officer
Date

General:
✓ FIND YOUR "ABANDON SHIP" STATION IMMEDIATELY AFTER GOING ABOARD SHIP. LEARN THE POSITION OF YOUR STATION and ALL POSSIBLE WAYS OF REACHING IT.
✓ PAY ATTENTION AT SHIP'S DRILLS. KNOW THE EMERGENCY SIGNAL.
✓ ALWAYS DRESS WARMLY. SLEEP IN YOUR CLOTHES.
✓ AT ALL TIMES, DAY OR NIGHT, KEEP YOUR LIFE PRESERVER AND A FULL CANTEEN OF WATER WITH YOU.

In case of an emergency:
1. Keep your head. Keep quiet.
2. Obey all orders at once.
3. Go quietly and quickly to your "abandon ship" station. Wait for orders.
4. Don't jump overboard. Death may result from the turning propellers.
5. Use ladders, nets and ropes when leaving the ship.
6. Wait for the order, "every
man for himself," before acting on your own, even in an extreme emergency.
7. Swim clear of the ship's side immediately.
8. Sit still in a life boat or on a life raft.
9. Set a good example. Your actions influence others. Keep cool, no matter what is happening.

A troop ship, with life boats and life rafts in place.

◀ 组图：另一名从勒阿弗尔港乘船回国军人的手提行李和报关标签。

▼ 这是份受委托从欧洲战区带回战争纪念品的证书，这里的这份证书是关于一支沃尔特手枪的。

YOUR SAFETY DEPENDS ON YOU!

It will probably never be necessary for you to abandon ship. Nevertheless, when you board a transport, you enter a combat area subject to attack at any moment, day or night. The ship is provided with adequate facilities for an emergency, but you must know when, how, and under whose direction to make use of them. In case of a disaster at sea, your survival will depend to a great extent on you.

Should you have to abandon ship, the fact that you know certain things about the vessel on which you are traveling, and are prepared to act in accordance with the following instructions will go far to insure your safety.

CERTIFICATE 14 May 1946

1. I certify that I have personally examined the items of captured enemy equipment in the possession of Pfc. Stanley E. Banh 36 446262 and that the bearer is officially authorized by the Theater Commander, under the provisions of Sec VI, Cir 155, WD, 28 May 1945, to retain as his personal property the articles listed in Par 3, below.

2. I further certify that if such items are to be mailed to the US, they do not include any items prohibited by Sec VI, Cir 155, WD, 28 May 1945.

3. The items referred to are:
1 Walther pistol
.32 cal
821474

Edwin F. Solomon Jr.
(Signature)

1st Lt. FA-697th FA Bn Repl
(Rank, branch and Organization)

UNITED STATES FORCES EUROPEAN THEATER
OFFICIAL

AG USFET Form No 33
(This certificate will be prepared in duplicate)

退伍

这本小册子描述了从海外归来士兵的行政处理程序。在离船后，一名士兵将在乘船港口附近的临时营地停留，如果他的服役期已近期满的话，他将被船运到靠近这名士兵家乡的复员中心，否则他会被送到接待中心。经过21天的休假后，在一个人员补充待上几天，随后就会被分配给新的工作。

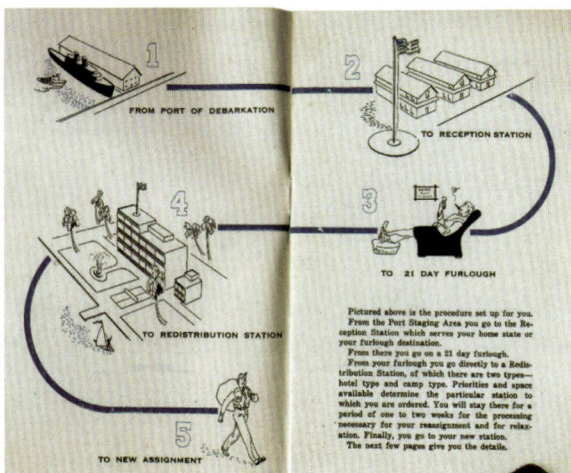

Pictured above is the procedure set up for you. From the Port Staging Area you go to the Reception Station which serves your home state or your furlough destination.

From there you go on a 21 day furlough.

From your furlough you go directly to a Redistribution Station, of which there are two types—hotel type and camp type. Priorities and space available determine the particular station to which you are ordered. You will stay there for a period of one to two weeks for the processing necessary for your reassignment and for relaxation. Finally, you go to your new station.

The next few pages give you the details.

Welcome Home!
NYPE NEWS
Special Edition for Overseas Veterans

NYPE'S JOB: "KEEP 'EM MOVING!"

Half our homebound ETO armies are passing through the New York Port of Embarkation and NYPE keeps 'em moving.

With our total processing capacity of 250,000 troops a month, we're well equipped for it but we need your help. Watch your bulletin boards and don't leave your area without approval from your group or unit CO.

While this Port is run by the Transportation Corps of ASF, both AGF and AAF maintain liaison groups at Camps Kilmer (in Bldg. 300, 3d area, 100 yards from Post HQ) and Shanks (in Post HQ, Wing C, 1st floor). The head of each group is a personal representative of the Commanding Generals of AGF and AAF respectively.

The groups are prepared to assist ground or air troops in any problems affecting them which might be solved by HQ, AGF or AAF. Post COs at Kilmer and Shanks are the ASF representatives and are available for consultation.

Now, a little advice. ...ber you're still on duty ... uniform is expected to be ... sentable at all times. You ... a furlough from the Rec... Station, but no delay en... from here to the Recep... tion. Nor will we al... transfer you from one gr... another, except in cases ... vious error. As for mail ... units being redeployed in ... ganization in some cases ... find letters awaiting them ... in camp. Other mail will ... your home. Give your bet... your return address if you ... from here.

Continued on Page 6 ...

Joe, Here's Your Pin-Up Gal!

THE PORT'S GREETING:

Many of you will remember the New York Port of Embarkation because you passed through here on your way to the fighting fronts in Europe. Now we're proud and glad to be able to bring you back. It's the finest part of our mission at NYPE.

Your home...

YOUR STAY IS SHORT AT NYPE

You're almost home—this is "First Stop, U.S.A." Larger, busier, ready as ever to serve you, the Army's New York Port of Embarkation will speed you on your way as fast as possible, and that may be as little as 24 to 36 hours. It depends on available train service.

So, this is your first welcome home. Down the bay, you saw our "Welcome Home" boat complete with girls and band. When you got off the transport, the Red Cross was on hand with refreshments and now most of you are on your way either to Camp Kilmer, near New Brunswick, N. J., or Camp Shanks, near Orangeburg, N. Y., our two big staging areas with their many disposition centers. The rest of you are bound for smaller Fort Hamilton, Brooklyn.

Within 1 to 2 hours after leaving the boat, you'll be at camp, travelling either by ferry and troop train, or by bus. And you'll hear a lot of bands.

Next, you'll go to a camp theatre for greetings and brief and painless orientation. Then, to barracks. After that, no matter what time of day or night, you'll ...

▲ 在纽约港交给登船回家军人的告知单。

▶ 由一名在纽约港或出发港总部工作士兵佩戴的身份证章。

▼ 运送美国军人从欧洲返回的运兵船主要使用3个港口，每一个港口都连着附近的一个临时营地，纽约为基尔默兵营（Camp Kilmer），弗吉尼亚州汉普顿路为帕特里克·亨利兵营（Camp Patrick Henry），还有波士顿的迈尔斯·斯坦迪什兵营（Camp Myles Standish）。

◀▶ 交给在迪克斯堡退役军人的信息小册子。

◀ 把退役军人重新分类来从事民间工作的研究由罗斯福总统指示战时人力委员会（War Manpower Commission）进行。这个委员会成立于1942年，协调各个机构的人力政策和行动，以确定农业、军队等各自的人力需求。在战争结束后，这个委员会致力于帮助未经训练的退伍军人就业。

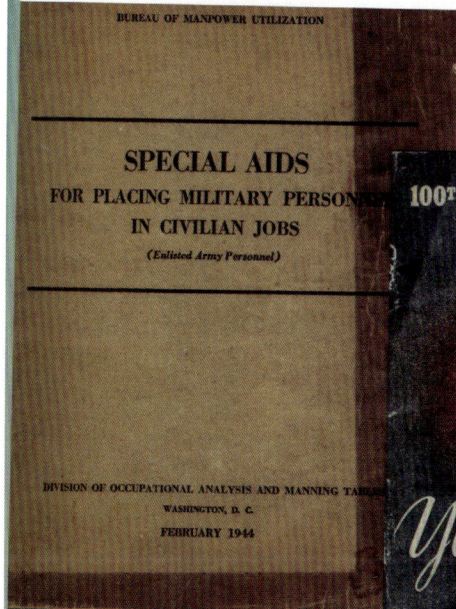

◀ 发给第100步兵师每一位退役军人的一本指南。

▼ 关于复员的官方小册子，1945年8月出版，在离开陆军、海军和海军陆战队的那一天发给所有退役军人。

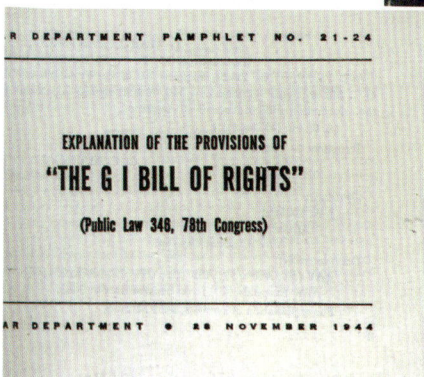

◀▶ 这2份指导书向老兵解释了国会于1944年6月22日通过的《退役军人权利法》——正式名称为《1944年军人再调整法》给他们带来的好处。美国《退役军人权利法》无论在精神还是具体条款上都非常民主，所有军人退役之后都能得到福利，这些规定对所有人一视同仁。唯一的要求是，必须在军中服役至少90天，而且是光荣退役。每位老兵可以在退役军人管理局（Veterans Administration 缩写为 VA）医院得到免费治疗；可以贷款购买住宅、畜牧场或商店，为寻找工作提供基

金；可获得为期52周每周最高领取20美元的失业金；很快退役军人管理局被领取补助的军人称为"52-20俱乐部"（52-20 Club）。最重要的是，政府为推动退役军人接受高等教育提供了大量拨款援助，正式开启了美国以联邦政府为主体资助退役军人接受教育或参加培训的传统。

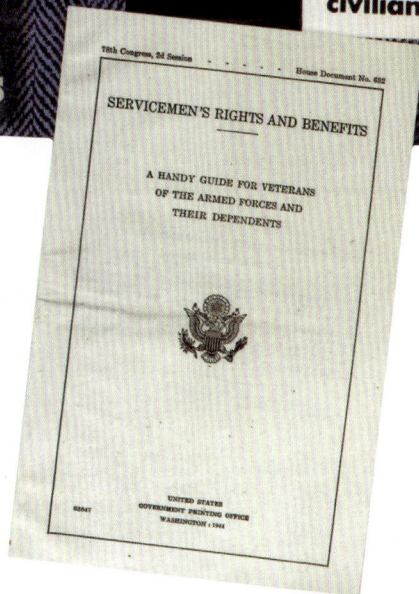

光荣退役

正式光荣退役的证明文件，发放给第633野战炮兵营的5级技术军士弗农·弗莱伊（Vernon Frye），他所属的这支部队是在意大利服役的一个独立155毫米火炮营。

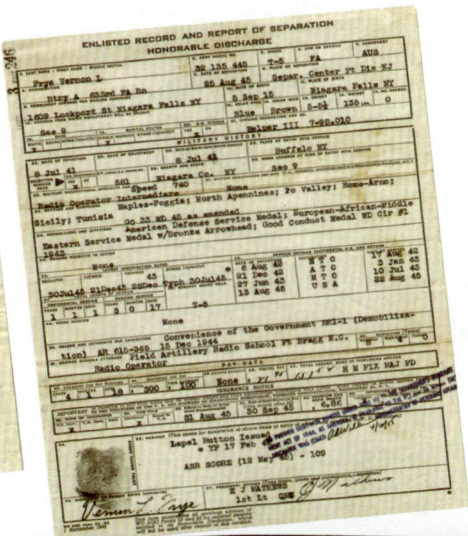

一等兵约翰·因塞罗 (John Insero)是第42步兵师第232步兵团的一名步枪手，他购买了一个特制的皮夹来保存他的退役证书以及他退役回家后自己制服上曾经佩戴过的徽章。

为了区分仍旧穿着制服在返回家乡路途上的退役士兵（此时仍处于军法的管制下），通过在其大衣、夹克和衬衫的左胸部佩戴的光荣退役徽章来识别。

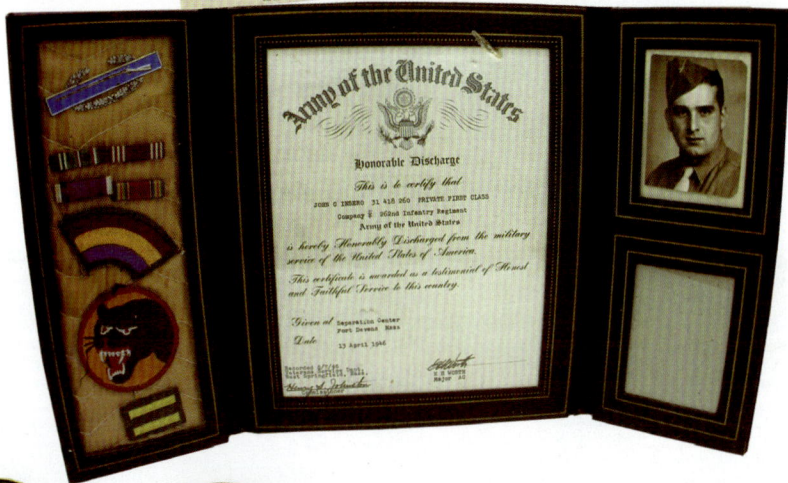

光荣退役奖章翻领纽扣，别在平民服装上。

从军履历和退役证书皮夹。

新珐琅式光荣退役翻领纽扣。

这种徽章也能在领带夹上看到。

▲ ▲ 几种不同的从军履历和退役证书皮夹，这些皮夹在市场上有售或有时由士兵和平时期的雇主提供。

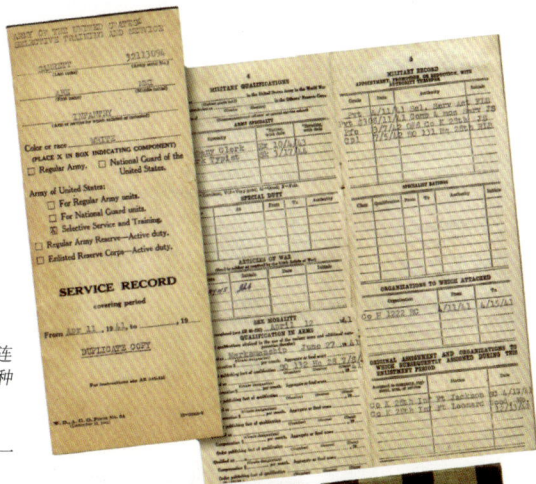

服役档案

▶ **服役档案**
这种个人档案伴随所有现役士兵，由连队文书每天不断更新，在退伍后，这种档案将结束并由陆军存档。

▶ 这种爱国相框由家庭购买用来陈列一张喜爱的穿着制服的相片。

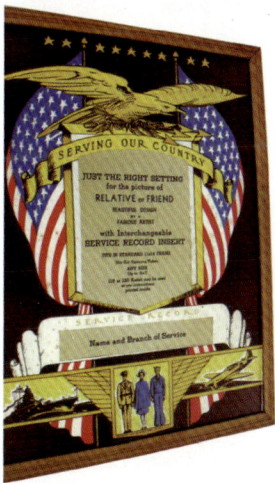

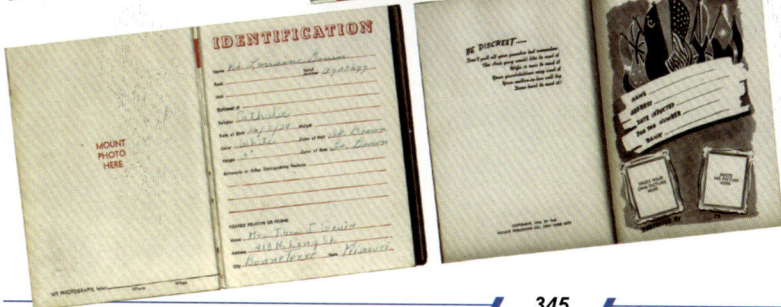

▲ ▲ 几种用于士兵的非官方笔记本，士兵可以用来记录他们从军生活中多彩的信息和事件。